鑽模與夾具(第五版)

盧聯發、蘇泰榮　編著

全華圖書股份有限公司

序　言

　　本書之目的在使大專學生徹底瞭解鑽模夾具之基本結構、分析方法及設計原理。以最簡潔的思考方法及設計步驟介紹鑽模夾具設計，以期大專機械科系學生及有心專注鑽模夾具設計者，能在最短的時間內加入鑽模夾具設計行列。

　　本書第一章第二章介紹鑽模夾具之概念及設計原則，第三章至第六章介紹鑽模夾具之基本結構及材料，第七章至第十五章分門別類介紹各種鑽模夾具之設計。至於市售鑽模夾具各式元件及使用方法，則收集於附錄中以供設計時參考選用。

　　本書參照教育部所公佈之專科學校課程標準教材大綱編著而成，因而適合作為專科教本職訓教材及鑽模夾具設計人員必備資料。

　　採用本書教學可按實際需要及授課時間斟酌刪減，書中第五章有關夾緊機構之理論推導較為繁瑣，若學生數理基礎不足，則只需熟記結論即可。第七章以後各章中，介紹工作機械、附件及刀具部份，屬於機械工作法之範圍，若學生已有此方面知識，即可略去或自行研讀。書中實例豐富，教師可令學生自行研讀或斟配選擇一二於課堂上討論。習題方面因設計題目較多，可依學生程度與實際需要選擇數題，以培養學生的實際設計能力及思考方法。

　　本書最大目標在於訓練、熟悉鑽模夾具設計原則及思考方法，以培養各式機具設計能力，俾能從事自動化工具設計及單能機設計，進而達到低成本自動化生產之目標。編者雖盡最大之努力，但限於學識及經驗之不足，內容疏漏欠當在所難免，尚祈各位先進不吝斧正。

盧聯發
蘇泰榮　謹識

編輯部序

「系統編輯」是我們的編輯方針,我們所提供給您的,絕不只是一本書,而是關於這門學問的所有知識,它們由淺入深,循序漸進。

本書係參照部頒工專機械科課程標準編著而成,目的在使學生徹底瞭解鑽模夾具之基本結構、分析方法及設計原理。作者以多年工作及教學經驗,用簡潔的思考方法及設計步驟配合豐富的實例,學生只要按部就班學習,必能熟悉鑽模夾具設計原則及思考方法,並達到各式機具的設計能力,是工專機械科鑽模夾具的最佳教本。

同時,為了使您有系統且循序漸進研習機械方面叢書,我們以流程圖方式,列出各有關圖書的閱讀順序,以減少您研習此門學問的摸索時間,並能對這門學問有完整的知識。若您在這方面有任何問題,歡迎來函連繫,我們將竭誠為您服務。

目 錄

6 鑽模夾具本體及附屬裝置 223

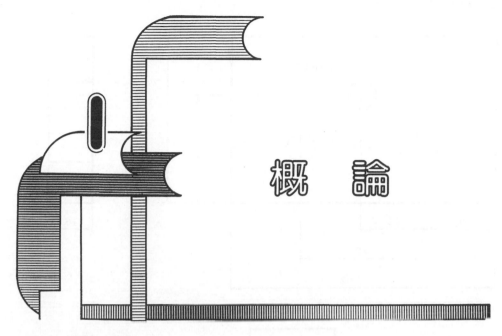

概　論

1.1　概　述

　　機械製造之生產過程，係如何將材料製造成所需的產品。而生產過程中所發生一切問題解決之道，及生產程序之安排，對產品生產量與精密程度之要求有著重大關係。如何增加生產力實為今日首要之課題，而如何利用非技術工人擔任技術性工作亦相當重要。過去的生產方式和現今的生產方式已有重大不同，現今常利用一些特殊工具或設施來完成製造生產過程中的種種難題。例如圖1.1所示為一工件藍圖，今欲加工 ϕ10 之 3 孔。

　　過去的生產方式並未使用任何特殊工具，其步驟如下：

(1)　先將工件基準面與基準邊用機械或手工具加工至適當之尺寸精度。

(2)　於鑽孔處用奇異墨水或紅丹塗上顏色以利劃線。

(3)　在平板上用高度規或劃線台，利用劃線技術求出孔中心。

(4)　在孔中心處用中心冲打眼。

(5)　使用圓規劃出所要鑽之孔。

(6)　將工件正確的夾於虎鉗上。

(7)　以目測方式鑽出所要之孔。

　　以上的操作步驟多且煩，不但生產速度極差，浪費技術人員之勞力，並且所有過程均需有經驗之技術人員才能勝任。即便是有經驗之技術工人來做此類工作，也常有下列現象：

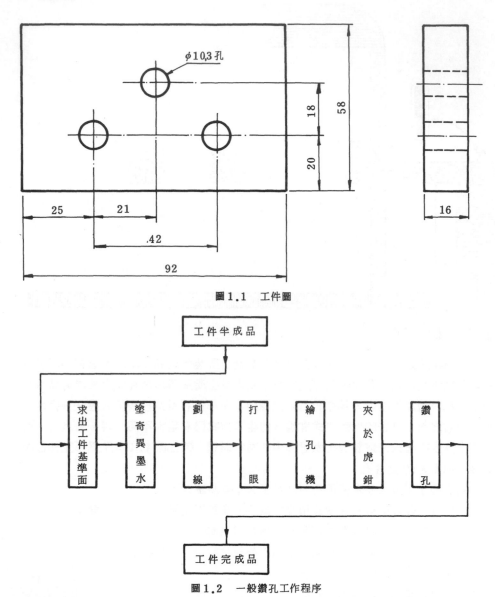

圖1.1 工件圖

圖1.2 一般鑽孔工作程序

(1) 因人為劃線不精確或劃線儀器精度不足，導致劃線時之過度偏差。

(2) 打眼時產生偏差。

(3) 工件夾持不正確，使所鑽出之孔產生誤差。

(4) 鑽孔切削時，因振動而不能鑽出正確之孔。

(5) 鑽孔切削時，因鑽頭產生撓曲，鑽出之孔位置產生偏差或歪斜不正之現象。

(6) 所需之工作時間長，浪費工時。

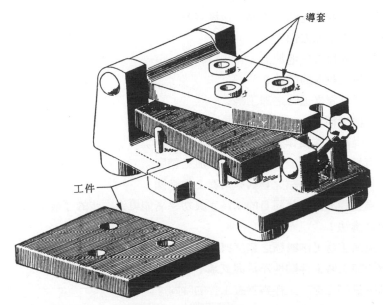

導套

工件

圖1.3 利用鑽模鑽孔

　　為排除以上的缺憾，便利加工之進行，吾人設計一種特殊工具，稱為鑽模，如圖1.3所示。

　　圖1.3中之鑽頭引導裝置稱為導套，目的在防止鑽頭之振動、撓曲所產生之位置變化，且可免除劃線與打眼之操作。鑽孔時只需將工件安置於鑽模之固定位置處，並將鑽頭對準導套即可施以鑽孔。其生產速度極快，約為一般生產方式數十倍以上，且操作簡便、工件品質提高、達到產品均一性及互換性，此即是鑽模夾具所負之使命。

1.2　鑽模夾具之目的與限制

　　鑽模夾具為輔助機械快速生產或自動化之工具，並能有效控制工件的品質，因此鑽模夾具使用之目的有下列幾項：

1．對工件加工而言：

　(1)　製造價廉之產品方面：

　　①　減少不良產品。

　　②　利用非技術工人代替技術工人，以節省人事經費。

　　③　節省加工時間，不致延誤交貨期限。

　(2)　確保產品品質方面：

　　①　能獲得所需之加工精度。

　　②　能使產品具有均一品質且具有互換性。

　　③　能獲得較高性能之產品，檢修容易。

　(3)　提高生產效能方面：

　　①　能迅速而方便地加工。

　　②　能爭取較高的時效。

　　③　能提高單位工時之加工率。

2．對工作機械而言：

　　①　可提高工作機械之加工能力與加工容量。

　　②　可提高工作機械之加工性能與加工精度。

　　③　可提高工作機械之靈活應用與工作範圍。

　　以上為鑽模夾具之共同目的，為了讓初學者能更進一步的了解，以下再提一些更為具體之講法：

　(1)　解決加工時工作機械之精度與剛性不足之缺點。

　(2)　解決加工時工件剛性不足與支承不穩定之缺點。

　(3)　減少量測工件的工作與檢查工件的時間。

　(4)　減少工件製作錯誤的機會。

　(5)　縮短工件製作之工時與交貨期限。

　(6)　能使用不熟練勞工，做高精度加工之工作。

　(7)　能使非自動的工作母機，經由鑽模夾具之管道達成自動化或半自動化。

　(8)　工件精度可達均一化。

　(9)　工件能達互換性之要求。

　(10)　操作安全且操作員不易疲勞。

　(11)　能迅速確實地裝卸工件。

　　以上為鑽模夾具之重要目的，不過其亦有許多限制與缺憾，因此設計工程師應詳細考慮其利弊後，始可決定是否製作，以下幾點乃應加以考慮者：

㈠　製作不易，造價昂貴，只適於大量生產之工件

　　簡單的鑽模夾具所需之精度不高，製作容易，造價低廉，對製作工件具有顯大之助益。但若工件精度高者，則鑽模夾具之製作不易，造價昂貴，此時若工件數量不多，則平均分攤於每一工件上之成本增大，便不划算。相反的若產量極多或具有連續生產數批的工件，則平均分攤於每一工件之成本將降至極低，此時使用鑽模夾具便較有利。

㈡　適於高精度及形狀特殊之工件

　　當工件數雖少，但品質要求特別嚴格或工件形狀特殊，不宜使用普通夾具時，使用鑽模夾具可滿足此項要求。因為產品之材料和前期加工製作，已花費了相當費用，此時如果使用鑽模夾具可使產品品質獲得保證，故即使在鑽模夾具上投資也是

值得考慮的，反之工件產量不多，品質要求也不高時，就絕不能使用這種鑽模夾具來製造了。

㈢　無法適應產品之不斷更新

　　當產品產量較多且長年生產時，固可應用鑽模夾具來輔助生產，但若產品之規格式樣時常變更，則鑽模夾具即無法適應。雖然有些規格變化不同之產品，當產品數量相當多時，亦可在設計鑽模夾具時考慮採用可調整式之鑽模夾具，但是此種調整式夾具也只能適用在某一範圍內的變化。因為一套完整的鑽模夾具若有過多的調整構件，或調整範圍過大，其精度將會受到影響，使產品品質大打折扣。

㈣　需有經驗之鑽模夾具設計人員與較精密之工作母機設備

　　設計製造鑽模夾具需有專門人才或有經驗的技術工人及較高級的工作母機，才能製作優良精度之鑽模夾具。

1.3　鑽模夾具之定義

　　鑽模為一種生產工具，具有定位、支承及夾緊工件之裝置，且有刀具引導設施，使工件在製孔時達到快速方便之裝置。通常製小孔之鑽模不固定於床台，不過當鑽孔之孔徑10mm以上時，則必須將鑽模固定於床台上。

　　夾具乃為一種生產設備，係用於將一件或一件以上之工件精確的定位與夾緊，以利工作機械進行加工。一般夾具應固定於工作機械的床台上，夾具的設計，雖然大部份應用於工作母機，但亦有設計用於多數的生產過程中的焊接、裝配、檢驗及搬運等等之上，以固緊工件而作各種操作。夾具之主要目的為迅速而精確將工件定位，正確支承工件，及堅實夾緊工件。夾具在設計上可從相當簡單之工具至極為複雜而昂貴之設備。

1.4　鑽模夾具之分類

　　鑽模夾具一般可分成汎用鑽模夾具及特殊用鑽模夾具兩大類。

圖1.4　車床夾頭

汎用鑽模夾具係指在一般工作母機上所使用之各種附件，如夾頭、彈簧夾頭、虎鉗、圓形工作台、分度裝置及加工上所需之各種夾持用具等，此類夾具於一般加工方面常使用。

圖1.5 鑽頭夾頭

圖1.6 彈簧夾頭

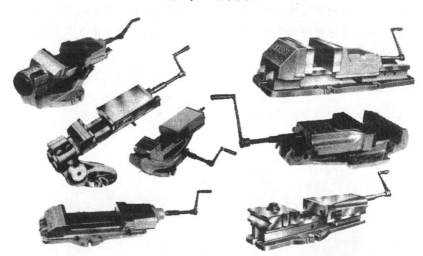

圖1.7 銑床用虎鉗

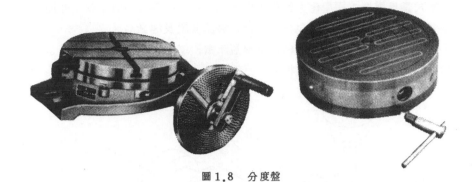

圖 1.8　分度盤

1.4-1　特殊鑽模夾具

　　特殊鑽模夾具為一般中量及大量生產時使用，其目的在使工件得到一定之加工精度且能迅速確實地拆卸與安裝。此類之鑽模夾具為本書討論之主要範圍，依加工方法之不同大致可分為下列數種類型：

1.　鑽床鑽模

　　鑽床加工所用的工件固定用具，且具有刀具引導之導路，常分為下列數種：

　　(1)　固定式鑽床鑽模；安置於鑽床床台上使用之鑽模。

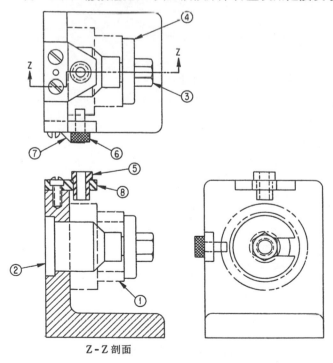

Z-Z 剖面

圖 1.9　手持式分度鑽孔鑽模

(2)　標準式鑽床鑽模：標準化之鑽孔鑽模係利用一般夾具為主體，依工件加工的
　　　需要安裝某些特殊裝置，包括定位裝置夾緊裝置及導套。

(3)　手持式鑽床鑽模：以手持手柄之小型鑽床鑽模，用於小型工件之加工。

(4)　葉板式鑽床鑽模：鉸鏈式鑽模大多呈箱型，用於加工多方向之孔。

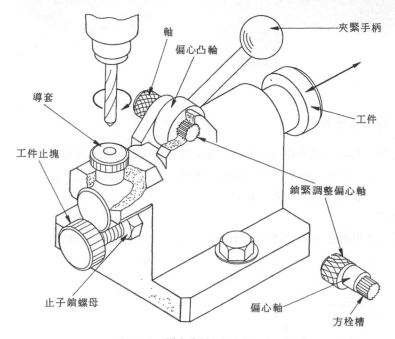

圖 1.10　固定式偏心輪夾緊鑽床鑽模

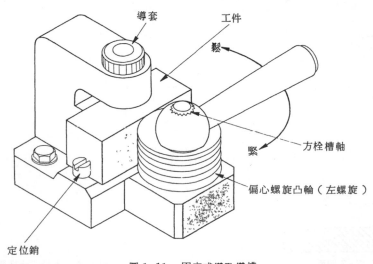

圖 1.11　固定式鑽孔鑽模

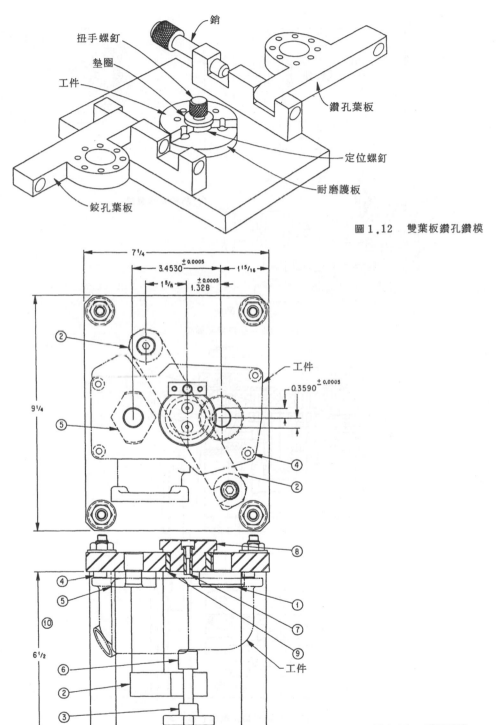

銷

扭手螺釘

墊圈

工件

鑽孔葉板

定位螺釘

耐磨護板

鉸孔葉板

圖 1.12 雙葉板鑽孔鑽模

工件

圖 1.13 平板鑽模

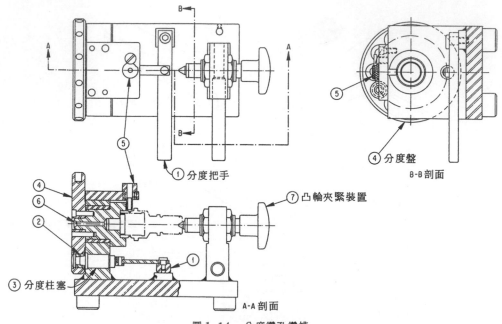

圖 1.14　分度鑽孔鑽模

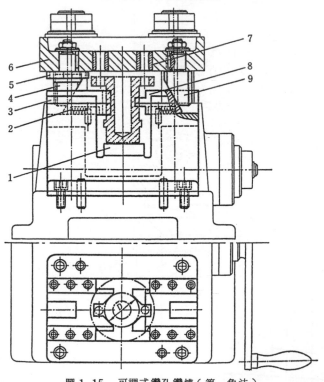

圖 1.15　可調式鑽孔鑽模（第一角法）

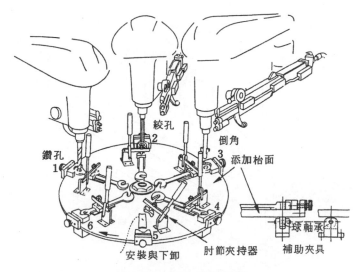

絞孔 2
倒角
鑽孔 1
3 添加枱面
4
6
球軸承
安裝與下卸
肘節夾持器
補助夾具

圖 1.16 廻轉式鑽床鑽模

(1)利用堆料筒之自動送料裝置，使工件
　自動掉進枱棹之凹處。
　　　　　　　（第一及第四站）

$\dfrac{1 秒}{以內}$

(2)10 吋廻轉枱轉動一站後，鑽削工作
　自動鑽兩個孔。（二及五站）

$\dfrac{5 秒}{以內}$

(3)再轉一站後，利用壓縮空氣吹去工件
　。（三及六站）

$\dfrac{2 秒}{以內}$

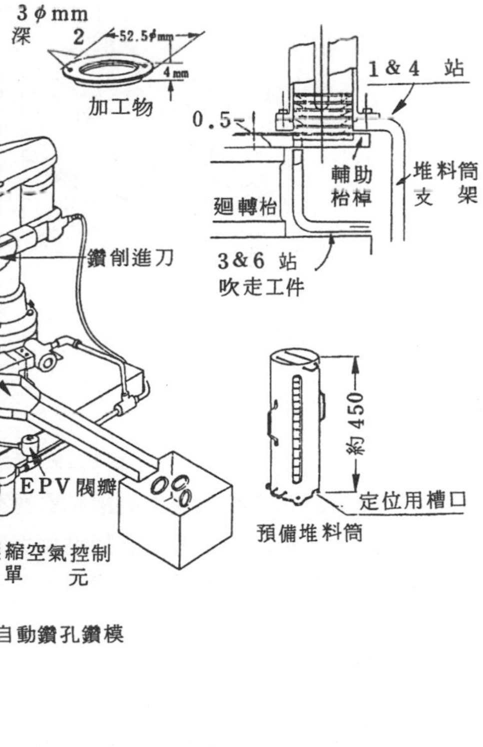

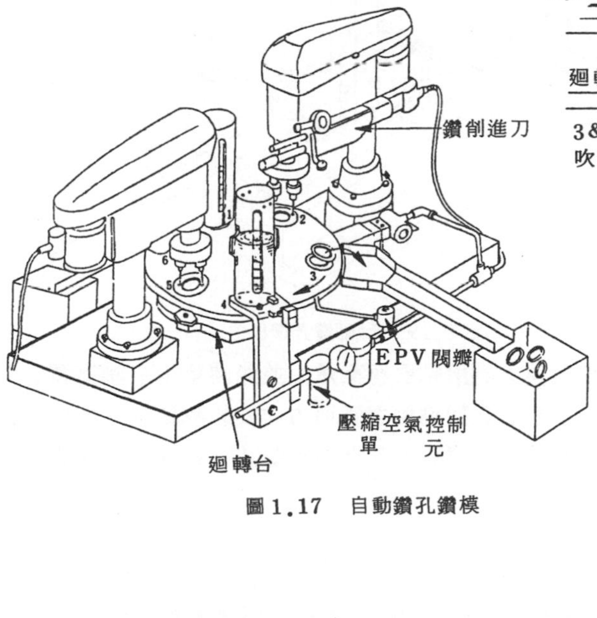

$3 \phi mm$ 深
2 ←52.5 mm→
4 mm
加工物

0.5
廻轉枱
輔助枱棹
1&4 站
堆料筒
支 架

3&6 站
吹走工件

鑽削進刀

EPV閥瓣

壓縮空氣控制
單 元

廻轉台

約 450
定位用槽口
預備堆料筒

圖 1.17 自動鑽孔鑽模

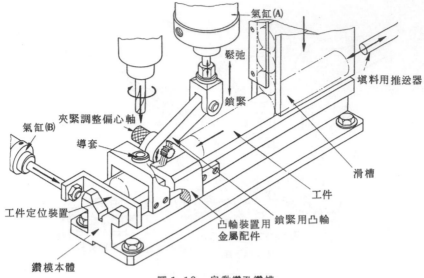

氣缸(A)

鬆弛

鎖緊

填料用推送器

夾緊調整偏心軸

氣缸(B)

導套

滑槽

工件

工件定位裝置

凸輪裝置用
金屬配件

鎖緊用凸輪

鑽模本體

圖1.18　自動鑽孔鑽模

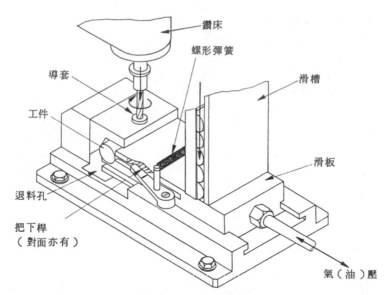

鑽床

螺形彈簧

導套

滑槽

工件

滑板

退料孔

把下桿
（對面亦有）

氣（油）壓

圖1.19　自動鑽孔鑽模

(5)　旋轉分站式鑽床鑽模：利用軸承座支承，並能環繞水平軸旋轉之鑽模，工件
能由多方向鑽孔。亦有在旋轉軸之垂直方向安裝廻轉軸之雙重式鑽模及垂直
轉動式鑽模。如利用一鑽模在工件上實施鑽孔、鑽沈頭孔、鑽錐孔及鉸孔之
四種加工鑽模。

(6)　其他。

2．銑床夾具

銑床為多刀刄切削，工件大都一次加工完成，故切削量甚大，因此作用於夾具上之切削力及切削扭力都很大，因而夾具之結構形狀及強度，與鑽床鑽模略為不同。依加工特性可分為下面數種：

(1) 單件銑床夾具：在夾具上只能安裝單一工件施行銑削加工之夾具。

(2) 多件串銑夾具：在夾具上能將數個工件成串或成排的安置在夾具上，當銑刀通過後即將成串成排之多件工件加工完成。

(3) 分站旋轉銑床夾具：將工件之一處銑削完成後迴轉至某一特定角度，再進行銑削他面之夾具。此型夾具可節省安裝時間，同時能在工件實施加工時安裝其他工件之交替夾具。

(4) 迴轉連續銑削夾具：此型夾具用於圓旋轉台式之立式銑床，在銑床旋轉台上裝置數組夾具，當一組夾具夾持工件銑削時，操作人員可在旋轉台外側，將另一組夾具上已經加工完成之工件卸下，並將夾具清理乾淨，裝上另一未加工之粗胚工件。

(5) 靠模銑床夾具。

(6) 齒輪銑床夾具。

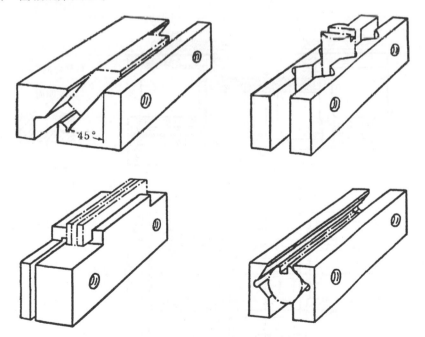

圖 1.20　虎鉗改裝之銑床夾具

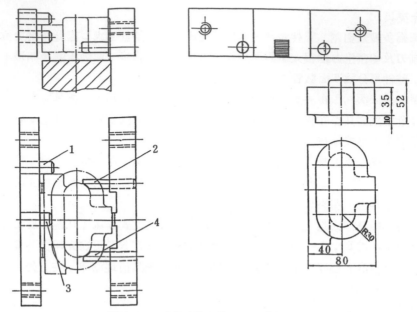

圖1.21　虎鉗改裝之銑床夾具（第一角法）

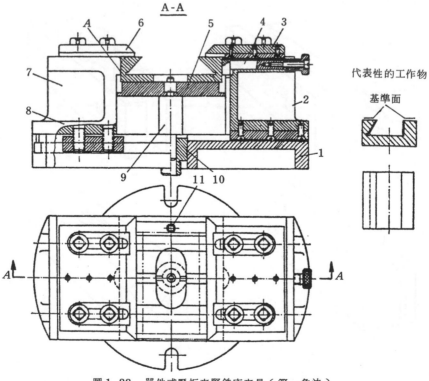

圖1.22　單件式壓板夾緊銑床夾具（第一角法）

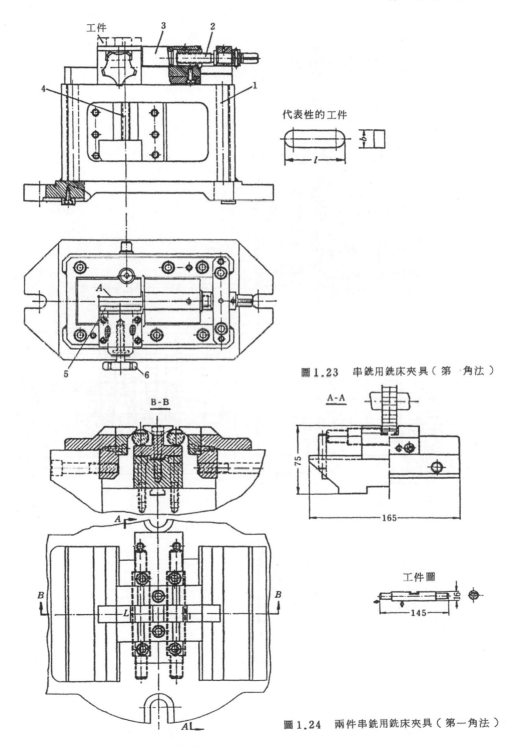

代表性的工件

圖1.23 串銑用銑床夾具（第一角法）

圖1.24 兩件串銑用銑床夾具（第一角法）

工件圖

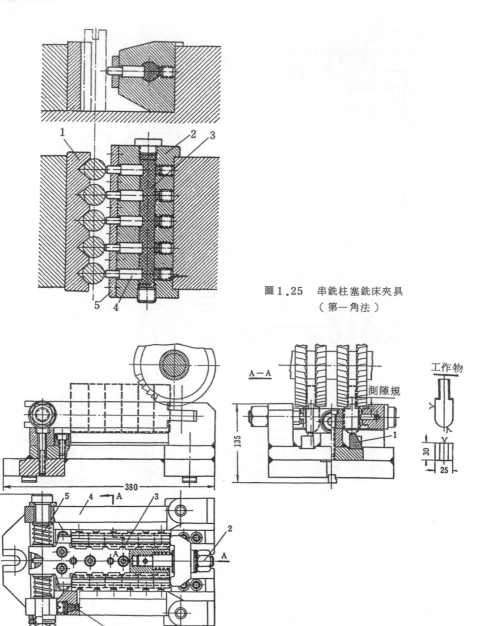

圖1.25　串銑柱塞銑床夾具
（第一角法）

工作物

測隙規

圖1.26　直並列銑床夾具（第一角法）

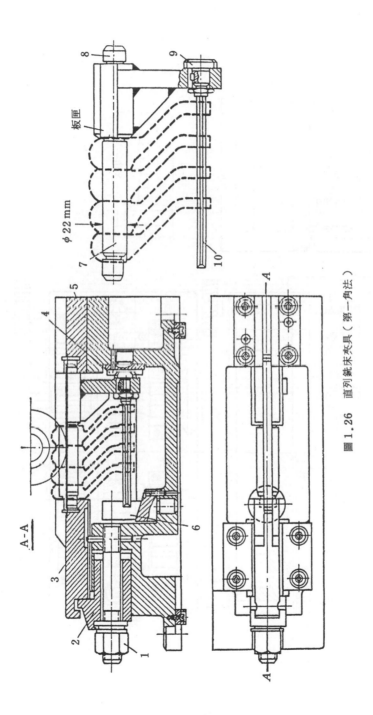

板匣

$\phi\,22\,mm$

A - A

圖 1.26　直列銑床夾具（第一角法）

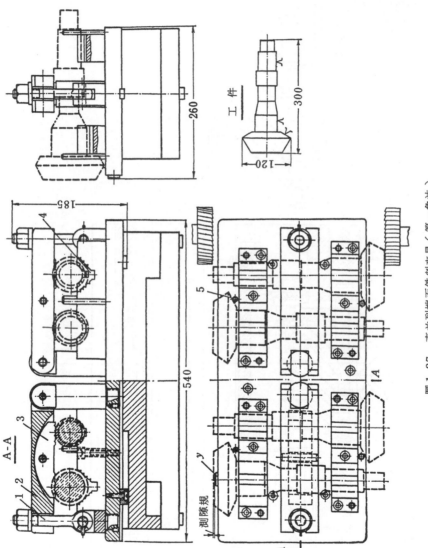

圖 1.27　直並列端面銑削夾具（第一角法）

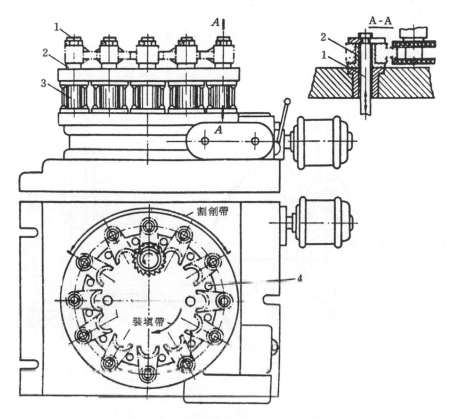

圖1.28　連續廻轉銑床夾具（第一角法）

3．車床夾具

車床係於工件高速旋轉下施行切削，所以夾具除了承受刀具切削力外，還要承受高速旋轉時所產生之動力，尤其是在工件不平衡時所產生之離心力更為嚴重，一

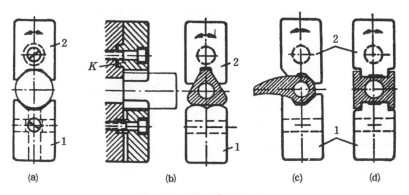

圖1.29　夾爪式車床夾具

般依夾具之形式可分爲：

(1) 夾爪型夾具：有三爪夾頭、四爪夾頭、兩爪夾頭。

(2) 花盤型夾具。

(3) 心軸型夾具：常用之彈性夾具、脹縮心軸夾具、液壓心軸夾具。

(4) 特殊型夾具：如磁性夾具、眞空夾具。

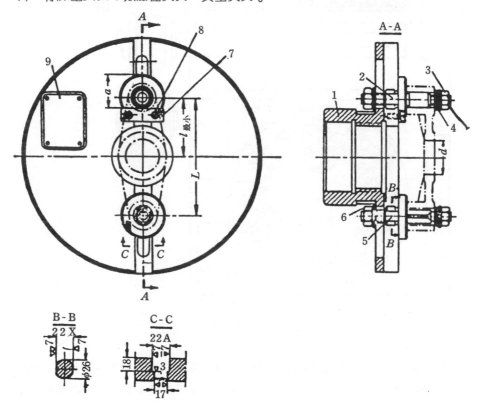

圖1.30　面板式車床夾具（第一角法）

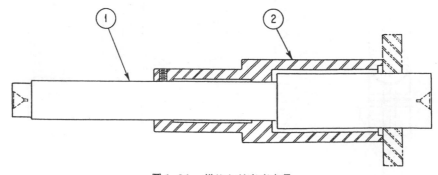

圖1.31　推拔心軸車床夾具

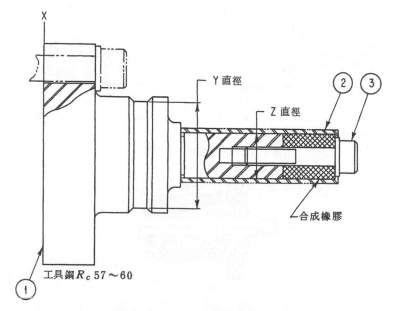

圖 1.32　螺帽式脹縮心軸車床夾具

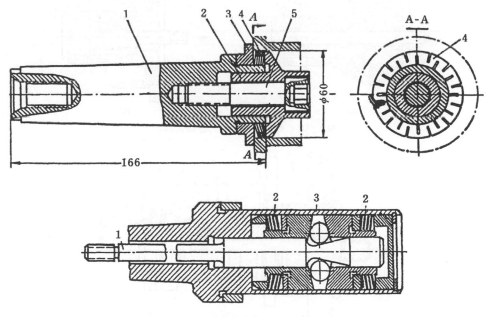

圖 1.33　盤形彈簧脹縮心軸車床夾具

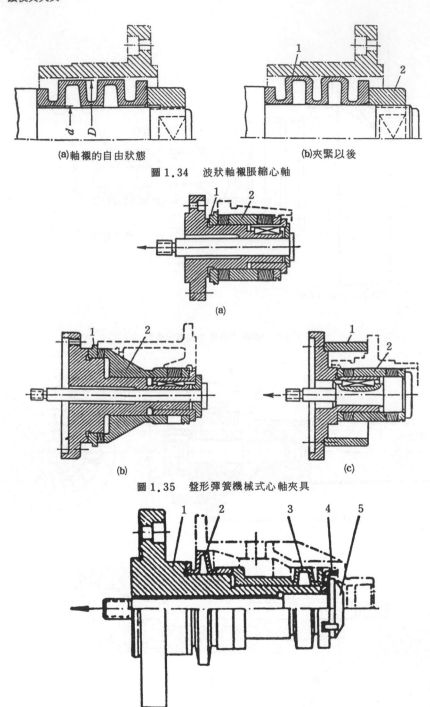

(a)軸襯的自由狀態　　　　　　　(b)夾緊以後

圖 1.34　波狀軸襯脹縮心軸

(a)

(b)　　　　　　　　　　　　(c)

圖 1.35　盤形彈簧機械式心軸夾具

圖 1.36　非等徑盤形彈簧機械式心軸夾具

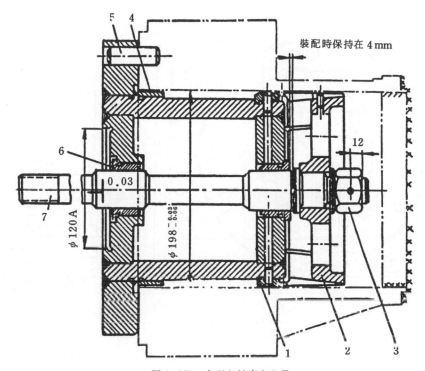

裝配時保持在 4 mm

圖 1.37　大型心軸車床夾具

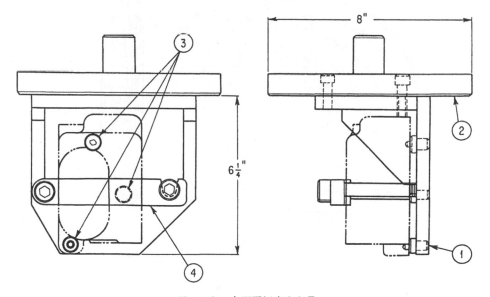

圖 1.38　大型面板車床夾具

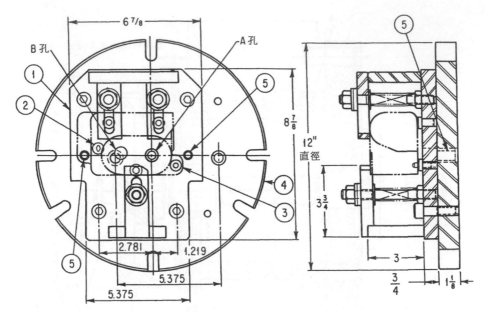

圖1.39　面板車床夾具

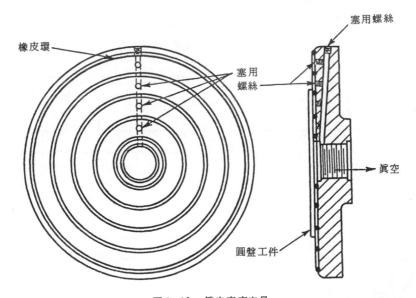

圖1.40　真空車床夾具

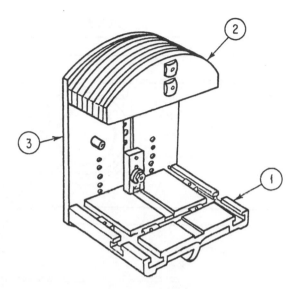

圖1.41 商用車床面板夾具

4. 搪床夾具

將工件上已有之孔擴大或加工為更精確之孔，因此搪床夾具具有夾持工件及引導搪桿等裝置，依夾具型式可分為下面兩大類：

(1) 閉合式搪床夾具：夾具本身呈箱形，工件安裝於箱內加工。

(2) 開放式搪床夾具。

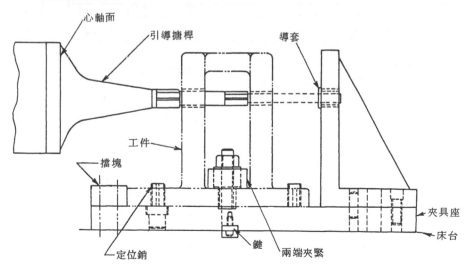

圖1.42 單引導開放式搪床夾具

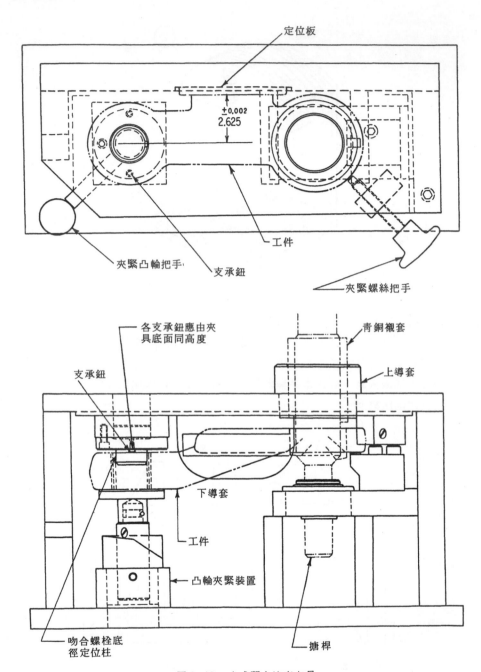

定位板

±0,002
2.625

工件

夾緊凸輪把手　　　支承鈕

夾緊螺絲把手

各支承鈕應由夾
具底面同高度

支承鈕

青銅襯套

上導套

下導套

工件

凸輪夾緊裝置

搪桿

吻合螺栓底
徑定位柱

圖 1.43　立式閉合搪床夾具

5．磨床夾具

　　磨床爲高精度加工之工具機，夾具構件較爲精密。常見幾種磨床夾具如下：

(1)　**磁性研磨夾具**：利用磁力夾緊工件。

(2)　**心軸研磨夾具**：利用心軸支承夾緊工件。

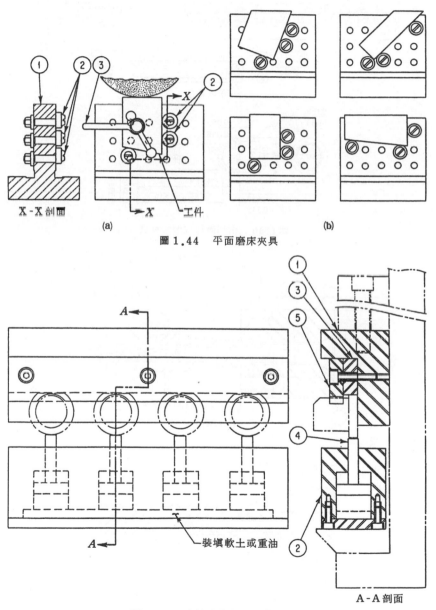

圖 1.44　平面磨床夾具

圖 1.45　直行式複合平面磨床夾具

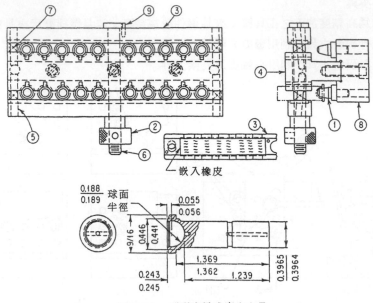

圖1.46　兩列直行式磨床夾具

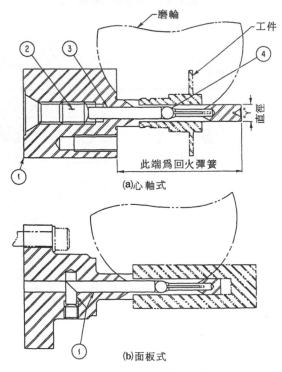

圖1.47　脹縮磨床夾具

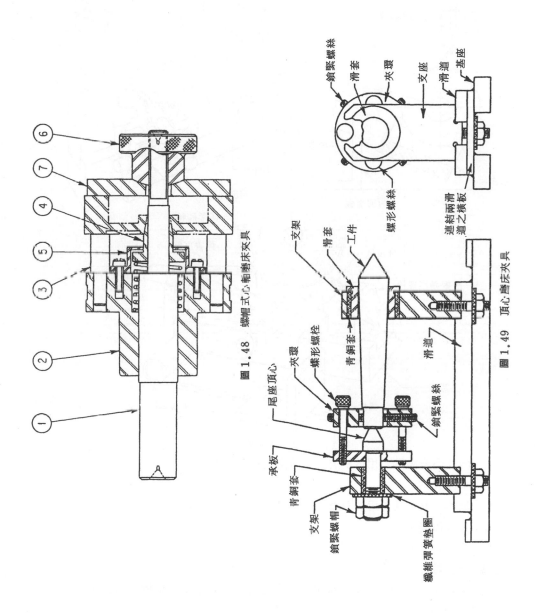

圖 1.48 螺帽式心軸磨床夾具

圖 1.49 頂心磨床夾具

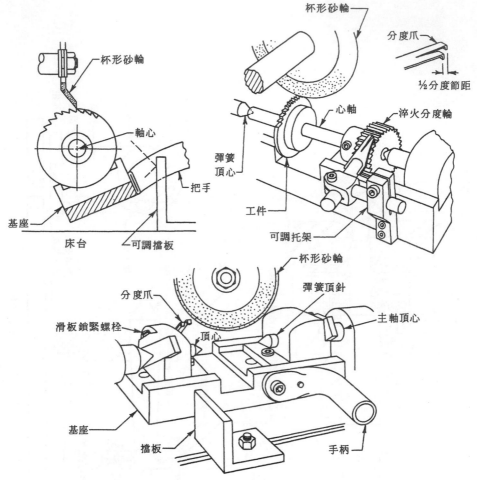

圖 1.50 銑刀及鋸片研磨夾具

(3) **內孔研磨夾具**：用於研磨內孔所用之夾具，此型夾具同時可用於車削內孔之車床夾具。

(4) **靠模研磨夾具**：用於靠磨方式加工工件複雜之曲線夾具。

(5) **分度研磨夾具**。

(6) **非直角研磨夾具**。

6. 鉋床夾具

鉋床常用之一些夾具，大都可在五金行購得，如虎鉗、壓板、角板等。

7. 鋸床夾具

鋸床用於下料、直線及輪廓之鋸切，因在鋸切時，工件承受之鋸削力單純而穩定，因而在設計上較為簡單，依鋸床之形式可分為下列數種：

(1) 往復式鋸床夾具。

(2) 臥式帶鋸床夾具。

(3) 立式帶鋸床夾具。

8．焊接夾具

工件施以焊接時，多爲定位而給予一定相同之尺寸，以確保垂直度、平行度及其他精度，或爲了夾緊及防止變形外；亦爲工作之安全，簡化工作程序，提高工作效率等目的而設計。依焊接工件之不同可分爲下列數種：

(1) 焊接定位夾具。

(2) 焊接拘束夾具。

(3) 焊接迴轉夾具。

(4) 焊接引導夾具。

9．裝配夾具

兩件或兩件以上之零件爲使其裝配組合在一起所需之器具爲裝配夾具，依工作之需求可分爲下列幾種：

(1) 零件與零件之裝配夾具。

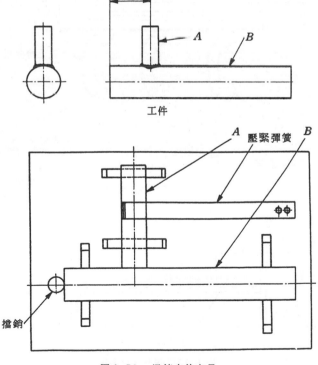

圖1.51　焊接定位夾具

(2)　零件與裝配總體之裝配夾具。

(3)　完成前之總裝配之裝配夾具。

(4)　主結構體之裝配夾具。

(5)　裝配各種量規夾具。

10. 檢驗夾具

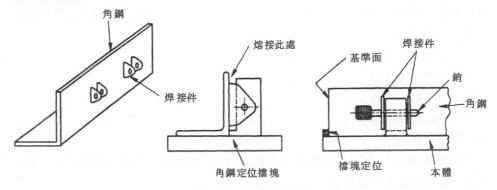

圖1.52　焊接定位夾具

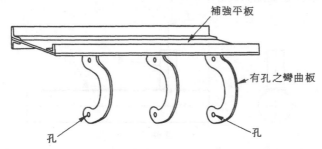

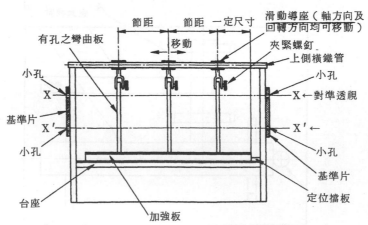

圖1.53　焊接定位夾具

各種產品或零件在製作完成或裝配完成後，爲了檢驗品質是否達到要求，因而要使用各種檢驗量具或夾具進行檢驗工作。

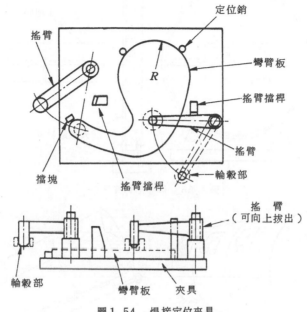

圖1.54 焊接定位夾具

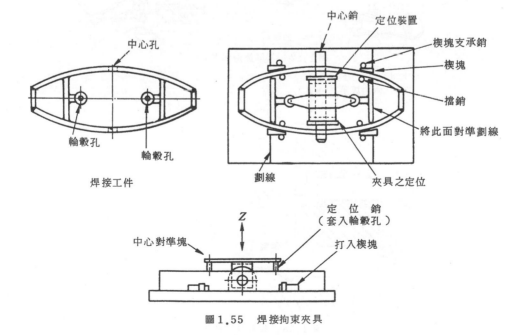

圖1.55 焊接拘束夾具

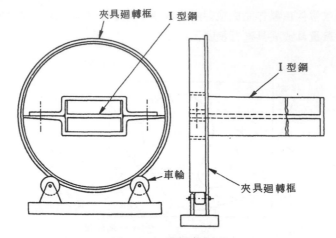

夾具廻轉框

I 型鋼

I 型鋼

車輪

夾具廻轉框

圖 1.56　焊接廻轉夾具

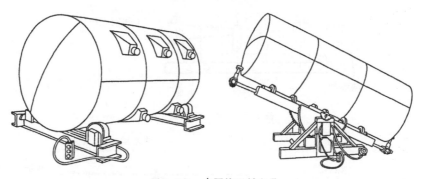

圖 1.57　大圓筒廻轉夾具

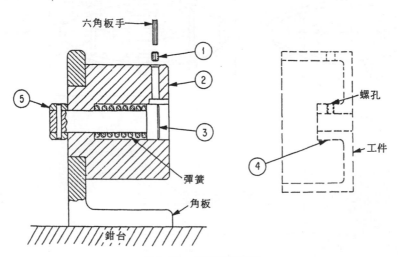

六角板手

螺孔

工件

彈簧

角板

鉗台

圖 1.58　螺釘裝配夾具

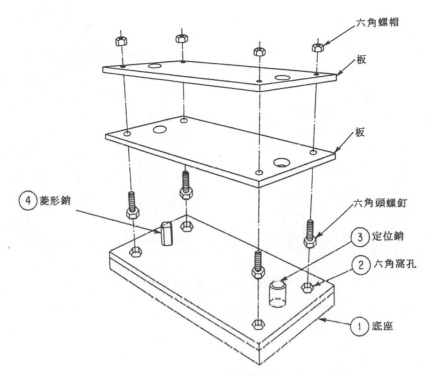

六角螺帽

板

板

④ 菱形銷

六角頭螺釘

③ 定位銷

② 六角窩孔

① 底座

圖 1.59 螺釘裝配夾具

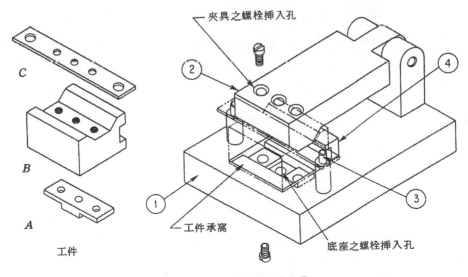

夾具之螺栓挿入孔

C

B

A

工件

工件承窩

底座之螺栓挿入孔

圖 1.60 螺釘裝配之夾具

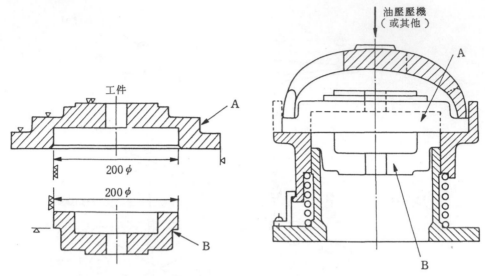

圖1.61 兩工件壓入裝配夾具

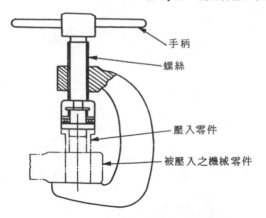

圖1.62 襯套壓入裝配夾具

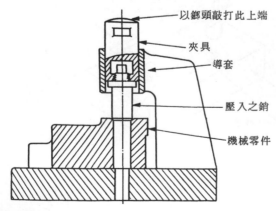

圖1.63 銷子壓入裝配夾具

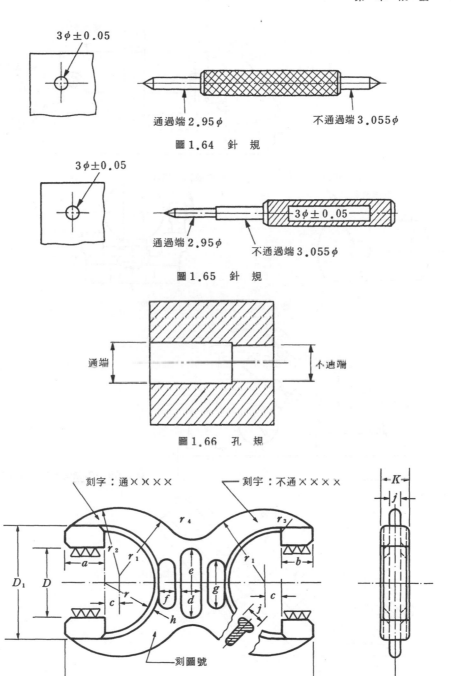

$3\phi \pm 0.05$

通過端2.95ϕ　　不通過端3.055ϕ

圖 1.64 針 規

$3\phi \pm 0.05$

通過端2.95ϕ　　不通過端3.055ϕ

圖 1.65 針 規

通端　　不通端

圖 1.66 孔 規

刻字：通××××　　刻字：不通××××

刻圖號

圖 1.67 卡 規

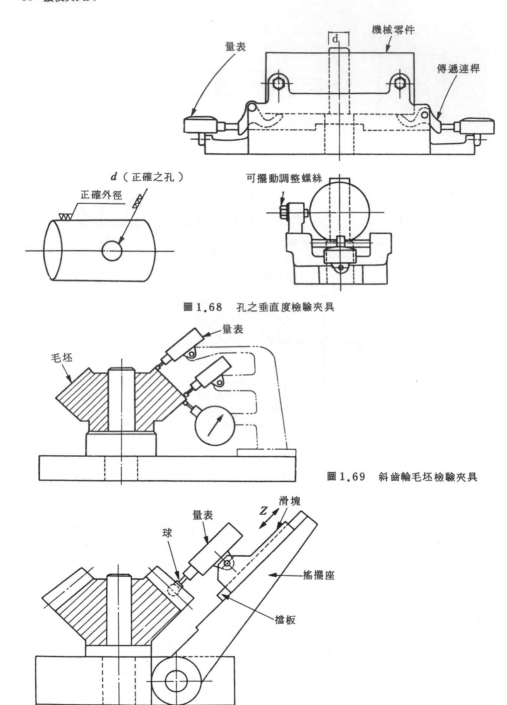

圖1.68　孔之垂直度檢驗夾具

圖1.69　斜齒輪毛坯檢驗夾具

圖1.70　斜齒輪精度檢驗夾具

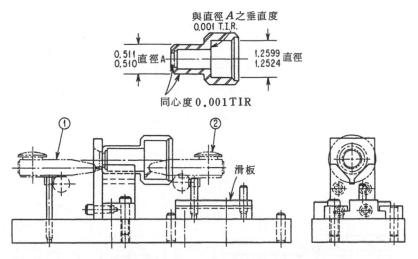

圖1.71 同心度與垂直度檢驗夾具

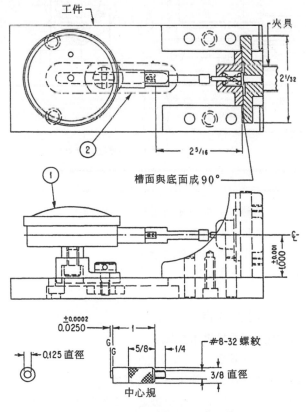

圖1.72 工件肩部長度檢驗夾具

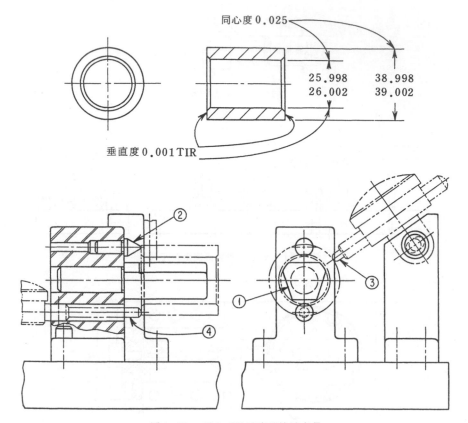

圖1.73 同心度及垂直度檢驗夾具

習 題

1.1 未使用鑽模夾具製作工件與使用鑽模夾具製作工件有何差異？

1.2 使用鑽模夾具之目的如何？

1.3 鑽模夾具之使用受到那些條件限制？

1.4 何謂鑽模？

1.5 何謂夾具？

1.6 鑽模與夾具有何異同之處？

1.7 在工作母機中那些屬於汎用夾具？

1.8 試述鑽模夾具之種類？

1.9 大量生產時使用鑽模夾具加工有那些好處？

1.10 爲何使用鑽模夾具能提高工作母機之加工性能及加工精度。

1.11 使用鑽模夾具製造工件與工件均一性有何關係？

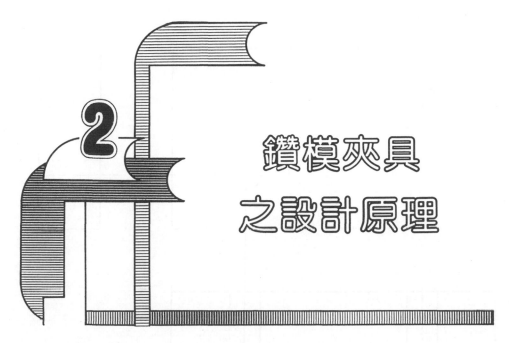

2.1 概　述

　　如圖2.1所示之工件，今欲鑽製工件上兩貫穿孔，則可容易地設計一簡單平板鑽模，如圖2.2所示。當用此鑽模鑽孔時其使用方法如圖2.3所示，係利壓板及T型螺栓，同時壓緊鑽模及工件，然後再使用鑽床來鑽孔，此種鑽模為平板鑽模，因鑽模之構造類似一標準工件之故。

　　觀察圖2.2之簡單平板鑽模，將會發現很多缺點，例如雖將工件確實對準鑽模，但夾緊時工件位置常產生變動；又因工件直接夾持於床台上，故鑽孔時需移動床台方能使鑽頭對準導套，而此種操作不但不方便，且使工件尺寸精度產生極大之變化，遂使鑽模失去原有之功能。為了改善以上之缺點，需重新考慮設計新的鑽模。吾人可在鑽模設計時考慮裝上定位裝置，以便利工件之定位，如圖2.4所示。圖中雖對工件定位問題已得到適當之改良，但鑽模本身尚無夾緊工件裝置，因此仍需依賴壓板及螺栓夾緊於床台上。

　　為了工件安裝簡便吾人仍再次重新考慮鑽模之設計，因而在鑽模上設計有三支螺栓夾緊工件，其造形如圖2.5所示，即可達到定位與安裝簡便之目的，且不須移動鑽床床台，只需移動鑽模本身即可將鑽頭對準鑽模導套中心施以準確之鑽孔。

　　圖2.5雖在設計上增加了夾緊螺栓，但工件仍直接放置於鑽床床台上，因而鑽孔時操作者，必須極為小心地實施鑽孔加工，否則傷及床台而造成損失。為克服此種困難，吾人在鑽模上安裝支承件，使工件不必直接放置於鑽床床台上，如圖2.6

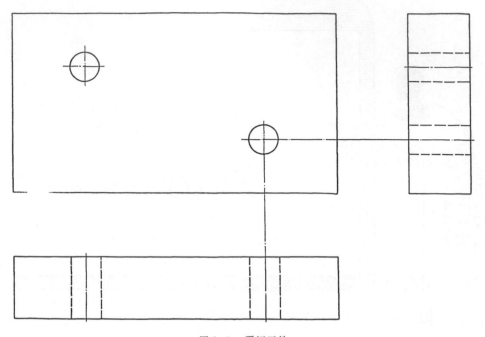

圖2.1 平板工件

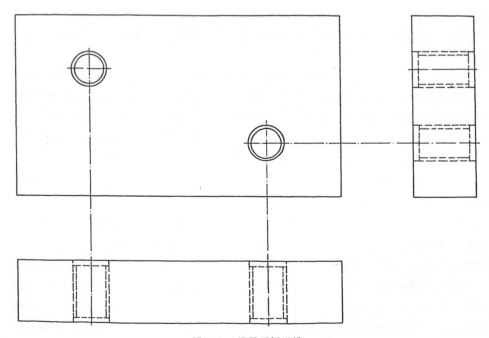

圖2.2 簡易平板鑽模

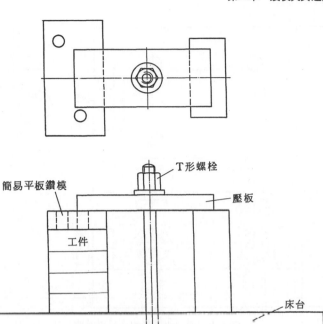

圖2.3　簡易平板鑽模操作方法

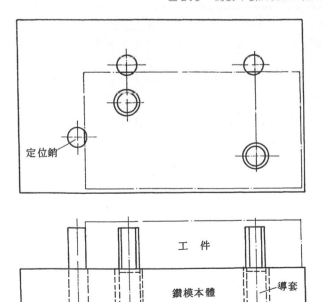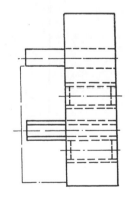

圖2.4　沒有定位銷之平板鑽模

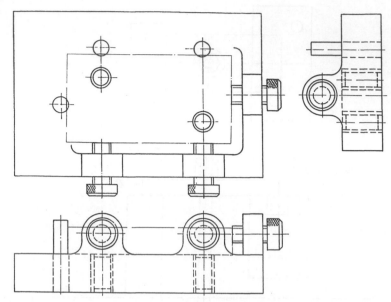

圖2.5 具有夾緊螺栓之平板鑽模

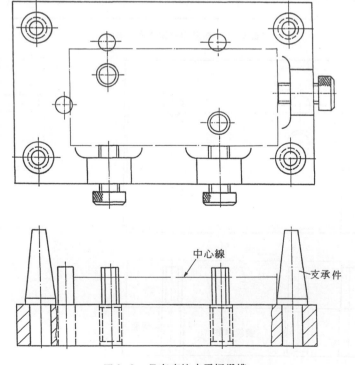

圖2.6 具有支柱之平板鑽模

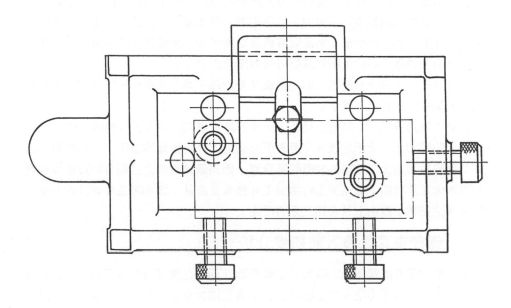

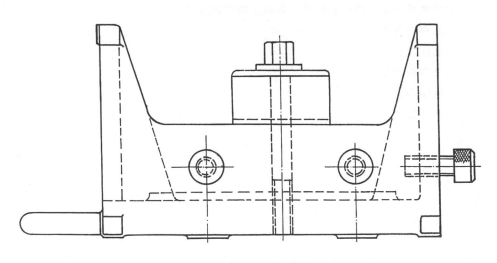

圖 2.7　完整之平板鑽模

所示。

　　圖2.6雖加裝支承件，工件仍非直接放置於鑽床床台，而床台間有些距離，此時雖可放心大膽地施加鑽孔。但因工件之夾緊，只依賴螺栓頂住力所產生的摩擦力來支承工件使工件不致滑落，而未設有直接之夾緊力，故當鑽孔時進給量稍大些，工件必然向下掉落，因此並不能適用於強力鑽孔之工作。

　　為了克服上述的所有缺憾，因而將鑽模設計為一具有支承件、定位銷及夾緊裝置之完整鑽模，如圖2.7所示。

　　在機械製造過程中，為使工件加工迅速且具有更高之品質及互換性，因此毫無疑問的應設計圖2.7所示之鑽模。但若所製造之工件件數極為有限，則為經濟上之考慮，仍應採用圖2.2之簡易鑽模較為合算。因為鑽模夾具之主要目的乃是以小量投資獲取大量的利潤，故減少工時增進工件精度及產量，應如何選擇設計最合適之鑽模夾具之結構，應由下列各節之分析而定。

2.2　鑽模夾具之設計前初步分析

　　由上節之鑽孔鑽模為例，很容易了解到設計良好之鑽模夾具時要對工件之性能、構造、材質、加工方法、加工機械及操作者之能力有所了解。然而鑽模夾具之設計之經濟效益評估亦相當之重要，若要得最高之效益不得不對於鑽模夾具設計前做一些必要之考慮，才能達到鑽模夾具設計之預期效果。

　　鑽模夾具之設計前初步分析，分析之事項如下：

(1)　工件之分析。

(2)　工作方法之分析。

(3)　工作機械之分析。

(4)　操作員之分析。

(5)　製作量之分析。

2.2-1　工件之分析

　　鑽模夾具之設計初步分析之第一階段是工件之材料性質、形狀及公差等分析。

(1)　材料之種類：鐵、鋼、非鐵金屬、非金屬。

(2)　材料之型式：壓延材料（拉製、擠出）、鑄件、鍛件、沖壓零件、其他。

(3)　材料之性質：強度、硬度、延性、切削、比重、剛性、熱傳係數。

(4)　工件之形狀：圓形、平板形、球形、錐形、梯形、矩形、複合形等。

(5)　工件之尺寸與公差：孔、槽、加工面、尺寸、公差、幾何公差、表面精度等。

　　以上事項是在設計之第一階段，由工件藍圖來加以充分之檢討分析以建立設計方針。

2.2-2 工作方法之分析

鑽模夾具設計初步之第二階段，爲針對工件之工作方法作必要事項之分析：

(1) 切削加工之型式：鑽孔、搪孔、鉸孔、攻牙、車削、銑削、鉋削、研磨、拋光、拉製等。

(2) 裝配工作：焊接、鉚接、螺絲接合、壓合等。

(3) 檢驗工作：機械式檢驗、光學式檢驗、電氣式檢驗、其它。

(4) 表面塗裝工作：噴漆、表面處理、電鍍、防銹、球擊等。

將以上最適當者與工件所需之加工比較後加以檢討，如車削、銑削、研磨之工作程序和工件之加工程序明確後，以便規劃設計方針。

2.2-3 工作機械之分析

工件加工程序確立後，第三階段根據所需之加工選擇最適合之工作機械、裝配塗裝機具及檢驗量具。在此階段所分析之項目爲：

(1) 工作機械：車床、銑床、鑽床、搪床、磨床、拉床、鉋床、沖床、其他。

(2) 裝配塗裝機具：焊接機、壓延機、切斷機、塗裝機、表面處理機、鑄造機、鍛造機、其他。

(3) 檢驗量具：機械式檢驗具、光學式檢驗量具、電氣式檢驗量具、其他。

第一及第二階段之分析完成後，根據所得之結果，定出使用之工作機械、裝配塗裝機具及檢驗量具。實際上熟悉使用鑽模夾具之工作機械之性能、構造、精度對鑽模夾具之初步分析與規劃極爲重要。

2.2-4 對操作員之分析

經由工件使用之工作機械來考慮鑽模夾具之操作員之性別、年齡、品格、熟練程度及學識等。但以特定之操作員爲對象，亦能以自由調度使用之原則來加以檢討。而將工件使用之鑽模夾具之作業時間、疲勞及安全列入分析規劃之考慮之中。

2.2-5 產量、造價、成本之計算

鑽模夾具之設計係針對製造工廠之大量、長期生產、當然應注意其投資利益，製造一套鑽模夾具每個月應生產多少工件才合理，何時能收回投資成本，投資報酬率如何？都應加以詳細之考慮，茲將設計一套鑽模夾具，應考慮計算之經濟原則如下：

(1) 分析使用鑽模夾具與不使用鑽模夾具之比較效益優劣。

(2) 估算使用鑽模夾具與不使用鑽模夾具之裝卸時間之差。

(3) 使用鑽模夾具後工件之精度是否合乎工件精度之要求。

(4) 根據工件材質、切削力、加工精度而設計相對之鑽模夾具之結構和材質。

(5) 確定設計此鑽模之目的,使能達到此目的之鑽模夾具設計。

(6) 檢討生產數量及交貨日期。

(7) 鑽模夾具之維護與保養費用。

(8) 計算製造此鑽模夾具之費用,並作得失評估。

　　鑽模夾具製作費用之計算,需根據以上所述原則考慮其經濟價值,固然製品品質之精確度,製造數量之多寡,及投資費用之償還期限等,皆需從實計算,鑽模夾具之造價、估算如下:

　　假設 M:鑽模夾具製作設備費(元)

　　　　n:全年製造量(個)

　　　　y:償還投資年限(年)

　　　　r:施工時間接費用所佔百分比率(%)

　　　　t_0:未用鑽模夾具,每個工件所需用之加工時間(小時/個)

　　　　a_0: t_0 小時之平均計時工資(元/小時)

　　　　t_1:使用鑽模夾具時,每個工件所需之加工時間(小時/個)

　　　　a_1: t_1 小時之平均計時工資(元/小時)

　　　　f:鑽模夾具之償還利率(%)

　　　　q:使用鑽模夾具一年所需之管理維修費用與製造費用之百分比(%)

　　　　P:製造鑽模夾具費用之年率(%)

　　投資鑽模夾具之製作費用公式如下:

$$M \leqq \frac{ny\,(\,1+r\,)\,(\,t_0a_0 - t_1a_1\,)}{1+y\,(\,P+q\,)}$$

▶ 例題2.1

　　某工件係為中碳鋼(S45C)製品,其直徑為130m/m,厚度為25m/m之圓盤,在此圓盤直徑為100mm之節圓圓周上鑽削直徑為5.0mm等間距離分佈之圓孔 10 個,孔之節距公差為±0.1mm,使用直立式靈敏鑽床,試求鑽模之投資製作費應為若干。

　　假設:a_0:40元

　　　　t_0:¾小時

　　　　a_1: 25元

　　　　t_1: 1/10小時

n：50個／月＝600個／年

y：3年

P：1分／月＝12分／年＝0.12

q：5分＝0.05

r：100％＝1

解： $M \leq \dfrac{600 \times (1+1)(0.75 \times 40 - 0.1 \times 25)}{1+(0.12+0.05)} = 28205 \text{元}$

　　製造此工件之鑽孔，鑽模之製作費用必須少於28,205元，使用鑽模加工是極為合算而合乎經濟原則。若未使用鑽模時，機械及工人之工時增多，工具機之效率無法發揮，均須加以考慮，一般需憑實際情況，和工廠經驗來衡量。

◀

　　使用鑽模夾具時，有種種之經濟評量公式。實際應用上，要得良好之經濟效益以前，應先考慮工件品質是否獲得保證。是否採用鑽模夾具，與投資費用之限制有重大之關係，若決定採用鑽模夾具時，再作經濟性之分析。

　　對鑽模夾具之經濟性之檢討，可用下列公式加以考慮 。

　　設 n：全年生產量（個）

　　A：造價（D）之年利率（％）

　　B：造價之折舊費、稅金、攤還費等之年利率（％）

　　C：製作費用中管理維護費用之利率（％）

　　$\dfrac{1}{y}$：投資折舊償還率（y 為償還投資年限）

　　s：每一工件之直接勞務節省工資（元／個）

　　T：全年所能節省總間接勞務工資（元／年）

　　t：所節省之間接工資費用與所節省之直接工資費之比率（％）

　　V：增添設備後全年中所能節省之金額（元／年）

　　I：鑽模夾具投資總金額（從設計、製作至安裝、使用為止之全部費用）（元）

　　H：保養維護、保管庫存、裝卸管理等費用（元）

　　S：全年總節省之直接勞務費用等於 Ns（元）

　　全年中之固定費用＝ $I\left(A+B+C+\dfrac{1}{Y}\right)$

　　每一個工件製作時所節省費用＝ $s(1+t)$

$$全年製造量 N = \frac{I\left(A+B+C+\frac{1}{Y}\right)+H}{s(1+t)}$$

$$I = \frac{Ns(1+t)-H}{A+B+C+\frac{1}{Y}}$$

$$V = Ns(1+t)-H-\left(A+B+C+\frac{1}{Y}\right)$$

$$Y = \frac{I}{Ns(1+t)-H-I(A+B+C)}$$

設 $A = 12\%$

　$B = 8\%$

　$C = 10\%$

　$s = 20$ 元

　$t = 30\%$

　$Y = 4$ 年

　$\frac{1}{Y} = 25\%$

　$H = 1,000$ 元

則　$A+B+C+\frac{1}{Y} = 55\%$

▶例題2.2

　　夾具之預算爲 $ 80,000 元，由四年內節約受益費收回所投資金額，試問一年中生產一批次之產量該如何？

解：由公式（1.2）可知

$$N = \frac{I\left(A+B+C+\frac{1}{Y}\right)+H}{s(1+t)}$$

$$= \frac{80,000 \times 0.55 + 1,000}{10(1+0.3)}$$

$$= 3,462 個$$

▶ **例題2.3**

例2.2之夾具若全年中有6次反覆使用時，所投下之資金於四年內收回，試問每年產量若干？

解：由公式（1.2）可得

$$H = 6 \times 1000 \,元 = 6,000 \,元$$

$$N = \frac{I\left(A+B+C+\dfrac{1}{Y}\right)+H}{s\,(\,1+t\,)}$$

$$= \frac{80,000 \times 0.55 + 6,000}{10\,(\,1+0.3\,)}$$

$$= 3,846 \,個$$

◀

▶ **例題2.4**

若一年產量為6000個，每年作4次反覆加工，每一個工件可節省金額為 10元，兩年間收回投資成本，試求此鑽模夾具可以投資金額為若干？

解：由(3)式可得

$$\frac{1}{Y} = 50\%\ ,\ A+B+C+\frac{1}{Y} = 80\%$$

$$I = \frac{Ns\,(\,1+t\,)-H}{A+B+C+\dfrac{1}{Y}}$$

$$= \frac{6,000 \times 10\,(\,1+0.30\,)-4,000}{0.80}$$

$$= 92,500 \,元$$

◀

▶ **例題2.5**

某工件夾具製造費60,000元，一年中產量3,000個，每年作5次反覆生產，若要收回投資金額，所需時間為若干？

解：由(5)式可得

$$Y = \frac{I}{Ns\,(\,1+t\,)-H-I\,(\,A+B+C\,)}$$

$$= \frac{60,000}{3,000 \times 10 \times (1+0.3) - 5,000 - 60,000 \times 0.3}$$
$$= 3.75 \text{年}$$
$$= 3 \text{年} 9 \text{月}$$

▶ **例題2.6**

　　例2.5題中若夾具之製作費爲50,000元，四年欲收回投資金額，試問一年中之總節省金額爲若干？

解：由(4)式可得

$$V = Ns(1+t) - H - I\left(A + B + C + \frac{1}{Y}\right)$$
$$= 3,000 \times 10 \times (1+0.3) - 5,000 - 50,000 \times 0.55$$
$$= 6,500 \text{元}$$

▶ **例題2.7**

　　例2.6題中若夾具之製作費爲60,000元，試問一年中完成10,000個之總節省金額爲若干？

解：
$$V = 10,000 \times 10(1+0.3) - 5,000 - 60,000 \times 0.55$$
$$= 92,000 \text{元}$$

2.3　鑽模夾具設計前之初步分析實例

【實例1】

　　已知裝配工件欲設計裝配夾具，試作設計前初步分析及規劃。工件藍圖如圖2.8所示，由件A與件B壓入組合而成一體，其裝配夾具如圖2.9所示。

　　由藍圖得知工件皆爲鑄件，其圓盤最大直徑爲200mm，裝配後最大高度爲180mm，重量爲1.5kg。

　　工件A之U，V，X，Y及工件B之P，Q，R，S，T爲加工過之面，其餘部份爲黑皮。件A與件B之裝配部位爲直徑180mm，配合公差爲($H_7 P_6$)，工件B之裝配尺寸及公差爲$180^{+0.046}_{-0}$，A之裝配尺寸公差爲$180^{+0.125}_{+0.05}$，此裝配尺寸已按尺寸加工完成，然而P與U爲裝配上容易而倒角（C0.5）。其工件之

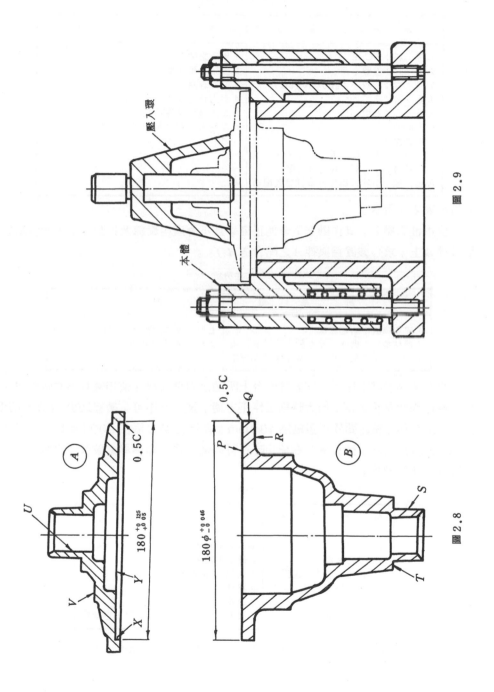

圖 2.9

圖 2.8

表2.1　工件之分析

分　析　之　基　準	設　計　方　針
1.材　料：FC30 2.　　　：圓盤，薄 3.尺　寸：比較小（200ϕ×180） 4.重　量：1.5kg 5.重　心：在中心線上 6.方向性：無 7.加工面： 　工件B之P，Q，R，S，T 　工件A之U，V，W，X，Y 8.裝　配：工件A與工件B採壓入配合	1.用手來裝卸。 2.操作簡單確實。 3.裝卸容易。 4.壓力負荷作用於加工面。 5.壓入環與確定銷為一體。 6.工件A，B之裝配工作於床台上進行。

分析如表2.1所示。

　　使用油壓壓床，其作動上下皆能正確，且不會產生旋轉及振動。壓入環容易安裝於件A上，求心裝置銷與件A之配合是H_7f_7。

工作法分析

分　析　基　準	設　計　方　針
1.使用機械：油壓壓床 2.機械精度：壓床主軸作動上下皆能正確 3.動　作：壓床作動不產生迴轉及振動	1.裝配夾具之壓入環易裝於床主軸 2.壓入環易於裝卸

　　夾具安裝於壓床床台，安裝於床台上所佔之面積及操作使用夾具時有無受其影響。壓床衝程是否適當，過大時則工作不方便，過小亦不可，衝程最少100mm以上，而床台與主軸之間最小距離為400mm。壓床之壓力需在500kg以上，壓入時需250kg之力，因此夾具在使用時不可因壓力過大而變形或破裂。夾具安裝於床台採用T型螺栓。

工作機械之分析

分　析　基　準	設　計　方　針
1.床台之大小 2.壓床之衝程 3.床台與主軸之間隔距離 4.壓床之壓力 5.裝配之壓力 6.夾具之安裝	1.床台面積對夾具之安裝無大影響 2.最小100mm以上 3.間隔400mm以上 4.壓床壓力500kg以上 5.裝配之壓力250kg以上 6.夾具安裝於壓床床台使用T形螺栓

　　工件之裝卸簡便，夾具上之面與壓入環之間隔在200mm以上，且定位容易，對操作員有安全裝置。

操作員之分析

分　析　基　準	設　計　方　針
1. 性　別	1. 女性亦能勝任
2. 具備之技能	2. 未具有技能即可
3. 操作姿態	3. 坐　姿
4. 工件之安裝	4. 裝卸容易，夾具上部與壓入環有間隙
5. 工件之拆卸	5. 拆卸可利用彈簧
6. 工件裝配位置	6. 與眼齊高
7. 作業前工件之置放情況	7. 工件 A 與工件 B 易於提出
8. 作業後工件之置放情況	8. 整理後裝箱
9. 安　全	9. 對安全裝置特別重視

生產總數 3000 個，生產速率每小時 30 個，此種作業簡單，工件之形狀亦不複雜，使用之裝配夾具之構造簡單，所以一般並不檢討夾具之造價，且夾具設計與製作決定很快。

造價與經濟性分析

分析基準	設　計　方　針
1. 生產量	1. 3000 個
2. 加工速率	2. 30 個／小時
3. 價　格	3. 簡單之夾具，所以不要檢討

2.4　鑽模夾具設計時之分析

設計鑽模夾具時，如前述工件之形狀、材料，工作方法，工作機械，操作者及造價等分析，綜合而進入具體之設計，具體設計需相當之慎重，因此在未設計前，對設計上之許多問題必先進行了解以利設計之進行。

一般考慮之問題要點：如何將鑽模夾具安裝於工作機械之床台上、鑽模夾具之定位、切削刀具之配置、切削刀具之引導、切屑之處理，安全對策、工件量測及其鑽模夾具之製作與保養。

2.4-1　鑽模夾具之安裝

鑽模夾具安裝在工作機械時之注意事項及相關項目如下：

1. 廠房設備

安裝鑽模夾具於工作機械時，是否因廠房之柱子、台階及其它機械設備而產生阻礙。廠房是否有電源、油壓、氣壓等動力。是否有吊車、起重機、堆高機等搬運設備，用來安裝鑽模夾具。

2．工作機械

鑽模夾具所使用之工作機械是否具有正確迴轉速度及工件運輸設備，工作機械之精度如何？所安裝之鑽模夾具是否能順利操作，工作機械是否因鑽模夾具之重量作用下產生不良情況，工作機械是否有T型槽或螺栓孔或其他裝置以便安裝夾具，工作機械安裝夾具時各項作動與調整是否容易。

3．切削刀具

鑽模夾具安裝在工作機械之情況下，切削刀具之裝卸是否簡便，調整是否容易。

4．輔助裝置

切削刀具之支承裝置、套筒、環等能否使用。切削刀具所需之調整或求心之量錶或樣規使用是否簡便？是否有刀具定位裝置？爲保持工件之加工精密度是否有調整裝置或其他補救設施。

5．操作員

安裝工件之操作是否簡單？定位工件是否正確？夾緊工件之操作是否有困難？

2.4-2　工件之安裝

工件安裝於鑽模夾具時，其應注意事項有定位、定心、夾緊之一般問題。

1．機械設備

鑽模夾具安裝工件時是否有阻礙物，如工作機械等，所設計之鑽模夾具是否適合於工作機械、工件之搬運是否有可用之設備如台車、吊車及其他搬運設施。

2．工　件

工件安裝於鑽模夾具之上時，是否產生尺寸公差、幾何公差或工件加工公差之情況，安裝之處有無基準面；對於安裝困難之工件是否有輔助裝置，鑽模夾具是否容易裝卸，較重之工件，能否由橫向來安裝，細長之工件一端使用鑽模夾具加工時，另一端是否容易支承。定位之各點能否在工件之各部位，是否考慮過定位件之摩耗減少方法，工件爲黑皮時定位與支承能否正確。工件一次安裝數件時定位與夾緊是否正確簡便。

3．加工前工件之情況

基準面與基準點是否加工過，而加工之精度，對定位處之公差關係如何？已加工過有無生銹或毛邊；工件安裝時已加工之面是否會夾傷；利用已加工過之孔來定位時，孔之精度是否正確，是否易於清理？

4．切削刀具

切削刀具在操作時是否有防止錯誤與不正確之安裝，定位面或其他部位是否被夾傷，刀具是否會阻礙工件之定位或裝卸。

5．操作員

操作員能否輕易的操作鑽模夾具之裝卸工件，操作員在種種操作時是否能信任與把握。操作員能否正確的定位工件，定位較重之工件，有無支承安裝之設備。調整之位置與作動之位置與操作員之方位與空間如何？在連續加工之情況下，裝卸是否簡易？裝卸與夾緊能否使用雙手，是否會有工件之反彈而難拆卸。

2.4-3　工件之支承與夾緊

以下說明關於鑽模夾具之支承與夾緊設計時之注意事項。

1．工作方法

切削量大時夾具之支承或夾緊裝置之強度是否過大，切削量小時夾緊裝置可用簡便者。是否因切削力作用使鑽模夾具或工件產生變形，在切削力作用下是否具有自鎖能力。

2．工　件

對於容易變形之工件，有無考慮過夾緊力之大小限制，是否考慮過工件表面夾傷問題，對於工件之精度是否因夾緊機構之夾緊力作用而產生變化，兩件或兩件以上之工件夾緊時，夾緊力之作用是否均等。夾緊點是否與支承點相對，夾緊工件時工件之支承面與定位面是否產生歪斜或浮動之現象。

3．工作機械

機械床台移動時工件之夾緊是否方便，使用空壓或油壓來夾緊工件是否連動，夾緊力之作用下對工作機械有無不良影響，工作機械某些部位是否使其鑽模夾具之操作不便。

4．切削刀具

刀具是否阻礙鑽模夾具之夾緊操作，由於刀具之切削而產生振動，是否使其加工之工件鬆脫，工件裝卸時刀具是否產生阻礙。

5．操作員

操作員能否簡單的夾緊工件，操作員之位置與夾緊機構之把手開關是否很近。有無防止夾緊工具、把手之遺失考慮，能否兩手操作機械，一手夾緊工件，釋開夾緊後工件是否容易取出。

2.4-4　切削刀具之定位

1．鑽模夾具之構造

鑽模夾具之支承件是否落入機械床台T型槽內，鑽模鑽孔時是否會傷害床台，支承件應如何定出，使用可迴轉分度夾具時操作是否簡便。

2．輔助設備

能否使用分度盤或迴轉盤，鑽斜孔或切削斜面時能否安裝夾具。

3．控制裝置

鑽模夾具於製孔時是否有刀具深度控制裝置，刀具定位裝置是否受床台移動而產生變化，刀具之定位是否受床台移動之限制。

4．切削刀具

能否在最小限制下使工具移動，使用細鑽頭鑽孔時鑽模是否容易移動，且鑽模之重量是否太大。

5．操作員

刀具之定位是否容易辨認出，是否設有快速定位手輪，分度是否容易，精度是否合乎要求。

2.4-5　切削刀具之引導

1．工作方法

是否需要有刀具之引導，若必須有刀具引導時其引導是否確實，為使精度達到要求，引導部位之磨耗是否加以考慮，工件加工面與刀具心軸有無垂直，是否合乎刀具引導之要求。

2．2次加工

對2次加工之刀具引導是否加以考慮，1次加工引導對2次加工引導有無不良影響。1次加工與2次加工能否使用同一刀具引導。

3．切削劑

有無切削劑之泵及切削劑之槽，切削劑能否注入至刀刃，有無切削劑流出裝置及防止切削劑濺出裝置。

4．切削刀具

切屑是否容易排出，刀具再經研磨後對鑽模夾具有無不良影響。鑽孔及倒角是否同時進行，刀具是否損傷鑽模夾具，有無防止小鑽頭發生撓曲裝置。

5．操作員

能否分辨各種導套，導套之裝卸互換是否容易，刀具與引導裝置之關係是否易於辨認。

2.4-6　切屑處理

1．工作方法

是否檢討因工件材料之不同，而產生切屑形狀及性質之差異。有無考慮切屑之性質，來決定工件及模板間之距離。

2．鑽模夾具之構造

支承銷及支承面之設計有無考慮切屑排除及清理問題，切削劑及切屑是否容易排出，螺桿、螺釘等調整部位是否有防止切屑進入之保護裝置。

3．工作機械

有無切屑排除裝置，切屑對工作機械有無不良影響，能否使用空氣噴槍。

4．切削刀具

切削刀具有無排屑槽，刀具双口有無切屑裂片。

5．操作員

支承銷或定位部分若有切屑於上面是否易於察覺，易於清理。

2.4-7　工件之量測

1．清　掃

工件安裝於鑽模夾具之情況下量測，能否簡單清掃工件且除去妨害量測之切屑。

2．鑽模夾具之間隙

有無可利用之量測上之間隙，切削刀具是否阻礙量測工作。

3．量測方法

一般之量具可否在鑽模夾具內使用，若不能使用是否準備專用量具。

4．基準面

能否由基準面來量測。

5．操作員

量測處理能否容易看出，是否能簡單讀出測定刻度或數值。

2.4-8　安全對策

1．工　件

加工或搬運中，有無考慮工件是否撞傷。

2．鑽模夾具

有無考慮鑽模夾具破損，若將工件安裝錯誤時鑽模夾具是否會造成破損。

3．工作機械

是否因工件、鑽模夾具及刀具造成工作機械之損傷，鑽模夾具回轉移動時機械是否平穩。

4．切削刀具

切削作業中操作者是否需在刀具附近，若無需要時有無安全裝置，鑽模夾具是否會使刀具損壞。

5. 操作員

操作者對加工作業中能否注意安全。操作者之穿戴是否會被機械捲入。是否於鑽模夾具上有某些尖角使操作者手受傷。操作手輪或把手是否要手動，作業時操作者是否會被夾緊機構夾傷之危險。有無防止切屑及切削劑之飛散裝置；使用氣壓或油壓之夾緊裝置，若壓力突然消失時是否有安全裝置，鑽模夾具上是否標註注意事項。

2.4-9 搬運及保管

1. 吊 環

難搬運之鑽模夾具或重物是否需要吊環。

2. 附屬零件

是否將容易遺失之銷子、扳手、套筒及檢驗工具，鎖於或固定於鑽模夾具上。容易損壞之物件有無保護裝置；對容易生銹之部份或加工面有無防銹處理。

3. 記 錄

製作之鑽模夾具有無整理在帳冊上，有無編號、命名及其他事項記錄。鑽模夾具之種類及精度等分類有無使用各種顏色表示出。

4. 保 管

鑽模夾具有無排在工具架上，對保存與整理之鑽模夾具有無明確區分，管理人員是否負責。

2.4-10 製作及保養

1. 製作費

鑽模夾具之製作費是針對工件之數量、單價、精度而定。少量生產時是否會浪費。

2. 標準化

對鑽模夾具之標準零件，在購入零件時品質檢驗及考慮庫存品之靈活性。

3. 製造能力

有無鑽模夾具之製作工廠、設備及人員，有無製作變化範圍大之鑽模夾具能力，製作時之基準面有無確定，定位、支承及定心等裝置裝配是否容易，精度是否合於要求之精度，是否需要研磨。

4. 設計要領

鑽模夾具之各部位在切削力作用下是否平穩，是否產生破損，制震能力如何？夾緊機構是否簡便，對於加工精度高之鑽模夾具之基準面是否需要研磨，對將來之變更設計是否加以考慮。

5. 保　養

鑽模夾具之重要機件給油是否容易，易磨耗之機件是否熱處理，較易損壞之零件更新是否容易，壓入配合之零件旋換是否可行，鑽模夾具在使用狀態下，其零件之交換是否可能。

以上 10 項之內容緊密關連，設計者應討論，分析各要點，做為設計鑽模夾具重點，但若過於重視這些要點在設計上常會產生不平衡，所以設計時應與現場人員互相討論，製造出精度高而廉價之合用鑽模夾具。

習　題

2.1　詳述工件生產量與夾具設計之關係？

2.2　為何鑽模夾具設計前需做初步分析？

2.3　鑽模夾具的設計前初步分析包括些什麼？

2.4　鑽模夾具的設計前初步分析中，工件之分析需包括那些？如何分析？

2.5　操作員之分析有那些項目？如何分析？

2.6　鑽模夾具的造價及工件數量間的關係如何？

2.7　鑽模夾具的造價應以最經濟為原則，其原則包括些什麼？

2.8　如圖所示，試作此銑床夾具之設計前初步分析。

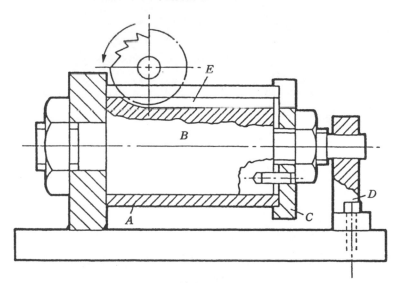

習題2.8

2.9　如圖所示，試作此裝配夾具之設計前初步分析？

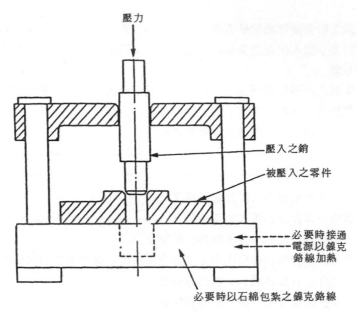

壓力

壓入之銷

被壓入之零件

必要時接通
電源以鎳克
鉻線加熱

必要時以石綿包紮之鎳克鉻線

習題 2.9

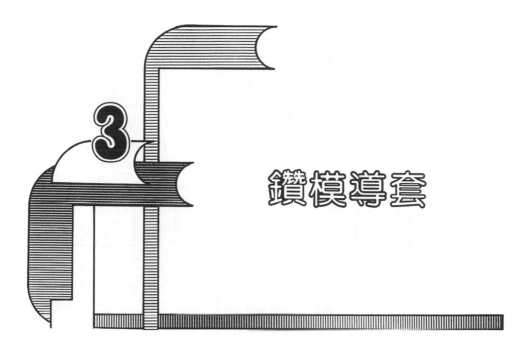

鑽模導套

3.1 概 述

　　導套是鑽模主要的構件，其功用大都用於引導鑽孔刀具，搪桿或導柱，使其輕鬆而順利的進入正確位置，以利工件實施切削，省去一般傳統鑽孔工作的畫線、打眼、工件定位、試鑽、校準、製孔等複雜而浪費工時的工作步驟。

　　導套在各先進國家有現貨供應，都訂有嚴格之規格標準，有專門製造工廠，生產各種規格之成品與半成品，提供鑽模夾具設計工程師選用，如此不但給予鑽模夾具設計工程師很多方便，且成本降低。鑽模導套由於相當精密，製作極為困難，設備費用甚高，而一般工廠並非專業製作導套，且投資這種專門技術和設備是相當不合算的，所以除了特殊的導套不易購得而須自製外，一般常用導套皆應以購買為宜。

　　我國精密工業起步比較晚，雖中國國家標準（CNS）訂有嚴格的標準規格，但並沒有這類的專業製造工廠，因此鑽模夾具設計工程師在設計之時必須面面俱到，不但要考慮設計問題，同時也要考慮製造、設備等問題。

　　導套內徑在15 mm以下者使用工具鋼製造，15 mm以上者使用滲碳鋼製成，兩者皆需淬火熱處理，並將內外徑施予研磨加工，有時亦可用鑄鐵製造，此等鑄鐵導套使用於引導刀桿、導柱等非切削用工具。

　　導套長度一般約為內徑的1.5～2倍，為使切削刀具能順利進入而不致損傷刃口起見，其內徑倒角需施予圓弧倒角。此倒角在引導工具之入口側圓弧需較大，其反側與工作件接觸之表面僅去除毛邊即可。

　　導套需確實嵌入模板後突出少許,如圖3.1所示,其目的在避免清掃模板上之切屑時切屑進入導套內,以保持鑽模內部之清潔。

　　導套的下端與工件間應保持適當之間隙,如圖3.2所示。其目的使切屑易於排除,具有保護切削刀具的功能,且可增長導套之壽命。圖3.2中因有 h 之間隙,使双尖超出導套,切双幾乎不會受到任何損傷。若間隙過小,則鑽頭双尖肩部對導套

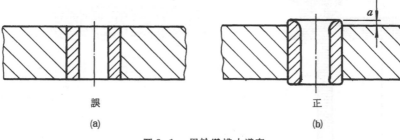

(a) 誤　　　　　　　　　(b) 正

圖 3.1　用於鑽模之導套

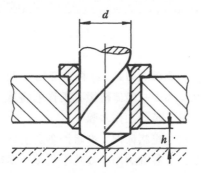

圖 3.2　鑽模導套與工件間之正常間隙

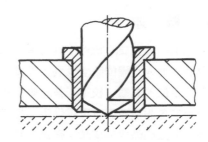

圖 3.3　鑽模導套與工件間隙太小

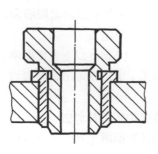

圖 3.4　長導套正確構造

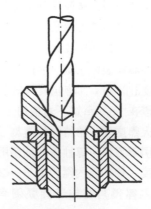

圖 3.5　長導套不宜採用之構造

施加強大之壓力，如圖3.3所示。工件與導套下端之間隔 h ，以 $h = \dfrac{1}{3}d$ 最恰當，惟工件表面需與鑽頭導套接觸的特別構造則屬例外。

　　鑽模導套的內徑公差，應以間隙配合（鬆配合）最為普通。至於嵌入鑽模內之導套外徑則以選用壓入配合較為適宜。設計鑽模導套時，應避免切削刀具的引導面過長，如圖3.4所示為長導套之正確構造，而圖3.5所示為以錐度入口，因極易切削刀具之故，應避免使用。

3.2　導套之種類

　　一般常用之典型導套如圖3.6所示，許多國家皆訂有標準規格。根據工件之特殊加工情況而設計之特殊導套，如圖3.7所示，因其形狀特殊，多無現品供應，往往須由鑽模夾具設計工程師設計，再交由工具工廠製造。

　　導套依外型來分有兩大類：有帽緣導套與無帽緣導套。無帽緣導套又有直式和錐式，如圖3.8所示。依使用方式區分可分為下列數種：

1. 壓入式導套

　　壓入式導套有兩大類即⑴會逐漸磨損的壓入式導套，⑵可更換性導套之襯套。但不論那一種大多數是無帽緣式，有時為了配合模板厚度不足，亦使用有帽緣式者。在模板精確位置上製孔後，把導套壓入，永久固定。第一類是用於工件產量不大，鑽模使用次數在導套磨損超出精度前即可把工件生產完畢，且以後也不再生產

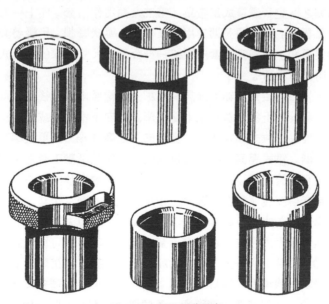

圖3.6　常用標準導套

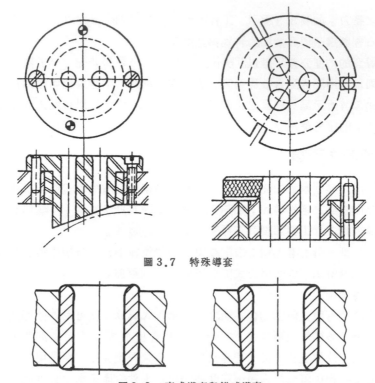

圖 3.7　特殊導套

圖 3.8　直式導套與錐式導套

同一產品，用完之後整套鑽模成為廢品。第二大類用作襯套，與上一類情況正好相反，是工件產量極大，鑽模要長期使用，唯恐日久導套磨損，影響整套鑽模作廢，所以先裝一固定導套，在固定導套內再裝一符合工件尺寸要求的活動式導套，當該導套磨損過大時便予更新。

　　導套之襯套皆為固定式，亦可分為有帽緣及無帽緣兩種。後者又可分為直式及錐式兩種，錐式用於防止導套被鑽頭下壓及摩擦而向下滑動，或為防止更換導套時擠壓而下移以致鬆脫。錐式固定襯套，鑽頭向下之摩擦推力及更換導套向下壓力，會使襯套越壓越緊。錐式導套有時改為反向安裝，作為抵壓工件之用，從葉板下裝入，錐式導套略突出於葉板，大端抵壓工件，使襯套越來越緊，不致滑動和鬆脫。一般錐式固定襯套斜度為了配合孔鉸刀，多用 1/20 錐度。襯套之用途有二，①如前所述為防止導套用久磨損，影響整套鑽模之壽命，所以先於鑽模上安裝一個直徑較大的襯套，然而襯套內再裝一合適之導套，此一導套磨損可以更新，不影響整套鑽模之使用。②當工件上同一孔需經多次加工，如鑽孔，鑽沉頭孔，錐孔，鉸孔，攻牙等，每一步驟用的導套內徑皆不相同，每加工一個步驟需要更換一個導套，因此先安裝一個襯套，以便更換各種導套。各個導套外徑必須配合襯套內徑尺寸，而內徑則隨用途不同而有異。

2．可更換導套

凡是可更換導套，必須和襯套配合使用，在這裡所指的可更換導套，其更換時機有上述兩種：①當導套被磨損，②在同一孔需經多次加工，必須使用多種鑽模導套。

可更換導套可分為兩類即：①固定式，②滑動式。以下將做詳細討論。

(一) 固定式

此種固定式導套係安裝於襯套內，而襯套則安裝於鑽模本體內，這種導套需經研磨與表面硬化處理，以增加抗磨耗性來增長導套之壽命，適合大量生產用，直到被磨損以後才將更換否則不去移動導套。

通常可更換固定式導套均為帽緣導套，為防止加工時導套在襯套內旋轉。在導套之帽緣銑一內隙槽，再用鎖緊螺絲的頭與之配合鎖緊在鑽頭內，如要更換時，只要將螺絲旋鬆便可於短時間內將此導套更換。如圖3.9所示。

(二) 滑動式

此種滑動式導套亦安裝於襯套內，而襯套之尺寸必須使得滑動式導套裝卸方便，通常滑動導套的帽緣部具有壓花，以便容易握持。

此類導套通常使用於工件上同一孔需經多次加工之情況。圖3.10為此類導套的安裝圖，帽緣壓花之目的是為方便抓持，帽緣銑有鎖緊螺釘之凹槽，導套只要轉動一角度，便可迅速取出，而不必取下鎖緊螺釘，亦可用鎖緊壓板鎖緊於定位。如圖3.11所示。

3．特殊導套

工件形狀與情況特別，特為某一工件或情況設計的導套，因此無常規可循，設

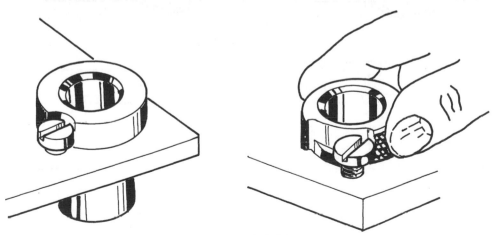

圖3.9　可更換固定式導套安裝方式

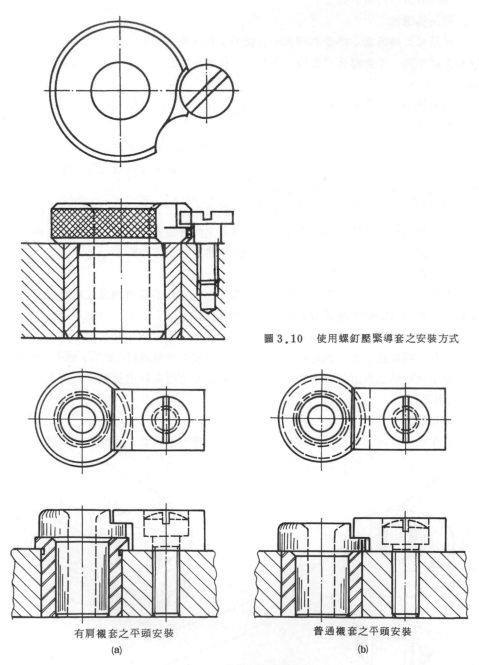

圖 3.10　使用螺釘壓緊導套之安裝方式

有肩襯套之平頭安裝

(a)

普通襯套之平頭安裝

(b)

圖 3.11　使用壓板壓緊導套

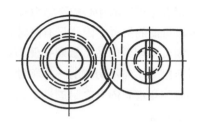

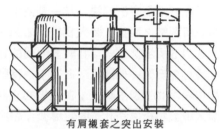

有肩襯套之突出安裝

(c)

圖3.11　（續）

計工程師在進行設計時，依其本身的工作經驗與智慧來解決問題，下面將舉一些例子，以說明設計時遇到問題的解決途徑。

在鑽模結構上，導套之引導部位太長時，使切削刀具引導部位受到極度之早期磨耗，以致工具壽命縮短，因此我們必須重新加以考慮，設計出早期磨耗小，使工具壽命增長之導套，如圖3.12所示。圖中為使導套之導路，在磨耗時易於更換，可在導套內加裝一導套。如圖3.13所示。

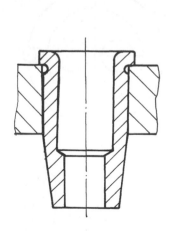

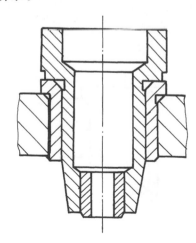

圖3.12　長導套之造形　　　圖3.13　導套內加裝導套

　　在球面、弧面或斜面上鑽孔，而孔的中心線不通過球或弧面之中心時，導套下端和工件加工面間之距離應盡可能的接近，因此只有將導套下端製成球面、弧面或斜面，如圖3.14所示。當鑽双切削弧面時，鑽頭一側刀双切割，另一側刀双不發生切割。切割邊之刀双受材料推力，向不切割的一側移動，因此導套上側受力較大，磨耗也較厲害；所以應特別注意導套內孔之耐磨性，以及模板之配合緊度，然而導套與工件表面之間隙愈小愈好。

　　工件上的兩孔距離很近，若在模板上無法同時安裝兩個導套，兩孔之間無法容納兩導套的厚度時，此種情況有兩個方法解決。其一是把兩個導套做成一體，用直徑較大之材料，在中間製成所要鑽之兩孔，裝入模板，如圖3.15所示。其二是因兩孔相當的接近，若用圖3.15所示之方式，孔與孔中間的材料因為太薄而易產生變形，使得導孔損壞，此時可先安裝一個襯套，再裝上一滑動導套，此導套上只製作一個導孔。在導套帽緣相隔180°鑽兩鎖孔，在模板的正確位置裝一定位銷，當導套壓入葉板，定位銷嵌入導套帽緣之銷孔，固定導套，鑽第一孔。然後將導套提起，旋轉180°後再行壓入，使定位銷與導套帽緣的第二個銷孔嵌合，使得導套上導孔移位，進行第二個孔的加工。如此工件上的兩孔距離很近也可順利鑽孔。如圖3.16所示。

　　導套除引導刀具進入切削位置外，有時還兼具有夾緊與定位工件之功能，對球面中心之鑽孔或活塞桿突出面中心之鑽孔等工件最為適宜。

　　如圖3.17所示在帽緣下方全為螺紋之導套，對一般精度的鑽孔工作頗為適宜，惟高精度的工件鑽孔不宜使用。

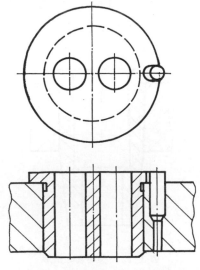

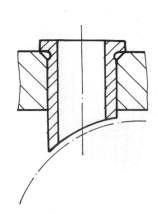

圖3.14　在弧面上鑽孔所用之導套　　圖3.15　間隔相接近之小孔導套設計

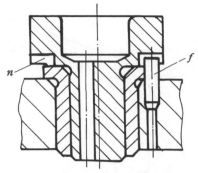

圖3.16　接近之孔加工用分度式鑽模導套

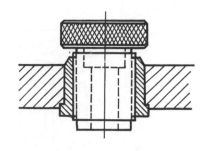

圖3.17　螺旋導套

　　圖3.18所示爲高精度用螺旋導套，其下端之引導部位，在設計時應予特別加長。

　　圖3.19所示，爲一般常用之高精度螺旋導套，在其螺旋上下端都具有引導功能，此種形式之精度極高，但製作成本也極高。

　　如圖3.20所示，兼具固定功能的導套，與上述螺旋導套具有極人之差別，因爲導套 b 僅做上下滑動，而不旋轉，可避免工件發生振動或偏離。固定工件時需轉動手柄使螺帽以繞襯套 g 旋轉。鬆開時3根彈簧會經由壓力銷 d 頂仕導套帽緣，將工件釋開。

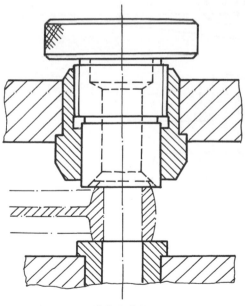

圖3.18　高精度之螺旋導套

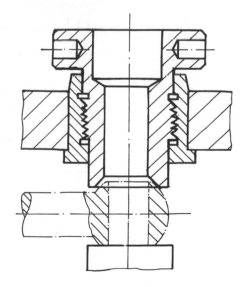

圖3.19　常用的精密螺旋導套

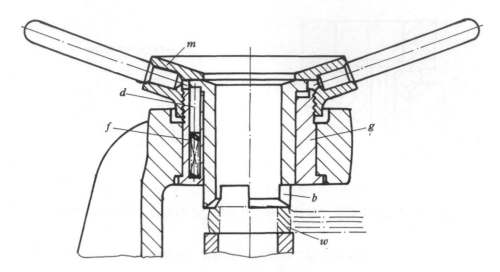

圖 3.20　具有固定螺帽之導套

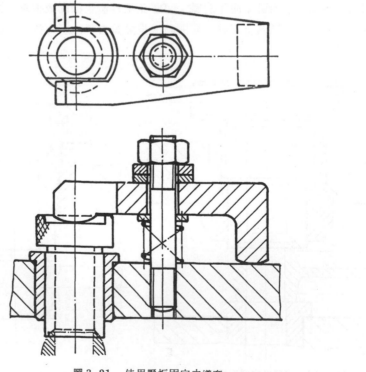

圖 3.21　使用壓板固定之導套

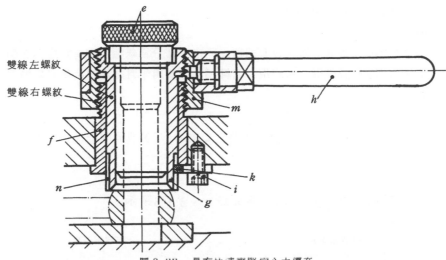

圖 3.22　具有快速夾緊定心之導套

　　圖 3.21所示，爲工件利用嵌入導套與壓板共同來固定之構造。

　　圖 3.22所示爲一種快速夾緊定心導套，利用手柄 h 之螺帽 m 達成夾緊效果。螺帽 m 上端爲雙線左螺紋，下端爲雙線右螺紋而滑動襯套 g 上則設有一雙線左螺紋與螺帽 m 上端嚙合。爲防止在夾持時滑動襯套產生自轉，在鑽模本體上設有螺釘 i 固緊止轉鍵，而止轉鍵插入三鍵槽 n 中之任一槽內，即可達成固定效果。使用三槽之目的在於調整滑動襯套 g 之行程及手柄 h 之扭動角。e 爲一嵌入導套，必須防止在滑動襯套內產生轉動。

3.3　導套的標準規格與公差配合

　　一般的導套尺寸以導套內徑 D 做爲導套之公稱尺寸，而導套內徑乃依鑽頭或鉸刀等切削刀具的直徑而定，一般而言導套的內徑比刀具尺寸稍大 $0.01 \sim 0.025$ mm。導套外徑 d 與內徑 D 之關係如下：

　　　　導套內徑 $D < 5\text{mm}$　　　　　　　外徑 $d = (1.5 \sim 2)D$

　　　　導套內徑 $D = 5\text{mm} \sim 25\text{mm}$　　外徑 $d = (1 \sim 1.5)D$

　　導套高度 l 與內徑 D 之關係如下：

　　　　鑽頭直徑小時　　　　$l = (1.5 \sim 2)D$

　　　　鑽頭直徑大時　　　　$l = 1.0D$

　　　　鑽頭直徑極大時　　　$l = 0.75D$

　　在中國國家標準（CNS）中詳細規定標準型的導套，茲列表於後。

　　導套標準規格：

(1)　適用範圍

本標準適用於鑽床用鑽模。

(2) 種 類

導套分為固定導套與嵌入導套兩種。固定導套分為無帽緣與有帽緣導套兩種，嵌入導套分為圓形、右旋用半月鍵槽、左旋用半月鍵槽型及半月鍵槽等 4 種。

(3) 材 料

使用 CNS 2964（碳工具鋼）標準之 C85C（T）或同等性能以上之其他材料。

(4) 形狀及尺度

形狀如圖 1、2、3 所示，尺度如表 1、2、3 所示。

① 固定導套

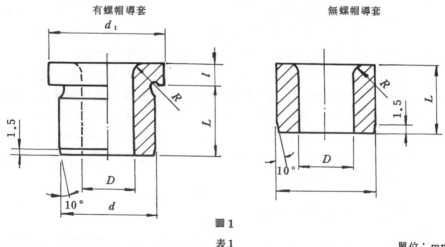

有螺帽導套　　　　　　　　　　無螺帽導套

圖 1
表 1　　　　　　　　　　　　　　　　　　　單位：mm

公稱尺度 D		d	d_1	R	l	L						
超過	至											
	2 以下	5	9	1	2.5	8	10	12	—	—	—	—
2	3 以下	7	11	1	2.5	8	10	12	—	—	—	—
3	4 以下	8	12	1	3	—	10	12	16	—	—	—
4	6 以下	10	14	1	3	—	10	12	16	—	—	—
6	8 以下	12	16	2	4	—	—	12	16	20	—	—
8	10 以下	15	19	2	4	—	—	12	16	20	—	—

註：(1)必要時導套末端內孔亦可製成圓角。

(2)固定導套作為嵌入導套之引導使用者，宜使用無帽緣固定導套，不可使用帽緣導套。

前表續 單位：mm

公稱尺度 D		d	d₁	R	l	L					
超　過	至										
10	12 以下	18	22	2	4	16	20	25	—	—	—
12	15 以下	22	26	2	5	16	20	25	—	—	—
15	18 以下	26	30	2	5	—	20	25	30	—	—
18	22 以下	30	35	3	6	—	20	25	30	—	—
22	26 以下	35	40	3	6	—	—	25	30	35	—
26	30 以下	42	47	3	6	—	—	25	30	35	—
30	35 以下	48	55	4	8	—	—	—	30	35	45
35	42 以下	55	62	4	8	—	—	—	30	35	45
42	48 以下	62	69	4	8	—	—	—	—	35	45	55
48	55 以下	70	77	4	8	—	—	—	—	35	45	55

註：(1)必要時導套末端內孔亦可製成圓角。

　　(2)固定導套作為嵌入導套之引導使用者，宜使用無帽緣固定導套，不可使用帽緣導套。

② 嵌入導套

圓型、右旋用半月鍵型及左旋用半月鍵型。

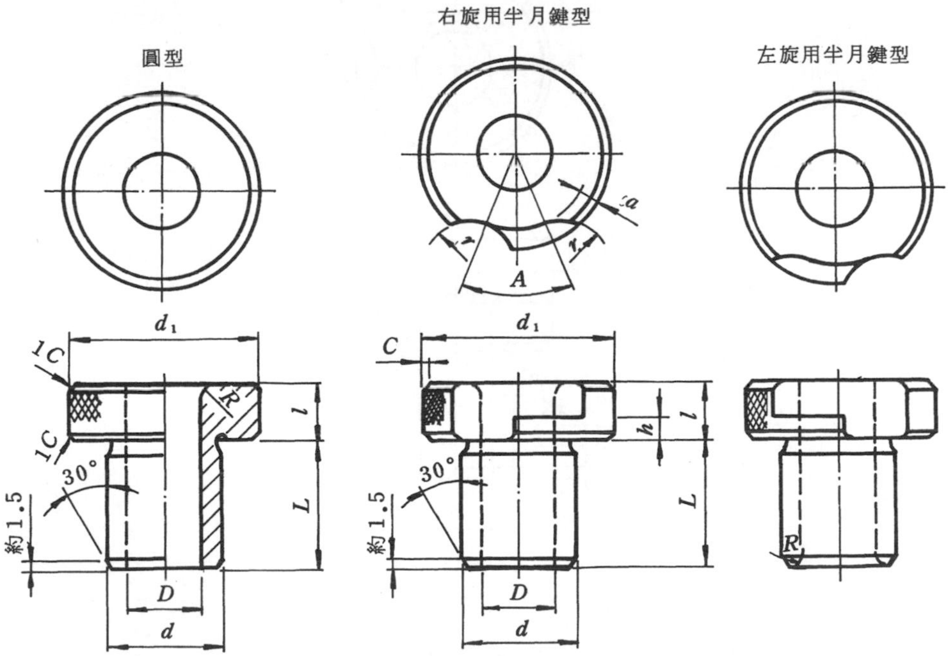

右旋用半月鍵型

圓型　　　　　　　　　　　　　　　　　　　　　左旋用半月鍵型

圖 2

表2   單位：mm

公稱尺寸D	d	d_1	a	l	h	R	r	A	L					
4以下	8	16	3	8	3.5	1	7	60°	12	16	—	—	—	—	—
6以下	10	19	3	8	3.5	1	7	60°	12	16	—	—	—	—	—
8以下	12	22	3	8	3.5	2	7	60°	—	16	20	—	—	—	—
10以下	15	26	3	9	3.5	2	7	60°	—	16	20	—	—	—	—
12以下	18	30	3	9	3.5	2	7	45°	—	—	20	25	—	—	—
15以下	22	35	4	12	5	2	9	45°	—	—	20	25	—	—	—
18以下	26	40	4	12	5	2	9	45°	—	—	—	25	30	—	—
22以下	30	47	4	12	5	3	9	40°	—	—	—	25	30	—	—
26以下	35	55	5	15	6	3	10	40°	—	—	—	—	30	35	—
30以下	42	62	5	15	6	3	10	35°	—	—	—	—	30	35	—
35以下	48	69	5	15	6	4	10	35°	—	—	—	—	—	35	45
42以下	55	77	5	15	6	4	10	35°	—	—	—	—	—	35	45

註：必要時內孔之另一端亦可製成圓弧形。

③　牛月鍵型

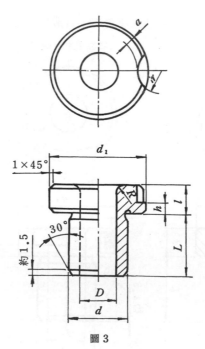

圖3

表3　　　　　　　　　　　　　　單位：mm

公稱尺寸 D 超過	公稱尺寸 D 至	d	d_1	a	l	h	R	r	L						
	4以下	8	16	3	8	3.5	1	7	12	16	—	—	—	—	—
4	6以下	10	19	3	8	3.5	1	7	12	16	—	—	—	—	—
6	8以下	12	22	3	8	3.5	2	7	—	16	20	—	—	—	—
8	10以下	15	26	3	9	3.5	2	7	—	16	20	—	—	—	—
10	12以下	18	30	3	9	3.5	2	7	—	—	20	25	—	—	—
12	15以下	22	35	4	12	5	2	9	—	—	20	25	—	—	—
15	18以下	26	46	4	12	5	2	9	—	—	—	25	30	—	—
18	22以下	30	47	4	12	5	3	9	—	—	—	25	30	—	—
22	26以下	35	55	5	15	6	3	10	—	—	—	—	30	35	—
26	30以下	42	62	5	15	6	3	10	—	—	—	—	30	35	—
30	35以下	48	69	5	15	6	4	10	—	—	—	—	—	35	45
35	42以下	55	77	5	15	6	4	10	—	—	—	—	—	35	45

(b) 品　質

① 外　觀

　　不得有刮痕、裂紋、銹蝕或其他有害之缺點，加工程度應良好。

② 公　差

　　導套尺寸之公差如圖4及表4、表5所示。

　　但 d、a、h 尺寸之公差依 CNS4018 標準規定之2級者，而 l、R、r 尺寸之公差依 CNS4018 標準規定之3級者。

固定型導套　　　　　　　　　　　　嵌入型導套

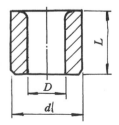
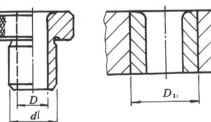

圖4

表 4　　　　　　單位：μm（0.001mm）

使用目的	固定型導套			嵌入型導套		鑽模本體（參考）	
	d	D	L	d	D	D_1	L_1
鑽頭用導套	P6	G6	0 −500	m5	G6	H7	+500 0
H_7孔絞刀用導套	P6	如表5	0 −500	m5	如表5	H7	+500 0
嵌入導套用導套	P6	如表5	0 −500	—		H7	+500 0

表 5　　　　　　單位：μm（0.001mm）

導套內徑之區分	1以上 3以下	超過3 6以下	超過6 10以下	超過10 18以下	超過18 30以下	超過30 50以下	超過50 80以下
導套內徑之公差	+16 +9	+20 +12	+24 +15	+29 +18	+34 +21	+41 +25	+49 +30

註：表5之公差數值為：下限公差取 m6 之上限公差，上限公差為，下限公差加上 6 級之公差的總合。

參考1：在公差之表4中H7、P6、G6、m5為 CNS 4018（極限與配合）標準規定者，如參考表1所示。

參考表1　　　　　　單位：μm（0.001mm）

孔、軸之種類區分	標準尺度之區分	1以上 3以下	超過3 6以下	超過6 10以下	超過10 18以下	超過18 30以下	超過30 50以下	超過50 80以下
軸	P6	+16 +9	+20 +12	+24 +15	+29 +18	+35 +22	+42 +26	+51 +32
	m5	+7 +2	+9 +4	+12 +6	+15 +7	+17 +8	+20 +9	+24 +11
孔	G6	+10 +3	+12 +4	+14 +5	+17 +6	+20 +7	+25 +9	+29 +10
	H7	+9 +0	+12 +0	+15 +0	+18 +0	+21 +0	+25 +0	+30 +0

參考2：在本標準使用之鑽頭直徑及絞刀直徑尺寸公差參考表2所示。

參考表2

單位：μm（0.001mm）

直徑區分	1 以下 3 以下	超過 3 6 以下	超過 6 10 以下	超過 10 18 以下	超過 18 30 以下	超過 30 50 以下	超過 50 80 以下
鑽頭直徑之 公　　　差	＋ 0 －14	＋ 0 －18	＋ 0 －22	＋ 0 －27	＋ 0 －33	＋ 0 －39	＋ 0 －46
絞刀直徑之 公　　　差	＋ 7 ＋ 2	＋ 9 ＋ 4	＋12 ＋ 6	＋15 ＋ 7	＋17 ＋ 8	＋20 ＋ 7	＋24 ＋11

③　偏　轉

偏轉以內徑爲準，測定外徑之偏轉，其公差如表6所示。

表6

單位：μm（0.001mm）

導套內徑區分 （mm）	18 以下	超過 18 至 50	超過 50 至 80
偏　　　　轉	5	8	10

④　表面粗度

內外圓表面粗度以 3-S 爲原則。

⑤　硬　度

硬度在 HV697（HRC60）以上。

(6)　檢　驗

①　外觀檢驗

通常以目視法檢驗之，須符合第5.1節之規定。

②　形狀及尺度檢驗

須符合第4節及第5.2節之規定。

③　偏轉檢驗

須符合第5.3節之規定。

④　表面粗度檢驗

須符合第5.4節之規定。

⑤　硬度檢驗

須符合第5.5節之規定。

(7)　標　示

應於適當處所標示（鑽頭用 D，絞刀用 R），$D \times L$（或 $D \times d \times L$）及製

造廠商名稱，或其商標。

(8) 製品之稱呼方法

以 CNS 總號或標準名稱、種類、用途及 $D \times L$（或 $D \times d \times L$）組合稱呼之。

例如：CNS 右旋用半月鍵嵌入型 D，$15 \times 22 \times 20$ 或鑽頭用導套，右旋用半月鍵嵌入型鑽頭用 $15 \times 22 \times 20$。

3.4　防止導套轉動之固定方法

嵌入導套在基本上應固緊於襯套上，且需確實靜止而無任何轉動現象，因此需配合工件精度而選用適當防止轉動之裝置，下面將介紹一些常用之固定裝置，以供設計時參考之用。

圖 3.23 所示為一常用之簡單嵌入導套安全止轉裝置。在導套中心軸垂直方向將銷子 s 插進導套中，使其與襯套之斜槽 n 相聯結，達到止轉之目的。

圖 3.24 所示，在一與中心軸平行襯套上的 b 孔，安裝一銷子 s。此方式為防止轉動的安全措施，多為應用於輕金屬加工方面，易於清理切屑及加入冷却劑，因為導套易取出，其缺點為在加工工件時導套易於往上移動。

圖 3.25 所示為一較廣泛使用之導套安全裝置，此裝置能防止轉動與上滑之作用，且製造費用最低。

圖 3.26 所示，為經常使用的嵌入導套之安全裝置，在導套下側之帽緣中車製頸槽 f，止動螺栓 b 的帽緣則卡入頸槽中，於止轉銷 a 接觸止動螺栓 b 之前向右旋轉，達成固定的目的。

圖 3.27 亦為一良好而常用的導套安全裝置，嵌入導套帽緣有一圓形缺口，將螺栓 b 嵌入，然而向右轉至其螺栓頭滑入環形槽 r 內。

圖 3.38 所示，為一般廣用之嵌入導套固定方法。具有防止轉動裝置及上滑之

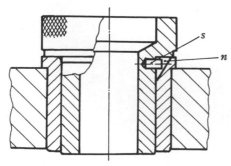

圖 3.23　在嵌入導套中心之橫向上用銷子作為導套安全裝置

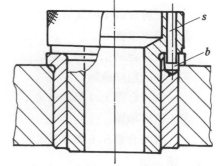

圖 3.24　在導套中心軸平行安裝銷子作為導套安全裝置

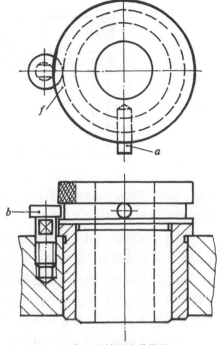

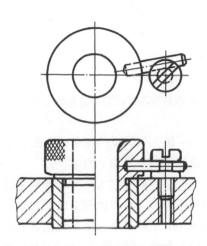

圖 3.25　嵌入導套具有止轉
及上滑之安全裝置

圖 3.26　具有止轉銷與止動螺絲
凸緣構造之嵌入導套

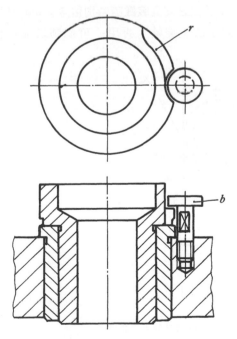

圖 3.27　使用缺口帶環及
安全螺絲之導套

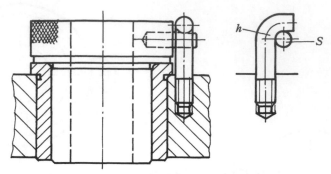

圖3.28　利用止轉銷與鉤形螺絲之嵌入導套

功能。係利用與中心軸垂直之銷子 s 及鉤形止動螺絲 h 相結合之達成固定之目的，惟於現在鑽模結構中，已漸爲少用。

　　圖3.29所示，爲一甚有價值之導套裝置，在一嵌入導套 b 內安裝安全銷 i，當導套 b 向右轉動30°，其缺口則嵌入圖中所示銑之襯套 g 之槽 c 內。

　　圖3.30所示，爲另一種優良嵌入導套安全裝置。對於孔徑大的導套特別合適，國外幾家工廠已經將之標準化。屬於一種旋轉夾緊方式，操作簡便，在襯套 g 中有細長槽孔 l，與軸向槽 n 相連通，且在嵌入導套中有止轉銷 s。固定時先將嵌入導套 b 上之止轉銷 s 插入襯套槽 n 內，再將導套向右旋轉，則止轉銷 s 會經由襯套槽孔 i 抵達端部而阻止旋轉。

　　當用一嵌入導套鑽製幾個斜孔時，導套之安全裝置應特別留意。在此多採用圖3.31中之裝置，嵌入導套係用一銷子防止旋轉，再用一可擺動之偏心栓保險，防止其向上滑動。

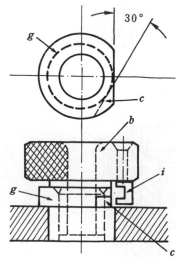

圖3.29　Siemeus方式嵌入導套

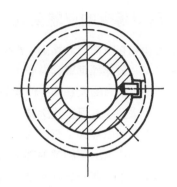

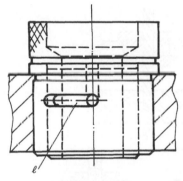

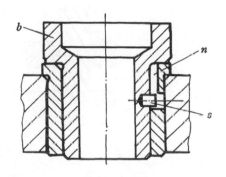

圖3.30　旋鎖導套

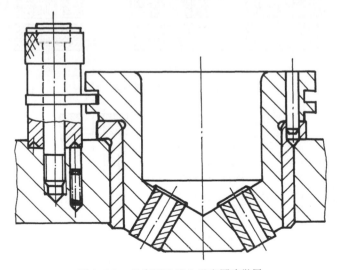

圖3.31　斜向鑽孔嵌入導套固定裝置

3.5 設計導套的經驗公式

導套的規格在前面已討論過，若在標準規格中不合乎我們的要求時必須個別設計及製造，一般非標準導套有較大、較長、較寬最爲常見。如圖3.32所示爲一較寬的導套，主要目的要在同一位置完成一連串之加工，圖中先鑽孔後，再鑽沉頭孔，或銑製魚眼孔，其直徑比所鑽的孔要大，或者還要鉸孔，如此鑽模的襯套內徑要比沉頭孔刀具的直徑大，且嵌入導套與襯套間採用滑動配合，導套與鑽頭間需有一正常餘隙，而導套所需的其他部位尺寸，可由下面公式求得。通常銑沉頭孔不需導套的引導，可用已鑽好之孔作爲引導，如圖3.32(e)所示。在鉸孔加工時導套與鑽孔的導套亦不相同。

　　圖3.33所示，爲一些較長導套之例子，下面爲設計用的符號以標準導套符號

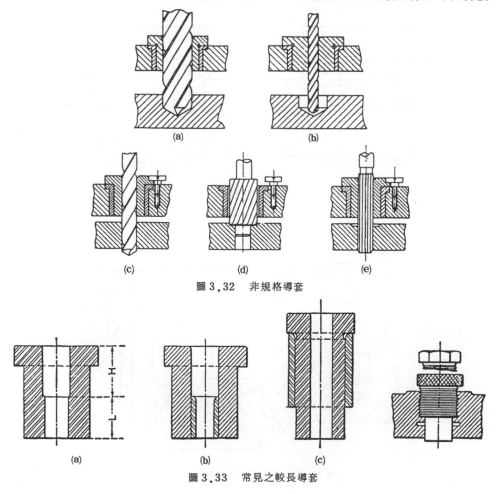

圖3.32　非規格導套

圖3.33　常見之較長導套

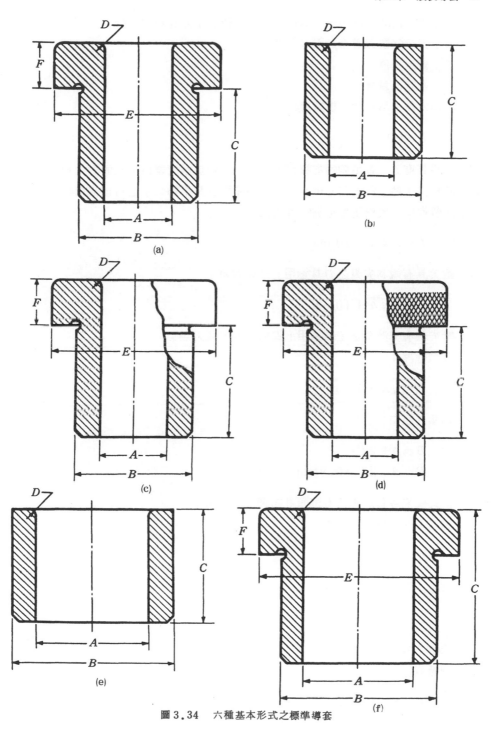

圖 3.34　六種基本形式之標準導套

相類似，圖3.34提供符號，以便下面式子使用，另有幾個符號：

　　L：表示鑽頭與導套之引導長度

　　T：表示壁厚

　　G：表示凸緣寬度

孔徑A為公稱尺寸，根據經驗得知：

$$L = 2A$$

引導長度L，有足夠的支撐作用，且不會造成過度摩擦，然而對大鑽頭而言，此長度是長了些，對直徑6mm以下之鑽頭而言又不夠長，它可能需用較長的支撐。下面將提供一比較正確可靠的計算法：

$$L = 5\sqrt{A} + 10\,\text{mm}$$

對於具有銳利尖双之刀具適用上式如鑽頭。

$$L = 4\sqrt{A} + 10\,\text{mm}$$

對於具有光滑面之工具適用上式如搪桿、鉸刀等。

導套壁厚：

$$T = \sqrt{A} + 1\,\text{mm}$$

導套外徑：

$$B = A + 2T$$

或　　　$$B = A + 2T + 0.8\,\text{mm}$$

上式要看導套是否具有沉頭孔如圖3.33(a)。

導套上端內緣角半徑：

$$D = \sqrt[3]{A}\,\text{mm}$$

帽緣正常高度：

$$F = 7\sqrt[4]{A}\,\text{mm}$$

此值不適用於長帽緣導套。

帽緣直徑：

$$E = B + F - 3\,\text{mm} \qquad B \leq 13\,\text{mm}$$

且　　　　　$E = B + F - 1.5\,\text{mm}$　　$B > 1.3\,\text{mm}$

此處 F 由前面公式計算可得的尺寸，代入上式求 E 之值。

導套配合孔長：

$$B \leq C \leq 3B \qquad B \leq 10\,\text{mm}$$
$$0.67B \leq C \leq 3B \qquad 10 < B < 19\,\text{mm}$$
$$0.6B \leq C \leq 2B \qquad B > 19\,\text{mm}$$

公制尺寸配合公差則由 ISO 標準所推薦之 R286 如下：

(1)　對於模板內襯套（壓入配合）………H7-n6 配合

(2)　對於襯套內可更換導套…………………F7-m6 配合

(3)　對於襯套內可更換之固定導套………F7-h6 配合

以上配合公差可參看機械手冊及 DIN 公差標準及附錄。

▶ 例題 3.1

若已知其內徑 $A = 19\,\text{mm}$，求如圖 3.33(a) 及 3.34(a) 所示導套各部尺寸？

解：$A = 19\,\text{mm}$

$$\sqrt{A} = \sqrt{19} = 4.36$$
$$\sqrt[3]{A} = 2.67$$
$$\sqrt[4]{A} = 2.09$$

(1)　支撐長度

$$L = 5\sqrt{A} + 10 = 5\sqrt{19} + 10 = 31.8 = 32\,\text{mm}$$

(2)　入口圓弧半徑

$$D = \sqrt[3]{A} = \sqrt[3]{19} = 2.67 = 3\,\text{mm}$$

(3)　全　長

$$L + D = 32 + 3 = 35\,\text{mm}$$

(4)　壁　厚

$$T = \sqrt{A} + 1 = \sqrt{19} + 1 = 4.36 + 1 = 5.36 \doteqdot 5.5\,\text{mm}$$

(5)　導套外徑（模板直徑）

圖 3.34

$$B = A + 2T = 19 + 11 = 30\,\text{mm}$$

圖 3.33(a)

$$B = A + 2T + 0.8 = 19 + 11 + 0.8 = 30.8$$
$$\doteqdot 31\,\text{mm}$$

(6) 帽緣高度

圖 3.33(a)

$$F = 7\sqrt[4]{A} = 7\sqrt[4]{19} = 14.63 \div 15 \text{ mm}$$

(7) 帽緣直徑

$$E = B + F - 1.5 = 31 + 15 - 1.5 = 44.5 \text{ mm}$$

(8) 導套配合孔長

$$0.6 \times B \leq C \leq 2B$$

$$\therefore 0.6 \times 31 \leq C \leq 62$$

$$\Rightarrow 19 \text{ mm} \leq C \leq 62 \text{ mm}$$

3.6　鑽頭之護套

假如工件上許多加工均在同處施行大孔及小孔之加工時，則將頻頻更換導套，

固定螺旋

圖 3.35　裝有護套之鑽頭

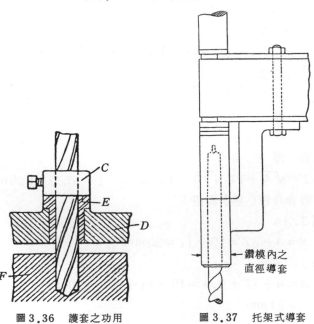

圖 3.36　護套之功用　　　　圖 3.37　托架式導套

鑽模內之
直徑導套

造成時間上之浪費，如果在鑽頭上加裝一護套，如圖3.35所示，不但可控制鑽孔深度，且可將護套滑入大孔導套內，以便鑽製小孔，而不必更換導套，如圖3.36所示，可節省工時。

鑽頭護套之安裝位置，必須在鑽頭前端之距離25mm以內，以維持鑽尖之剛度，不致於在鑽孔時產生撓曲或偏移。爲減少護套與大孔導套之磨擦熱，則護套與大孔導套間之配合應選擇適當之間隙。

圖3.37所示，爲一廣用之托架式護套。鑽頭主軸爲圖中Z形托架，搪製一孔其直徑與鑽頭直徑配合，其外部製成一導桿之形式，當鑽頭施行鑽孔時，此導桿進入鑽頭護套內，鑽頭主軸與此導桿同心，而導桿之長度調整到稍比加工物表面高些。通常導桿可保護並支撐鑽頭，而工件只要夾緊在鑽床床台上或夾具上，便可施行加工。

習 題

3.1 詳述導套的功用。

3.2 詳述導套嵌入模板後突出少許有何作用？

3.3 在標準型導套中導套長度應爲若干較爲恰當？

3.4 導套下端與工件間是否需有距離？應爲若干？

3.5 鑽頭直徑與導套內徑間隙決定法則如何？

3.6 壓入式導套可分爲那幾種？繪表說明。

3.7 可更換式導套使用的場合有那些？詳述之。

3.8 詳述壓入式導套的使用場合？

3.9 可更換式導套可分爲那幾種？

3.10 如圖所示，試問該導套屬於何類型導套？

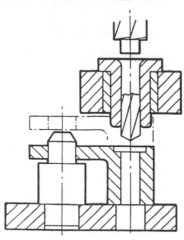

習題3.10

3.11 如圖所示，詳述該導套使用的場合？

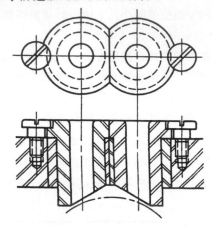

習題3.11

3.12 如圖所示，詳述該導套之功用？

習題3.12

3.13 如圖所示，詳述該導套的功用及設計時應注意事項？

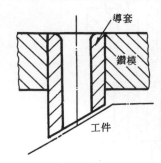

習題3.13

3.14　如圖所示，詳述該導套的使用場合及設計方法。

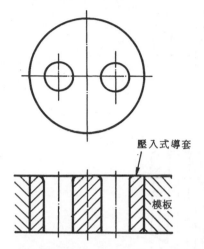

壓入式導套

模板

習題 3.14

3.15　如圖所示，詳述該導套的操作方法？

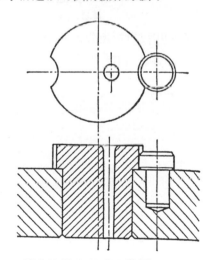

習題 3.15

3.16　如圖所示，詳述該導套的安全裝置？

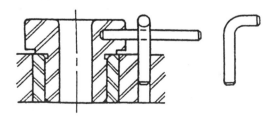

習題 3.16

3.17 如圖所示，詳述該導套及裝置的功用及操作？

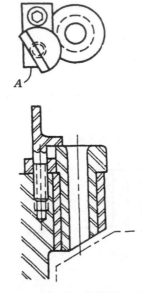

A

習題 3.17

3.18 已知導套內徑 $A = 25mm$，試利用設計經驗公式求出各部位尺寸？

3.19 上題 **3.18** 中導套與模板間之配合方式有那些？

3.20 詳述鑽頭護套之功用？

4 鑽模夾具之
定位及定心裝置

鑽模夾具之目的是使工作機械之工作量及工作範圍擴大，節省材料，減少不良品。然而工件之品質與工件之定位有著重要之關係。

4.1 定位的基本原理

4.1-1 自由度

一質點在空間有三個自由度，即欲確定一質點在空間之位置，必須用三個座標數字來標示。例如要確定一質點之位置，必須標示其對於三個固定之正交座標軸 X ，Y ，Z 之座標數 x ，y ，z 之值。所謂空間乃指吾人生活所在之空間，其維數為三，因而稱為三維空間。此處之維乃指一質點在空間之自由度之數目。一質點在三維空間之位置即是以三個座標數如 x ，y ，z 來標示，而 x ，y ，z 三變數皆是獨立的，互不相關，所以說一個空間之維數，也就是一質點在此空間自由度之數目，等於確定此點位置之獨立變數之數目。

所以一質點在空間之自由度為三，在一平面內之自由度為二，在一條線內之自由度為一。所以說，一質點在三維空間內可作三個線性無關方向之運動。

一物體是包含無數個質點而成，剛體為理想物體，其中任意兩點間之距離皆不會改變。一個剛體在三維空間中若有一點被固定，則其他各質點只可在一個球面上運動，（球心為被固定之點）。若此剛體有兩點被固定，則其他不在此兩固定點聯線上之各點皆可圍繞此點聯線爲軸而旋轉，若此剛體之第三點被固定，且此第三點不在前兩點之聯線上，即三點不成一直線則此剛體就完全被固定。

　　一在平面上運動之剛體，若固定此剛體內之一點時，則剛體可圍繞此點旋轉。若再固定第二點時，則此剛體即完全被固定。如同用兩根鐵釘就可以將一片木板釘在牆壁上之任意位置。一剛體只能在平面上平移運動，若固定此剛體內之任一點則此剛體就完全被固定。

　　綜合上述得知，一個剛體在三維空間之位置由其不在一直線上之三點位置而決定。其在二維空間之位置由其兩點之位置而決定。其在一維空間之位置由其一點之位置而決定。

　　一個剛體在三維空間之自由度是 6，因爲剛體可以沿三個線性無關之方向作平移運動，又可圍繞三個線性無關方向之軸線作旋轉運動，三個平移與三個旋轉之自由度總共 6 個。

4.1-2 拘束度

　　拘束度係對物體活動空間之拘束，故拘束度爲自由度減少量。就以一個質點而言，一個質點在三維空間之自由度爲三，若限制在一面上運動，則自由度減爲 2，所以拘束度就爲 1，若限制在一線上運動，則自由度減爲 1，故拘束度爲 2。

　　一個剛體在三維空間之自由度爲 6，包括三個平移及三個旋轉。若 6 個自由度被減爲 4，則拘束度就爲 2。一個剛體被限制作平面運動，則其自由度減爲 3，拘束度爲 3。這 3 個自由度即兩個線性無關方向之平移與在平面內之旋轉。一個剛

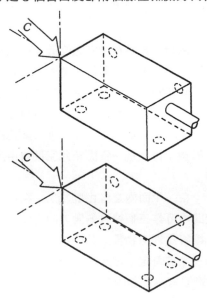

圖 4.1　自由度與拘束度

體在平面上運動其自由度是 3 ，而自由度若減少為 2 時，拘束度就是 1 ；自由度減少為一時，拘束度就為 2 ；自由度減為零時，拘束度就為 3 ，此時剛體在平面內就完全被固定 。

　　所謂定位是限制工件安裝位置，利用鑽模夾具之定位裝置來拘束工件之自由度，只要夾緊一處，工件之 6 個自由度即化為烏有，此種利用摩擦力來拘束工件之方法謂之摩擦拘束，在一般鑽模夾具中應用極為普遍 。

　　由圖 4.1 吾人極容易發現，工件係由三點支承，三點決定一平面之故。若工件由四點支承則平移與轉動之拘束將與三點支承完全不同，稱為超拘束。超拘束通常有很多缺點，例如各點高度會有微量變化。因支承銷本身之公差及工件之平面度公差等導致產生間隙，遂使工件不能完全平穩的放置於鑽模夾具上，於是在加工過程中便將產生嚴重之振動，將於後面幾節中再詳細討論 。

4.2　工件之安裝面基準面及鑽模夾具之定位及支承面

4.2-1　工件的安裝面

　　將工件安裝於鑽模夾具時，如圖 4.2 所示，必須考慮工件之幾個重要面或線 。

1. 基準面

　　所謂加工面之基準面，係可由工件之圖樣上所標註之尺寸及幾何尺寸間之關係，查得此加工面之基準面，如圖 4.3 所示，工件之加工孔時，其基準面為 m ， n 。

2. 安裝基準面

　　工件之加工，乃是由各種工具機來施以個別作業。在個別作業過程中，工件是預先安裝在鑽模夾具或工具機床台上，然後再將之固定夾緊，來實施 1 處或數處

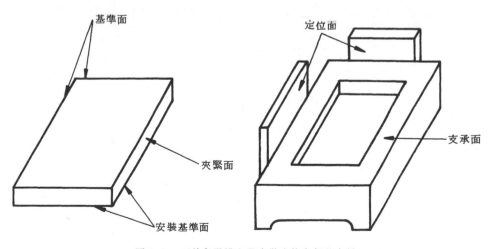

圖 4.2　工件與鑽模夾具安裝定位各部位名稱

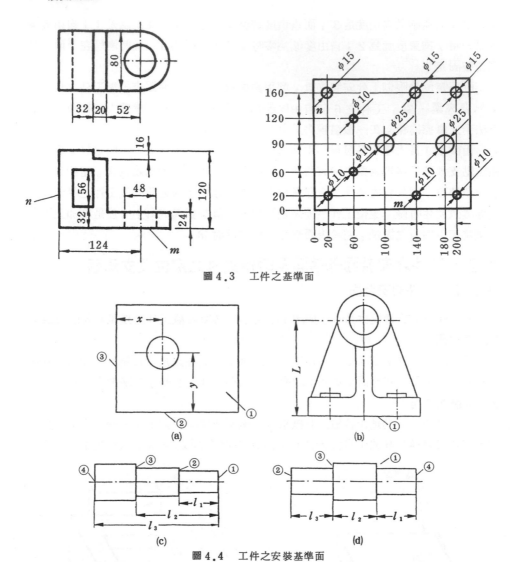

圖4.3　工件之基準面

圖4.4　工件之安裝基準面

加工面之加工。各加工面皆具有本身之安裝基準面，安裝基準面一般卽為緊靠著鑽模夾具之支承面之面或軸。安裝基準面可能為基準面，也可能另有其面。如圖4.4所示，圖(a)以1為安裝基準面，而②③則為加工孔之基準面。圖(b)以1為安裝基準面，而加工孔時1也為基準面。圖(c)以1為基準面，加工2，3，4諸面，圖(d)以3為基準面加工2，而加工3時以壹為基準面，因此彼此間相互關聯常稱1為2之輔助基準面。

3. 夾緊面

夾緊面係夾緊力施加於工件上之面，常為支承面之對稱面。如圖4.5所示係利

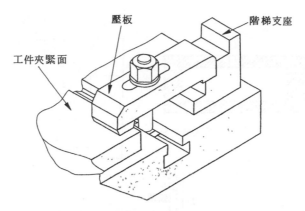

圖 4.5 夾緊面

用壓板施加夾緊力於工件夾緊面上。

4.2-2 鑽模夾具之定位面及支承面

(一) 定位面

鑽模夾具於安裝工件加工時，為便以確定工件之位置常設有銷子或擋板以利安裝。如圖4.6所示。

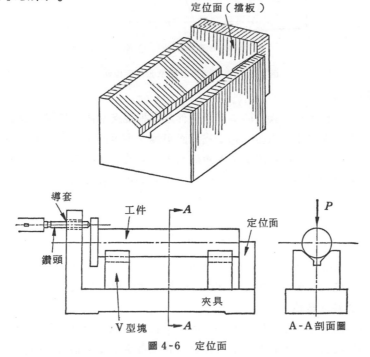

圖 4-6 定位面

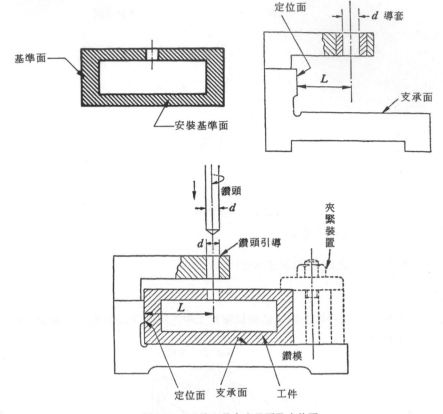

圖 4.7　鑽模夾具之支承面及定位面

(二)　支承面

　　當工件安裝於鑽模夾具上時，支承工件之面稱為支承面，鑽模夾具之支承面與工件之安裝基準面牢牢的靠在一起，支承面可為一個平面、三個點或四個點。通常支承面為水平或垂直，依使用之工作機械而定。一般支承面為水平時操作較容易，但加工中切屑易積存於支承面上。支承面為垂直時操作較為困難，但加工中切屑不易積存於支承面上。

4.3　基本形狀之工件定位方法

　　機件皆由各種不同之面（平面、柱面、錐面、弧面、曲面等）組合而成，這些不同之面皆可能為安裝基準面，基準面，將於本節中舉出代表性之工件定位方法。

1．方柱形工件之定位

　　於三維空間中任何剛體皆有 6 個自由度，在 4.1 節中已詳加討論過，3 個軸向平移及 3 個軸向旋轉。因此若想將工件之空間位置定出，則需有 6 個拘束度來拘束

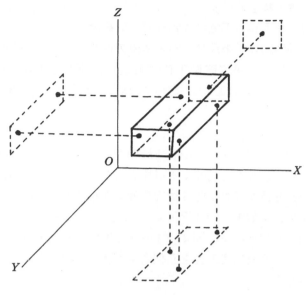

圖4.8 座標上之工件定位

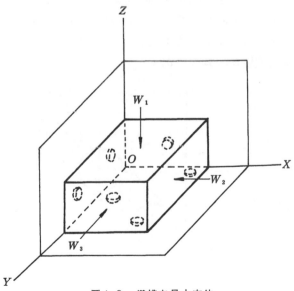

圖4.9 鑽模夾具之定位

工件。

如圖4.8所示，若將工件於 XOY 之平面上三點固定，則工件被剝奪了三個自由度，亦卽工件不能沿著 Z 軸平移及繞 X 軸 Z 軸轉動。若再將工件於 YOZ 平面上之二點固定，則工件又被剝奪了兩個自由度，亦卽工件不能沿 X 軸平移及繞 Z 軸旋轉，只能沿 Y 軸平移。若再將工件於 XOZ 平面上之一點固定，則工件再被剝奪了一個自由度，使工件亦不能沿 Z 軸旋轉，而被固定。

　　若將以上之固定點以銷來代替，則可獲得方柱形工件之定位狀態，如圖 4.9 所示，夾緊力 W_1，W_2，W_3 即可確保工件夾緊定位之關係。如圖 4.9 中工件 3 固定點之面稱為安裝基準面，具有工件 2 固定點之面稱為主基準面，而具有 1 支點之面稱為基準面。

2. 圓筒形工件之定位

　　圓軸或圓柱放置於空間中，工件則沿軸 X，Y，Z 3 方向移動及繞 X，Z 軸旋轉，因圓軸或圓筒未具有方向性，所以具有 5 個自由度。若將圓筒形工件定位於空間中，必須已知 5 個座標點，即 5 個拘束度。即在 6 個自由度中，將圍繞圓筒軸心旋轉之自由度去除，如圖 4.10 所示。

　　若將工件放入 V 型槽內，如圖 4.11 所示，則圓筒柱面上有四點及圓筒端面上有一支點，此五點即可使圓筒工件之五個自由度化為烏有，而工件被定位。

3. 圓盤之定位方法

　　具有方向性之圓盤放置於空間中，則工件具有三個平移及三個旋轉總共 6 個自由度，因此若想將工件定位必須已知六個座標點，即六個拘束度，如圖 4.12 所示。

　　圖中具有三固定點之面為安裝基準面，具有兩個固定點之面為主基準面，具有鍵槽之一個固定點之面為基準面。圖 4.13 所示為圓盤固定於 V 型枕夾具之情況。圖 4.14 所示為圓盤安裝於夾具之情況。

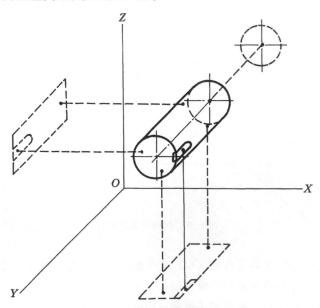

圖 4.10　圓筒工件於座標上之定位

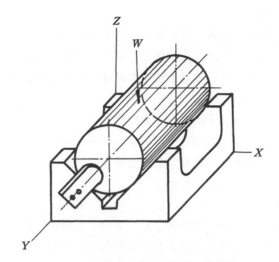

圖4.11　圓筒工件於鑽模夾具上之定位

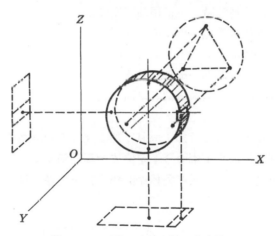

圖4.12　圓盤工件於座標上之定位

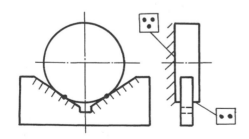

圖4.13　圓盤工件於鑽模夾具上之定位

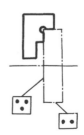

圖4.14　圓盤工件於鑽模夾具之定位

4. 圓錐工件之定位

安裝長圓錐工件常利用錐孔來安裝，因圓錐孔具有5個拘束度，若想定工件之方向，則可用銷或鍵使其增加一個拘束度。將工件安裝於工作機械之主軸中心孔，中心孔之左端將同時作爲定心及基準面，即可從工件中去除3個自由度。中心孔之右端做定心而去除2個自由度。

從基本方法之分析，想去除所有之自由度而完全將工件定位，需具有6個固定點及3個基準面，但各固定點皆有一拘束度，即各支點皆可從工件上去除1個自由度。以粗削之基準面或黑皮的基準面來安裝時，若使用較多之拘束度，不僅不能提高精度，反而使工件之安裝精度降低。

5. 定位方法的減化

工件定位於鑽模夾具中，對於 X ， Y ， Z 軸3方向的座標尺寸需建立一個基準，爲了建立此一基準，將3個面組合起來，對各方向的尺寸定出對應於本身的基準面，如此則將工件的6個自由度完全去掉，使工件完全定位。若只要決定工件之2個方向或1方向之尺寸情況時，可使用簡單定位法。下列將以實例說明。

圖4.15所示以銑床銑削一槽，槽的位置由 x ， y ， z 定出。若已經調好銑床，則工件必須使用完全定位，由1，2，3面來定位。

圖4.16所示以銑床銑削一階梯，階梯位置可由兩個尺寸 x ， z 定出，在 Y 方向之尺寸毫無意義，因此只需要兩個基準面1及2來定位。此爲具有一個自由度的簡易定位法。

圖4.17所示爲方柱形工件加工夾具，加工尺寸與精度爲 100 ± 0.1 ，此種情況工件只需要1個基準面（下端面），定位安裝極爲簡便。

圖4.18示出將工件安裝於V型槽中的簡易定位方法。爲使得尺寸 z 能達到精

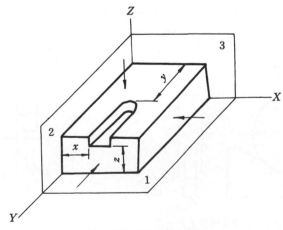

圖4.15　工件完全定位

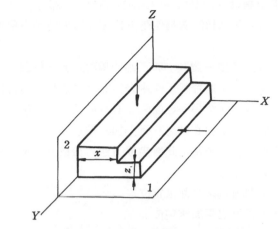

圖4.16　具有一個自由度的簡易定位

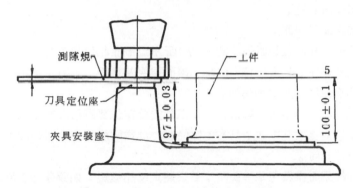

圖4.17　具有3自由度之簡易定位方法

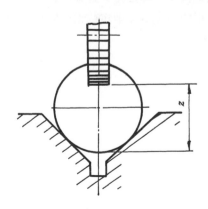

圖4.18　具有二個自由度利用Ｖ型槽
　　　　的簡易定位法

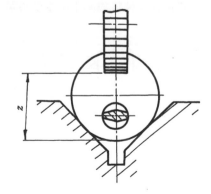

圖4.19　具有1個自由利用Ｖ型槽
　　　　簡易定位法

確，且加工凹槽又能對稱軸心，只要去掉工件的4個自由度卽可，因爲沿著V型槽移動及工件的轉動，對尺寸 z 及凹槽的對稱性毫無影響。必要時可在軸的端面加設個擋板。

圖4.19所示工件上多鑽一個孔，加工的凹槽對此孔之位置具有對稱性，則工件爲具有一個自由度的定位，將需從工件中去掉5個自由度。因此除了V型槽上之4點外，另加一菱形短銷而產生另一定位點。有時加工凹槽長度爲某一尺寸時，則定位方式應採用完全定位法，卽在軸之端面上加一擋板。

利用孔與孔端平面的定位方法，此種定位方法可分成三大類，卽：

(1)　由孔與端面來定位。

(2)　由軸孔與平行於軸孔端之平面來定位。

(3)　由兩孔與垂直於兩孔之平面來定位。

由端面及孔的定位方法中，有以下的兩種情況：

(1)　主基準面爲孔。

(2)　主基準面爲端面。

下面將使用實例加以說明，圖4.20所示以剛性軸作爲工件的定心，此種定心方式孔爲主基準面，具有4個定位點，端面爲次基準面，具有1個定位點，在工件上具有一個自由度，卽繞軸轉動。

圖4.21所示爲車床心軸型夾具，工件安裝定位係利用孔爲主基準面，具有4個定位點，端面爲次基準面，具有1定位點，此爲剛度的車床心軸型夾具定位法，與前者的方法相同。

以工件的端面作爲主基準面時，必須將定位銷減短，如圖4.22所示係定位銷過長，孔及銷間以4點定位，端面再以3點定位，此種定位方式違反定位原則。結果工件被彎曲安裝於夾具上，當受夾緊力作用的情況下，則定位銷產生變形及彎曲。

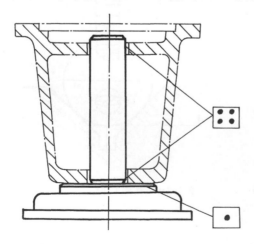

圖4.20　具有1個自由度的孔定位法

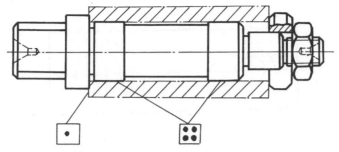

圖4.21　具有一個自由度的孔定位法

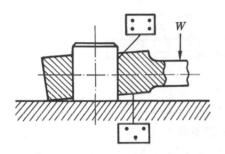

圖4.22　具有1個自由度的端面
　　　　和孔定位錯誤方法

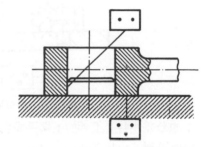

圖4.23　具有1個自由度的端面
　　　　與孔利用短銷定位

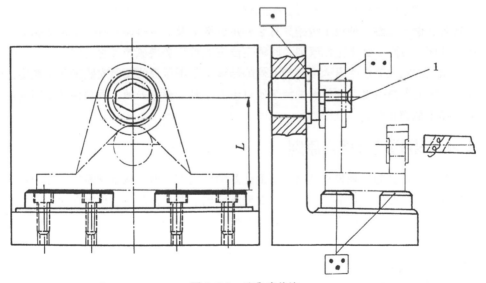

圖4.24　完全定位法

　　上圖中由於7點定位，違反定位原則，因此必須由端面與孔間採用5點定位，圖4.23所示工件改爲安裝於短銷上之定位方法。

　　圖4.24所示爲工件以平面、端面及孔定位的實例，若定位銷及定位孔的間隙較

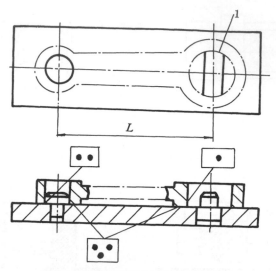

圖 4.25　利用端面及 2 孔之完全定位

尺寸 L 的公差小時，工件的下端平面就會接觸不到夾具。為了避免以上的情況應將定位銷切成菱形，由此就會加大尺寸 L 方向的間隙（參閱下述）。由於製成菱形銷則成為 2 定位點。

　　圖 4.25 所示係利用端面及 2 個孔做完全定位的實例。工件的端面為主基準面，具有 3 個定位點。使用 1 短銷具有 2 個定位點，及 1 菱形銷具有 1 個定位點，其具有 6 個定位點，合乎定位原則。此種定位方式常用於機械零件之定位。

　　以上的定位方法中吾人可得到下列的結論，若不平放的長銷安裝工件，能從工件上去掉 4 個自由度，而短銷去掉 2 個自由度，長菱形銷去掉 2 個自由度，短菱形銷去掉 1 個自由度。

4.4　選擇基準面之原則

　　設計製造理想的鑽模夾具時，若工件基準面選擇不當，或基準面的尺寸不穩定，使得製造出來的工件品質不合要求而變成廢料，則此理想之鑽模夾具便失去了意義。因此如何選擇工件之基準面乃極為重要，一般選擇方法可依經驗歸納出如下幾個選擇基準面之原則：

　(1)　選擇精度較高之面為基準面。

　(2)　選擇較寬濶之平面為安裝基準面。

　(3)　選擇較長之平面為主基準面。

　(4)　選擇尺寸較穩定精度較高之處為次基準面。

　(5)　選擇已加工之面為安裝基準面，主基準面及次基準面。

(6)　工件之主基準面與次基準面應儘量選擇互成垂直之面。

(7)　在夾緊力與切削力作用而工件變形較少之情況下，選擇較適當之面為基準面。

(8)　避免選擇轂與肋為各基準面。

(9)　避免選擇鑄件之澆口、冒口及分模線之處為各基準面。

1．面為基準之情況

工件加工過程中，最好選擇同一基準面來完成整個工件之加工，否則重新設定基準面時會造成誤差。因此為使工件確保品質，應選擇同一基準面做為整個工件加工之基準面。

以面為基準之情況，應儘可能選擇安裝基準面與主基準面互為正交，如此則鑽模夾具的製造施工較為簡便，因為有些定位件可由機械五金行中購得，免去製作之時間，此種情況已廣為應用於 NC 銑床及 NC 鑽床。

2．孔為基準之情況

當工件加工過程中，無法使用同一基準面來完成加工之情況，應選擇最先加工之孔為基準來實施加工。如圖4.26所示，加工背面時以最先加工之孔與銷配合，安裝於鑽模夾具之支承面上，而視為基準，來加工背面之孔。

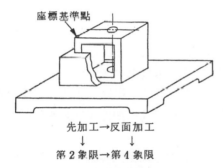

座標基準點

先加工→反面加工
↓　　　↓
第2象限→第4象限

圖4.26　孔為基準加工背面

3．鑄件、鍛件用黑皮為基準面之情況

當工件鑄造完成後，第一道加工時，由於所有表面皆為黑皮面，因此無疑的必須利用黑皮做為基準。黑皮面為一種尺寸與精度之公差極大而且不穩定之表面，應儘量避免選用，若非使用不可時應注意以下原則：

(1)　若工件加工成為成品時表面仍有某幾處為黑皮表面時，即有某幾個面鑄造出來後即不需加工，則應選擇此一些黑皮面為工件最先加工時之基準面，再根據所加工出之面作為以後加工各過程之基準面。此種方式來選擇基準面則黑皮面與加工面間之關係得到確保。

(2)　就研磨加工之工件而言，應選擇加工裕度最少之黑皮面作為安裝基準面，則可減少因加工裕度不足而產生大量之廢料。

(3)　黑皮面作為基準面時，應避免選用澆口、冒口及分模線，而選擇較平滑之面

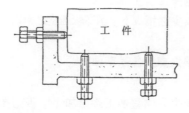

圖4.27　黑皮面爲基準面之定位

爲基準面。

(4)　安裝基準面應選擇穩定性較大及剛性較強之面，以確保工件之品質與精度。

(5)　黑皮之表面精度較差，若爲安裝基準面應使用３點支承。若必須使用四點支承則應將其中一點支承，改爲調整支承，否則加工進行時工件會產生嚴重振動。

4.5　鑽模夾具之定位及支承

4.5-1　鑽模夾具之支承面

安裝工件時通常支承方式爲水平與垂直，支承之方法有面支承及點支承。而點支承又可分爲三點支承及四點支承。

1.　面支承

以平面支承工件時，支承面積應儘可能縮小，較大的面積易使切屑附着其上，不易清理。且大面積的支承面製造也較爲困難，因此工件的安裝基準面尺寸很大時，需在支承面上切削溝槽，以減少支承面積使切屑掉入溝槽中，以確保工件的支承。

支承面除製成溝槽外，亦可在支承面上切削槽孔，如圖4.28所示，爲兩相同的工件，安裝於接觸面不同情況的支承。

當於支承面上切削槽，亦應注意，不可太寬，以免工件加工時因切削力作用下

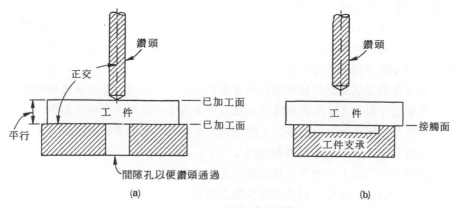

(a)　(b)

圖4.28　切削槽孔之平面支承

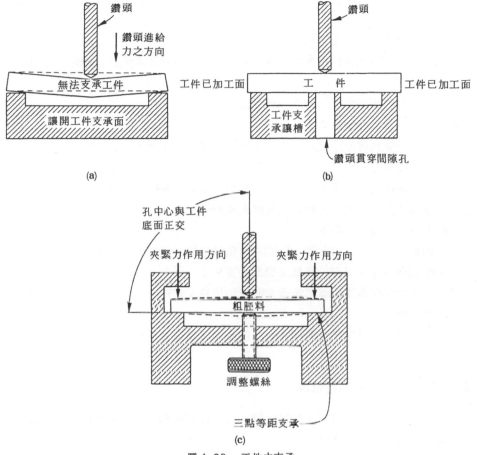

圖 4.29　工件之支承

而產生彎曲之現象，如圖 4.29 所示為工件支承於具有槽孔之支承面上，產生撓曲之情形及防止之方法。

2．點支承

　　支承面之自由度為 3，於 4.3 節中已提過，若要能去除此 3 個自由度，則需有 3 個拘束度，亦即需不在一直線上之三固定點。因此三點支承正合乎此一要求，而四點支承則為超拘束，超拘束之支承需具有條件，因此四點支承受到一些限制。

　　三點支承之優點如下：

(1)　工件表面不平滑時也不會產生支承間隙。

(2)　切屑不易附着於支承面上，切屑易於清理。

(3)　工件安裝平穩，不會有搖晃現象。

　　三點支承之缺點：

(1) 刀具切削力作用於三支承點所圍成三角形區域以外的地方，工件會產生浮動或振動。

(2) 工件之安裝較平面支承困難。

(3) 工件之安裝正確與否難以確認，即使切屑附着於支承面上，安裝上工件亦不產生間隙。

(4) 加工時常因剛性不足而產生變形或支承銷受損。

三點支承設計時應注意：

(1) 三支承點應儘可能遠離，使三支承點所圍之面積增大，則工件加工時較不易產生浮動。

(2) 工件表面有嚴重不平之情況，支承銷可改用可調整式支承銷。

(3) 支承銷之材質應具有較高之硬度及磨耗性。

四點支承之優劣點如下：

(1) 由於支承區域爲四方形，所圍的面積較三點支承爲大，工件較爲穩定，不易因切削力作用而產生浮動或振動的現象。

(2) 工件的安裝基準面或支承銷上附着切屑時，安裝的工件產生不平穩，操作員易於查覺。

(3) 安裝基準面爲黑皮或粗糙面時，四點支承會產生振動。

(4) 加工時亦常因剛性不足而產生變形或支承銷受損。

4.5-2　鑽模夾具的定位面

定位面係爲工件與鑽模夾具間以點、線、面的接觸，以固定其位置，在夾緊力及切削力作用下不產生變形。

1. 定位面爲平面

於鑽模夾具設計時，若所加工之工件爲非常之精密，且要求之幾何公差極嚴格時，應儘量減少其定位接觸面積，且減少切屑或灰塵附着於定位面上，以免影響加工之精度。圖4.30所示爲定位面與工件基準面間有誤差時，在誤差之範圍內產生

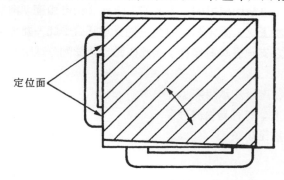

定位面

圖4.30　定位面爲平面

旋轉，此種旋轉係由於兩定位面各有二個拘束度，而支承面有三個拘束度，總共有七個拘束，與前述之原則相違反，所造成之超拘束之結果。

2．銷的定位

以工件外緣為基準之定位，如圖4.31所示。

以工件之1個孔為基準之定位，如圖4.32所示。

以兩孔為基準之定位，如圖4.33所示。

定位件之設計時，應儘可能避免超拘束定位，因為超拘束定位易使加工之工件尺寸精度發生誤差。

定位設計時為避免操作員在作業時將工件安裝錯誤，因此在設計時設法讓工件以反方向或反面無法安裝上鑽模夾具，如此則工件只能以一種方式來安裝，否則無法安裝。

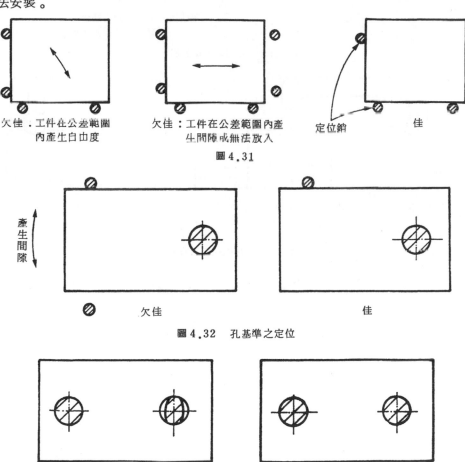

圖4.31

圖4.32　孔基準之定位

圖4.33　兩孔為基準之定位

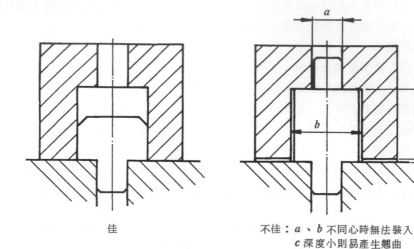

佳　　　　　　　　　　不佳：a、b 不同心時無法裝入
　　　　　　　　　　　　　　　c 深度小則易產生翹曲

圖 4.34　超拘束定位實例

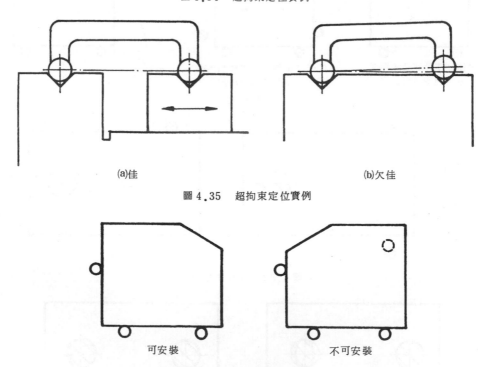

(a)佳　　　　　　　　　　　　　　(b)欠佳

圖 4.35　超拘束定位實例

可安裝　　　　　　　　　　　不可安裝

圖 4.36　避免錯誤安裝

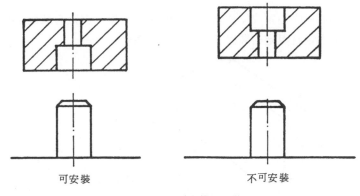

可安裝　　　　　　　　　　　不可安裝

圖 4.37　避免錯誤安裝

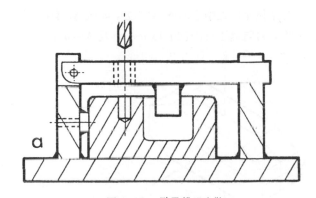

a

圖 4.38　避免錯誤安裝

4.6　定心原理與方法

定心是一種較特殊之定位方法，此種定位方法是一種較進步之定位方法。一般之定位操作即當開始定位時，一次只能將工件之一個面裝入鑽模夾具內適當之位置，然後再逐次對另一面定位。定心則一次可將工件之兩面同時接觸，並可對工件內之平面定位，即幾乎皆用於定位兩面間之中心面。而一般之定位只能依工件外形來定位，若用於粗糙工件或表面公差較大之情況下，則無法保證此種工件之中心面，中心軸及中心點，能與鑽模夾具之中心面，中心軸及中心點重合。因此必須經過精密之加工且工件公差極小之情況下，使用定位裝置才能確保工件與鑽模夾具之中心面、中心軸及中心點之重合。若鑽模夾具使用定心裝置，即使粗糙之工件也能使兩者之中心面、中心軸及中心點完全配合定位，且可使工件每邊被切削之厚度相等，並使切削力的分佈均勻。也就是說工件之中心可被正確的定出，不致於產生旋轉不平衡之現象。定心方法可分為三種：

1.　單向定心

對工件內部的一中心定位，如圖4.39所示，爲以一對定心裝置 1－1 將工件
內部中心 $a－a$ 固定且與定心裝置 1－1 之中心重合。

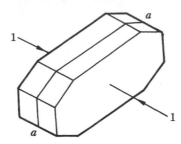

圖4.39　單向定心

2.　雙向定心

對工件內部之兩互爲垂直之中心面同時定位，如圖 4.40 圖所示，爲 1－1 及
2－2 兩對定心裝置，同時將工件內部中心 $a－a$ 及 $b－b$ 兩中心面定位。

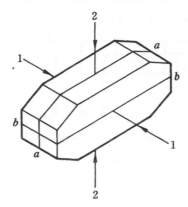

圖4.40　雙向定心

3.　全定心法

卽對工件內部互相正交之三方向中心面同時定位，卽對三面之交點定位，如圖
4.41所示，爲 1－1 ，2－2 及 3－3 三對定心裝置，同時將工件內部中心 $a－
a$ ，$b－b$ 及 $c－c$ 三中心面定位。

定心裝置

定心裝置爲單零件或多零件組成。它可當作定位或夾緊使用，亦可當作定
位及夾緊兩者同時使用。定心裝置常見種類有下列幾種：

(1)　Ｖ型塊定心裝置。（如圖4.42所示）

(2)　連桿操縱之定心裝置。（如圖4.43所示）

(3)　筒式自動定心裝置。（如圖4.44所示）

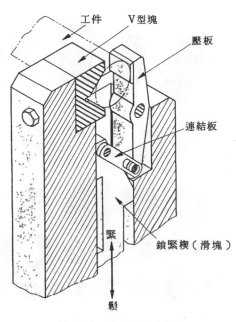

圖 4.42 V形塊定心裝置

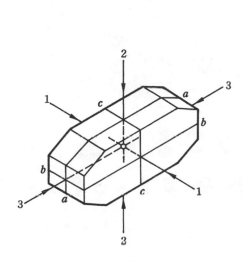

圖 4.41 全定心

使用 1 個滑動板使相對之 2 個扣夾產生夾緊力之構造，故壓板(A)、(B)兩方如無夾緊材料，則無法施行夾緊。

夾緊力有需要調整時，可依夾緊調整螺絲行之。

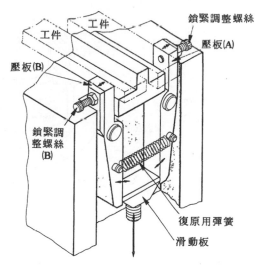

圖 4.43 連桿操縱定心裝置

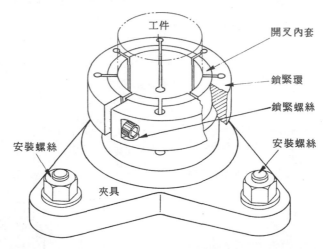

圖4.44　筒夾定心裝置

4.7　定心裝置

1.　V型塊定心裝置

　　V型塊用於圓柱或圓柱面定心為最簡單最常用之方法，通常V型塊被導銷及螺旋固定。為使V型塊能使用於不同型式之工件，亦能將它製成可調整式V型塊，此

圖 4.45　V形塊之夾緊力作用範圍

時它就具有夾緊裝置的功能。

　　通常V型塊之面需研磨加工，而底部留有半圓形角槽不但可減少應力集中，且可收集切屑，並可利以研磨加工。

　　許多數學家曾發費心血想求得最佳之V型塊夾角，但至目前尚無重大突破，以下用一比較特殊之極限角度加以討論：

(1)　V型塊之夾角為30°時，它對工件夾緊力非常大，若對工件正向施力 F，則工件與V型塊之接觸點作用力為 $1.9F$，所以可能對軟材料之工件產生破壞或變形。由於開口小，只要工件直徑尺寸稍有變化則會使夾於槽內之工件高度產生較大之變化。

(2)　V型塊之夾角為 120°時，由於開口較大易於工件安裝，且對直徑尺寸之變化，其槽內工件高度變化小，而接觸點的夾緊作用力為 $0.57F$，若夾緊力不夠大時，傳到接觸點的夾緊作用力變得很小，因此常會造成工件於槽內滾動，所以定位穩定較差。

(3)　V型塊之夾角為90°時，其接觸點作用力為 $0.7F$，在夾緊點頂部的垂直方向偏差 22.5°時工件於槽內才會產生滾動，因此穩定度高，且工件之安裝較容易，如圖 4.45 所示。對於工件直徑尺寸變化，其槽內工件高度變化不大。另一重要之問題，當夾角的公差在 90°±10′ 及平直度為 0.2 mm/m間均為有效，所以工業界廣為採用。

　　使用V型塊定心的優點：為一實心具有較高之強度，剛性之支承座，用於較長及較大之工件定位。可加強鑽模夾具之強度和穩定度，製造容易價格低廉。

　　V型塊最大之缺點，即夾緊力作用範圍受到很大的限制，否則槽內工作穩定性即成了問題。

1．V型塊定心之公差計算

　　圖 4.46所示，以V型塊作為圓桿工件之定心裝置，當工件直徑變化量為 Δd 時，那麼在此平面上，定位工件之定位差 e 為：

$$e = \frac{1}{\sqrt{2}} \Delta d = 0.707 \Delta d$$

圖 4.47 所示，為 V 型塊當作底部或側邊之定位裝置，其水平方向之誤差為：

$$e = \frac{1}{2} \Delta d = 0.5 \Delta d$$

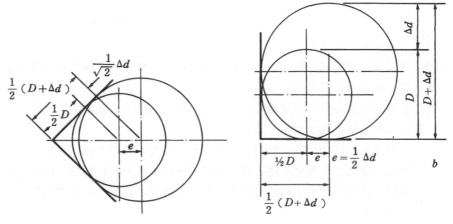

圖 4.46　直徑公差對定位誤差之影響　　　圖 4.47　直徑公差對水平定位誤差之影響

2. V 型塊之使用實例

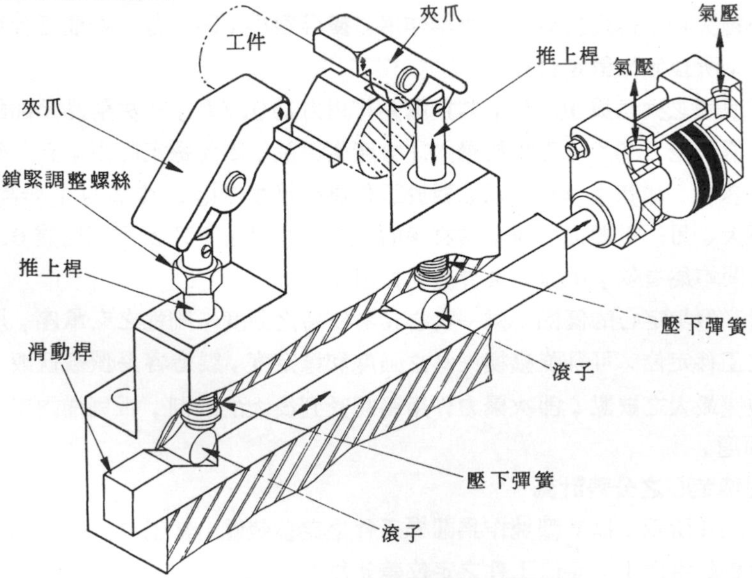

圖 4.48　利用 V 形塊定心夾具

3．彈性筒夾定心裝置

車床三爪自動夾頭，當夾緊工件時能維持與車床主軸同心之關係，因此三爪自動夾頭爲一種定心裝置。而四爪夾頭同樣也可當作定心裝置，但這四爪必須個別由人工調整定心。另一種常見之自動夾頭爲鑽頭夾頭，亦爲自動定心夾頭。

以上所介紹的爲一般泛用夾頭，而非特殊目的之定心筒夾，彈性筒夾定心裝置應用於鑽模夾具已頗爲普遍。彈性筒夾爲一套或兩套收縮或擴張之彈性爪，如圖4.52所示，常用於車床主軸及鑽頭夾頭，作爲定心裝置使用，此類之夾具由圓柱內部或外部定位與夾緊極爲有效。或需較高精度之圓錐桿件加工，且切削負荷較小時，使用彈性筒夾作爲定心裝置，其效果亦相當良好。

(一) 彈性筒夾之優點

彈性筒夾夾緊工件或刀具時作用於工件之作用力極爲均勻，並且不易使工件失圓而產生偏心。彈性爪擴張或收縮的斜率並無嚴格要求限制。雖理論上要求擴張或收縮的爪，要整個作用面將工件定位及夾緊，亦即夾爪整個面壓於工件上，如此之要求只有一個直徑才能完成此一要求。實際使用上只有一小面積產生作用，甚至於僅有前緣少許將工件定心夾緊。如圖4.52所示爲定心裝置30°，將工件放入彈性夾爪中，則作用後圓錐角成爲31°，爲工件直徑小些則圓錐角爲29°。

(二) 彈性筒夾設計時應考慮事項

(1) 無論工件被定位於何處，其徑向誤差或偏心誤差是由筒夾的眞圓度所造成。

(2) 利用筒夾做外部定心時，常由於尺寸公差而造成歪斜誤差。

(3) 利用筒夾做內部定心時，由於尺寸公差而造成歪斜的誤差頗大。

(4) 利用筒夾做小直徑工件的內部定心時，所造成的歪斜誤差較前兩者爲大。

(5) 當工件外部定心之筒夾夾緊時，筒夾之夾緊力對傳遞之扭力極爲靈敏。

(6) 外部夾緊之工件，若受意外之過量負荷時，也不會在筒夾內產生滑動。

圖4.49 自動定心夾頭

圖4.50 單動定心夾頭

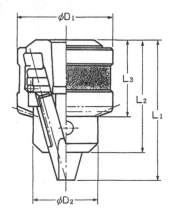

圖4.51 自動定心鑽頭夾頭

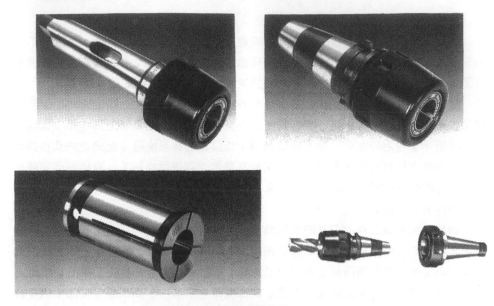

圖4.52　彈性筒夾

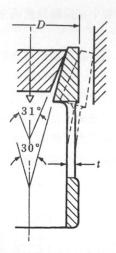

圖4.53　彈性筒夾之定心原則

4. 連桿機構之自動定心裝置

　　連桿機構的自動定心裝置係利用各種機構、機件加以組合，其種類頗多，表 4.1為一種較爲常見的連桿機構的自動定心的構件及操縱方式。設計此種定心裝置應注意以下幾項原則：

　　(1)　設計製造簡單。

　　(2)　連桿機構之構件，儘可能採用旋轉式傳動，避免滑動式傳動。

　　(3)　對旋轉構件而言：夾緊力的傳動應垂直於構件旋轉半徑。

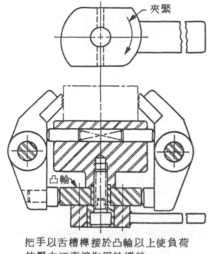

夾緊

凸輪

把手以舌槽榫接於凸輪以上使負荷
的壓力不直接作用於螺絲

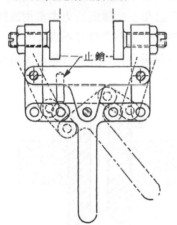

止銷

此為一肘節裝置的夾具。注意
止銷。有此類型的其他情形可參考
肘節裝置的夾具目錄。

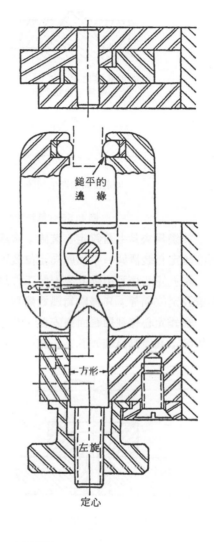

鎚平的
邊　緣

方形

左旋

定心

圖4.54　連桿定心應用實例

(4)　對滑動構件而言，夾緊力的作用點必須在構件支承點的上方。

(5)　連桿組內的連桿桿臂長度應相等，否則變為長臂施力，短臂夾緊。

(6)　設計時應注意整個系統的各組件的剛性、接觸點的間隙。

5. 圓錐定心裝置

　　圓錐定心裝置在機械工廠方面已廣泛的使用，例如車床之雙頂心工作，鑽床主軸安裝錐柄鑽頭及銑刀主軸安裝錐柄銑刀等，用於一般性之工件、刀具之夾持，並非應用夾具。

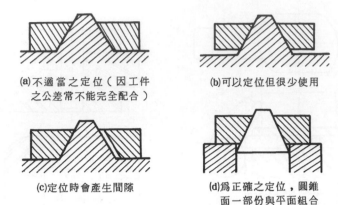

(a)不適當之定位（因工件之公差常不能完全配合）　(b)可以定位但很少使用

(c)定位時會產生間隙　(d)為正確之定位，圓錐面一部份與平面組合

圖4.55　圓錐定心裝置與平面定位裝置的組合

　　於鑽模夾具中圓錐定心裝置，常應用於精度較低之工件定心，圖4.55所示，將圓錐定心裝置與一平面軸向定位裝置組合而成一體，用於高精度之情況。

　　錐孔定心係利用錐孔來安裝工件以作為定心之用，此種定心方式常用於螺桿、導套及定位銷等，其優點為製造簡單，安裝容易，惟定心之精度不高。

　　圓錐定心係利用錐面來安裝工件之內孔，此種定心方式常用於螺桿、導套及定位錐等，其優點為較錐孔定心精度高些。

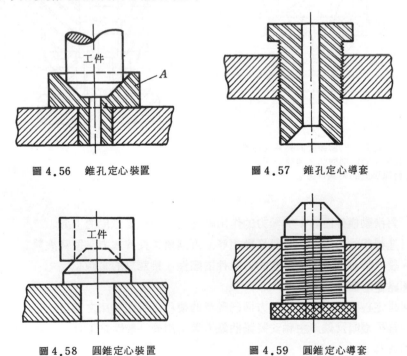

圖4.56　錐孔定心裝置　　　　圖4.57　錐孔定心導套

圖4.58　圓錐定心裝置　　　　圖4.59　圓錐定心導套

4.8 由平面及二孔定位之計算

由平面和二孔來安裝工件之情況下，要和安裝軸上一些有關之問題加以討論。使用符號規定如下：

L：兩孔中心距離之公稱尺寸

δ_0：兩孔中心距離之公差

$+\delta_0/2$：兩孔中心距離之上偏差

$-\delta_0/2$：兩孔中心距離之下偏差

δ_n：定位銷中心距離之公差

$+\delta_n/2$：定位銷中心距離之上偏差

$-\delta_n/2$：定位銷中心距離之下偏差

$S_{1\,min}$：主孔與銷接觸最小間隙

$S_{2\,min}$：次孔與銷接觸最小間隙

1．由2銷所組成之安裝條件

首先討論定位銷安裝工件所可能產生的最惡劣情況，圖4.60所示。在工件孔中心距的最大尺寸為$L+\delta_0/2$，最小值為$L-\delta_0/2$，而孔和軸之接觸間隙為$S_{1\,min}$，$S_{2\,min}$情形。圖(a)所示為孔1與孔2間和銷3與銷4間之標準中心距尺寸L之情況。圖(b)所示為孔1′與孔2′之中心位置於最大中心距$L+\delta_0/2$處。銷3′與銷4′之中心位置於最小中心距$L-\delta_n/2$處，由圖中吾人可得以下之關係：

$$2\left(\frac{\delta_0}{4}+\frac{\delta_n}{4}\right)=\frac{S_{1\,min}}{2}+\frac{S_{2\,min}}{2}$$

因而可得2定位銷所組成之安裝條件如下：

$$S_{1\,min}+S_{2\,min}\geqq\delta_0+\delta_n \qquad\qquad (4.1)$$

由（4.1）式之安裝條件，為提高定位之精度起見，設法減小其間隙。因而將銷2″改為菱形銷如圖4.61所示。

由此可以使中心距L之尺寸加大其間隙，

在$\triangle DO_2C$

$$(O_2E+EC)^2=O_2D^2+(DA+AC)^2$$

從$\triangle AO_2D$知

$$O_2D^2=AO_2^2-AD^2$$

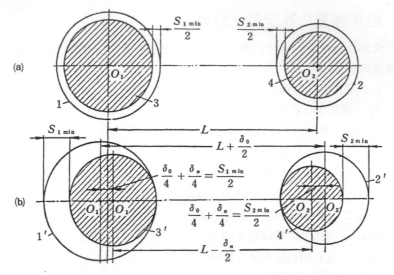

圖 4.60 兩定位銷定位工件圖

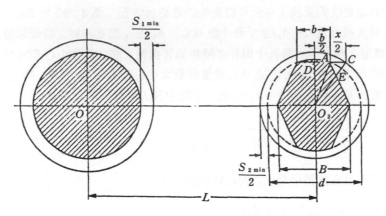

圖 4.61 兩孔之定位使用菱形銷

由代數符號表爲

$$\left(\frac{d}{2}+\frac{S_{2\,min}}{2}\right)^2 = \frac{d^2}{4} - \frac{b^2}{4} + \left(\frac{b}{2}+\frac{x}{2}\right)^2$$

由上式中因 x，$S_{2\,min}$ 極小，略去 2 次方項，解得 x

$$x = \frac{d}{b} \cdot S_{2\,min} \tag{4.2}$$

（4.2）式中若 b 愈小則 x 愈大，但若 b 太小則磨耗量加大，因而 b 之大小可下面計算求得最大值。

若將 x 值代替間隙 $S_{2\,min}$，代入（4.1）式，則可求出定位銷和菱形銷所構成之安裝條件。即

$$S_{1\,min} + S_{2\,min}\,\frac{d}{b} \geqq \delta_0 + \delta_n \tag{4.3}$$

解得　　$b \leqq \dfrac{S_{2\,min}}{\delta_0 + \delta_n - S_{1\,min}} \cdot d \tag{4.4}$

2. 工件扭轉值限界之決定

首先討論極限的情況，如圖4.62所示，為兩孔及兩定位銷的接觸時，最大間隙的情況。由圖得知以下的關係如下：即

$$O_2A = O_1O_1' = \frac{S_{1\,min}}{2}$$

$$O_3O_2' = \frac{S_{2\,min}}{2}$$

$$O_2'A = \frac{S_{1\,max} + S_{2\,max}}{2}$$

由 $\triangle O_2'O_1'A$ 得知

$$\tan \alpha = \frac{S_{1\,max} + S_{2\,max}}{2L} \tag{4.5}$$

如圖4.60一般當平面與1孔由長菱形銷來定位時，將成為 $S_{1max} = 0$，由（4.3）式知此安裝條件為

$$S_{2\,min}\,\frac{d}{b} \geqq \delta_{pl\,h} + \delta_{pl\,p} \tag{4.6}$$

由（4.4）式得知

$$b \leqq \frac{S_{2\,min}}{\delta_{pl\,h} + \delta_{pl\,p}} \cdot d \tag{4.7}$$

式中　　$\delta_{pl\,h}$：工件之基準面與孔中心距之公差。

　　　　$\delta_{pl\,p}$：鑽模夾具支承面與定位銷中心距之公差。

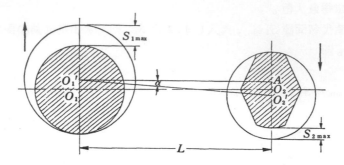

圖4.62　由1平面及2孔來定位工件，工件旋轉極限值

3．菱形銷之重要部位尺寸

d	b	B
$4 \sim 6$	2	$d - 0.5$
$6 \sim 10$	3	$d - 1$
$10 \sim 20$	4	$d - 2$
$20 \sim 32$	5	$d - 4$
$32 \sim 40$	6	$d - 5$
$40 \sim 50$	8	$d - 5$
$50 \sim$	14	$*$

4.9　使用鑽模夾具加工所產生之誤差

在工件之加工過程和加工完成之時，工件的尺寸及幾何尺寸和工件藍圖上所標註的尺寸及幾何尺寸有所出入，此種出入為加工誤差，加工誤差在圖樣上所標註之尺寸及幾何尺寸之公差範圍內品質才能獲得保證，否則成為廢料。工件公差乃是指工件尺寸及幾何形狀的誤差，所能允許的最大範圍。幾何尺寸即是指工件各面或各點間的關係，包括真平度、真直度、真圓度、圓柱度、曲線輪廓度、曲面輪廓度、平行度、垂直度、傾斜度、正位度、同心度、對稱度及偏轉度。

使用鑽模夾具加工工件，常由於定位、夾緊及鑽模夾具不夠精密而產生安裝誤差，及其加工刀具調整和工作機械本身之精度等誤差，因而討論工件之尺寸及幾何形狀的誤差可分為以下三方面：

(1)　工件的安裝誤差。

(2)　工具機的刀具調整誤差。

(3)　加工的誤差。

安裝誤差（d_t）乃是將工件安裝於鑽模夾具上，施以加工中所發生之定位誤差

（d_1）、夾緊誤差（d_2）及鑽模夾具之精度誤差（d_3）之和。此處所謂鑽模夾具的精度誤差乃是指鑽模夾具製作誤差、鑽模夾具在安裝於工作機械上之誤差及安裝定位件的摩耗誤差等。

刀具調整誤差（d_m）為使切削刀具配合所需加工之尺寸，而在工具機上調整過程中產生之誤差。

加工誤差 d_w 發生之原因為：

(1)　在無負載情況下工具機之誤差量。

(2)　切削刀具之磨耗、熱應變、切削力的應變。

(3)　由於負載狀態下工具機、鑽模夾具、工件、刀具的彈性變形。

將以上三種誤差 d_t、d_m、d_w 合併則工件之加工尺寸精度即可求得，即

$$d_t + d_m + d_w \leq \delta$$

此處的 δ 為工件之尺寸公差，式中的左端為誤差之總合，此種誤差的總合並非將三數 d_t、d_m、d_w 加起來，而是一種組合之特性，此種特性於機械製造中之一種討論方式。此外安裝誤差為工件尺寸總誤差的一部份，雖在某些情況下並不太重要，但一般情況下應加以注意。

安裝誤差係由 d_1、d_2、d_3 所組成，將根據已知安裝之情況，定出工件之尺寸分佈範圍。例如已知工件安裝所得之尺寸 H，若只有定位誤差，則 H 尺寸之分佈範圍為：

$$d_1 = H_{1\,max} - H_{1\,min}$$

同理若只有加工時之夾緊誤差 d_2，或只有附加誤差 d_3 時，則可獲得以下之關係：

$$d_2 = H_{2\,max} - H_{2\,min}$$
$$d_3 = H_{3\,max} - H_{3\,min}$$

在實際情況下，這些誤差是同時發生。現假設在此處只有此 3 項誤差，而無任何其他誤差時，就可根據尺寸 H 而求得總分佈範圍：

$$d_t = H_{max} - H_{min}$$

d_t 為安裝誤差，而 d_1，d_2，d_3 皆為偶發事件之分佈範圍，可根據機率理論的高斯法則求得，所以安裝誤差可根據 2 次方根法則求得，即

$$d_t = \sqrt{d_1{}^2 + d_2{}^2 + d_3{}^2}$$

1．定位誤差 d_1

在圖4.63中，工件的主基準面(1)，因與尺寸 A 有直接關係，在此種情況下 $d_{1(A)}=0$ ，即對尺寸 A 之定位誤差等於零。而下方之安裝基準面(2)與加工面間並未有直接關係，而只是間接關係。今將工具機之銑刀軸已調整好位置，以面(2)爲安裝基準面對加工面施以加工，則定位誤差爲 $d_{1(B)}=\delta$ ，亦即對尺寸 B 的定位誤差，等於面(2)與面(3)之連繫在一起的基準尺寸 H 的公差。

若鑽模夾具之安裝定位元件與工件間因安裝不當而產生間隙時，也會產生定位誤差。

圖4.64所示加工面的基準面爲工件毛坯之軸心，而安裝基準則爲軸心。若有間隙時，則工件安裝上時有距離 $S_{max}/2$ 作上下移動，總移動量爲 S_{max} ，即定位誤差 $d_{1(H)}=S_{max}$ 。

圖4.65中，定位誤差爲兩誤差的和，在接觸面上無間隙的情況下，對尺寸 H 的定位誤差，將會成爲加工毛坯直徑公差之半（ $\delta/2$ ）。此種誤差爲加工面之基準與安裝基準不一致，故此種誤差是無法避免。在安裝軸與工件間有間隙之情況下，尺寸 H 之總誤差可由下式來表示，即

$$d_{1(H)}=\frac{\delta}{2}+S_{max}$$

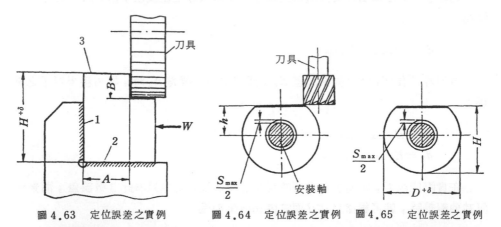

圖4.63　定位誤差之實例　　　圖4.64　定位誤差之實例　　圖4.65　定位誤差之實例

2．夾緊誤差 d_2

夾緊誤差 d_2 係乃由於工件安裝於鑽模夾具上，因夾緊力的作用而產生位變，而使加工所得的尺寸分佈在某些範圍內。與定位誤差相同係爲基準尺寸和切削刀具間的距離有關，將工件尺寸分佈範圍之平均值求得，再調整切削刀具和公差範圍之中間值相配合。則此時 $d_2=0$ ，由於同一批中加工毛坯之情形並不相同，因而產生的

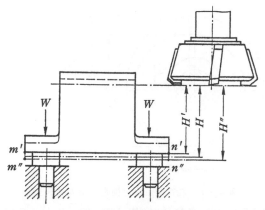

圖 4.66　夾緊誤差說明

位變亦不相同，因此夾緊誤差乃是無法避免。

　　依工件的安裝來調整刀具，而在整批工件中獲得尺寸分佈平均值 H 的情況下，如圖 4.66 中，工件之安裝基準面，夾具的支承件接觸變形最小之時，安裝基準面為 $m'-n'$ 的位置，H 之尺寸爲最小值以 H' 表之。若工件受較大之夾緊力作用，夾具之支承件接觸變形最大之時，位置變爲 $m''-n''$ 時，H 之尺寸最大值以 H'' 表之，而 H 尺寸之分佈範圍卽是夾緊誤差。卽

$$d_2 - H'' - H'$$

3. 鑽模夾具之精度誤差 d_3

　　鑽模夾具之精度誤差 d_3，乃是由於鑽模夾具製作不精密，定位支承元件之磨耗，工具機床台及鑽模夾具之安裝等發生之誤差。此種誤差能找出原因而將去除，所以安裝誤差之計算，一般均給予忽略。因此安裝誤差 d_t，卽可由定位誤差 d_1 及夾緊誤差 d_2 之總合而決定。

　　在加工工件之平面或旋轉體之端面，而獲得直線尺寸之情形下，定位誤差和夾緊誤差將成爲同一直線上之量，因而兩者之和卽爲安裝誤差，卽

$$d_t = d_1 + d_2$$

　　在旋轉體之加工中求直徑之 d_t，因向量 d_1 和 d_2 之相互位置是取任意角度，所以安裝誤差可以由定位誤差及夾緊誤差之向量和求得。此處最信賴之值，可由機率原理求得，一般皆以二次方根法則求得，卽

$$d_t = \sqrt{d_1{}^2 + d_2{}^2}$$

　　如圖 4.67 中，當工件安裝於有間隙之轉軸上，將會產生定位誤差 d_t，由定心

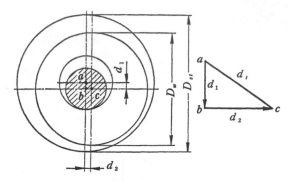

圖 4.67　孔安裝工件之情形下之安裝誤差

夾頭夾緊此轉軸，而發生夾緊誤差 d_2。若 d_1，d_2，之大小為已知，則由前述之公式即可求得工件徑向位變的安裝誤差。工件軸心與加工後外圓軸心的距離為 ac，即偏轉量為偏心量之兩倍。

　　對於許可定位誤差之近似值，可利用下面之公式決定。即

$$d_{1(\text{all})} \leq \delta - \triangle$$

此處　　　$d_{1(\text{all})}$：許用定位誤差

　　　　　δ：尺寸公差

　　　　　$\triangle$：工具機之調整誤差及加工誤差之和

實際之定位誤差必須小於或等於許用誤差，即

$$d_{1(\text{act})} \leq d_{1(\text{all})}$$

(一)　工件安裝在平面上之定位誤差之實例

　　圖 4.68 所示，安裝基準面(1)為加工面(2)之基準面。此種情況定位誤差為零。對於由銑削加工所獲得之尺寸 30 ± 0.15 的總誤差並無影響。

　　在圖 4.69 所示，安裝基準面(1)並非加工面(2)之基準面。而加工面(2)之基準面為(3)，安裝基準面(1)與加工面(2)之間為間接關係，因而定位誤差就無法避免，其大

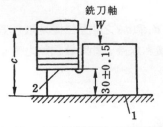

圖 4.68　安裝基準面與加工面直接關係

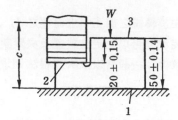

圖 4.69　定位誤差產生之情況圖

小可由下列之考慮，很容易的求得。

　　調整銑刀心軸與支承面間之尺寸 c ，使加工面(2)與銑刀位置間不變動，即 c 的尺寸保持固定。此種進行加工所得之尺寸 50 mm 的公差為 0.28 mm 的範圍，此範圍即成為定位誤差。即

　　　　$d_1 = 0.28$ mm

　　此誤差將會進入在已知 20 ± 0.15 mm 之安裝中所得之總誤差內，此種安裝與加工誤差之總合，將為 $0.3 - 0.28 = 0.02$ mm，此種情況顯然有問題。為解決此種問題，將工件改為圖 4.70 所示之方法來安裝，使其定位誤差 $d_1 = 0$，或變更尺寸 20 的公差。若尺寸 20 的公差不能加大時，則可以減小尺寸 50mm 的公差來減小定位誤差。

　　對於尺寸 50 mm 之新公差，可由下式求出。即

　　　　$\delta_{50} = d_1 = \delta_{20} - \triangle$

　　　δ_{50}：尺寸 50 mm 之公差

　　　δ_{20}：尺寸 20 mm 之公差

　　　d_1：定位誤差

　　　$\triangle$：對於尺寸 20 mm 之工具機之調整誤差及加工誤差之和

　　對於基準尺寸之新公差，若 $\triangle = 0.1$ 之情況，

　　　　$\delta_{50} = 0.3 - 0.1 = 0.2$

此種情況於工作藍圖中表為 20 ± 0.15 及 50 ± 0.1 。

㈡　工件安裝在圓軸之外緣和外緣定位的定位誤差之實例

　　圖 4.71 所示，由銑刀在圓軸切槽之情況，將軸安裝在 V 型塊上之狀態。圖(a)中圓筒上點(1)為加工面之基準點。圖(b)中圓筒上點(2)為加工面之基準點。圖(c)中圓筒上點(3)為加工面之基準點。以上三種情況，因 V 型塊與工件之接觸點與尺寸 h ，h_1 ，h_2 未有直接關係，故定位誤差將無法避免，其大小隨直徑公差 δ_D 及 V 型塊的夾角 α 而定。

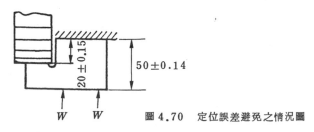

圖 4.70　定位誤差避免之情況圖

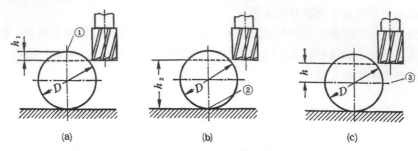

(a)   (b)   (c)

圖 4.71　由平面安裝工件定位誤差

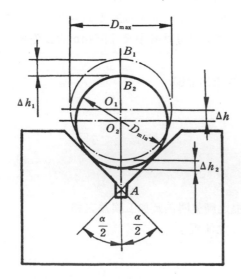

圖 4.72　由 V 形枕安裝工件定位誤差

　　圖4.72所示爲一工件最大直徑D_{max}及最小直徑D_{min}之圓筒，安裝於V型塊上，則

(1)　兩圓筒之頂點之差 $\triangle h_1$

(2)　兩圓筒之最低點之差 $\triangle h_2$

(3)　兩圓筒之中心距 $\triangle h$

　　由圖可得

$$d_{h1} = \triangle h_1 = AB_1 - AB_2$$

$$= \left(\frac{D_{max}}{2} + \frac{D_{max}}{2 \sin \dfrac{\alpha}{2}} \right) - \left(\frac{D_{min}}{2} + \frac{D_{min}}{2 \sin \dfrac{\alpha}{2}} \right)$$

$$= \frac{(D_{max} - D_{min})\left(1 + \sin\dfrac{\alpha}{2}\right)}{2\sin\dfrac{\alpha}{2}}$$

$$= \frac{\delta_D\left(1 + \sin\dfrac{\alpha}{2}\right)}{2\sin\dfrac{\alpha}{2}}$$

$$= k_1\delta_D \tag{4.8}$$

同理　　$$d_{h2} = \triangle h_1 = \frac{\delta_D\left(1 - \sin\dfrac{\alpha}{2}\right)}{2\sin\dfrac{\alpha}{2}}$$

$$= k_2\delta_D \tag{4.9}$$

$$d_h = \triangle h = \frac{\delta_D}{2\sin\dfrac{\alpha}{2}} = k\,\delta_D \tag{4.10}$$

上面各式中

$$k_1 = \frac{1 + \sin\dfrac{\alpha}{2}}{2\sin\dfrac{\alpha}{2}}$$

$$k_2 = \frac{1 - \sin\dfrac{\alpha}{2}}{2\sin\dfrac{\alpha}{2}}$$

$$k = \frac{1}{2\sin\dfrac{\alpha}{2}}$$

若Ｖ型塊之角度 α 以各種不同之值代入，則可得表4.1之係數 k 之值。

表 4.1　將圓軸工件安裝於 V 形塊之係數 k

係　數 \ V形塊的角度	60	90	120	180
k	1.0	0.7	0.58	0.5
k_1	1.5	1.21	1.07	1.5
k_2	0.5	0.21	0.08	0.0

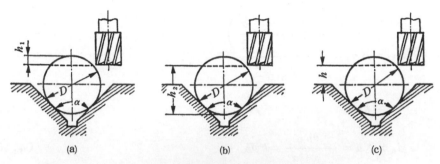

圖 4.73　V形塊安裝圓筒之定位誤差計算

圖 4.73所示之 V 型塊 α 角爲 90°，則定位誤差爲：

$$d_{h1} = 1.21 \, \delta_D$$
$$d_{h2} = 0.21 \, \delta_D$$
$$d_h = 0.7 \, \delta_D$$

圖 4.71 所示之 $\alpha = 180°$ 其誤差爲：

$$d_{h1} = \delta_D$$
$$d_{h2} = 0$$
$$d_h = 0.5 \, \delta_D$$

圖 4.74所示使得槽之位置對於尺寸 h_2 和軸心均爲對稱加工之情況。尺寸 h 之變化將成爲重要問題。和圖 4.71(b)，(c)之方法相同，定位誤差爲：

$$d_{h1} = \delta_D \ , \ d_{h2} = 0 \ , \ d_h = 0.5 \, \delta_D$$

圖 4.75所示將軸安裝在定心夾頭上之情況。因工件的軸心與夾頭的軸心相一致，而銑刀又能對此尺寸來調整，軸心基準就成爲安裝基準，因而可得 $d_h = 0$，但若 h 的尺寸由工件的最低點來量測則，

$$d_h = 0.5\,\delta_D$$

　　圖 4.76 所示以內孔為基準來加工外徑 D_1 和 D_2 之情況，乃是使用剛性定位銷定位工件而加工二階圓桿之實例。工件以內孔軸心為基準。定位銷與孔之間有間隙時，則孔之軸心對定位銷之軸心的位變等於間隙一半之偏心量 e，此種位變乃是因基準不一致之結果，對於孔等於兩個偏心量 e 之定位誤差，就會作為對於外圓之內孔等於兩偏轉之偏轉形式顯示出。

　　若取最惡劣之情況，即在配合處發生最大間隙 $S_{max} = 2e$ 之時為：

$$d_{D2} = d_{D1} = S_{max} = S_{min} + \delta_A + \delta_B \qquad (4.11)$$

　　d_{D2}，d_{D1}：為直徑 D_2，D_1 之偏轉量

　　　S_{min}：最小間隙

　　δ_A，δ_B：孔和軸之直徑之公差

尺寸 a 和 b 均為已知時之定位誤差為：

$$d_a = 0 \quad, \quad d_b = \delta_a$$

　　此工件之定位有兩種情況產生，第一種情況以工件(1)面為基準面，而 a、b 兩尺寸之基準面為一致的，因而定位誤差為零。第二種情況以工件(2)面為基準面，而 (a)，(b) 兩尺寸之基準面不一致，而尺寸 b 之定位誤差無法避免，b 之誤差等於 a 之公差。

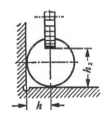
圖 4.74　由旋轉工件之
　　　　　安裝之位變

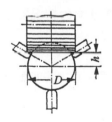
圖 4.75　三爪定心夾頭夾緊
　　　　　工件之定位誤差

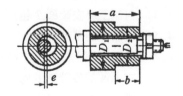
圖 4.76　定位銷與螺帽定位夾緊
　　　　　工件之定位誤差

4.10　定位誤差發生之另一些原因

1. 切屑及灰塵

　　鑽模夾具或工件若附著切屑或灰塵時，使工件定位產生誤差，加工尺寸不夠精確，因而工件不良率提高，為使切屑或灰塵不易附著或容易脫落，設計支承面與定位面應在工件剛性允許之情況下，優先考慮點或線最後才考慮面。若以面為定位

或支承時應設有排屑槽，以避免整個面之接觸，角之部位亦應設有排屑槽。

2. 毛 邊

鑽模夾具或工件在製造或搬運過程中，因切屑或撞擊而產生毛邊，因而產生誤差或其他之傷害，因此在製造時應給予倒角。

3. 變 形

鑽模夾具因加工生熱或剛性不足，而產生應力應變之情況，又因工件受夾緊力與切削力作用而產生變形，致使工件加工面尺寸發生誤差，此乃設計時應加以考慮者，因此鑽模夾具之零件或材料應加以熱處理，以防止變形，且在設計時之設定條件應特別慎重。

4. 磨 耗

工件於鑽模夾具中施以必要之加工，由於鑽模夾具之長期使用而產生磨耗。因此工件之精度是隨產量而下降。故在設計時對於工件之定位件及支承件施以淬火、研磨等表面處理，且對於磨耗較易之零件考慮更換等等。

5. 浮 動

工件於夾緊時若夾緊力與支承面平行則工件易產生浮動。

習 題

4.1 何謂自由度？

4.2 何謂拘束度？

4.3 工件定位與自由度及拘束度有何關係？

4.4 工件定位產生超拘束時有何種可能的情況發生？

4.5 何謂工件安裝面？包括那些面？

4.6 何謂安裝基準面？

4.7 基準面應根據那些原則選定？為何有主基準面及次基準面之分？

4.8 支承面的設計應考慮那些原則？

4.9 詳述方柱形工件之定位方法？

4.10 詳述圓柱形工件之定位方法？

4.11 詳述圓盤形工件之定位方法？

4.12 何謂完全定位。

4.13 何謂具有一個自由度的定位？

4.14 試問利用Ｖ型槽定位，具有幾個定位點？

4.15 利用孔與孔端面定位的方法有那幾種？

4.16 長定位銷與短定位銷在定位功能上有何差別？

4.17 長定位銷與長菱形定位銷在定位功能上有何差別？

4.18 試比較長定位銷、短定位銷、長菱形定位銷及短菱形定位銷異同？

4.19 以面爲基準及孔爲基準的定位有何異同？

4.20 利用黑皮面爲定位面時應考慮那些因素？

4.21 面支承與點支承的差異及優缺點如何？

4.22 試比較三點支承及四點支承的差異及優缺點？

4.23 詳述定心原理？

4.24 試述常用的定心裝置有那幾種形式？

4.25 V型塊之夾角應如何選定？

4.26 彈簧筒夾設計時應考慮那些事項？

4.27 詳述圓錐定心裝置的原理？

4.28 鑽模夾具中有那些誤差是設計製造誤差？

4.29 試定出菱形定位銷的重要尺寸？

4.30 鑽模夾具在使用時常有那些定位誤差詳述之？

4.31 如圖所示，試填出夾具各定位面及工件各基準面？

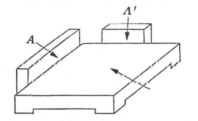
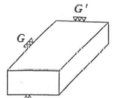

習題 4.31

4.32 如圖所示，詳述工件定位之優缺點？

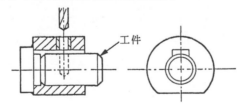

習題 4.32

4.33 如圖所示，詳述工件定位之情況及優缺點？

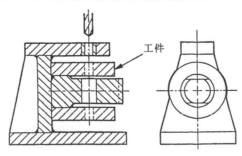

習題 4.33

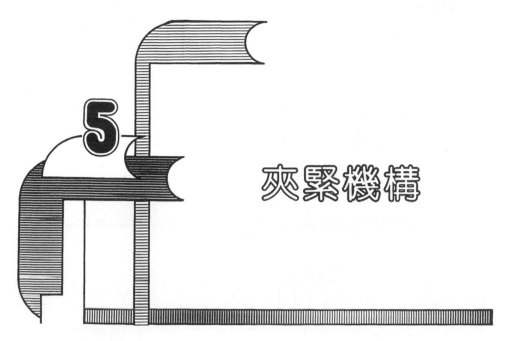

5 夾緊機構

5.1 概 説

　　定位之目的係將工件安裝於鑽模夾具中之固定位置，並未施力將之固定，此情況下當刀具切削力作用於工件之上時，工件即產生位變，無法達成加工之目的。因此在加工前必須將工件牢牢夾緊，以利刀具之切削。因此夾緊機構之目的，為施加夾緊力於工件之上，使工件在刀具之切削力作用下不致產生位變及不妨礙刀具切削工作，且不夾傷工件與床台之情況下進行。

　　一般夾緊機構之設計必須滿足以下之條件：

(1) 在夾緊過程中，不得使定位完成之工件產生位變，而使定位設施失去作用。

(2) 工件夾緊後，雖因加工時所產生之切削力及振動之作用，但工件不得產生位變。

(3) 夾緊機構之設計必須操作簡便節省工時。

(4) 夾緊機構必須有足夠之安全顧慮，以確保人員、機具及工件之安全。

　　當設計夾緊方式時，應從切削力之作用點、作用方向及其力矩圖，來決定所需夾緊力之大小。再根據夾緊力之大小與加工之情況，定出夾緊機構。例如銑削加工，就必須考慮工件傾倒力矩，在設計夾緊機構之時，夾緊力應作用於支承點或銷之上，否則容易產生變形，圖5.1為夾緊力作用之情況。鑽削加工之時必須考慮切削力與扭矩之作用。

　　刀具之切削力與力矩可根據金屬切削理論公式或經驗公式計算求得，或者可由

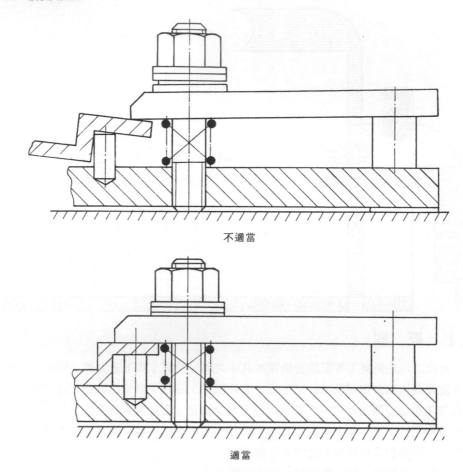

不適當

適當

圖 5.1 對於支承面之夾緊力作用方向

圖表中查得，一般爲安全顧慮，將所求得之值乘上安全因數 $K = 1.5 \sim 2.5$。精加工者可選用較小之安全因數，而粗加工者應用較大之安全因數。

5.2 夾緊機構之種類

夾緊機構可分爲人力與機械力兩大類，一般小工件由人力夾緊機構較多，人力夾緊機構可分爲下列五種：

(1) 使用楔子夾緊機構。

(2) 使用螺旋夾緊機構。

(3) 使用壓板夾緊機構。

(4) 使用肘節夾緊機構。

(5) 使用凸輪夾緊機構。

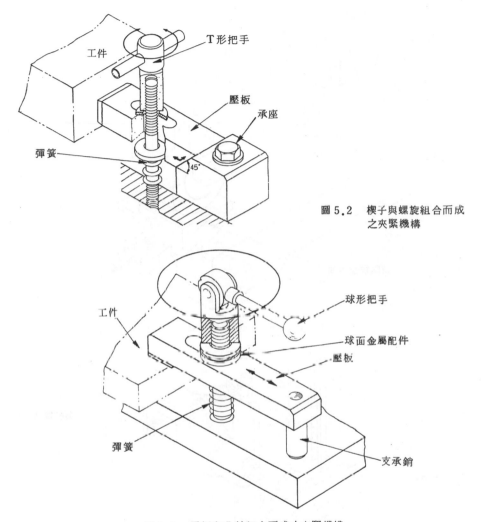

圖 5.2 楔子與螺旋組合而成
之夾緊機構

圖 5.3 壓板與凸輪組合而成之夾緊機構

　　吾人可用單夾緊裝置，亦可用兩種或兩種以上之單夾緊裝置組合而成之夾
緊機構。

　　機械力夾緊機構可分爲五種：

(1) 使用油壓夾緊機構。

(2) 使用氣壓夾緊機構。

(3) 使用眞空夾緊機構。

(4) 使用電磁夾緊機構。

(5) 使用離心夾緊機構。

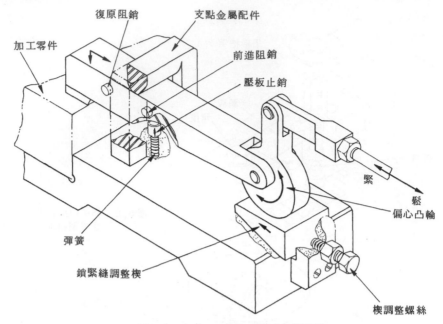

復原阻銷
支點金屬配件
加工零件
前進阻銷
壓板止銷
緊
鬆
偏心凸輪
彈簧
鎖緊縫調整楔
楔調整螺絲

圖 5.4　氣壓、凸輪及壓板之夾緊機構

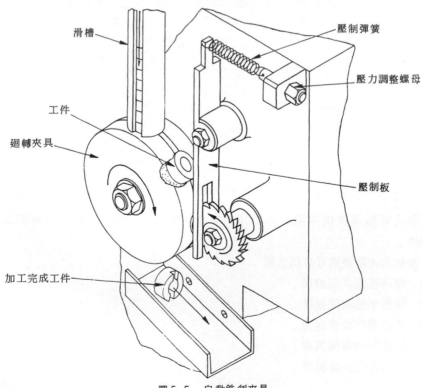

滑槽
壓制彈簧
壓力調整螺母
工件
廻轉夾具
壓制板
加工完成工件

圖 5.5　自動銑削夾具

　　吾人於實際應用時可將以上各種方式加以組合而成爲所需之夾緊機構，根據夾緊力傳遞之元件數量可分成單元件，雙元件和多元件。由夾緊機構機械化之程度可分爲手作動、機械作動及全自動。手動機構是以手力夾緊，人員易勞累。機械動作，由驅動桿來操作控制。自動化機構由工具機之床台、刀架、主軸或廻轉之離心力操縱控制，且夾緊與拆卸不需人員介入。

作用於工件之夾緊力與切削力之關係

　　可分爲下列五種情況：

　　情況一：夾緊力(W)與切削力(P)方向相同，此種情況所需之夾緊力W最小。

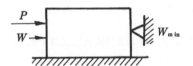

圖5.6　夾緊力與切削力方向相同

　　情況二：夾緊力(W)與切削力(P)方向相反，此種情況之切削力與夾緊力之關係應爲：

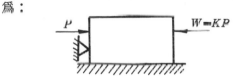

圖5.7　夾緊力與切削力方向相反

$$W = KP$$

式中　　K：安全因數

　　情況三：切削力與夾緊力作用方向成正交，此種情況係利用夾緊機構與工件間所產生之摩擦力，以及支承面與工件所產生之摩擦力，共同來抵抗切削力之情況。如圖5.8所示。

　　由圖5.8所示可得：

$$W_1 + W_2 = KP$$

$$W = \frac{KP}{\mu_1 + \mu_2}$$

式中　　μ_1，μ_2：摩擦係數

　　若$\mu_1 = \mu_2 = 0.1$時，則

$$W = 5KP$$

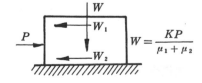

圖5.8　切削力互成正交

　　情況四：由3向夾緊工件夾頭，將受力矩M_c和切削力之軸向力P_x之作用。由圖5.9所示。

$$W_s \, \mu R = KM$$

由此可得：

$$W_s = \frac{KM_c}{\mu R} \; ; \; W = \frac{W_s}{z}$$

式中　　M_c：切削力矩

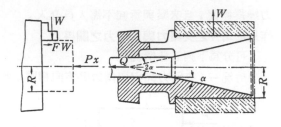

　　　　W_s：各夾片之總夾緊力

　　　　W：各夾片之夾緊力

　　　　z：夾片數

　　　　R：工件半徑

　　　　K：安全因數

圖 5.9　夾頭及筒夾夾緊工件所需之夾緊力

　　　　μ：摩擦係數

由工件之軸向移動，檢討所求得之W_s值

$$W_s \, \mu \geq K \, P_x$$

$$W_s \geq \frac{K \, P_x}{\mu}$$

　　情況五：由彈簧夾頭夾緊工件，此種情況與情況四相類似，皆受切削力及切削力矩之作用。夾緊時依賴其$W_s\mu R$之摩擦力矩與切削力及切削力矩相抗。因此必要之總夾緊力W_s為$KM_c/\mu R$。計算時摩擦係數平均值，可根據下列原則來決定。

　(1)　工件夾緊面或支承面已經加工過之情況：

$$\mu = 0.1 \sim 0.15$$

　(2)　工件夾緊面或支承面未經加工之黑皮球面之情況：

$$\mu = 0.2 \sim 0.3$$

　(3)　附有切槽之夾爪，夾緊工件時工件表面產生凹凸痕跡之情況：

$$\mu \leq 0.7$$

　　鑽模夾具之設計，所需之夾緊力應儘可能的準確，若過於加大，則對鑽模夾具將會產生一些不良之情況。例如工件受夾緊力作用下產生過於嚴重之撓曲或變形，因而產生危險。因此設計夾緊機構時應將夾緊力給予適當之大小，且使夾緊力稍大於實際夾緊力，以提供可靠之安全性。

5.3　楔子之夾緊和自鎖原理

　　常用於鑽模夾具之夾緊機構中楔子以廣為採用，一般常見之構造有下列幾種：

1. 單面傾斜

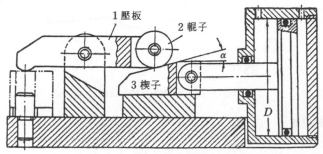

圖 5.10　單面傾斜楔之應用實例

2. 雙面傾斜楔

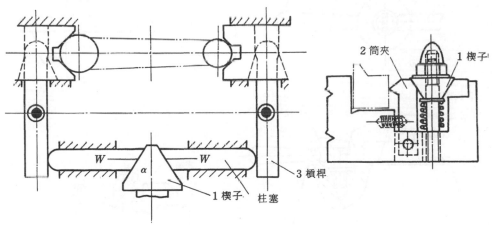

圖 5.11　雙傾斜楔夾緊機構

3. 偏心輪與凸輪之曲線楔

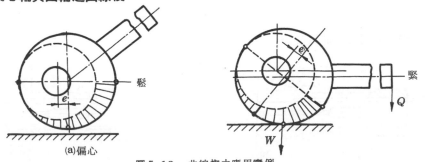

(a)偏心

圖 5.12　曲線楔之應用實例

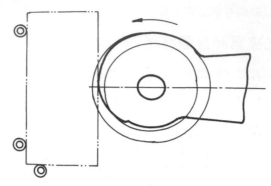

(b)只有阿基米德蝸旋線作圖面之平凸輪

圖5.12　（續）

4. 端面之螺旋楔

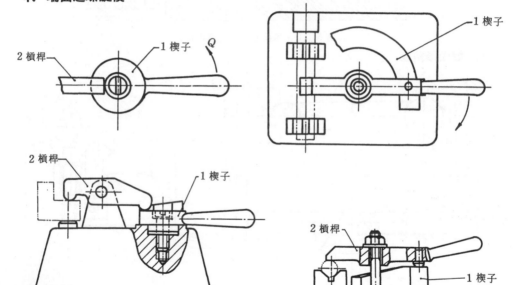

(a)活動端面凸輪　　　　　　　　　　(b)固定端面凸輪

圖5.13　端面之螺旋楔

5. 定心夾緊楔（彈簧夾頭、安裝錐度軸）

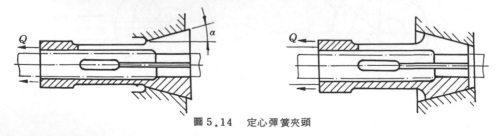

圖5.14　定心彈簧夾頭

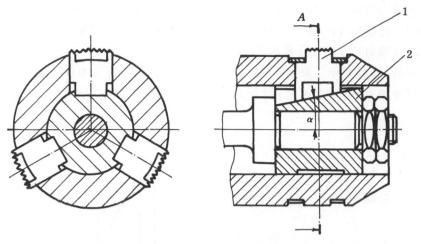

圖 5.15　楔子定心夾頭

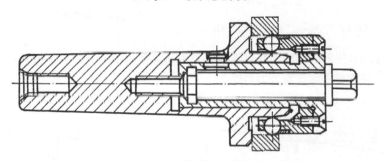

圖 5.16　楔子定心筒夾

(一)　楔子自鎖條件

　　在夾緊機構中所使用之楔子可分爲兩類，一類爲當楔子夾緊時只有傾斜面上產生摩擦，如圖 5.17 (a)所示爲當夾緊時只產生 F 之摩擦力，若吾人施加於楔上之力

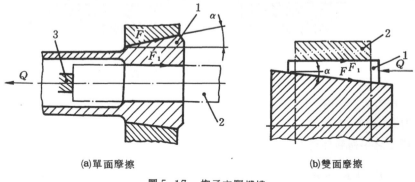

(a)單面摩擦　　　　　　　　　　　(b)雙面摩擦

圖 5.17　楔子夾緊機構

小於摩擦力時則 $F_1 = 0$ 工件未固緊。另一類當楔子夾緊時傾斜面與背面同時產生摩擦力，如圖5.17(b)所示，當吾人施力Q時傾斜面上產生摩擦力F，而於背面同時產生摩擦力F_1，將由下面加以討論。

　　由圖5.18所示，物體1受到垂直反力N，而由於作用力Q在平面上作等速運動，而摩擦力F作用之情況、總反力R就對垂直於運動方向之傾斜角φ，此角謂之摩擦角。由圖得

$$\tan \varphi = \frac{F}{N}$$

因滑動摩擦係數

$$\mu = \frac{F}{N}$$

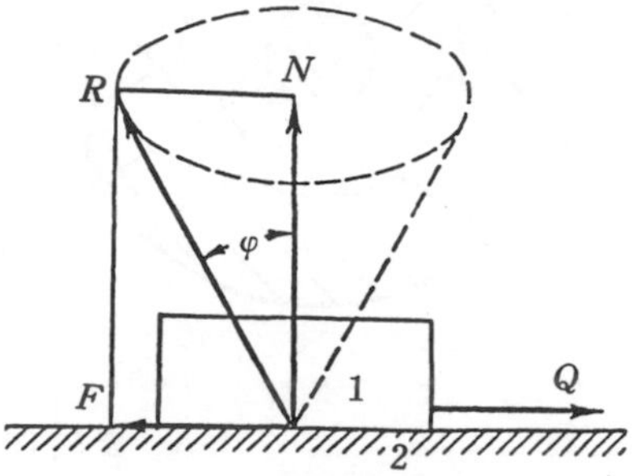

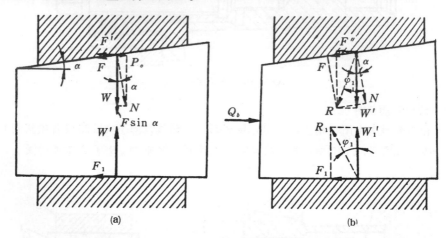

圖5.18　摩擦錐與摩擦角

所以，　　$\tan \varphi = \mu$；　　$\varphi = \arctan \mu$　　　　　　　　　　5.1

　　圖5.19所示係為雙面摩擦作用之單斜面之壓入情況力圖。在斜角為α任意之情況下，推進楔子和垂直分力為W。

圖5.19　雙面摩擦作用之單斜面壓入力圖

　　作用力P_o將和楔子底面上之摩擦力F_1，以及作用在楔子斜面上之摩擦力F之水平分力F'相等。

　　楔子之平衡條件為：

$$F' + F_1 \geq P_o$$　　　　　　　　　　　　　　　　　　5.2

由摩擦力圖得

$$F = \mu N = N \tan \varphi = \frac{W \tan \varphi}{\cos \alpha}$$

此力之水平分力

$$F' = F \cos \alpha = W \tan \varphi$$

摩擦力 F 之垂直分力為 $F \sin \alpha$ ，而 $F \sin \alpha$ 和法線力 N 之垂直分力 W 相加，即為楔子底面之法線反力。因此可得大小為：

$$W' = W + F \sin \alpha$$
$$= W (1 + \tan \alpha \cdot \tan \varphi)$$

5.3

於是楔子底面之摩擦力為

$$F_1 = W' \tan \varphi_1$$
$$= W \tan \varphi_1 (1 + \tan \alpha + \tan \varphi)$$

由自鎖楔子轉變為非自鎖楔子之極限值之（5.2）式，可由以下之形式表示出：

即　　$P_o = F' + F_1$

將 F' ， F_1 之值代入，則

$$P_o = W \tan \alpha = W \tan \varphi + W \tan \varphi_1 (1 + \tan \alpha + \tan \varphi)$$

或　　$\tan \alpha = \tan \varphi + \tan \varphi_1 + (\tan \alpha + \tan \varphi) \tan \varphi_1$

當 α 角很小時，則 $\tan \alpha$ 、 $\tan \varphi$ 、 $\tan \varphi_1$ 接近於零，而 $\tan \alpha$ 值近似 α 之弧度值。

則　　$\alpha = \varphi + \varphi_1$

若楔子兩面之摩擦力相等之時，即 $\varphi_1 = \varphi$ 時。則

$$\alpha = 2\varphi$$

若只有斜面上才有摩擦力作用之楔子而言，即 $\varphi_1 = 0$ ，平衡條件為：

$$\alpha = \varphi$$

　　　　若斜角 α 較 2φ 或 φ 為小時，則楔子就處於自鎖之狀態。即

$$\alpha = \varphi + \varphi_1 \; ; \; \alpha < 2\varphi \hspace{3cm} 5.4$$

或　　　$\alpha < \varphi$ $\hspace{6cm}$ 5.4(a)

　　即摩擦力作用在雙面（5.4）或單面（5.4(a)）情況之楔子自鎖條件。
　　楔子與工件之接觸面，一般是由工具鋼研磨而成。對於這些面而言，可得

$$\mu = \tan \varphi = 0.1 ; \hspace{1cm} \varphi = 5°43'$$

或　　　$\mu = \tan \varphi = 0.15 ; \hspace{1cm} \varphi = 8°30'$

　　對自鎖條件而言，對於摩擦力作用於雙面上之楔子則為：

$$\alpha < 11° \hspace{0.5cm} （\mu = 0.1 之情況）$$
$$\alpha < 17° \hspace{0.5cm} （\mu = 0.15 之情況）$$

　　只於斜面上才有摩擦力作用之情況，則為

$$\alpha < 5°43' \hspace{0.5cm} （\mu = 0.1 之情況）$$
$$\alpha < 8°30' \hspace{0.5cm} （\mu = 0.15 之情況）$$

　　為使楔子作用確實起見，在計算上之角 α 要考慮到自鎖必要之裕量，因而較極限值小些。而退出自鎖所需之退出力，則要由以下之方式決定。
　　力 N 和 F 之合力為 R，並將 R 力分解為 W' 和 F''。從楔子之平衡得：

$$W' = W_1' \; ; \; Q_p = F'' + F_1$$

　　由圖 5.19 得

$$F'' = W' \tan (\varphi - \alpha)$$
$$F_1 = W_1' \tan \varphi_1$$

因此　　$Q_p = W' [\tan (\varphi - \alpha) + \tan \varphi_1]$ $\hspace{2cm}$ 5.5

　　或在 $\varphi = \varphi_1$ 時為

$$Q_p = W' [\tan (\varphi - \alpha) + \tan \varphi] \hspace{2cm} 5.6$$

　　只有斜面上才有摩擦力作用之時

$$Q_p = W' \tan (\varphi - \alpha) \hspace{2cm} 5.7$$

（5.6）式及（5.7）式中之 W' ，可由（5.3）式求得，爲使計算簡便可取 $W' \doteqdot W$ 。

（二）　自鎖楔子裕量

在許多情況下楔子廣爲採用於自鎖機構。但在使用之時，因受到變負荷之作用，使得自鎖機構變爲非自鎖機構，造成不良之情況。例如具有自定中心機構之自鎖楔子所組成之空氣式夾片之車床夾頭而言，壓縮空氣應用於工件之夾緊與放鬆，在使用時工件由自鎖楔子機構來夾持，若主軸轉動時，則夾片將由於切削力之作用而搖動，在楔子的傾角稍小於摩擦角 φ 時，因而此種夾頭將會產生危險。另一例子是螺絲結合之時，常有自鎖喪失之現象。在公制螺絲結合之螺旋面上，對於螺旋角 $\alpha = 2°{\sim}4°$ 而言，因摩擦角爲 $\alpha = 6°40'$ ，所以將會造成爲自鎖機構，然而若在振動情況下，則螺帽將自動脫落，成爲非自鎖之機構，因此才有開口銷之產生。爲評估各種夾緊裝置自鎖效果的確實起見，因此應定出具體的自鎖裕量，使其工作時即使有振動之發生或作用力方向變化之負荷情況下，亦能達到百分之百的自鎖效果。自鎖欲量爲使楔子處於自鎖狀態所需之力比拔出所需之力之比值，常以 K 表示。

由圖 5.19 中知，楔子是由於摩擦力 F_1 及 F 之水平合力 F' 來保持制動狀態。因此；

$$K = \frac{F_1 + F'}{P_o}$$

因此　　$F_1 = W' \tan \varphi_1 \approx W \tan \varphi_1$
　　　　$F' = W \tan \varphi$
　　　　$P_o = W \tan \alpha$

代入得：

$$K = \frac{\tan \varphi_1 + \tan \varphi}{\tan \alpha}$$

若 $\varphi_1 = \varphi$ 之情況爲：

$$K = \frac{2 \tan \varphi}{\tan \alpha} \qquad\qquad 5.8$$

對於從自鎖轉變爲非自鎖楔子之情況，即 $\alpha = 2\varphi$ 而 $K = 1$ ，若 $\alpha \to 0$ 時則 $K \to \infty$ 。對於只有斜面之摩擦力作用情況而言，自鎖裕量將爲½，即

$$K = \frac{\tan \varphi}{\tan \alpha} \qquad\qquad 5.8(a)$$

在極限情況時 $\alpha = \varphi$ ，$K = 1$ ，對於振動作用情況下無防止自動脫出裝置，或前所述之空油壓夾緊機構一般應取 $K \geq 3$ 。

5.4 單夾緊機構與組合夾緊機構

在鑽模夾具之夾緊機構設計中，常用兩種或兩種以上之夾緊裝置，組合而成爲夾緊機構，如圖5.20所示爲氣壓、楔子及壓板夾緊機構。在夾緊力之求法中，可先由任意單夾緊機構決定出以下各項：

$$i = \frac{W}{Q} \; ; \; W = Qi$$

其中　　　i ：力之傳遞比

　　　　　W ：作用在被動元件上之力

　　　　　Q ：由於機構之驅動元件而產生之驅動力

因此就不考慮摩擦之理想機構而言，卽

$$i = \frac{W_i}{Q} \; ; \; W_i = Qi$$

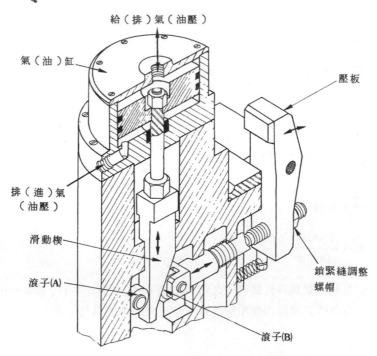

給（排）氣（油壓）

氣（油）缸

壓板

排（進）氣
（油壓）

滑動楔

滾子(A)

鎖緊縫調整
螺帽

滾子(B)

圖5.20　氣壓、楔及壓板組合之夾緊機構

若假設 i_d 為位變之傳遞比時，則

$$i_d = \frac{S_W}{S_Q} \;;\; S_W = S_Q \, i_d$$

式中　　S_W：被動元件之位變

　　　　S_Q：原動元件之位變

i 及 i_i 常為大於 1，i_d 常為小於 1；就理想機構而言應為 1，

所以　　$i_d = \dfrac{1}{i_i}$ 或 $i_i = \dfrac{1}{i_d}$

若 η 為機構之效率時，則

$$\eta = \frac{W}{W_i} = \frac{i}{i_i} = \frac{i}{i_d}$$

對於任意之夾緊機構而言，亦可定出自鎖之條件及裕量，對於數種單夾緊機構逐次連結而成之結合機構，可由下式定出力量位變傳遞比率，即

$$i = i_1 \、 i_2 \cdots\cdots i_n$$
$$i_d = i_{d1} \、 i_{d2} \cdots\cdots i_{dn}$$
$$\eta = \eta_1 \、 \eta_2 \cdots\cdots \eta_n$$

而　　　i_1，i_{d1}，η_1 為第一單夾緊機構之特性

　　　　i_2，i_{d2}，η_2 為第二單夾緊機構之特性

　　　　$\vdots$

　　　　$\vdots$

　　　　i_n，i_{dn}，η_n 為第 N 單夾緊機構之特性

　　　　　　n 為單夾緊機構之數量

而組合夾緊機構所產生之夾緊力 W，可由下式求得，即

$$W = Q i_1 \cdot i_2 \cdot \cdots\cdots \cdot i_n$$

式中 Q 為作用於夾緊機構把手上之最初施加力。

例：如圖 5.21 所示為螺旋、楔子、槓桿所組成之夾緊機構，若在螺旋板手施加力量 Q，則螺旋將 Q 力提高為 $75Q$，而第二夾緊機構楔子將第一夾緊機構之出力 $75Q$ 又提高 3 倍為 $225Q$，而第三夾緊機構又將第二夾緊機構提高 2 倍即 $450Q$，由上式可得：

即　　　$W = Q\,(\,75 \cdot 3 \cdot 2\,) = 450Q$

組合夾緊機構最後夾緊元件之位置變化量，可由下式求得，即：

$$S_W = S_Q \; i_{d1} \; i_{d2} \cdots\cdots i_{dn}$$

若 i_{i1} ，i_{i2} …… i_{in} 有變化時，則位變可由下式求得，即

$$S_W = S_Q \; \frac{1}{i_{i1}} \cdot \frac{1}{i_{i2}} \cdots\cdots \frac{1}{i_{in}}$$

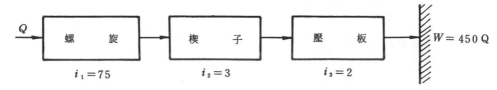

圖 5.21　組合夾緊機構的作用

　　在組合夾緊機構中，常因過多之單夾緊機構而變得非常複雜，因此單夾緊機構之數目不可太多。在整個組合夾具機構中只要其中某一單夾緊機構具有之特性，則此組合機構即具有此種特性。例如某單夾緊機構具有自鎖之特性，則此組合夾緊機構具有自鎖之效果。

5.5　楔子與楔銷夾緊機構

　　在鑽模夾具中利用楔夾緊工件情況頗多，常見楔夾緊機構之種類如下：

(1)　無輥輪單側傾斜楔。

(2)　有輥輪單側傾斜楔。

(3)　具有定心之多楔夾頭。

(1)(2)兩類常配合氣壓或油壓使用，(3)類則用於夾頭或彈性筒夾。

1. 單側傾斜楔夾緊機構

　　就理想之楔夾緊機構而言，將為圖 5.22 所示，即

$$Q = P = W_i \tan \alpha$$

故　　　$W_i = Q \dfrac{1}{\tan \alpha}$　　　　　　　　　　(5.9)

由上式（5.9）得知當 $\alpha \to 0$ 時 $W_i \to \infty$。

2. 實際之楔夾緊機構

　　就實際之楔夾緊機構而言，楔之兩面上皆有摩擦產生，如圖 5.23 所示。

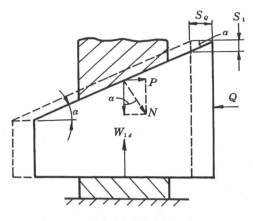

圖 5.22　理想楔夾緊機構作用力分析

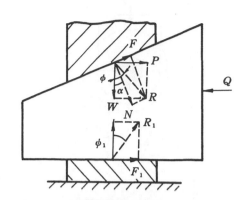

圖 5.23　實際楔夾緊機構作用力系分析

即　　　　　$P = W \tan(\alpha + \varphi)$

$F_1 = W \tan \varphi_1$

$Q = P + F_1 = W[\tan(\alpha + \varphi) + \tan \varphi_1]$

故　　　$W = \dfrac{Q}{\tan(\alpha + \varphi) + \tan \varphi_1}$ 　　　　　　　　(5.10)

（5.10）式中之分母 $\tan(\alpha + \varphi) + \tan \varphi_1$ 之項為力之傳遞比 i 。

3. 傾斜面上之摩擦作用

若只在傾斜面上才有摩擦作用而言，（5.10）式中之 $\tan \varphi_1 = 0$ 。

即　　　$W = Q \dfrac{1}{\tan(\alpha + \varphi)}$ 　　　　　　　　　　(5.11)

4. 雙輥輪楔夾緊機構

具有雙輥輪楔夾緊機構，由於使原先之滑動摩擦變為滾動摩擦，在（5.10）式中滑動摩擦係數及滑動摩擦角代換為滾動摩擦係數及滾動摩擦角。

即　　　$W = Q \dfrac{1}{\tan(\alpha + \varphi_r) + \tan \varphi_{1r}}$

而滾動摩擦係數 $\tan \varphi_r$ 及滾動摩擦角 φ_r，可由圖 5.24 中力系平衡狀態中求得。

由底端輥子中心之作用在輥子上之 F_1 及 T 之力矩應相等即 $\Sigma M = 0$ 。

所以　　$F_1 \cdot \dfrac{D}{2} = T \cdot \dfrac{d}{2}$

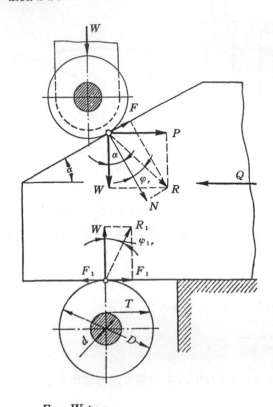

圖 5.24　具有雙輥輪楔夾緊
機構力系分解圖

又　　　$F_1 = W \tan \varphi_{1r}$

　　　　$T = W \tan \varphi_1$

故　　　$W \tan \varphi_{1r} \dfrac{D}{2} = W \tan \varphi_1 \dfrac{d}{2}$

　　　　$\tan \varphi_{1r} = \dfrac{d}{D} \tan \varphi_1$　　　　　　　　　　　（5.13）

同理頂端之輥子

　　　　$\tan \varphi_r = \dfrac{d}{D} \tan \varphi$　　　　　　　　　　　（5.13(a)）

摩擦角爲：

　　　　$\varphi_r = \tan^{-1} \left(\dfrac{d}{D} \tan \varphi \right)$　　　　　　　　　　　（5.13(b)）

具有輥子楔夾緊機構由於摩擦損失減低，因而夾緊力增大其增加率 35%～ 50

％。例如 $\tan \varphi_1 = 0.1 \dfrac{d}{D} = 0.5$，則（5.13）之滾動摩擦係數為

$$\tan \varphi_{1r} = \tan \varphi_1 \left(\dfrac{d}{D} \right) = 0. \qquad .5 = 0.05$$

5. 傾斜面上輥子之楔夾緊機構

只在傾斜面上使用輥子之楔夾緊機構，則（5.10）式將變成為：

$$W = \dfrac{Q}{\tan(\alpha + \varphi_r) + \tan \varphi_1} \tag{5.14}$$

位變之傳遞比 i_d 及位變 S_W，可由圖 5.22 求得，即

$$i_d = \dfrac{S_W}{S_Q} = \tan \alpha$$

$$S_W = S_Q \tan \alpha \tag{5.15}$$

夾緊機構之效率可由下式求得，即

$$\eta = i \cdot i_d$$

但 i 為在所對應之公式中乘在 Q 上之項，無輥子之自鎖楔之條件和裕量可由（5.4，5.4(a)，5.8及5.8(a)）式求得。

一般具有輥子之楔夾緊機構，用於增大夾緊力而無自鎖之效果，故楔角 $\alpha \geq 10°$。

具有定心作用之多楔夾頭

此種夾頭於前面實例中已介紹過。當所有楔同時作用之總夾緊力為 W_s。因 W_s 和楔（夾爪）之數目無關，所以 W_s 之計算，由前公式中能求得 Q 力作用於 1 之楔面上。

就只有傾斜才有摩擦之楔子夾緊機構而言，

$$W_s = \dfrac{Q}{\tan(\alpha + \varphi)} \tag{5.16}$$

若傾斜面有輥子之單傾斜面摩擦楔，即將 φ_r 代換（5.16）中之 φ。

具有雙面摩擦楔子夾緊機構為：

$$W_s = \dfrac{Q}{\tan(\alpha + \varphi) + \tan \varphi_1} \tag{5.17}$$

因此各楔子（夾爪）之夾緊力爲：

$$W = \frac{W_s}{n}$$

n：楔子（夾爪）數

總摩擦力 F 與楔子數 n 無關，即

$$F = W \mu n = \frac{W_s}{n} \mu n = W_s \mu$$

楔子之徑向位變、效率及自鎖之條件及裕量，可由前面之方式求出，而楔子直徑位變爲 $2S_W$。

前述各式中之各數據之值，吾人將整理繪製成圖表，如圖 5.25 所示爲單傾斜楔夾緊機構及雙面摩擦之多楔夾頭特性圖。

圖中根據資料爲：$\tan \varphi_1 = \tan \varphi = 0.1$；$\varphi = 5°50'$ $\frac{d}{D} = 0.5$ 茲將相同之資

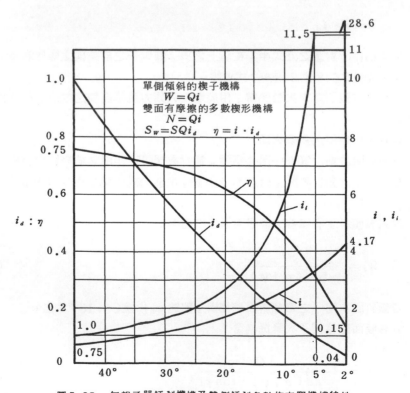

圖 5.25　無輥子單傾斜機構及雙側傾斜多數楔夾緊機構特性

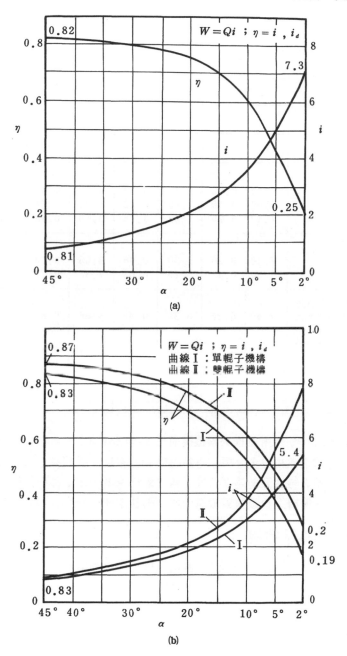

圖 5.26　(a)只於傾面上具有摩擦之多數楔夾緊機構特性圖
　　　　　(b)單傾斜楔及輥子之夾緊機構特性圖

表 5.1　楔子夾緊機構特性的數值

機　　　構	傾　　　　角　　　　$\alpha°$							
	2		5		10		15	
	特						性	
	i	η	i	η	i	η	i	η
單側傾斜楔子 無輥子 單輥子 雙輥子	4.25 5.50 7.40	0.05 0.19 0.26	3.48 4.20 5.32	0.30 0.36 0.46	2.62 3.05 3.60	0.42 0.54 0.63	2.19 2.37 2.69	0.59 0.64 0.73
兩側傾斜楔子 無輥子 兩個輥子	7.40 11.80	0.26 0.41	5.30 7.25	0.46 0.63	3.56 4.38	0.63 0.77	2.65 3.10	0.71 0.83
在祇有多數楔形自定 中心楔子的傾斜面上 才有摩擦的情形	7.40	0.26	5.30	0.46	3.56	0.63	2.65	0.71
在楔子兩面上有摩擦 的情形	4.25	0.15	3.46	0.30	2.62	0.42	2.19	0.59
對於所有的機構 $i_d = \tan \alpha$	0.035		0.087		0.176		0.268	

特性表於表 5.1 中，對所有楔夾緊機構而言 $i_d = \tan \varphi$；$\eta = i$，$i_d = i \tan \alpha$。

　　i：對應式之乘在 Q 上之項，自鎖之條件及裕量，要根據（5.4）及（5.8）式求得。根據圖示之特性及前述之公式，將可求出夾緊力 W，徑向位變 S 及機構效率，對於多楔夾緊機構之自鎖夾緊機構而言，則決定 W_s 及 $2S_w$ 之楔子之直徑位變。

5.6　楔銷夾緊機構

　　楔銷夾緊機構係指具有 1 個或 1 個以上楔形銷之夾緊機構，一般 1 個和 2 個楔銷夾緊機構用於增大夾緊力之用，而多個楔銷用於夾頭或安裝軸之定心機構。

　(1)　單楔銷夾緊機構

　　單楔銷夾緊機構形式頗多，圖 5.27 所示爲單楔銷夾緊機構六種基本型，機構中力之特性隨機構構造之差異而不同。、

　　圖 5.27(a)所示之機構各力作用分析圖示於圖 5.28 中，由於此種情況所要考慮的是楔銷平衡，故圖 5.23 所示動力 P 及 W，才是楔子朝向楔銷之方向，由楔銷平衡得，

$$P = N$$

$$W = W_1 - F_2 = W_1 - W \tan \varphi_2$$

$$W = W_1 - P \tan \varphi_2$$

若代入 W_1 及 P 之值，得

$$W = Q \frac{1}{\tan(\alpha+\varphi) + \tan \varphi_1} - Q \frac{\tan(\alpha+\varphi) \tan \varphi_2}{\tan(\alpha+\varphi) \tan \varphi_1}$$

整理得，

$$W = Q \frac{1 - \tan(\alpha+\varphi) \tan \varphi_2}{\tan(\alpha+\varphi) + \tan \varphi_1} \qquad\qquad （5.18）$$

由此式可將圖 5.27 之各種機構之獨自導出。

(2)　圖 5.27(b) 之夾緊機構，用兩端簡支楔銷之摩擦係數表爲誘導摩擦係數，即 φ_{2r} 取代（5.18）式中之 φ_2，此乃因單側楔銷之摩擦條件和兩側者有所不同造成的。

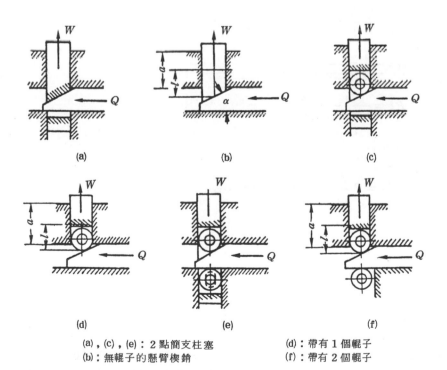

(a)，(c)，(e)：2 點簡支柱塞　　　　(d)：帶有 1 個輥子
(b)：無輥子的懸臂楔銷　　　　　　(f)：帶有 2 個輥子

圖 5.27　楔銷夾緊機構

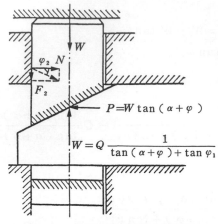

圖5.28 無輥子簡支楔銷夾緊機構

tan φ_{2r} 之值可由下列考慮求出，力 P 作用使楔銷產生撓曲，即以 O 點爲中心向兩端歪扭，其受力分佈如圖5.29(a)所示，成三角形分佈，各端垂直總壓力爲 N，作用點在距離 O 點 $\frac{1}{3}a$ 處。由楔銷之平衡得：

$$P l = N \frac{2}{3} a$$

又因 $\quad N = \dfrac{F_2}{\mu_2} = \dfrac{F_2}{\tan \varphi_2}$

則 $\quad P l = \dfrac{F_2}{\tan \varphi_2} \cdot \dfrac{2}{3} a$

由此可得，

$$2F_2 = P \frac{3l}{a} \tan \varphi_2 = P \tan \varphi_{2r}$$

即 $\quad \tan \varphi_{2r} = \dfrac{3l}{a} \tan \varphi_2$ \qquad\qquad (5.19)

（5.18）式變爲：

$$W = Q \frac{1 - \tan(\alpha + \varphi) + \tan \varphi_{2r}}{\tan(\alpha + \varphi) + \tan \varphi_1}$$

(3) 圖5.27(c)所示之機構係將（5.13）式所求得之 φ_r 代（5.18）式中之 φ。

(4) 圖5.27(d)所示之機構係用 tan φ_{2r} 及 φ_r 代（5.18）式中之 tan φ_2 及 φ。

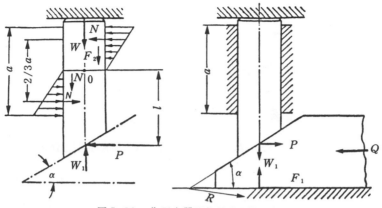

圖 5.29　作用在單側楔銷之力學分析圖

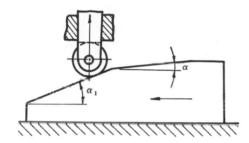

圖 5.30　具有兩段傾斜楔子

(5)　圖5.27(e)所示之機構係用（5.13）式所求得之 φ_r 及 φ_{1r} 代（5.18）式中之 φ 及 φ_1。

(6)　圖5.27(f)所示之機構係用 φ_r，$\tan \varphi_{1r}$ 及 $\tan \varphi_{2r}$ 代（5.18）式中之 φ_1，$\tan \varphi_1$ 及 $\tan \varphi_2$。

在（5.18）式及以上之情況中，作用於 Q 上之項目將會等於 i。至於裕量及自鎖條件與楔相同。

一般具有輥子之楔子 $\alpha > 10°$ 為非自鎖而製成，而自鎖夾緊機構之楔子都具有兩段傾角 α_1 及 α，如圖5.30所示第一段傾角使楔銷急速接近工件夾緊工件，第二段傾角則實施自鎖夾緊工件。

5.6-1　多楔定心夾頭

多楔定心夾頭如圖5.15所示，由於所有懸臂楔銷都配置於多傾斜面楔子圓周上使其均勻壓靠，故不致將壓力傳遞至這個支持面上。因此在（5.18）式中 $\tan \varphi_1 = 0$。

即　　　　$W_s = Q \dfrac{1 - \tan(\alpha + \varphi)\tan \varphi_{2r}}{\tan(\alpha + \varphi)}$　　　　　　（5.21）

其中 $\tan \varphi_{2r}$ 由（5.19）式決定

在各柱塞上之夾緊力為：

$$W = \frac{W_s}{n}$$

5.6-2 楔銷計算用圖表

計算用圖表係根據以下各項數據製成，用以決定楔銷特性之計算圖表示於圖 5.31～5.32及表5.2。

數據：

$$\tan \varphi_2 = \tan \varphi_1 = \tan \varphi = 0.1 \;,\; \varphi_2 = 5°50'$$

$$\frac{d}{D} = 0.5 \quad \frac{l}{a} = 0.7$$

對於所有楔銷夾緊機構為

$$i_d = \tan \alpha \;;\; \eta = i \quad i_d = i \tan \alpha$$

但 i 在以上各種情況中為乘於 Q 上之項。自動制動及欲量可根據（5.4）及（5.8）式求出。

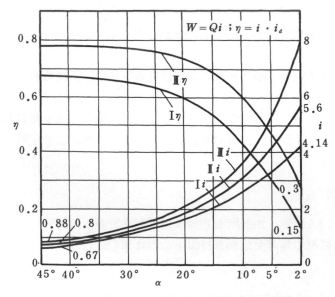

$$W = Qi \;;\; \eta = i \cdot i_d$$

曲線 I：無輥子機構
曲線 II：有1個輥子的機構
曲線 III：有2個輥子的機構

圖5.31 決定簡支式楔銷（5.27(a),(c),(e)）之特性圖

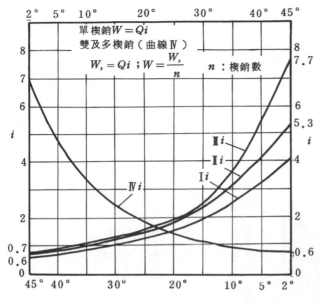

圖5.32　決定懸臂式楔銷（圖5.27 (h), (d), (f)）之特性圖

表5.2　楔銷夾緊機構之特性數值

機　　　　　構	傾　　　角　　　$\alpha°$							
	2		5		10		15	
	特			性				
	i	η	i	η	i	η	i	η
1.單一楔銷								
兩側帶有簡支楔銷	4.20	0.15	3.40	0.30	2.55	0.47	2.00	0.54
兩側帶有簡支輥子	5.35	0.19	4.15	0.36	3.00	0.53	2.30	0.62
兩側帶有2個輥子	7.35	0.26	5.25	0.46	3.50	0.62	2.60	0.70
帶有懸臂楔銷	4.15	0.14	3.30	0.29	2.47	0.44	1.92	0.52
帶有懸臂輥子	5.30	0.18	4.10	0.36	2.90	0.51	2.20	0.59
帶有2個輥子	6.60	0.23	5.16	0.45	3.40	0.60	2.50	0.67
2.二個楔銷								
無輥子	7.20	0.25	5.10	0.44	3.35	0.59	2.40	0.65
在傾斜面上帶有輥子	11.50	0.40	7.00	0.61	4.20	0.74	2.90	0.78
3.多數楔銷自定中心	7.20	0.25	5.10	0.44	3.35	0.59	2.40	0.65
對於全機構 $i_d = \tan \alpha$	0.035		0.087		0.176		0.268	

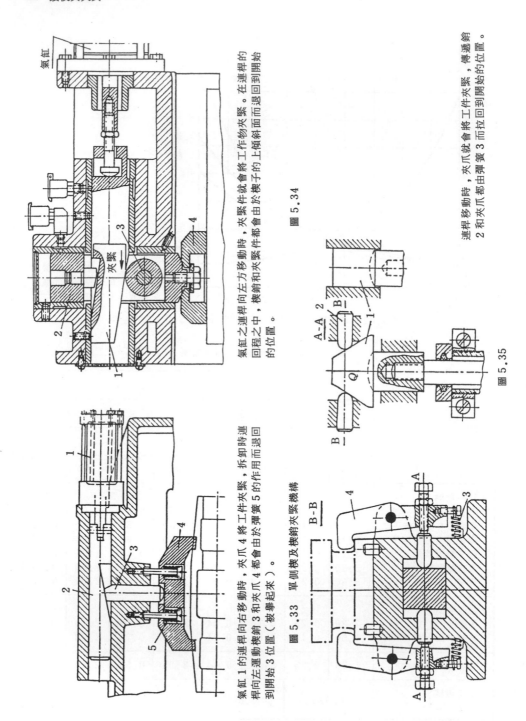

氣缸之連桿向左方移動時，夾緊件就會將工作物夾緊。在連桿的回程之中，楔銷和夾緊件都會由於楔子的上傾斜面而退回到開始的位置。

圖 5.34

氣缸 1 的連桿向右移動時，夾爪 4 將工件夾緊，拆卸時連桿向左運動楔銷 3 和夾爪 4 都會由於彈簧 5 的作用而退回到開始 3 位置（被舉起來）。

圖 5.33 單側楔及楔銷夾緊機構

連桿移動時，夾爪就會將工件夾緊，傳遞銷 2 和夾爪都會由彈簧 3 而位回到開始的位置。

圖 5.35

5.7 壓板夾緊機構

壓板夾緊機構係將螺旋及凸輪所施加之夾緊力傳達並增大，使工件夾緊較爲方便及安全。常見之形式有下列三種：

圖5.36所示爲槓桿三種基本型，圖中標註1表示夾緊工件，標註2表示槓桿支點，由力學平衡關係可得下列各式：

由圖5.36(a)中

$$\Sigma M_2 = 0 \quad Ql_1 = W \cdot (l_1 + l_2)$$

$$W = Q \frac{l_1}{l_1 + l_2}$$

因槓桿支點產生摩擦損失，而效率 $\eta = 0.95$
則 W 變爲

$$W = Q \frac{l_1}{l_1 + l_2} \eta \tag{5.22}$$

若 $l_1 = l_2$ 之情況

$$W = \frac{Q}{2} \eta$$

由圖5.36(b)中

$$\Sigma M_2 = 0 \quad Ql_1 = Wl_2$$

$$W = Q \frac{l_1}{l_2} \eta \tag{5.23}$$

若 $l_1 = l_2$ 之情況

$$W = Q\eta$$

由圖5.36(c)中

$$\Sigma M_2 = 0 \quad Ql = Wl$$

$$W = Q \frac{L}{l} \eta \tag{5.24}$$

若 $l = 0.5L$ 之情況

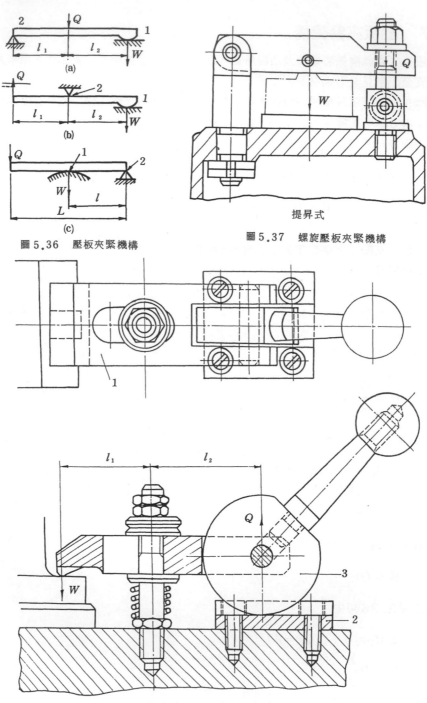

圖 5.36　壓板夾緊機構

提昇式

圖 5.37　螺旋壓板夾緊機構

圖 5.38　凸輪壓板夾緊機構

$$W = 2Q\eta$$

比較以上三種槓桿機械利益得知(a)最小，(b)居中爲(a) 2 倍，(c)最大爲(a)之 4 倍。壓板之壓力來自螺旋（如圖 5.37 所示），凸輪（如圖 5.38 ）及空油壓等，常爲裝卸方便加裝彈簧。

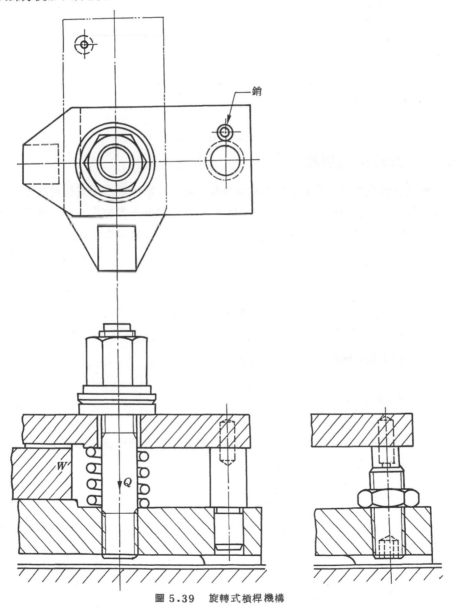

圖 5.39　旋轉式槓桿機構

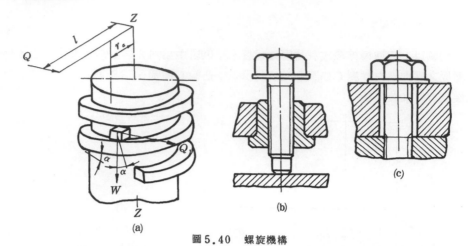

圖 5.40 螺旋機構

5.8 螺旋夾緊機構

螺旋夾緊機構常為直接或經由壓板夾緊工件，一般直接夾緊者使用螺栓或螺樁鎖緊螺帽來實施。如圖 5.40(b)，5.40(c)所示。螺旋夾緊機構亦可視為具有臂 r_p 和 l 之槓桿（如圖 5.40(a)所示）及只有傾斜面上才有摩擦之楔子之組合。

$$i_{il} = \frac{l}{r_a} \qquad （槓桿之理想位變）$$

$$i_{iw} = \frac{1}{\tan \alpha} \qquad （傾斜面之理想位變）$$

理想情況螺旋機構之夾緊力與施力為：

$$W_i = Q \frac{l}{r_a \tan \alpha} \qquad\qquad （5.25）$$

實際之螺旋機構而言，尚需考慮螺旋之摩擦，以及螺栓或螺帽與工件接觸面之摩擦，所產生之損失。

5.8-1 螺栓夾緊時以球形為施力之情況

圖 5.41所示為球形端部之夾緊螺栓，此種情況需考慮螺旋之斜面摩擦，如同楔子之傾斜面，由（5.11）式可得：

$$i_w = \frac{1}{\tan（\alpha + \varphi）}$$

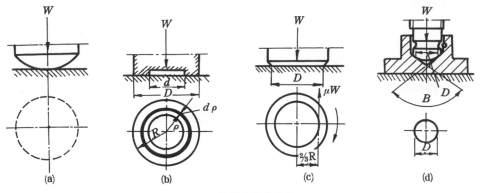

圖 5.41　螺旋機構之計算用圖

夾緊力爲：

$$W = Q \frac{l}{r_a \tan(\alpha + \varphi_r)} \qquad (5.26)$$

其中　　l：柄長（mm）

　　　　α：螺旋之螺旋角卽　$\tan \alpha = \dfrac{S}{2\pi r_a}$

　　　r_a：螺旋之節圓半徑

　　　S：螺旋之導程

　　　φ_r：螺旋之摩擦角

　　依 V 形 及梯形螺旋而言，螺帽如同沿著 V 形槽滑動，槽中之摩擦條件相同情況下，較平面爲大，因爲平面之摩擦係數爲 μ，而槽中之摩擦係數爲 μ_r。

故　　　$\mu_r = \dfrac{\mu}{\cos \beta}$

　　　　β：½牙角

對公制螺紋而言

$$\mu_r = \frac{\mu}{\cos 30°} = 1.155\mu$$

在 $\mu = 0.1$ 時

　　　　$\mu_r = \tan \varphi_r = 0.1155$

　　　　$\varphi_r = \tan^{-1} 0.1155 = 6° 35'$

效率爲：

$$\eta = i \cdot i_d = \frac{\tan \alpha}{\tan (\alpha + \varphi_{1r})}$$

自鎖條件爲 $\alpha \le 6° 35'$

由（5.8(a)）式之自鎖裕量爲

$$K = \frac{\tan \varphi}{\tan \alpha}$$

$$\tan \alpha = \frac{S}{2 \pi r_a}$$

所以，

$$K = \frac{2 \pi r_a \mu_r}{S}$$

公制螺紋之螺旋角 $\alpha = 2° \sim 4°$，所以公制螺紋之夾緊機構皆爲自鎖夾緊機構。

5.8-2　螺栓以平面壓緊工件

圖 5.41(b)所示爲平面端部之夾緊螺栓，此情況需考慮螺帽或螺栓端部之摩擦。

若假設負荷 W 爲均勻分佈於接觸面積 $\pi / 4 (D^2 - d^2)$ 時，作用於單位面積之力爲 P：

$$P = \frac{W}{\dfrac{\pi}{4} (D^2 - d^2)} \tag{a}$$

螺栓端面圓環之半徑爲 ρ，厚度爲 $d\rho$，作用於圓環上之摩擦力矩爲 dM_p，

$$dM_p = dF\rho = \mu P \cdot 2 \pi \rho d\rho \cdot \rho = 2 \pi \mu P \rho^2 d\rho$$

dF：作用於元件上之摩擦力

μ：摩擦係數

$$M_p : 2 \pi \mu P \int_r^R \rho^2 d\rho = 2 \pi \mu P \frac{R^3 - r^3}{3} \cdot$$

$$= \frac{2}{3} \frac{R^3 - r^3}{R^2 - r^2} \mu W$$

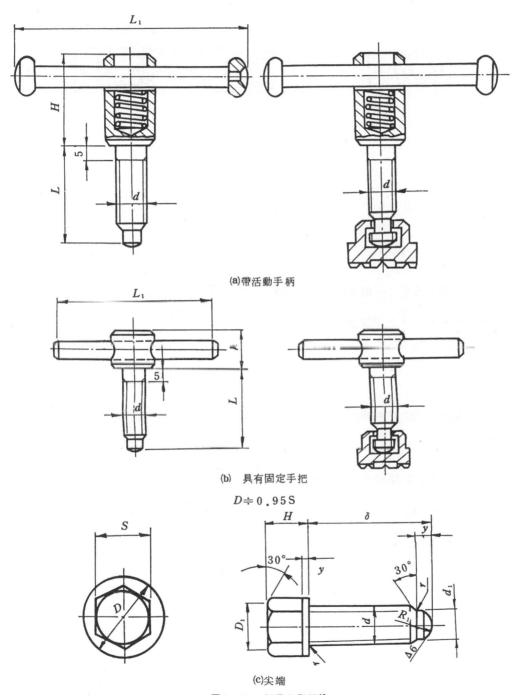

(a)帶活動手柄

(b)　具有固定手把

$D \doteqdot 0.95S$

(c)尖端

圖5.42　標準夾緊螺栓

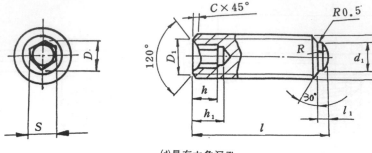

(d)具有六角沉孔

圖 5.42　（續）

若 $r=0$ ，則

$$M_p = \frac{2}{3} R\mu W$$

在實際應用上，一般常為球面端與圓錐孔配合而成，如圖 5.41(d)所示，兩者將會接觸在 $R=\dfrac{D}{2}$ 之圓周上，產生之摩擦力矩為

$$M_p = \mu WR \cos \frac{\beta}{2} \qquad\qquad (c)$$

只有螺旋部位才有摩擦之情形下，作用於手柄上之力矩可由（5.26）式求得，即

$$Ql = W \tan(\alpha+\varphi_r) r_a = M_h$$

若考慮端部之摩擦時，力矩為，

$$Ql = M_h + M_p \qquad\qquad (d)$$

在鎖緊螺帽之情況(d)式為，

$$Ql = W \left[r_a \tan(\alpha+\varphi_r) + \frac{2}{3}\mu\frac{R^3-r^3}{R^2-r^2} \right] \qquad\qquad (e)$$

在具有平面尖端部份之螺栓鎖緊為：

$$Ql = W \left[r_a \tan(\alpha+\varphi_r) + \frac{2}{3}\mu R \right] \qquad\qquad (f)$$

在具有尖端件之螺栓鎖緊中為：

$$Q l = W \left[r_a \tan (\alpha + \varphi_r) + \mu R \cot \frac{\beta}{2} \right] \qquad \text{(g)}$$

因為，

$$W = Q \frac{l}{r_a \left[\tan (\alpha + \varphi_r) \right]}$$

螺帽之夾緊力為

$$W = Q \frac{l}{r_a \tan (\alpha + \varphi_r) + \frac{1}{3} \mu \frac{D^3 - d^3}{D^2 - d^2}} \qquad (5.27)$$

D：螺帽支承面之外徑

d：螺帽支承面之內徑

μ：螺帽端面之摩擦係數

在具有平面部份之螺栓夾緊力為：

$$W = Q \frac{l}{r_a \tan (\alpha + \varphi_r) + \frac{1}{3} \mu D} \qquad (5.28)$$

在具有尖端件之夾緊力為：

$$W = Q \frac{l}{r_a \tan (\alpha + \varphi_r) + \frac{1}{2} \mu D \cot \frac{\beta}{2}} \qquad (5.29)$$

作用於手柄上之力 Q 之大小，受螺栓張力之條件限制。依公制螺紋而言，許多夾緊力可根據強度條件求得為：

$$W_{all} = 0.64 \frac{\pi d^2}{4} \sigma_{all} = 0.5 d^2 \sigma_{all} \text{ kg} \qquad (5.30)$$

σ_{all}：材料許用抗拉強度（一般取 800 kg/cm^2 ）

若求出 W_{all} 而將值代入（5.26）～（5.29）式時，則就可求出許用 Q 值。

由於（2.4）式的自鎖條件，而螺紋與端部有摩擦情況之自鎖裕量為：

$$K = \frac{2 \pi (r_a \mu + R_a \mu)}{S}$$

而，
$$R_a = \frac{D+d}{4}$$

為計算方便常簡化以上之各式，在手柄之標準長度 $l = 14$ 倍之螺紋公稱直徑之近似計算可用下式，即

在具有球面尖端部位之螺栓夾緊時，

$$W = 140\,Q\,(\text{kg})$$

在螺帽之夾緊時，

$$W = 65\,Q\,\text{kg}$$

將 $\varphi_r = 6°34'$，$\mu = 0.1$，$\beta = 120°$ 時，使用（5.26）～（5.30）式求得 Q、W 之各值列於表5.3中，

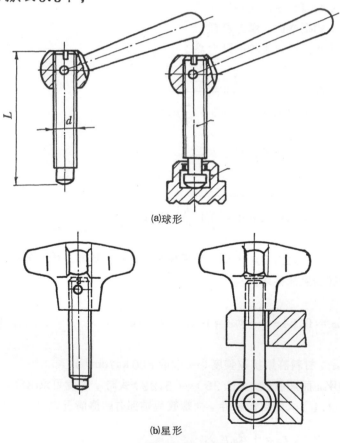

(a)球形

(b)星形

圖 5.43　具有螺帽之標準螺栓

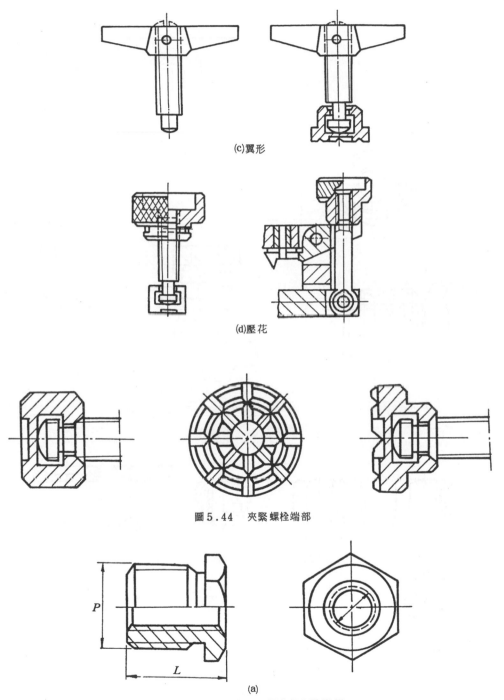

(c)翼形

(d)壓花

圖5.44　夾緊螺栓端部

(a)

圖5.45　具有螺紋之標準螺襯及實例

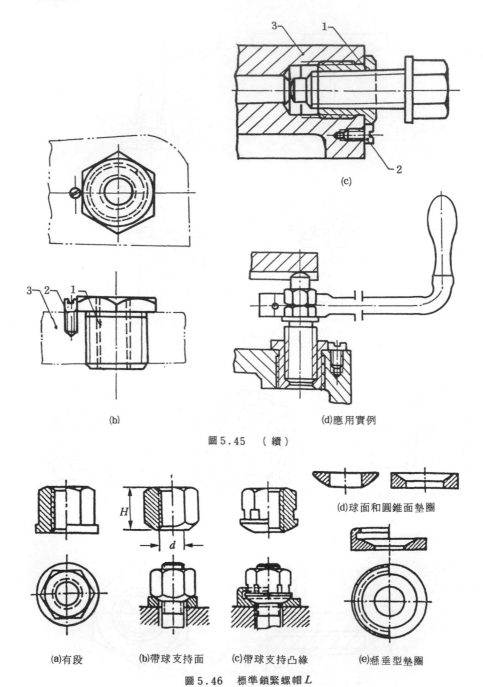

(c)

(b)

(d)應用實例

圖5.45 （續）

(a)有段

(b)帶球支持面

(c)帶球支持凸緣

(d)球面和圓錐面墊圈

(e)懸垂型墊圈

圖5.46 標準鎖緊螺帽 L

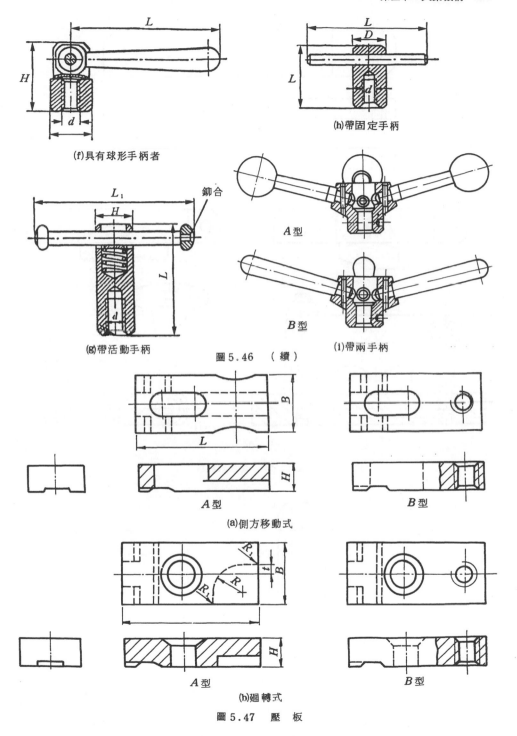

(f)具有球形手柄者

(h)帶固定手柄

(g)帶活動手柄

A型

B型

(i)帶兩手柄

圖 5.46 （續）

A型

B型

(a)側方移動式

A型

B型

(h)廻轉式

圖 5.47 壓 板

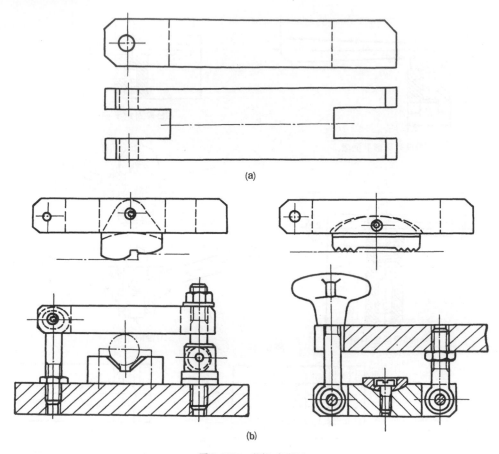

圖5.48　葉板式壓板

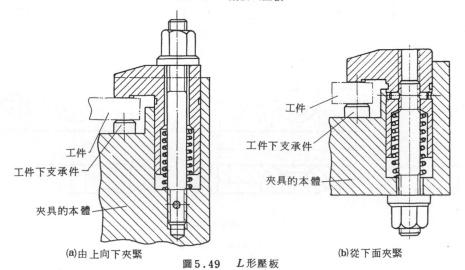

(a)由上向下夾緊　　　　　　　　(b)從下面夾緊

圖5.49　L形壓板

表5.3 螺栓夾緊裝置之作用力

夾 緊 方 式	螺栓的標準直徑（mm）	把手的長度 l（mm）	把手的初力 Q	鎖 緊 力 W（kg）
以球面夾緊工件 （5.42⒜）	10 12 16 20 24	120 140 190 240 310	2.5 3.5 6.5 10.0 13.0	420 570 1060 1650 2300
支承螺栓 以錐孔支承螺栓端部 （5.42⒝）	10 12 16 20 24	120 140 190 240 310	2.5 3.5 6.5 10.0 13.0	300 400 720 1140 1600
以螺帽或中空之螺栓端部夾緊工件 （5.42⒝）	10 12 16 20 24	120 140 190 240 310	4.5 7 10 10 15	400 580 850 850 1460

5.8-3 螺栓壓板

螺栓壓板之種類及應用方式頗為廣泛，玆將較具代表性構造示於以下各表中，設計時應盡量採用標準規格零件。

表5.4 螺栓壓板代表性實例

圖	特　　　　　性
	具有固定手柄及可調式支承裝置之壓板，由於支承點為可調整故能夾緊各尺寸 h 之工件。

表5.4 （續）

圖	特　　　　性
	具有快速自動移動凸輪作用之壓板，且利用彈簧之拉回壓板。
	具有彈簧銷頂開夾爪之壓板。
	由下向上壓緊工件之後退壓板。
	具有螺旋千斤頂移動式壓板。

表5.4 （續）

圖	特　　　性
	為夾緊高工件而安裝於台柱上之壓板。
	具有水平及垂直兩方向夾緊之壓板。

表5.5 具代表性的螺栓壓板

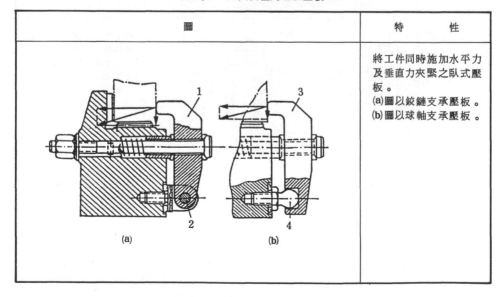

圖	特　　　性
(a)　　　　(b)	將工件同時施加水平力及垂直力夾緊之臥式壓板。 (a)圖以絞鏈支承壓板。 (b)圖以球軸支承壓板。

表 5.5 （續）

圖	特　　性
	具有傾斜式壓板，壓緊工件時係對工件施加水平力及垂直力。
	具有斜面支承臥式壓板。
(a)　(b) 	楔狀壓板之種類及用途 (a)圖具有弧狀於夾緊端，而楔面為支承端。 (b)圖具有楔面端為夾緊端而平面為支承端。
1 	具有楔狀臥式壓板，將工件同時壓緊於底端及右端支承銷上。

表5.5　（續）

圖	特　　　　性
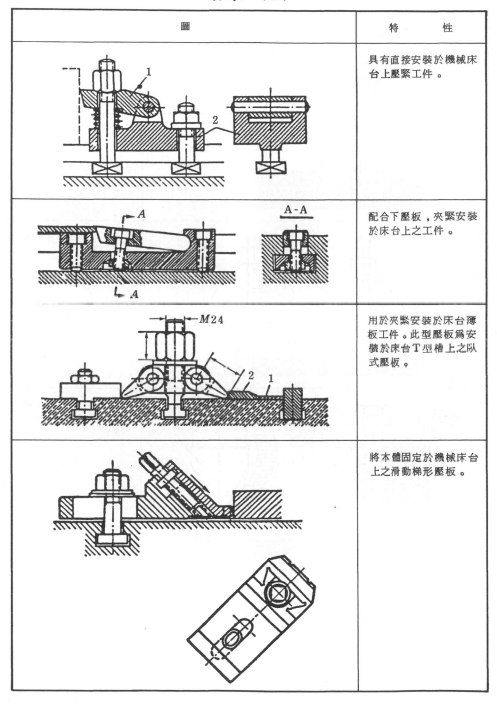	具有直接安裝於機械床台上壓緊工件。
	配合下壓板，夾緊安裝於床台上之工件。
	用於夾緊安裝於床台薄板工件。此型壓板爲安裝於床台T型槽上之臥式壓板。
	將本體固定於機械床台上之滑動梯形壓板。

表 5,6 泛用螺栓壓板

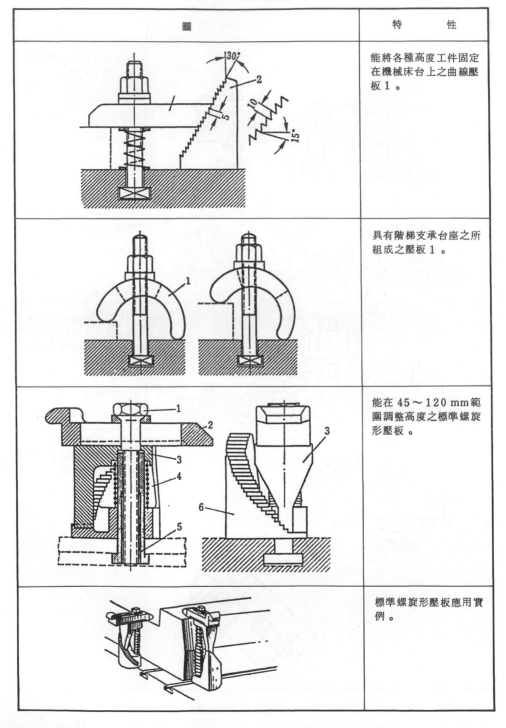

圖	特　　性
	能將各種高度工件固定在機械床台上之曲線壓板 1 。
	具有階梯支承台座之所組成之壓板 1 。
	能在 45～120 mm 範圍調整高度之標準螺旋形壓板 。
	標準螺旋形壓板應用實例 。

表5.6　（續）

圖	特　性
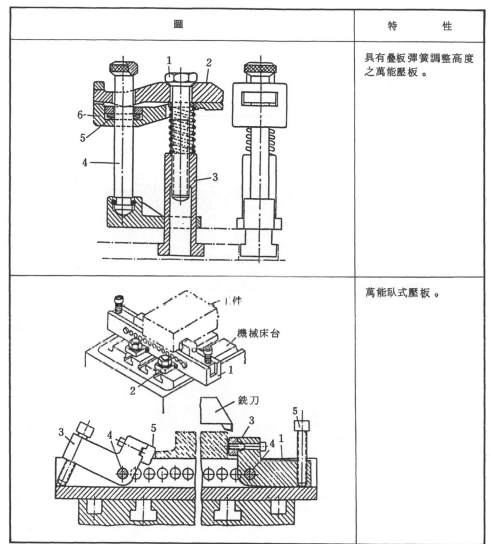	具有疊板彈簧調整高度之萬能壓板。
	萬能臥式壓板。

5.9　凸輪夾緊機構

凸輪夾緊機構作用快速，操作簡便，但夾緊距離受限制，且作用力之情況較螺旋夾緊機構爲差。一般常用於夾緊機構之凸輪有三大類：(1)偏心輪，(2)平板凸輪，(3)端面凸輪。下列將分類詳細討論。

1. 偏心輪

偏心輪作爲夾緊機構，必須配置手柄以便利施力，如圖5.50所示，偏心線

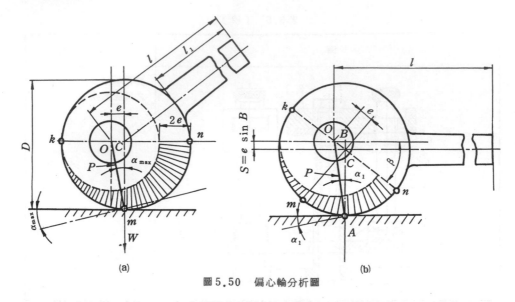

圖 5.50　偏心輪分析圖

kn 將偏心輪分爲兩半，如同兩楔子捲在偏心輪緣上，夾緊係利用 mn 弧面，或對稱之部位。

　　若偏心輪之柄長 l，夾緊點至圓心 O 距離爲 ρ，而軸心及 A 點爲兩面摩擦作用之情況下，可得下列之關係式，

　　理想情況：

$$W_{ia} = Q \frac{l}{\rho_a} \cdot \frac{1}{\tan \alpha_a} \tag{5.33}$$

　　實際情況：

$$W_a = Q \frac{l}{\rho_a} \cdot \frac{1}{\tan(\alpha_a + \rho) + \tan \varphi_1} \tag{5.34}$$

　　W_a：平均夾緊力

　　ρ_a：偏心輪之廻轉中心至夾緊點 A 之平均半徑

　　α_a：偏心輪夾緊點之平均上昇角

　　φ：偏心輪夾緊點之摩擦角

　　φ_1：偏心輪軸心之摩擦角

實際使用時一般規定如下：

$$\mu = \tan \varphi = \tan \varphi_1 = 0.1$$

$$\alpha_a = 4°$$

$$\rho_a = \frac{D}{2}$$

常見之柄長 $l = 2D$ 時，則為

$$W \doteqdot 12Q \tag{5.35}$$

而 $\alpha_a = 4°$ 時平均效率，可用楔子機構之方式求得

$$\eta \doteqdot 0.3$$

偏心輪之自鎖，可由下列關係式決定，即

$$\frac{D}{e} \geq 14 \tag{5.36}$$

$\quad D$：偏心輪直徑

$\quad e$：偏心量

偏心輪之直線變位 S，可由圖 5.50(b)中之 $\triangle COB$ 求得，即

$$S = e \sin \beta$$

當 $\beta = 0$ 時　　　$S_{min} = 0$

當 $\beta = 90°$ 時　$S_{max} = e$

一般偏心輪之尺寸為 $D = 32 \sim 70\text{mm}$，$e = 1.7 \sim 3\text{mm}$，因為偏心輪之直徑皆很小，所以不適合於夾緊尺寸變化較大之工件夾緊。

圖 5.50(a)所示，工件在 m 點被夾緊時將成為 $\beta = 0$，偏心線 Kn 將成水平，α 角之值亦將為最大，在 A 點夾緊時，偏心輪將轉動 β 角，而成為 $\alpha_1 < \alpha_{max}$，於是，在最後 n 點夾緊時，$\beta = 90°$，直線 Kn 成為垂直．而 $\alpha = 0$，若夾緊在 mK 弧上之點，則因 $\angle \alpha$ 是從 m 點之 α_{max} 至 K 點之 $\alpha = 0$ 之間作同樣之變化，所以 α 角與 β 間之關係如下：

$$\tan \alpha = \frac{e \cos \beta}{\dfrac{D}{2} + e \sin \beta}$$

$\beta = 0°$ 時

$$\tan \alpha_{max} = \frac{2e}{D}$$

$$\alpha_{max} = arc\, \tan \frac{2e}{D}$$

$\beta = 90°$ 時

$$\tan \alpha_{min} = 0 \quad \alpha_{min} = 0$$

一般取 $\alpha_{max} = 8°\, 30'$

而　　　$\alpha_{ave} = 4°$

半徑 ρ 與 β 角之關係可由下列式子看出

$$\beta_{min} = \frac{D}{2} - e \quad (\beta = 0)$$

$$\beta_{max} = \frac{D}{2} + e \quad (\beta = 90°)$$

$$\rho_a = \frac{D}{2}$$

偏心輪之自鎖條件，可由前述之（5.36）式根據以下之考慮求得。

偏心輪在作用輪廓上任意點之夾緊，都必須是自鎖才行，就 m 點而言，更要必須是自鎖，此種情況下 α 角為最大值，因此，就在2面上摩擦之楔子而言，偏心輪之自鎖條件，就可由下列關係表示之，

$$\alpha_{max} \leq \varphi + \varphi_1$$
$$\tan \varphi_1 = \tan \varphi = 0.1$$
$$\varphi_1 = \varphi = 5°\, 43'$$

自鎖之條件為

$$\alpha_{max} \leq 11°$$

為確保必要之自鎖裕量，而取 $\alpha_{max} = 8°\, 30'$
此種情況下之關係為

$$\tan \alpha_{max} = \tan 8°\, 30' = 0.15 = \frac{2e}{D}$$

即　　　$\dfrac{D}{e} \geq 14$

因此，自鎖之條件爲

$$\frac{D}{e} \geq 14$$

2. 平板凸輪

由於偏心輪具有許多缺點，因此常使用阿基米德蝸線所繪出之輪廓之凸輪，代替偏心輪。阿基米德蝸線半徑之尺寸，如圖 5.51 所示，每一等角 β 所取之值，可由阿基米德數列來表示，即 $r_2 = r_1 + x$；$r_3 = r_1 + 2x \cdots\cdots r_n = r_1 + (n-1)x$，阿基米德蝸線之升角爲：

$$\tan \alpha = \frac{1}{r} \cdot \frac{h}{\beta_n}$$

β_n：最初之 r_1 及最終之 r_n 之半徑間之角度

對於已知之蝸線而言，h 和 β_n 之關係爲常數，而 r 爲變數。因此上昇角爲變數，此角之大小，隨半徑之增加而減小，$\angle \beta_n' = 90°$ 之凸輪，一般都爲 $h = r_n - r_1 = 1.5\,mm$，若半徑之差不大之時，$\tan \alpha$ 和 α 角可視爲常數，爲確保自鎖條件之阿基米德蝸線之繪法如圖 5.51 (b)所示，直徑 D 之基圓周長 $aD/2$ 爲三角形之底邊，繪直角三角形，高爲 h，即

$$h = 0.075\,\pi D$$

由三角形得

$$\tan \alpha = \frac{h}{0.5\,\pi D} = \frac{0.075\,\pi D}{0.5\,\pi D} = 0.15$$

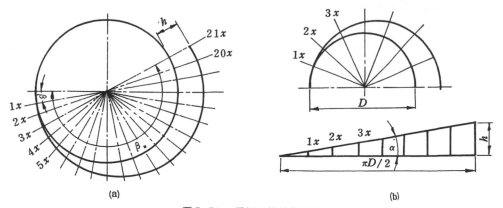

(a)　　　(b)

圖 5.51　平板凸輪計算圖形

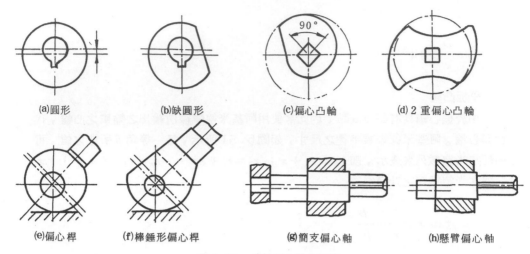

（a）圓形　　　　（b）缺圓形　　　　（c）偏心凸輪　　（d）2 重偏心凸輪

（e）偏心桿　　　（f）棒錘形偏心桿　　　（g）簡支偏心軸　　　　（h）懸臂偏心軸

圖 5.52　常見偏心輪之型式

因此，

$$\alpha = 8°30'$$

　　此種情況之端面凸輪角度與偏心輪相同，皆屬於自鎖夾緊機構，至於夾緊力之大小，可根據（5.34）式來計算。

　　此種凸輪之優點是能使之在 90°～180° 之轉角間工作，直線變位較大，且夾緊力是常數。

　　圖 5.52 常見之各式偏心輪與凸輪之元件及構造。

　　將規格化之偏心凸輪及使用規格表求得之各部位尺寸標示於圖 5.53 中，並將各項規格之界限示於下：

(1)　偏心凸輪（圖 5.53（a））

$r = 30\sim70$，$r_1 = 30.9\sim72.1$，$r_2 = 15\sim30$，$r_3 = 20\sim38$，$e = 3\sim7$，$B = 20\sim35$，$S = 17\sim27$，$d = 20\sim30$。

(2)　雙重偏心凸輪（圖 5.53（b））

r，r_1，r_2，e 與圖 5.53（a）相同，$r_3 = 30\sim70$，$B = 20\sim30$，$S = 17\sim27$，$b = 20\sim32$。

(3)　棒錘形偏心凸輪（圖 5.54（c））

$D = 32\sim100$，$B = 20\sim52$，$b = 10\sim20$，$e = 1.7\sim6$，$d = 6\sim16$，$d_1 = 6\sim20$，$H = 27\sim80$，$h = 31.5\sim98$，$h_1 = 24\sim72$，$R = 45\sim112.5$。

(4)　偏心凸輪、壓板夾緊機構代表性實例。

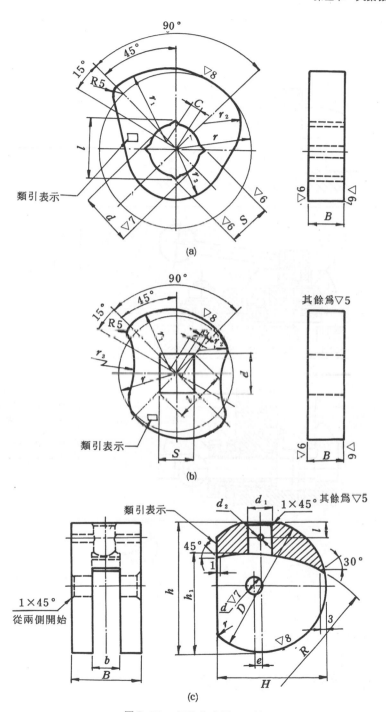

圖5.53　規格化之偏心凸輪

圖	特　　性
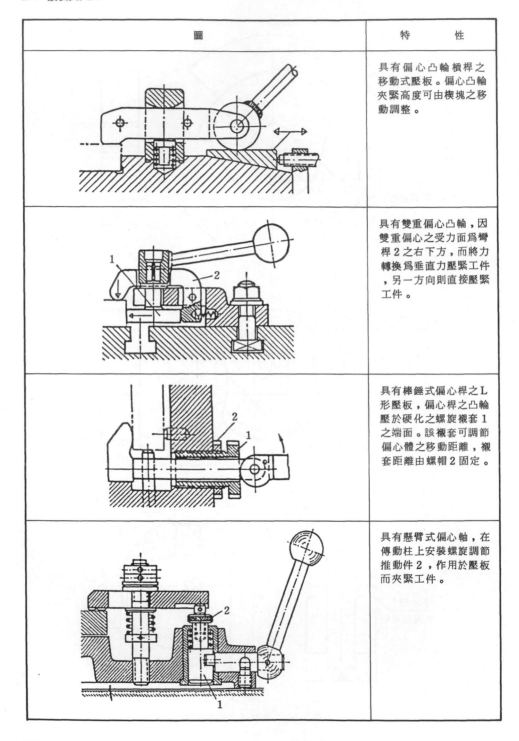	具有偏心凸輪槓桿之移動式壓板。偏心凸輪夾緊高度可由楔塊之移動調整。
	具有雙重偏心凸輪,因雙重偏心之受力面為彎桿2之右下方,而將力轉換為垂直力壓緊工件,另一方向則直接壓緊工件。
	具有棒錘式偏心桿之L形壓板,偏心桿之凸輪壓於硬化之螺旋襯套1之端面。該襯套可調節偏心體之移動距離,襯套距離由螺帽2固定。
	具有懸臂式偏心軸,在傳動柱上安裝螺旋調節推動件2,作用於壓板而夾緊工件。

（續）前表

圖	特　　　性
	具有雙重偏心之水平夾緊機構，偏心軸支承座 2 之安裝槽可隨機械床台移動。
	用於小工件夾緊之偏心虎鉗，該虎鉗具有可更換式鉗口。
	由平板凸輪所組成之快速夾緊機構。

5.10 端面凸輪夾緊機構

具有手柄端面凸輪係利用圓桿或圓筒之端面製成楔狀產生摩擦作用與壓板所組成之快速夾緊機構。端面凸輪出力 W 可由下式計算求得：

即， $W = Q i_l i_c$

圖 5.54 所示係將凸輪 4 安裝於板 5 之孔內，當手柄廻轉到凸輪面滑動，作用在銷 3 上使壓板上移，而另一端下壓夾緊工件，當手柄反向轉動則壓板被彈簧銷 6 向上作用而歸回原位。

端面凸輪具有 15° 和 20° 之兩段上升角，如此則能快速接進工件且確實夾緊。

傳遞至壓板上之力為：

$$W = Q \frac{l + r}{r_{(a)}} \frac{1}{\tan(\alpha + \varphi) + \tan \varphi_1} \tag{5.39}$$

式中　　r：圓柱凸輪半徑

r_a：圓柱凸輪平均半徑

l：手柄長短

φ, φ_1：凸輪端面及基面上之摩擦角

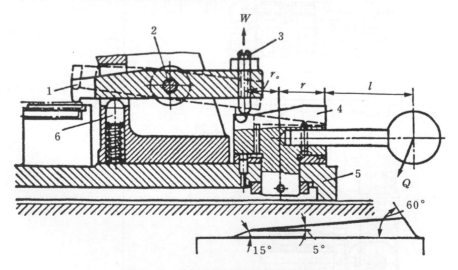

圖 5.54　具有端面凸輪所組成之夾緊機構

端面凸輪代表性實例

圖	特　　　　　　性
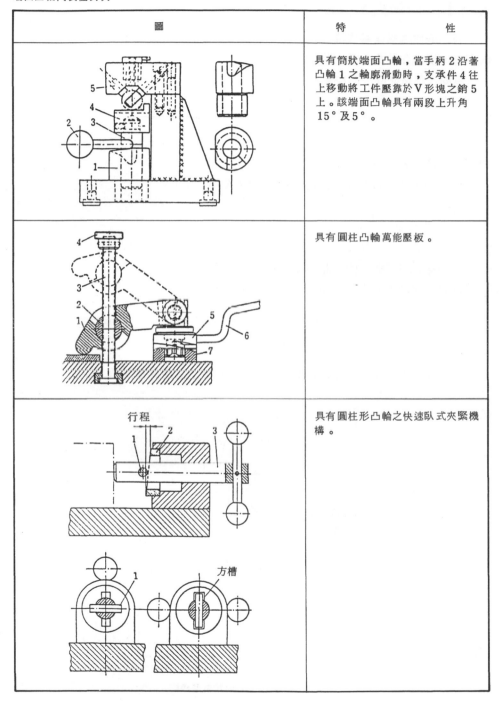	具有筒狀端面凸輪，當手柄 2 沿著凸輪 1 之輪廓滑動時，支承件 4 往上移動將工件壓靠於 V 形塊之銷 5 上。該端面凸輪具有兩段上升角 15°及 5°。
	具有圓柱凸輪萬能壓板。
	具有圓柱形凸輪之快速臥式夾緊機構。

5.11 肘節夾緊機構

　　肘節夾緊機構係將夾緊力增大之簡易機構，一般常與氣壓油壓連用，可分為單向作動、雙向作動及手動夾緊工件。

1. 單向作動單連桿肘節夾緊機構

　　如圖5.55所示為常見單向氣壓作動肘節夾緊機構，桿1向上移動使桿2能壓緊工件3形成一種平衡狀態。

　　施力Q及鉸鏈支承點產生反力N之合力R，作用於槓桿1之方向上，若在C點將R力分解，可得力W及Q。

　　對理想夾緊機構而言，吾人由力之$\triangle WCR$得

$$W_i = Q\frac{1}{\tan\alpha}$$

此一結果與壓板及楔子相同，當$\alpha \to 0$時$W_i \to \infty$。

　　就實際夾緊機構而言，作用之力可由下式求得：

$$W = Q\frac{1}{\tan(\alpha+\beta)+\tan\varphi_1\, r}$$

但β：為加以傾角α上之角度，由此計算鉸鏈上之滑動摩擦損失，

$$\beta = \sin^{-1}\mu\,\frac{d}{L}$$

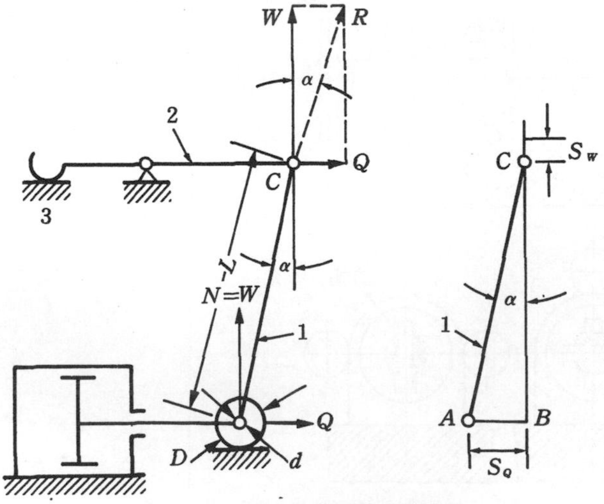

圖5.55　單向作動肘節夾緊機構

$\tan \varphi_{1r}$：為滾動摩擦係數，用以計算輥子支點處之摩擦損失

$$\tan \varphi_{1r} = \tan \varphi_1 \frac{d}{D}$$

d：鉸鏈與輥子軸心之直徑

D：輥子外徑

L：兩軸心間距離

μ：軸心摩擦係數

$\tan \varphi_1$：輥子支承面摩擦係數

∠β 之值可由圖 5.56 定出，其中 r 為軸心半徑。以孔中心畫半徑 $\rho = r\mu$ 之兩摩擦圓，以虛線表示，並兩圓切線 XX，則此線與中心線 AB 所成之角即為 ∠β。為了決定 ∠β 起見，吾人繪一條通過 B 點且平行於點線 XX 之虛線 BC。

從直角 △ABC

$$\sin \beta = \frac{2\rho}{L} = \frac{2 r \mu}{L} = \frac{d}{L} \cdot \mu$$

在摩擦係數 $\mu = 0.1$ 之時，∠β 將為很小。例如 $d/L = 0.2$ 時 $\beta = 1° 10'$。

肘節夾緊機構中一重要問題必須加以考慮，即位變裕量，由圖 5.56 之直角 △ABC 求得。若槓桿 1 從圖示之位置向垂向之位置推移，則施力 Q 之作用點 A 將在以下之軌道上移動，即

$$S_Q = AB = L \sin \alpha$$

而力 W 作用點 C 也將在以下之軌道上移動，即

$$S_W = L - BC = L - L \cos \alpha$$
$$= L(1 - \cos \alpha)$$

式中 L：為桿長，C 點行程 S_W：位變裕量，當 $\alpha \to 0$ 時，$\cos \alpha \to 1$，$S_W \to$

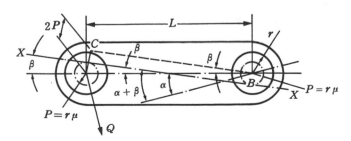

圖 5.56　決定 β 角之幾何圖

0即傾角 α 減小時，位變裕量將會大為減小，如桿長 $l=100\,\text{mm}$，$\alpha=10°$時之位變裕量 $S_w=1.5\,\text{mm}$，而當 $\alpha=5°$ 時 $S_w=0.5\,\text{mm}$。

若位變裕量小時在設計肘節夾緊機構應按下列方式進行：

(1) 先決定槓桿長度 l。

(2) 確定最小尺寸工件之位置，取開始夾緊最小工件處為槓桿之傾角成 $\alpha=5°$。

例：$L=100\,\text{mm}$之情況下，位變裕量為 $0.5\,\text{mm}$來夾緊最小尺寸之工件，而同批工件均較此尺寸為大時，$\angle\alpha$ 必大於 $5°$ 夾緊工件。如此即使工件之尺寸有所變動，此機構亦能正常操作。

2. 單側作動複式槓桿肘節夾緊機構

在理想情況下圖 5.57(a)之夾緊機構可得下式，即

$$W_i = Q\,\frac{1}{2\tan\alpha}$$

此一夾緊機構與圖 5.56 相比較，在施力 Q 相等之情況下 W_i 為前者½倍。

在實際無傳遞銷之夾緊機構而言，（圖 5.57(a)）將為：

$$W = Q\,\frac{1}{2\tan(\alpha+\beta)} \tag{5.42}$$

其中 $\angle\beta$ 為其過中之鉸鏈摩擦損失。

在具有傳遞銷之夾緊機構（圖 5.57(b)）而言，除應考慮鉸鏈摩擦外，尚應考慮傳遞銷之損失，即

$$W = Q\,\frac{1}{2}\left[\frac{1}{\tan(\alpha+\beta)} - \tan\varphi_{2r}\right] \tag{5.43}$$

式中　　　$\tan\varphi_{2r}$：為懸臂傳遞銷之摩擦損失

$$\tan\varphi_2\,\frac{3l}{a}$$

$\tan\varphi_2$：兩支承面上之滑動摩擦係數

a：傳遞銷引導面長

l：鉸鏈軸心至傳遞銷引導面中心距

若 $\dfrac{l}{a}=0.7$，$\tan\varphi_2=0.1$時　$\tan\varphi_{2r}=0.21$

此機構之位變裕量為單槓桿之 2 倍，即

$$S_2 = 2L(1 - \cos \alpha) \tag{5.44}$$

3. 雙側作動之複式肘節夾緊機構

圖 5.57(c),(d) 之肘節機構，可視為兩單一槓桿肘節連動機構。就理想機構而言，總作用力要由下式求得；

即，
$$W_{si} = Q \frac{1}{\tan \alpha}$$

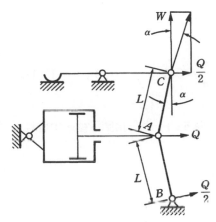

(a)單側作動（無傳遞銷）

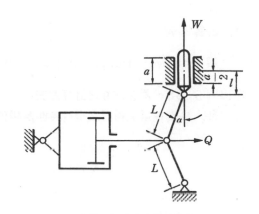

(b)單側作動（有傳遞銷）

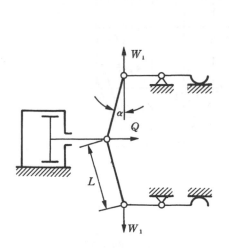

(c)雙側作動（無傳遞銷）

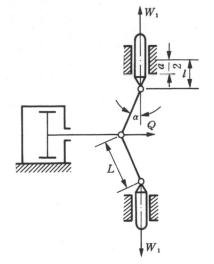

(d)雙側作動（有傳遞銷）

圖 5.57　複式槓桿夾緊機構

就無傳遞銷之實際夾緊機構而言（圖5.58(c)）

$$W_s = \frac{1}{\tan(\alpha + \beta)} \tag{5.45}$$

就具有傳遞銷之實際夾緊機構而言（圖5.58(d)）

$$W_s = Q\left[\frac{1}{\tan(\alpha + \beta)} - \tan\varphi_2 \frac{3l}{\alpha}\right] \tag{5.46}$$

總位變裕量可由（5.44）式求出，至於各傳遞銷之作用力及位變裕量則爲½。

4. 計算圖表：

根據 $\tan\varphi_2 = \tan\varphi_1 = 0.1$ ，$\dfrac{d}{D} = 0.5$ ，$\dfrac{l}{a} = 0.7$ ，$\dfrac{d}{L} = 0.2$ ，$\beta = 1°\,10'$ 作出圖5.58～圖5.59之計算圖表。

吾人再根據以上相同之項目特性及數值示於表5.11中，由圖示中求出特性並

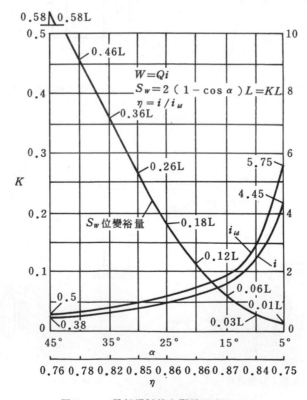

圖5.58　單槓桿肘節夾緊機構之特性圖

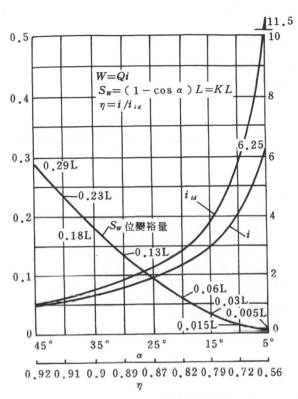

圖5.59　單側作動複式槓桿特性圖

表5.11　肘節夾緊機構之特性表

特性 機構 \ 傾角 $\alpha°$	5		10		15		20		45	
	i	S_w	i	S_w	i	S_w	i	S_w	i	S_w
1.具有輥子單一槓桿	6.33	0.004L	4.05	0.015L	2.94	0.034L	2.30	0.061L	0.92	0.310L
2.單側作動雙槓桿										
無傳遞銷	4.63	0.088L	2.52	0.030L	1.72	0.068L	1.29	0.123L	0.48	0.610L
有傳遞銷	4.52	0.088L	2.43	0.030L	1.62	0.068L	1.19	0.123L	0.24	0.610L
3.雙側作動雙槓桿										
無傳遞銷	9.26	0.088L	5.06	0.030L	3.45	0.068L	2.58	0.123L	0.94	0.610L
有傳遞銷	9.05	0.088L	4.85	0.030L	3.24	0.068L	2.37	0.123L	0.75	0.610L

注意：於雙側作動複式槓桿機構中，S_w 總位變裕量。

利用圖中公式求出 W，S_w 及 η。機構效率 η，不因傾角大小變化如何，其值之變化極微。此乃與楔子夾緊機構最大不同處，在楔子機構中效率傾角而急驟減小。

5. 連桿式肘節夾緊機構

如圖5.60所示肘節鉗，其構造、操作極為便捷，且能獲得相當大夾緊力之特性。並將夾緊點選定在稍超過死點處時，不使用其他之零件等，且能以本身發揮自鎖性，為極方便之夾緊工具。

理想情況下肘節鉗夾緊力計算如圖5.61所示，根據平衡原理得以下各式，

$$P_1 = \frac{P\, l_1}{l_2}$$

$$P_2 = \frac{P_1}{\sin \alpha}$$

$$P_3 = \frac{P_2 L_2}{L_1}$$

$$P_3 = \frac{l_1 L_2}{l_2 L_1 \sin \alpha} P_1$$

P：加在手柄槓桿的力（kg）

α：手柄槓桿與中間槓桿的夾角（度），會隨著夾緊的進行而連續變化。在死點 $\alpha = 0°$。

P_1：由P力在鉸鏈A發生的力（kg）

P_2：由P_1力使中間槓桿推鉸鏈B的力（kg）

l_1：手柄槓桿的長度（cm）

l_2：自鉸鏈A至鉸鏈B的長度（cm）

L_1：自鉸鏈B至鉸鏈D的長度（cm）

L_2：自鉸鏈D至夾緊點的長度（cm）

例：若施力於手柄槓桿之力 $P = 30\,kg$，$l_1 = 30\,cm$，$l_2 = 20\,cm$，$L_1 = 10\,cm$，$L_2 = 30\,cm$，$\alpha = 5°$ 時夾緊力為若干，

$$\begin{aligned}
P_3 &= P_1 \frac{l_1 L_1}{l_2 L_2 \sin \alpha} \\
&= 30 \frac{30 \times 10}{20 \times 30 \times \sin 5°} \\
&= 172\,(kg)
\end{aligned}$$

α 在 $0°$ 時通過死點即 $\alpha = 0°$ 時 $\sin \alpha = 0$，則

$$P_2 = \frac{P_1}{\sin \alpha} \to \infty$$

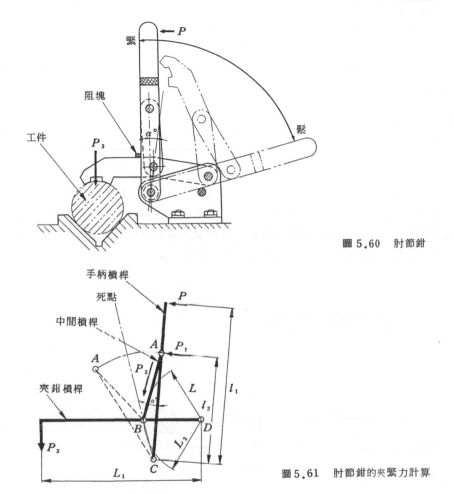

緊

← P

阻塊

工件

P_3

α°

鬆

圖 5.60　肘節鉗

手柄槓桿

死點

中間槓桿

夾鉗槓桿

P

A

P_1

A

P_2

L

l_1

l_2

B

D

L_2

P_3

C

L_1

圖 5.61　肘節鉗的夾緊力計算

即當 α 角愈小則夾緊力愈大。

5.12 氣壓夾緊機構

近年來氣壓傳動的應用日益廣泛，這是由於氣壓傳動有極多的優點，其優點如下：

(1)　氣壓傳動的動作迅速，一般平均速度約為 $0.5～1m/s$ ，高速可達 $10m/s$ 。

(2)　便於集中控制、程序控制及過載保持。

(3)　在易燃、易爆、多塵、強磁、輻射、潮濕及溫度變化大的場合下也能可靠的工作。

(4) 壓縮空氣的工作壓力較低，對元件材質和製造要求較低。

(5) 介質爲空氣，用後排入大氣不致造成污染，合乎環保要求又可降低成本。

氣壓夾緊裝置所使用的壓縮空氣的壓力爲 $0.4\sim0.6$MPa，在設計時通以 4 大氣壓計算，供應的壓縮空氣應該是清潔的不含水，無酸性濕氣，以免腐蝕裝置。

5.12-1 氣壓傳動系統

典型的氣壓傳動系統如圖 5.62 所示，圖中所用的霧化器、減壓閥、止回閥、分配閥、調速器、壓力表及氣缸各組成的元件尺寸都已標準化、規格化。設計時可查閱有關資料和設計手冊，除了氣缸、分配閥、壓力調節器爲必須之外，其他附件則根據實用情況選用。氣壓傳動系統的設計是根據使用的機械、夾具、加工方式等因素來確定，單一工具機上夾緊裝置所設計的氣壓傳動系統與生產自動化的多台機械系統的氣壓傳動系統，是有所區別的。動力裝置一般分爲氣缸式和薄膜氣盒式兩種。

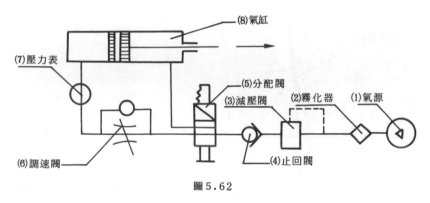

圖 5.62

5.12-2 氣缸結構及工作特性

常用氣缸分爲單向作用及雙向作用兩種形式，如圖 5.63 所示，單向作用是在工作時依靠氣壓推動活塞，退回是依靠彈簧拉動，雙向作用是在工作及退回時都利用氣壓。應用最廣的是雙向作用氣缸，其優點是活塞行程大，作用力不隨行程變化，兩方向都可以依次工作。

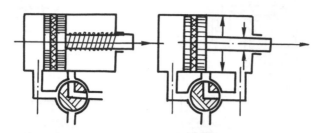

圖 5.63　氣缸工作原理示意圖

單向作用氣缸活塞桿上產生的推力為

$$F = \frac{\pi}{4} D^2 P \eta - q$$

式中　　D：活塞直徑（m）

　　　　P：壓縮空氣單位壓力（$Pa = N / m^2$）

　　　　η：氣缸的效率，約為 $0.85 \sim 0.9$

　　　　q：彈簧的作用力。

雙向作用氣缸活塞上產生的作用力為

$$F = \frac{\pi}{4} D^2 P \eta \qquad 牛頓（無活塞桿端的作用力）$$

$$F = \frac{\pi}{4} (D^2 - d^2) P \eta \quad 牛頓（有活塞桿端的作用力）$$

式中　　d：活塞桿直徑（m）

　　從使用特點來說，氣缸又可分為廻轉式及固定式氣缸。在加工時工件與夾具一起轉動（如車床、磨床用氣動夾具），則多採用廻轉式氣缸，為保證高效率和安全，氣缸要密封可靠、廻轉輕便。圖 5.64 為車床上應用的廻轉氣缸傳動夾具。

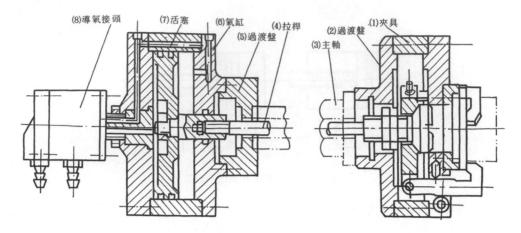

圖 5.64　廻轉式氣缸及應用

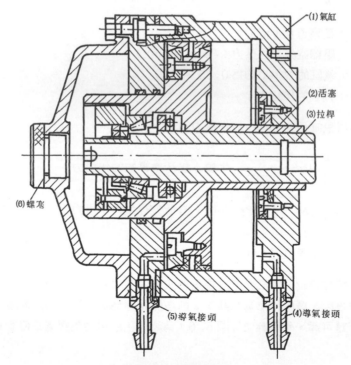

圖 5.65　固定式氣缸

　　在高速廻轉時不宜採用廻轉式氣缸，因採用時氣缸的平衡較困難，且主軸負荷增大，配氣裝置易漏氣，故一般高廻轉時採用固定式氣缸，如圖5.65所示，只有拉桿(3)隨主軸一起轉動。加工長桿件時可卸去螺塞(6)，桿件卽可穿過主軸。

5.12-3 氣盒的結構及工作特性

　　薄膜式氣缸也稱爲氣盒，它原是汽車上作氣動煞車的動力裝置，故可作標準化零件選用。氣盒分爲單向作用式和雙向作用式兩種，最常用的爲單向作用式。單向作用的薄膜氣盒的結構如圖5.66所示。氣盒由主體1、2組成，中間橡皮薄膜6代替了活塞的作用，將氣室分爲左右兩腔。當壓縮空氣通過接頭5進入左室時，便推動橡皮膜6和推桿3向右移動而夾緊工件。當左室由接頭5經分配閥放氣時，由彈簧的作用力使推桿左移而歸位。

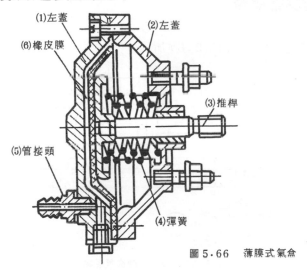

(1)左蓋
(2)左蓋
(6)橡皮膜
(3)推桿
(5)管接頭
(4)彈簧

圖5.66　薄膜式氣盒

　　氣盒已標準化，選用時仍可查手册，並可直接外購。設計時要特別注意薄膜與主體連接處的密封問題，該處之螺釘孔至工作腔邊緣不小於1.5d（d爲螺釘直徑）。主體與薄膜接觸處以及支承圓盤邊緣都要有圓角，粗糙度爲$R_a 0.8\mu$以上，以防止薄膜變形時受傷。一般工作壓力在（4～6）×10^5帕，推桿推力在2500～6000牛頓之間（結構爲標準尺寸）。

　　單向作用式氣盒中的橡皮膜變形隨工作行程而變化，推桿的作用力也因彈簧的壓縮隨工作行程略有變化，其作用力可用下式計算：

$$F = \frac{\pi p}{12}(D^2 + d \cdot D + d^2) - q \quad （牛頓）$$

式中　　p：壓縮空氣壓力（P_a＝牛頓／米^2）

　　　　D：氣盒中薄膜工作直徑（M）

　　　　d：支承圓直徑，$d \leq 0.8D$（M）

　　　　q：彈簧壓縮後的作用力（牛頓）

　　氣盒傳動裝置有以下優點：

(1)　結構緊湊，重量輕，成本低。

(2)　密封良好，壓縮空氣損耗少。

(3)　摩擦部位少，使用壽命長，可工作到六萬個行程才需修理。

　　其缺點是桿的行程受薄膜變形的限制，一般行程約在30～40毫米之內。

5.13　液壓夾緊機構

1.　液壓傳動系統的組成，如圖5.67所示。

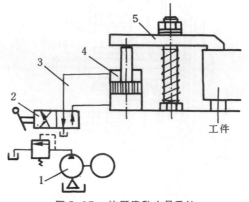

圖5.67　液壓傳動夾具系統

序號	組 成 部 份	常　用　元　件	主　要　功　用
1	動力部份	電動泵、手動泵、氣液增壓器、液壓增壓器。	提供能滿足預定要求的壓力和流量的工作油液，以保證系統正常工作。
2	控制部份	方向閥：單向閥、轉向閥、手動滑閥、機動閥、電磁閥、液動滑閥。 穩壓閥：各種類型的減壓閥。 過載保護閥：溢流閥、壓力繼電器、壓力錶。	保證系統各零件準確地按設計要求完成負載－過載保護－切換－空載這樣一個循環過程。其中： 方向閥：換向作用。 穩壓閥：穩壓作用。 過載保護閥：顯示壓力，保證流量，自動切斷通路。

（續前表）

序號	組 成 部 份	常 用 元 件	主 要 功 用
3	執行部份	直動油缸、回轉油缸	將壓力能轉換爲機械能，送到直接驅動夾具上的夾緊機構動作的目的。
4	輔助裝置	管路、接頭、油箱、蓄能器	液壓系統主要附件。
5	定位夾緊機構	定位裝置、夾緊裝置	使工件得到正確定位及可靠夾緊。

2. 液壓夾緊裝置

　　液壓夾緊裝置是利用壓力油作爲動力，通過中間傳動機構或直接使夾緊件實現夾緊動作。液壓夾緊的主要優點：

(1)　油壓高達（ $30 \sim 40$ ）$\times 10^5$（帕），傳動力大，可採用直接夾緊方式，結構尺寸也較小。

(2)　油液不可壓縮，比氣動夾緊剛性大，工作平穩，夾緊可靠。

(3)　操作簡便，無噪音，容易實現自動化夾緊。

5.14 氣壓—液壓

　　設計自動化鑽模夾具除了應具備一般鑽模夾具的構想外，還要具有自動化的鑽模夾具機構，才能產生自動化的功能，而在自動化機構中包括夾緊固定工件機構，工件定位機構的自動化，如圖5.68所示，先將產生動力以推動上過機構運動的動力源安裝連接，然後利用偵檢器或定時器配合控制廻路使上過機構能順利的動作。

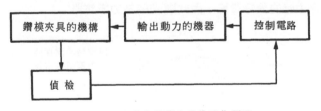

圖5.68　自動化鑽模夾具的工作原理

　　產生動力的機器有下列幾種比較常用：

　　　馬達

　　　油壓缸

　　　氣壓缸

　　　電磁鐵 $\begin{cases} \text{AC電磁閥} \\ \text{DC電磁閥} \end{cases}$

　　　其他

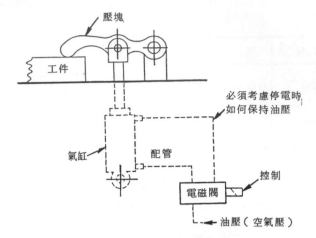

圖 5.69　自動鎖緊的機構說明圖

　　圖5.69所示，係利用電機控制配有管路的電磁閥動作，使高壓的油壓或空壓流入氣缸內，（多餘的部份排出），如此使壓板產生動作夾緊工件。圖中除了使用電磁閥外也可使用手動閥用人工操作切換動作，也可把閥改成凸輪利用運動中的機器來壓凸輪作切換閥的設計，也可使油壓、氣壓等動力源產生作動，如圖5.70所示，圖中把氣缸和電磁閥配管在一起，而電磁閥的螺旋線圈上則接上虛線所示的電路配線。

　　圖5.71為利用氣缸推動肘節夾緊機構，由按鈕操作，汽缸前後移動，使夾具鉗口產生運動，施行夾緊、放鬆的工作。

　　圖5.72為利用氣油壓缸前後運動夾緊與放鬆工件，設計時應注意到氣、油壓缸低於夾緊壓力時的緊急設施，因此應安裝壓力繼電器。

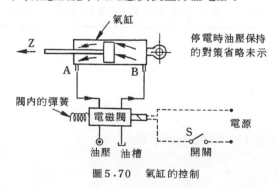

圖 5.70　氣缸的控制

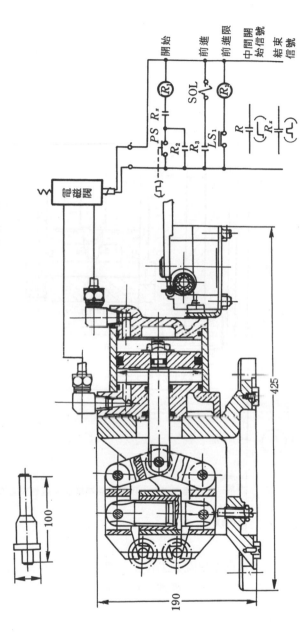

圖 5.71　利用氣缸推動肘節聯動夾緊機構

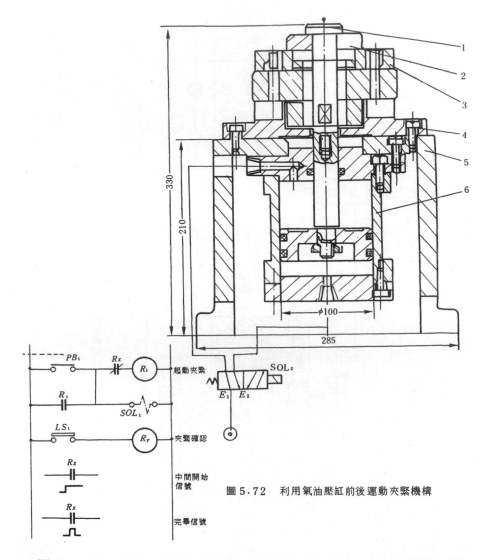

圖 5.72　利用氣油壓缸前後運動夾緊機構

　　圖5.73所示是夾具的工作原理圖。工件以一個平面與支承板1接觸，消除三個不定度。外圓柱稜面與定位錐套 12 接觸，消除兩個不定度。一個側面與擋銷2接觸，消除一個不定度。定位錐套 12 在上下的方向上設計成浮動的，以保證平面得到完全定位。

　　工件由斜楔5推動桿4壓板3夾緊。斜楔與汽缸活塞6一體，壓縮空氣通入氣

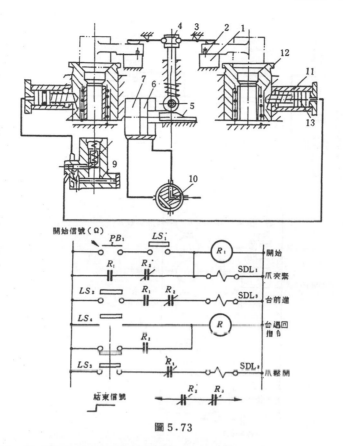

圖 5.73

缸 7 推動活塞，工件即可得到夾緊和鬆開。

　　壓縮空氣經分配閥 10 進入氣缸 7 的左端和順序閥 9 ，工件沒有得到夾緊以前進入順序閥的空氣壓力低，此時活塞 8 在彈簧的作用下在低位，通往兩個鎖緊氣缸 11 的管路被堵死。工件夾緊後，定位錐套被壓下，進入順序閥的空氣壓力增高，此時活塞 8 被推向上，高壓空氣推動氣缸 11 中的活塞 13 ，鎖緊定位錐套，完成了工件在夾具中的裝夾。

　　搬動分配閥 10 ，高壓空氣進入氣缸 7 的右端，斜楔退回，壓板在彈簧的作用下鬆開工件。氣缸 7 的左端和順序閥中的高壓空氣經分配閥與大氣接通。鎖緊氣缸和順序閥中的活塞在彈簧的作用下恢復原位。

　　圖 5.74 是夾緊機構的工作原理圖。這個夾具的夾緊動力為壓縮空氣，採用氣－液增壓機構聯合夾緊工件，實現多件多部位夾緊。由圖中看出，0.4～0.6 MPa 的低壓壓縮空氣由管路經操縱閥送入增壓器 1 的右腔，推動活塞 2 左移，通過活塞小端推動左腔的油經管路 3 推動各個夾緊油缸的活塞運動夾緊工件。

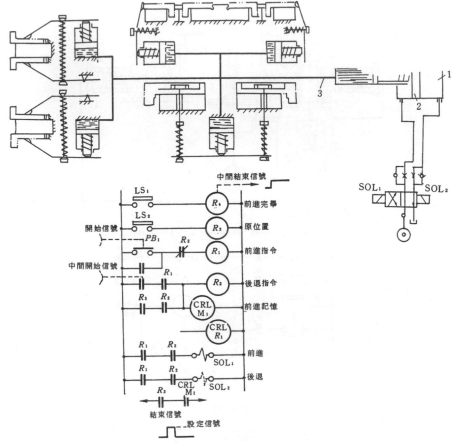

圖 5.74 以氣壓增壓控制聯動夾緊機構

習 題

5.1 夾緊機構應具有那些功用？

5.2 夾緊機構設計應根據何種原則？

5.3 夾緊機構可分為那幾種？

5.4 切削力與夾緊力間關係如何？

5.5 試選用一實例說明切削力與夾緊力成正交情況之夾緊方式。

5.6 何謂夾緊機構之自鎖原理？

5.7 詳述楔子之自鎖原理？

5.8 何謂自鎖裕量？

5.9 何謂單一夾緊機構及組合夾緊機構？

5.10 楔子與楔銷夾緊機構有何特性？

5.11 螺旋夾緊機構具有那些特性？

5.12 凸輪夾緊機構應具有那些特性？

5.13 肘節夾緊機構具有那些特性？

5.14 如圖所示詳述該夾緊機構之特性？

5.15 若拉桿外圖無摩擦，而推上彈簧彈性係數 $K = 10\ \mathrm{kg/mm}$，若 T 型把手向右施力 500 kg 於牽力桿，試求工件夾緊力爲若干？

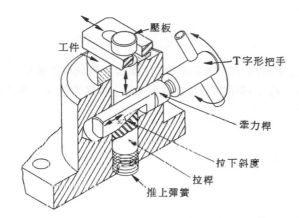

習題 5.14 及 5.15

5.16 如圖所示詳述夾緊機構之特性。

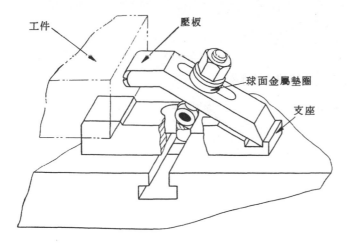

習題 5.16

5.17 如圖所示詳述夾緊機構之特性。

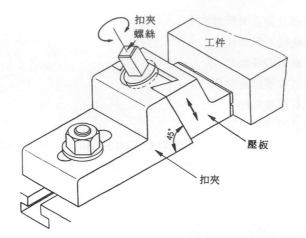

習題 5.17

5.18 如圖所示已知工件切削力爲 380kg 之水平力，壓板工件間摩擦係數 $\mu = 0.3$，力傳遞效率 $\eta = 0.95$，試選擇適當之螺栓直徑。若螺帽板手長爲 $14D$ 試求需施力若干？

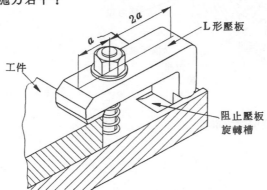

習題 5.18

5.19 如圖所示詳述此夾緊機構之特性。

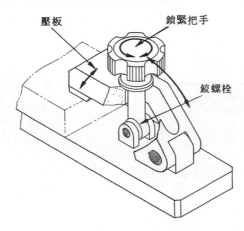

習題 5.19

5.20 如圖所示詳述此夾緊機構之特性。

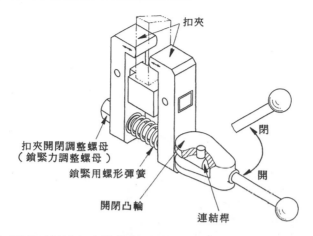

扣夾

閉

開

扣夾開閉調整螺母
（ 鎖緊力調整螺母 ）

鎖緊用螺形彈簧

開閉凸輪

連結桿

習題 5.20

5.21 如圖所示詳述此夾緊機構之特性。

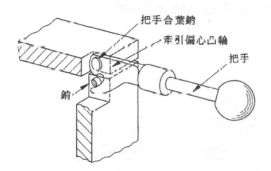

把手合葉銷

牽引偏心凸輪

把手

銷

習題 5.21

5.22 如圖所示詳述此夾緊機構之特性。

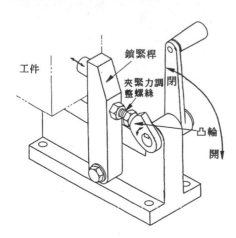

鎖緊桿

工件

夾緊力調
整螺絲

閉

凸輪

開

習題 5.22

5.23 如圖已知鎖緊凸輪之 $\alpha_a = 7°$，$\mu = 0.1$，手柄長為 $3D$ 試求施力 $Q = 20\,\mathrm{kg}$ 時產生之夾緊力為若干？

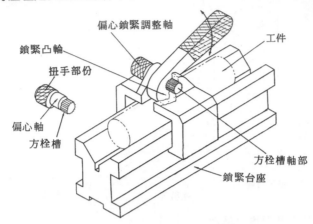

習題 5.23

5.24 如圖所示詳述此夾緊機構設計時應注意事項？

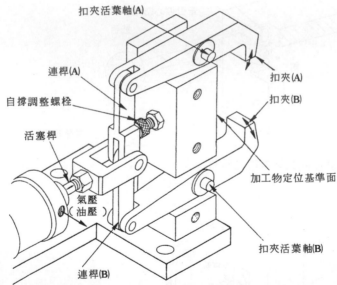

習題 5.24

5.25 如圖所示詳述此夾緊機構設計要點及夾緊裕量考慮方法？

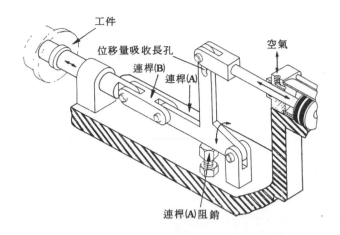

工件

位移量吸收長孔

連桿(B)

連桿(A)

空氣

連桿(A)阻銷

習題 5.25

5.26 如圖所示詳述此夾緊機構設計要點及夾緊裕量考慮方法？

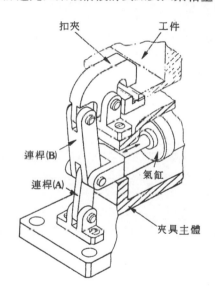

扣夾

工件

連桿(B)

連桿(A)

氣缸

夾具主體

習題 5.26

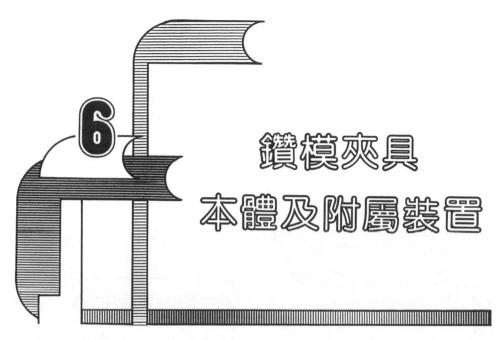

鑽模夾具
本體及附屬裝置

6.1　本體構造之目的及種類

　　鑽模夾具本體係將導套、定位裝置、夾緊裝置及刀具定位等構件結合為一體，使各構件產生應有的功能，而將完成工件所需的加工或檢驗。因此鑽模夾具本體必須具有足夠的強度、剛度及耐震等能力，為達此種能力也並非將本體任意加厚，加大所能達成。而是應將本體某些部分補強，以提高本體的堅固性。此種補強之位置，須根據作用於本體上的夾緊力及切削力等諸力，透過力學及材料力學的分析而決定之。為使本體之重量減輕達到輕巧靈活之目的，通常在不致降低剛度之情況下，將本體之壁及槽設製許多孔，以減輕本體的重量。

　　本體之形狀及尺寸，與所加工工件的形狀、尺寸有關，且關係著工件之安裝、定位及夾緊等機構的安置，所以設計本體時應考慮要點如下：

(1)　為使工件安裝容易，本體與工件間應有適當之安裝間隙。
(2)　應考慮切屑清除是否容易。
(3)　應考慮安裝於工作機械床台上是否容易。
(4)　應考慮搬運鑽模夾具所需元件（如環形螺栓）之安置。
(5)　應考慮本體之製造難易。
(6)　在夾具承受最大負荷處增設補強肋或加強板。

　　鑽模夾具本體的基本結構形式約可分為下列三種，即

(1)　鑄造本體。

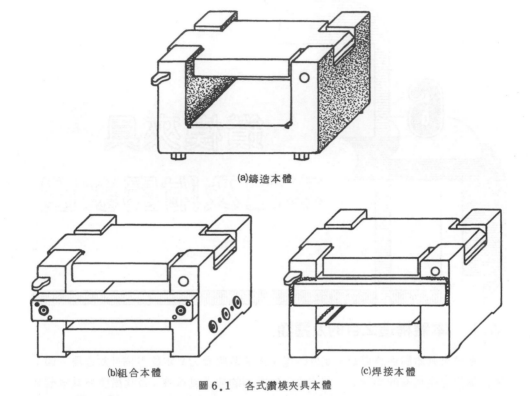

(a)鑄造本體

(b)組合本體　　　　　　　　　　　　　　(c)焊接本體

圖 6.1　各式鑽模夾具本體

(2)　組合本體。

(3)　焊接本體。

　　早期的鑽模夾具皆採用組合本體及鑄造本體兩種型式，近年來漸爲焊接本體所取代，不過仍有甚多工具需用鑄造本體，因爲鑄造配合機械加工可製造任何所需之本體形狀與大小，且可利用砂心在不影響剛度與強度之情況下鑄成中空以減輕重量。組合本體係由鋼板所製成之各式機件，利用螺栓及結合銷裝配而成，故爲方便又經濟的製造方式，不過此種組合本體之剛度較鑄造及焊接本體爲低，且常因組合螺栓鬆動產生撓曲，發生事故。焊接本體與組合本體最大的區別，乃是將所製成之各式機件利用焊接方式組合而成，此種組合方式通常較螺栓組合牢固，不過焊接易造成變形，因此焊接完成後應給予必要的加工，此乃爲焊接本體最大的缺點。

　　圖6.1所示爲同一鑽模夾具本體以三種不同種類的型式設計。就剛度而言，焊接本體最佳，鑄造本體次之，組合本體最差。就造形而言，鑄造本體有拔模斜度，焊接本體組合緣角處留有焊道，組合本體則能兩面垂直。就時效而言，焊接本體最快，組合本體次之，鑄造本體最慢。

6.2 鑄造本體

鑄造的程序乃先製作木模，再行鑄造最後施加機械加工，製造步驟繁多，若工廠本身無製作木模設備及鑄造工廠，而採用鑄造本體就會發生困擾。一般採用鑄造本體的情況以下：

(1) 同一種鑄造本體之製造量多。

(2) 該鑽模夾具要求制震能大時宜採用。

(3) 工廠中無焊接設備，而有優良的鑄造設備。

(4) 該鑽模夾具要求溫度變化情況下，變形量極小時。

(5) 鑽模夾具本體形狀複雜者。

鑄造本體之缺點：

(1) 厚度不能均一。

(2) 重量大而材料費高。

(3) 安全穩定性低。

(4) 因抗拉強度不穩定且具有較高脆性，故工作強度難以肯定。

(5) 鑄件的疲勞限低。

(6) 鑄造所需木模製造不易。

鑄件易發生之缺陷如下：

(1) 冲砂：澆注時金屬流過模面或砂心，將砂冲掉所造成之鑄件疵病。

(2) 落砂：砂粒自上箱或其他吊懸部位落入模穴，所造成之鑄件疵病。

(3) 氣孔：砂模或砂心材料中所生之氣體由於缺乏適當之通氣而流入金屬熔液之現象。

(4) 鑄缺：由於金屬熔液太冷，在未充滿整個模穴時即告凝固所造成的鑄件缺陷。

(5) 冷接：金屬熔液自兩反向流入在模穴中相遇，未能完全接合的鑄件疵病或模面的皺曲。

(6) 收縮：金屬在模中自液態變為固態時所生之尺寸變化。

(7) 不潔鑄件：用表面有結疤的砂模或砂心，澆口箱中有散砂或殘渣鑄成之鑄件。

(8) 鑄造工件以外的損傷：如因出箱、清箱、打磨或搬運等不慎而受損壞的鑄件。

1．鑄造本體之強度計算

鑄造本體的受力情況可根據夾緊力及切削力作用情況求得，對於鑄造本體的機械性能與壁厚間之關係，必須加以檢討以便透過力學與材料力學決定出各部位尺寸。在 CNS 中規定鑄鐵的強度中，同一鑄件的強度不一定相同，隨鑄件各處之厚度大小而變。表6.1所示為 CNS 中規定之灰口鐵鑄件之機械性能，在鑄造本體中可用來計算本體整件之用。圖6.2所示鑄件壁厚與抗拉強度之關係，圖6.3所示為鑄

表6.1 灰口鐵鑄件 機械性能（CNS 2472 G 49）

種 類	記 號	鑄件主要壁 厚 mm		試桿毛胚直徑 mm	拉伸試驗 抗拉強度 kg/mm²	彎曲試驗 裂斷負荷 kg	撓 度 mm	硬 度 H_B
灰口一號	GC10	4～50		30	＞10	＞ 700	＞3.5	＜201
灰口二號	GC15		4～8	13	＞19	＞ 180	＞2.0	＜241
		超過 8～10		20	＞17	＞ 400	＞2.5	＜223
		超過15～30		30	＞15	＞ 800	＞4.0	＜212
		超過30～50		45	＞13	＞1700	＞6.0	＜201
灰口三號	GC20		4～8	13	＞24	＞ 200	＞2.0	＜255
		超過 8～15		20	＞22	＞ 450	＞3.0	＜235
		超過15～30		30	＞20	＞ 900	＞4.5	＜223
		超過30～50		45	＞17	＞2000	＞6.5	＜217
灰口四號	GC25		4～8	13	＞28	＞ 220	＞2.0	＜269
		超過 8～15		20	＞26	＞ 500	＞3.0	＜248
		超過15～30		30	＞25	＞1000	＞5.0	＜241
		超過30～50		45	＞22	＞2300	＞7.0	＜229
灰口五號	GC30		8～15	20	＞31	＞ 550	＞3.5	＜269
		超過15～30		30	＞30	＞1100	＞5.5	＜262
		超過30～50		45	＞27	＞2600	＞7.5	＜248
灰口六號	GC35		15～30	30	＞35	＞1200	＞5.5	＜277
		超過30～50		45	＞32	＞2900	＞7.5	＜269

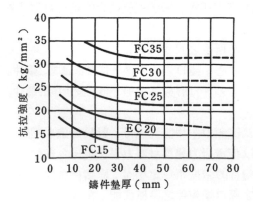

圖6.2 鑄件壁厚與抗拉強度的關係

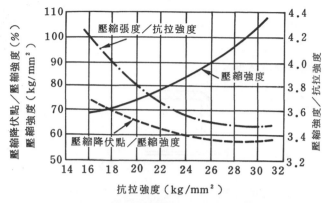

圖6.3　鑄件壓縮強度與抗拉強度的關係

件之抗壓強度與抗拉強度之關係，此兩圖用於鑄造本體中決定加強板及補強肋等薄壁之尺寸。

2. 鑄造本體的造形設計

　　鑄件的疵病如前所述，而金屬熔液的冷却速度與鑄件造形有重大的關係，因此鑄造本體的造形隅、角及壁厚的變化等設計時應特別注意。

(1) 壁厚的變化：在設計L形、V形、T形及十字形時應避免壁厚極端的變化，盡可能的謀求均勻變化。對於局部肥大之造形應加以避免。圖6.4所示為木模壁之造形，圖6.5所示避免厚度極端變化之設計。

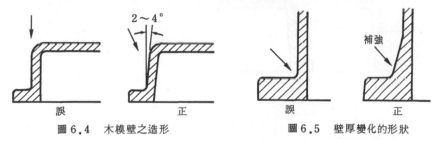

圖6.4　木模壁之造形　　　　　圖6.5　壁厚變化的形狀

(2) 加強板與補強肋的應用

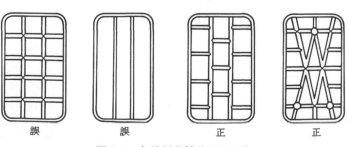

圖6.6　加強板與補強肋的形狀

　　鑄件設計時應考慮壁厚較小處不發生疵病，而加強板與補強肋之目的，在防止鑄件變形、龜裂及破壞等。加強板與補強肋之造形、厚度隨鑄件之需要而變，設計時應特別注意強度問題。

(3)　鑄造工作法考慮之造形

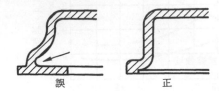

誤　　　　　正　　　　　圖6‧7　砂心的造形影響

(4)　對木模與輪廓形狀的考慮

　　為使木模容易製作，在鑄件設計時應力求簡單，減少直線，直角及平面等使鑄件構造單純化，砂模製作也相同，應盡量減少砂心數量，且注意砂心的安置，避免使用複雜形狀之砂心，對於壁厚較小之處應加以注意避免過熱而產生缺陷。

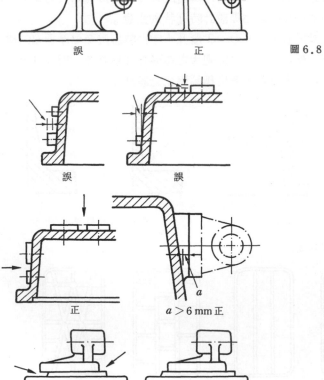

誤　　　　　正　　　　　圖6.8　輪廓形狀設計實例

誤　　　　　誤

正　　　　　$a > 6\,mm$正

誤　　　　　正　　　　　圖6.9　加工面形狀設計實例

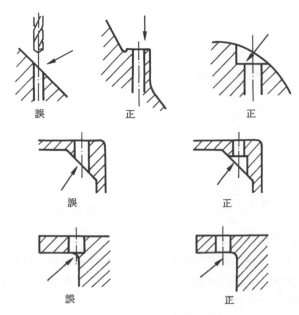

圖6.10　配合鑽孔加工設計實例

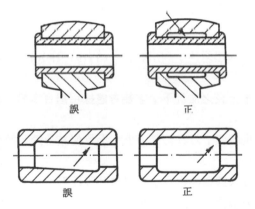

圖6.11　軸孔設計實例

(5)　對加工之考慮

　　設計鑄造本體應注意落砂、冲砂等疵病，鑄件之毛邊位置及清理是否方便亦應加以考慮。

圖6.12　鑄造本體實例一

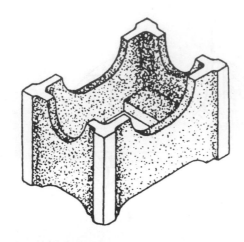

圖 6.13　鑄造本體實例二

3．鑄造本體的標準鑄件

鑽模夾具之製作常要求較高的時效，而鑄造本體在時效上最差，且不適合於小量生產，而大量製作同一式樣的鑽模夾具機會不多，為了克服以上的缺點，吾人將鑽模夾具本體標準化，規格化。除非工件很特殊，一般中小型工件安裝的鑽模夾具本體，都可用鑄造之標準鑽模夾具本體鑄件來製造。

6.3　組合本體

　　組合本體係利用低碳鋼板製成本體組件，利用螺栓及結合銷裝配而成之鑽模夾具，採用組合本體的限制如下：

(1) 產量不大且夾具使用時間不太長之情況下，才能考慮採用組合本體，因為螺栓組合機件不穩固。

(2) 產品體積不太大，夾具重量輕便，刀具切削力小，不致使結合銷及螺栓震壞了。

(3) 鑄造粗胚工件不宜使用組合本體鑽模夾具，因為鑄件表面過於粗糙，刀具切削時所產生之震動與切削力極大，易將組合夾具損壞。

(4) 組合本體較焊接本體製造上較為費時，除非沒有焊接設備，否則儘量避免使用組合本體。

1．採用組合本體的優點

(1) 能提供最大之設計自由度，因無加熱變形之現象且無冶金方面的限制。

(2) 組合本體一般採用熱軋鋼板，因而表面光滑、尺寸正確、製作方便，且表面硬度高、耐磨耗性佳。

(3) 組合本體最適合於小工件加工之鑽模夾具，製作容易，操作輕便靈巧。

(4) 較大型夾具，若無焊接設備，個數不多時，用鑄造本體在金錢與時間皆不經濟

表6.2 不同材質工件螺釘接合長度與外徑之關係

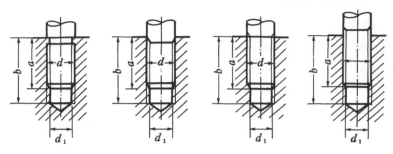

a：上絲深度
b：攻絲深度
註 d_1：為攻絲鑽
頭直徑

單位：mm

螺紋外徑	鋼、鑄鋼、青銅、青銅鑄件		鑄	鐵	鋁，其他輕合金	
d	a	b	a	b	a	b
3	3	6	4.5	7.5	5.5	8.5
3.5	3.5	6.5	5.5	8.5	6.5	9.5
4	4	7	6	9	7	10
4.5	4.5	7.5	7	10	8	11
5	5	8.5	8	11.5	9	12.5
5.5	5.5	9	8	11.5	10	13.5
6	6	10	9	13	11	15
7	7	11	11	15	13	17
8	8	12	12	16	14	18
9	9	13	13	17	16	20
10	10	14	15	19	18	22
12	12	17	17	22	22	27
14	14	19	20	25	25	30
16	16	21	22	27	28	33
18	18	24	25	31	33	39
20	20	26	27	33	36	42
22	22	29	30	37	40	47
24	24	32	32	40	44	52
27	27	36	36	45	48	57
30	30	39	40	49	54	63
33	33	43	43	53	60	70
36	36	47	47	58	65	76
39	39	51	52	64	70	82
42	42	54	55	67	75	87
45	45	58	58	71	80	93
48	48	62	62	76	86	100

時採用組合本體爲最適宜，兩構件之結合可採用標準榫合法以增加強度與其剛性。

2．組合本體用螺栓

組合本體用螺栓應採用標準規格之螺栓，以減少鑽模夾具元件庫存零件。鑽模夾具裝配用螺栓應採用公制爲原則，一般採用六角窩頭螺栓及固定螺栓爲原則。此種螺釘之螺釘頭約需突出 0.5mm 之沉頭孔，結合時應注意接合長度，如表6.2所示爲不同材質之工件接合長度與螺紋外徑之關係。在鑽模夾具裝置時應盡可能避免使用有槽機器螺釘，因爲使用螺絲起子鬆緊時溝槽會發生崩裂。但在薄板接合時無法採用六角窩頭裝配時可考慮使用機器螺釘。使用機器螺釘時應注意螺釘頭與工件表面接觸是否緊密，此外應避免使用六角螺栓。

3．鑽模夾具裝配用結合銷

使用固定螺釘將鑽模夾具零件固定於正確之位置，極爲不可靠，此時應與結合銷配合使用才能改良此種缺點。常用的結合銷可分爲平銷及斜銷兩大類，各依鑽模夾具安裝使用的不同而選用不同種類結合銷。

㈠　斜　銷

一般尺寸精度不甚嚴格的情況下選用，選用時應注意銷孔使用之鉸刀必須與斜削錐度相同。其特點爲操作簡單，裝配省時，不需熟練技工就可安裝等。於下列場合使用：

(1)　結合件間不得有鬆動情況，且須將負荷平均平分佈於結合銷上。

(2)　兩鑽模夾具零件皆未經淬火之軟質材料。

(3)　結合件爲永久裝配幾乎不會再拆裝。

(4)　只有兩種零件彼此間需確實固定。如圖 6.14(a)所示。

(5)　結合銷有再拔出可能。如圖 6.14(a)、(b)、(c)、(d)。此種結構應以補助孔推出斜銷較爲理想。如圖 6.14(b)。

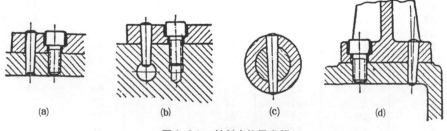

(a)　　　　　　(b)　　　　　　(c)　　　　　　(d)

圖 6.14　斜削之使用實例

(6)　大型鑽模夾具加工不易，以致結合銷孔須以手提鑽來加工之情況，如圖 6.14(d)所示。

(一) 平　銷

　　一般平銷與銷孔間以打入配合，除標準規格之平銷外亦可用一般磨光鋼條車削而成。主要使用場合如下：

　　(1)　兩種以上零件保持互不移動。如圖6.15(a)所示。

　　(2)　結合件中有一件以上已施行淬火加工。如圖6.15(b)、(c)所示。

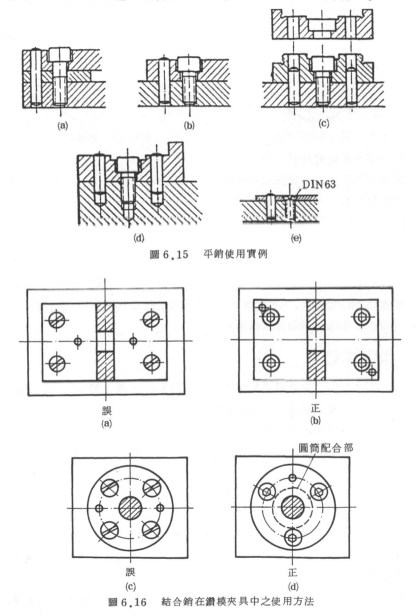

圖6.15　平銷使用實例

圖6.16　結合銷在鑽模夾具中之使用方法

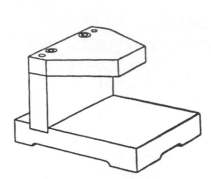

圖6.17　組合本體實例之一

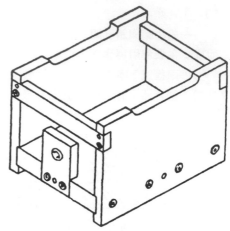

圖6.18　組合本體實例之二

(3)　結合零件需經常卸裝交換。

(4)　鑽模夾具零件之一無法將結合鎖貫穿。如圖6.15(d)所示，此種情況結合銷需與易取出的工件固定在一起。

(5)　安裝面與結合銷孔保持垂直且兩支結合銷須互相平行。如圖6.15(d)所示。

(6)　固定的零件為薄板。如圖6.15(e)所示。

　　通常鑽模夾具零件安裝時需使用兩支結合銷，且兩結合銷應儘可能遠離，如圖6.16(a)、(b)所示。但安裝之鑽模夾具為圓盤狀時，則以使用1支結合銷較為適宜，如圖6.16(c)(d)所示，其原因與定位原理相同，在鑽模夾具零件利用其他方法固定之情況時也常如此，例如嵌入溝槽等。

6.4　焊接本體

　　焊接技術之進步，使鑽模夾具之結構產生重大的改變，鑽模夾具的焊接本體亦隨之增加。前述中本體構造有鑄造本體及組合本體，但皆因製作成本高，工作費時，故為製造快捷的焊接本體所取代。

　　對一般不甚複雜的鑽模夾具構造而言，焊接本體構造較鑄造本體便宜，且構造用低碳鋼板之抗拉強度遠較鑄鐵高，因此從強度立場來看焊接本體之重量較鑄造本體輕，可節省材料且搬運方便，又因焊接之製作可縮短，所以廣被採用。

　　焊接技術之高度開發，焊接焊道之強度及其有關的可靠性大為提高，且焊接構造之精度提高，使其焊接本體皆能達到所需的精度。但焊接所帶來的缺陷、變形及扭曲尚難克服，且鋼板之制震能遠較鑄鐵差，因此用於常發生震動處的鑽模夾具本體應注意安全，作一些必要的檢試。

　　焊接本體在設計時受到的限制較小，設計人員較易發揮，雖與鑄造本體完全相同的鑽模夾具但結構式樣上差距甚大。例如加強板與補強肋之設計樣式完全不同，鑄造本體之結構由於受到鑄造方法的限制，並非完全以應力計算結果來設計，而焊接却可以完全依應力計算結果設計。

　　焊接本體之優點如下：

(1)　設計自由度較大，構造、形狀較特殊，能合乎力學原理。

(2)　材料取得容易，合乎經濟原則，造價低。

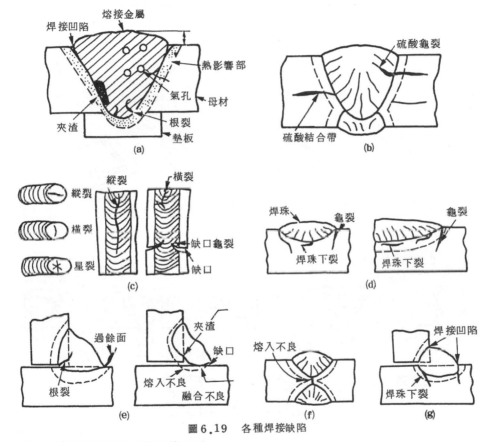

圖6.19　各種焊接缺陷

(3)　可由數種不同材料焊接而成。

(4)　製作時間較短。

(5)　補強或翻修容易。

(6)　重量較為減輕。

　　焊接本體之缺點如下：

(1)　焊接時有缺陷發生，如焊接龜裂、夾渣、氣孔、焊蝕等缺陷。

(2)　焊接所留之殘留應力產生脆性破壞。

(3)　焊接之高熱使焊接本體產生變形。

(4)　由於徒手焊接人員技術焊接品質不一，不一定能達到預期效果。

(5)　焊接本體耐震能力較差。

　　因此對於焊接本體之設計應考慮剛度、穩定性、可靠性、經濟性及安全性。

1.　焊接接頭之形式

(1)　焊接形式

　　焊接形式的種類，如圖6.20所示。

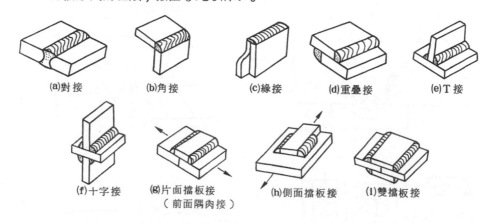

圖6.20　焊接形式

(2)　焊口之形狀

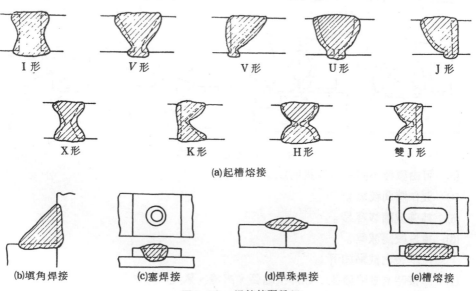

圖6.21　焊接接頭種類

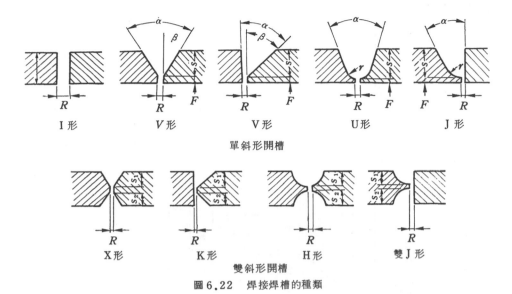

I形　　V形　　V形　　U形　　J形

單斜形開槽

X形　　K形　　H形　　雙J形

雙斜形開槽

圖6.22　焊接焊槽的種類

焊接的部位稱爲焊口，其種類如圖6.21所示。依板厚及接頭種類，在母材上開各式之焊槽其種類如圖6.22所示。

(3) 焊接各部位名稱

對接及角接之焊接各部位名稱如圖6.23所示，特別注意喉部尺寸大小，用於下述之應力計算。

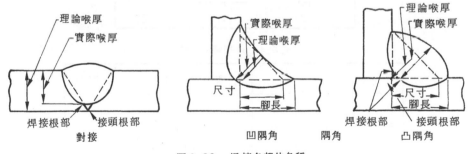

理論喉厚
實際喉厚
焊接根部　接頭根部
對接

實際喉厚
理論喉厚
尺寸
腳長
凹隅角　隅角

理論喉厚
實際喉厚
尺寸
腳長
焊接根部　接頭根部
凸隅角

圖6.23　焊接各部位名稱

(4) 焊接符號

焊接在工作藍圖所表示的方式係採會意形，其種類如表6.3所示爲焊接符號，表6.4所示爲焊接輔助符號。

2. 焊接接頭强度計算

焊接部位由於焊條熔解及高熱影響所形成，從冶金觀點來看與母材金屬成分不同，由於焊接方法的進步可靠性大爲提高，今日之焊接部位較母材强度高了許多。

表6.3 焊接符號

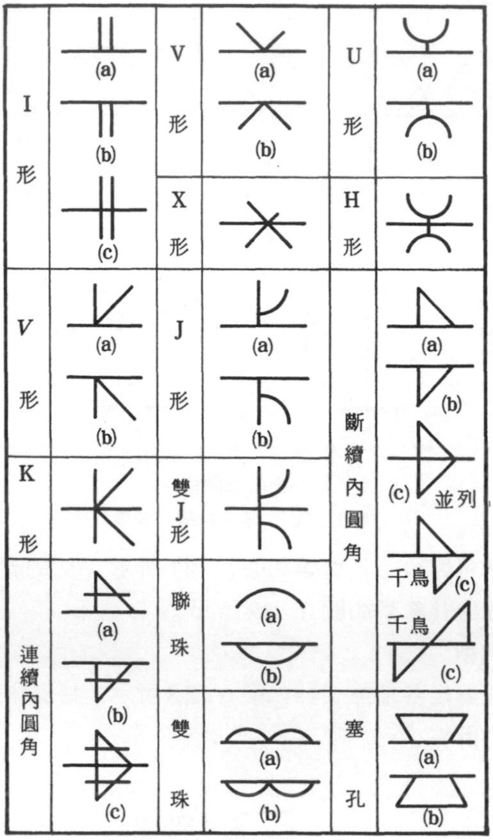

I 形	(a) (b) (c)	V 形 X 形	(a) (b)	U 形 H 形	(a) (b)
V 形 K 形	(a) (b)	J 形 雙J形	(a) (b)	斷續內圓角	(a) (b) (c) 並列 千鳥 (c) 千鳥 (c)
連續內圓角	(a) (b) (c)	聯珠 雙珠	(a) (b) (a) (b)	塞孔	(a) (b)

表6.4 焊接輔助符號

區　　　　　分		符　號	說　　　明
焊接部位之表面狀況	平 凸 凹	─ ⌒ ⌣	向基線凸出 向基線凹陷
焊接部位之加工方法	整　平 研　磨 切　削	C G M	不分列加工方法時以 *F* 表示
現場焊接 全周焊接 全周現場焊接		● ○ ◎	確實為全周焊接時可省略

但在計算接頭強度時焊接部位強度取母材強度，因爲焊接時有疵病與疲勞限度等不可靠因素，因此必須乘上接頭效率，一般取效率值$\eta = 80\%$。

(1) 拉伸及壓縮力 P 作用時

$$\sigma = \frac{P}{al}$$

a ：喉厚

l ：焊接有效長度

(2) 剪力 Q 作用時

$$\tau = \frac{Q}{al}$$

填角焊接如圖6.24所示，喉部尺寸應以去除填補之斷面最小尺寸，以等角焊接爲例喉厚 $a = \sin 45° \ S_1 = 0.707 S_1$

$$\sigma = \frac{P}{al} = \frac{P}{S_1 l \ \sin 45°} = 1.414 \frac{P}{S_1 l}$$

由表6.5所示爲各式接頭應力計算公式

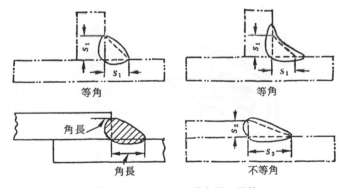

等角　　　　　　　　等角

角長　　　　　　　　不等角

角長

圖6.24　等角與不等角填角焊接

(3) 彎曲力矩 M 作用時

$$\sigma = \frac{M}{Z}$$

Z ：喉部截面的截面模數

σ ：彎曲應力

表6.5 焊接接頭應力計算公式

接 合 種 類		應 力 σ
對 頭 焊 接		$\sigma = \dfrac{P}{tb\eta}$
填 角 焊 接		$\sigma = \dfrac{0.707P}{tb\eta}$
前面填角焊接		$\sigma = \dfrac{0.707P}{tb\eta}$
側面填角焊接		$\sigma = \dfrac{0.707P}{tb\eta}$
T 形 焊 接		$\sigma = \dfrac{0.707P}{tb\eta}$
		$\sigma = \dfrac{P}{tb\eta}$

表6.6　T形接頭受彎曲力矩作用力之應力計算公式表

焊　接　形　式	應　力　σ
	$$\sigma = \frac{6Pl}{bt^2}$$ $$\tau = \frac{P}{bt}$$
	$$\sigma = \frac{1.414Pl}{bt(t+h)}$$ $$\tau = \frac{0.707P}{ph}$$
	$$\sigma = \frac{6Pl}{bt^2}$$ $$\tau = \frac{P}{bt}$$
	$$\sigma = \frac{4.24Pl}{ht^2}$$ $$\tau = \frac{0.707P}{ht}$$

τ：剪應力

表6.6所示爲T型接頭在彎曲力矩作用時之應力計算公式。

3. 鑽模夾具之焊接本體構造

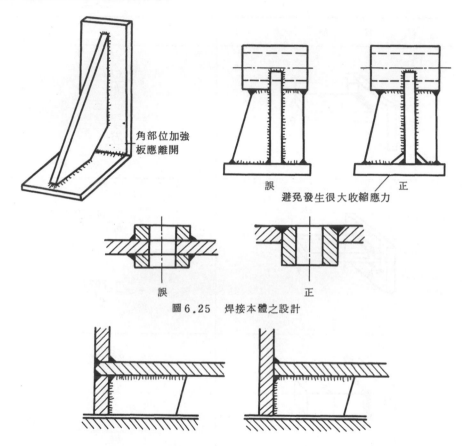

圖6.25　焊接本體之設計

圖6.26　焊接本體之角設計

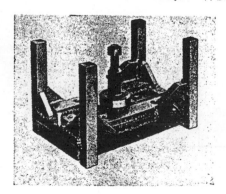

圖6.27　焊接本體之鑽模實例之一

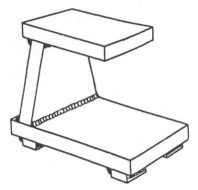

圖6.28　焊接本體實例之二

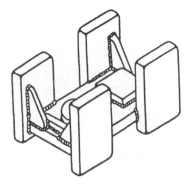

圖6.29　焊接本體實例之三

圖6.30　焊接本體之夾具實例之四

圖6.31　焊接本體之夾具實例之五

6.5　輕合金及塑膠鋼本體

　　鑽模夾具的重量對工作效率影響頗大，重量大則操作員在操作時必須付出較多的力量，因此操作員較易疲勞，影響工作效率。爲了提高工作效率、節省操作時間及減少勞力付出，其方法是將鑽模夾具重量減輕，因而鑄造本體改用鋼板之焊接本體，雖重量上減輕不少，但仍有再減輕之必要，因此吾人選用非鐵系金屬之輕合金、塑膠及木材等材料爲主體，利用鋼材補強以達減輕重之目的。

　　利用輕合金製作鑽模夾具，雖材料費用與製作費用較鑄造本體爲高，但在操作使用時能節省時間與勞力，使工作效率大爲增加，相形之下反而較合乎經濟原則，何況鑽模夾具之目的本是在機械工作時節省操作員的時間與勞力。

圖 6.32　鎂合金製作之夾具

圖 6.33　鎂合金製作之夾具

圖 6.34　右側為塑膠鋼製夾具，左側為鋼製夾具

圖 6.35　塑膠鋼製夾具

　　輕合金係指鋁合金及鎂合金，鋁合金具有較好的耐蝕性及耐摩耗性，但鎂合金却較鋁合金輕且易加工成形，在重量的觀點上應選擇鎂合金。以鎂合金製造鑽模夾具時，為彌補其耐蝕及耐磨耗之不足，應使用鋼板來補強或加蓋。例如鎂合金製造之鑽模夾具，其隅角部位應使用鋼板補強。圖6.32及6.33所示為鎂合金製作之鑽模夾具實例。

　　為了更進一步的減輕重量，可使用塑膠鋼代替鎂合金製造鑽模夾具，塑膠鋼製造之鑽模夾具使用上較木製鑽模夾具方便，且重量只有鎂合金製造之鑽模夾具的七分之一。塑膠鋼製作鑽模夾具時亦用鋼板補強，圖6.34及6.35所示為塑膠鋼製鑽模夾具。

6.6　鑽模夾具之葉板

　　在鑽模夾具本體設計時吾人能將其設計成箱子形狀，即所謂箱形夾具，而在其中之一面上加一活動式蓋子，如同房門般可開關，此種活動蓋子在箱形夾具中常用來夾緊或壓住工件，吾人稱此為葉板。此種葉板大都用冷軋鋼板製成，大型葉板可用鑄造鐵板。

一般鑽模葉板只用於夾緊工件，不可在葉板上安裝導套，因爲葉板之鉸鏈及扣件易摩耗，則導套不易對準工件而產生誤差。除非在鑽模上另設有精密定位裝置，此種情況下葉板之夾緊必須用彈簧或螺栓來操作。葉板設計時所選用之扣件依鑽模夾具之設計與構造而定，但應能迅速且容易的啓開與關閉，且具堅實扣緊之能力。若葉板上裝設有定位銷或導套時，扣件應考慮耐磨耗性，使其磨耗係數減至最小。另有一問題在設計時應加以留意，當鑽模夾具啓開葉板時，葉板向後打於工作機械床台上，常將床台打傷，因此設計時應加設一簡單之裝置，使葉板不致打擊於床台上。

常見葉板的型式如下：

1. 附有90°廻轉螺栓之鑽模葉板

葉板係以鉸鏈裝於箱型鑽模之一端，關閉時壓緊工件，另一端以扣於鑽模本體上。當葉板關閉於定位時，葉板上的槽與90°廻轉螺栓頭配合卡入，（ 螺栓頭與葉板槽具有足夠之間隙）當螺栓頭廻轉90°時卽鎖緊葉板，如圖6.36所示。此型葉板操作者易於啓開與關閉，但葉板連續操作可導致磨損，依生產工件數量之多少可加以改良，加裝耐磨鈕如圖6.37所示，以保證鑽模之持續精度。

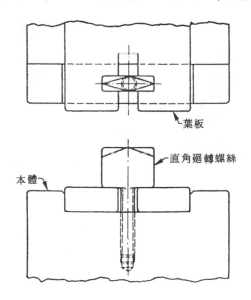

葉板

直角廻轉螺絲

本體

圖6.36 附有90°廻轉之鑽模葉板

2. 附有鎖緊柄之葉板

當90°廻轉螺栓不適合於葉板鎖緊時，可應用附有鉸鏈之鎖緊柄如圖6.38所示。鎖緊柄應給予淬火研磨等處理，並應以滑動配合於葉板及鑽模之槽中。鎖緊柄鉸鏈亦應做淬火耐磨處理。

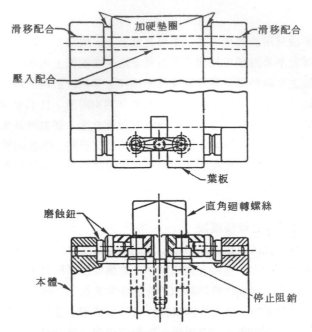

圖 6.37　附有 90° 廻轉螺栓及耐磨鈕之鑽模葉板

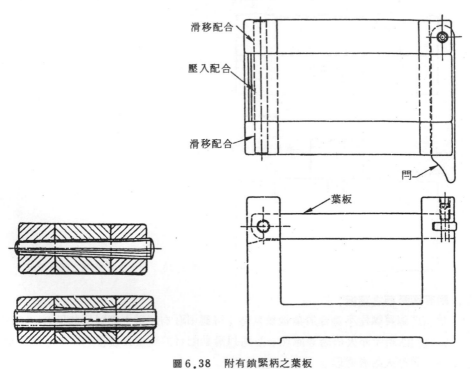

圖 6.38　附有鎖緊柄之葉板

3．附有彈簧閂之葉板

鑽模葉板利用彈簧閂鎖緊於鑽模本體。操作方式為當葉板向下擺動壓於工件之上時，葉板以彈簧閂之曲線表面滑動，彈簧閂被迫向外擺開直到葉板落入定位為止，壓縮彈簧迫使彈簧閂扣回葉板而夾住。彈簧閂應以工具鋼製成，並給予淬火硬化處理。常見之型式如圖6.39及6.40所示。

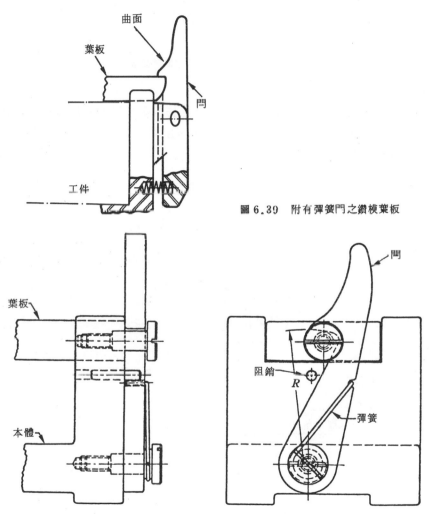

圖6.39　附有彈簧閂之鑽模葉板

圖6.40　附有彈簧閂之鑽模葉板

4．附有凸輪把手之鑽模葉板

利用凸輪把手將葉板快速鎖緊於鑽模上的方法，凸輪把手設計方式可參考第五章，凸輪與樞軸銷應淬火處理。如圖6.41所示。

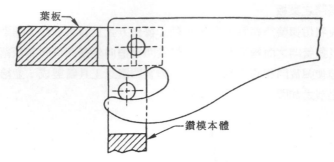

圖 6.41　附有凸輪把手之鑽模葉板

5. 附有環首螺栓及翼形螺帽之葉板

　　鑽模葉板置於工件之上時，附有翼形螺帽之環首螺栓則在葉板之槽中作為樞軸，在環首螺栓之翼形螺栓將葉板鎖緊。如圖6.42及6.43所示，此處環首螺栓翼形螺帽及樞軸均應淬火硬化處理。

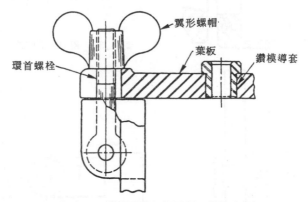

圖 6.42　附有環首螺栓及翼形螺帽之葉板

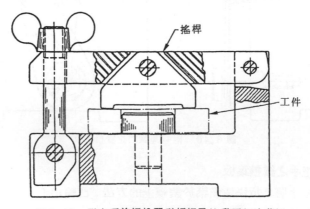

圖6.43　附有環首螺栓翼形螺帽及搖動壓板之葉板

6.7 鑽模夾具支承

鑽模夾具因需長時間放置於工作機械床台，如用寬大之平面支承較不穩定，爲提高其穩定性應使鑽模夾具與機械工作台之接觸面減小，且使切屑與潤滑劑具有排出空間，所以常在鑽模夾具上設置支脚或支座來支承鑽模夾具。

鑽模夾具支承應設置於切削力作用的相對之鑽模夾具面上。一般小型鑽孔鑽模在本體表面銑切十字形溝槽形成鑽模支座，如圖6.44所示，一般鑽模夾具常用支脚的形式頗多，但構造上大同小異，如圖6.45所示爲各式支脚。由於應工作情況的特殊要求常將支脚設計成支座，如圖6.46所示，支座製成較圖6.45所示之支脚爲堅實。

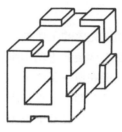

圖6.44 十字溝槽形成鑽模夾具支座

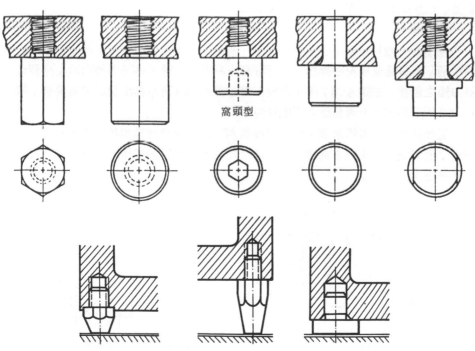

窩頭型

圖6.45 鑽模夾具支脚

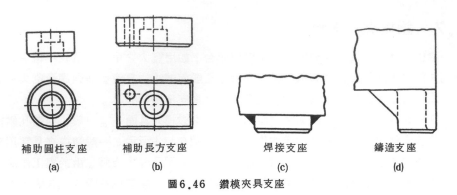

補助圓柱支座　　補助長方支座　　　焊接支座　　　鑄造支座
　　(a)　　　　　　　(b)　　　　　　(c)　　　　　　(d)

圖6.46　鑽模夾具支座

6.8　工件推出裝置

　　在鑽模夾具上，可加裝許多特別裝置，以供加工完成的工件推出之用。但一般用於較小的工件上，因爲加工總時間甚短，若能在工件裝卸上稍作節省，亦對總加工時間有重大之影響。在此種情況下雖推出裝置只能在單一工件上之卸下時間作稍微的節省，但仍值得及時去做，卽使不在乎此項時間之節省，亦常因工件無法從鑽模夾具中取下，或推出裝置有助於工件確實卸出，使操作者節省勞力，操作時輕快便捷，亦應裝設推出裝置。常見推出裝置方式如下：

1．推出銷

　　推出銷一般只考慮用小型工件上，一般使用手操作因此在設計時盡可能靠近夾緊手柄，且通常使用左手操作，設計時應一幷考慮。當工件施力推出時，應避免傾斜力矩之產生。如圖6.47所示爲推出銷。圖6.48所示推出設計錯誤實例，圖6.49所示爲改良上圖錯誤之正確實例。

　　工件產生傾斜力矩形成工件推出時傾斜，故爲避免此種現象的產生可採三支推出銷，而具有三作用點者爲佳，使工件受均匀推力順利的脫出。如圖6.50所示爲三銷推出工件裝置。

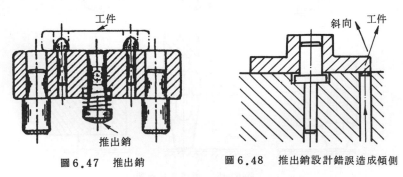

　　　圖6.47　推出銷　　　　圖6.48　推出銷設計錯誤造成傾側

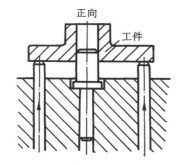

圖 6.49　推出銷設計正確實例

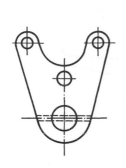
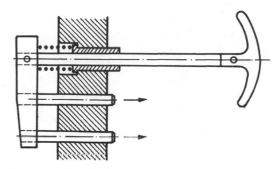

圖 6.50　三推出銷拉出裝置

2. 螺栓推出

　　若工件以內孔定心時，工件與銷間之配合頗爲緊密，此時想卸下工件必須以較大而均勻之力才能推出。此種情況採用螺距較大之螺栓推出工件頗爲適當，如圖 6.51 所示爲螺栓推出裝置，此處螺栓應具有自鎖之能力，才能在工件上升後用雙手取出工件，否則雙手沒空。

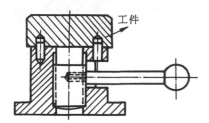

圖 6.51　螺栓推出裝置

3. 槓桿推出

　　若工件因某些原因不適合採用以上之兩種推出裝置時，可用如圖 6.52 所示之手操作槓桿推出器。

　　若工件在一定心孔上支承而需推出時，其推出裝置可設計爲用手或脚踏操作，如圖 6.53 所示爲槓桿推出裝置須加裝中間機構之構造。

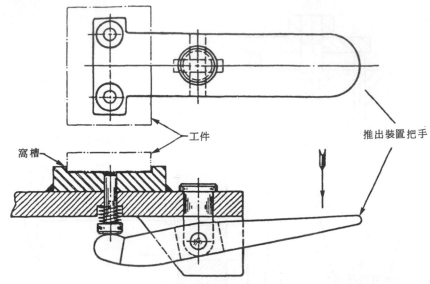

圖 6.52　槓桿推出裝置

4．凸輪齒條推出

在鑽模夾具中若工件成串排列，取出時推出銷數目較多時，可用一單軸之若干凸軸及一推出裝置把手，當把手轉動時可同時推出成串之工件，如圖 6.54 所示爲

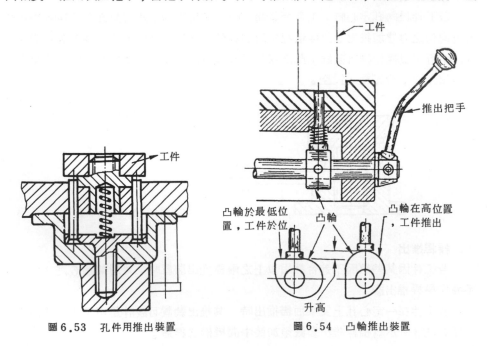

圖 6.53　孔件用推出裝置　　　　　圖 6.54　凸輪推出裝置

凸輪推出裝置。

5．齒輪齒條推出

　　自鑽模夾具推出重工件或大型工件，必須推移某固定距離的情況下，可採用如圖6.55所示之齒輪齒條推出裝置。

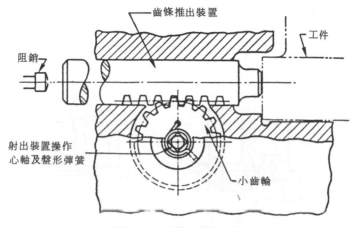

　　　　圖6.55　　齒輪齒條推出裝置

6．彈性推出裝置

　　較小的鑽模夾具上應用壓縮彈簧及頂出銷，在工件安裝時壓緊，而在卸裝時自動推出。在設計時應考慮彈簧對頂端壓力，且不可使工件在夾具內放置時產生不便。如圖6.56所示為彈簧自動推出裝置。

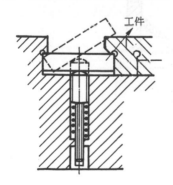

　　　　　　圖6.56　　自動推出裝置

6.9　切屑之清除及防護裝置

　　切屑排除流出是否良好，對鑽模夾具極為重要，因為切屑常產生不良之作用，尤其對於敏感之傳動件（導螺桿等）更應注意。因此在設計鑽模夾具時應加以考慮，尤其在大量生產高效率切削過程中，在一時間內排出之切屑量極大，必須以最快、最有效的方法收集、導出或用冷却劑冲出。

切屑清除或在重要夾具零件對切屑防護若有疏忽，必將遭致下列後果：

(1) 鑽模夾具及工件之損傷。

(2) 使調整機構失去準確性或工件被夾壞。

(3) 施工不均勻及工件無法達成互換性。

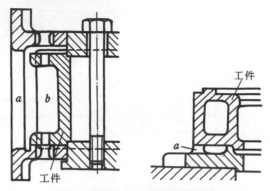

圖 6.57 設置切屑排出孔

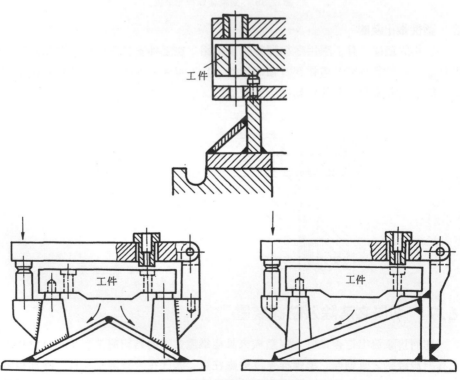

圖 6.58 利用斜面排出切屑

(4)　清除切屑花費許多不必要的時間。

(5)　工作者可能遭到之傷害。

　　設計切屑清除裝置應考慮事項及實例：

　　清除切屑之措施必須由適當的鑽模夾具構造或附加設施開始考慮。應避免有碍流通及伸出之角或邊，以及夾具內部的空間。在鋼件鑽孔時切屑會纏在麻花鑽頭上，或形成飛舞的長條切屑，使切屑排出產生困難，為避免此種情況應在鑽模上鑽頭範圍設置斷屑裝置，使切屑變成短小用冷却劑冲去。

　　圖6.57所示為鑽孔鑽模設有前孔 *a* 及側孔 *b* 使切屑容易排出。

　　圖6.58所示為利用斜面供鑽模排出切屑之實例。

　　圖6.59所示為用於輪轂上之夾具，同時鑽8孔且設有斷屑裝置 *a* 切斷長屑。

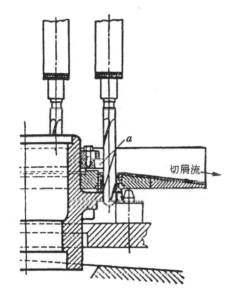

切屑流

圖6.59　附有斷屑及排出裝置鑽模

習題

6.1　詳述鑽模夾具本體之目的？

6.2　詳述設計本體時應考慮事項？

6.3　鑽模夾具依本體結構可分為那幾種？

6.4　試依本體之剛性、時效及造形比較各種不同結構之本體？

6.5　詳述採用鑄造本體之場合？

6.6　詳述採用鑄造本體之優缺點？

6.7　詳述鑄造本體設計時應注意事項？

6.8　詳述採用標準型鑄造本體之優點及限制？

6.9 詳述採用組合本體之場合？

6.10 詳述採用組合本體之優點？

6.11 試問常用之結合銷有那幾種？如何選用？

6.12 詳述組合本體用螺栓應選用那一種類的螺栓及注意事項？

6.13 詳述組合本體在組合時應注意那些事項？

6.14 詳述組合本體常選用何種材料，其原因如何？

6.15 詳述焊接本體之優點？

6.16 詳述焊接本體之缺點？

6.17 詳述焊接本體所選用之材料有那些？原因何在？

6.18 輕合金應如何應用於鑽模夾具之結構上？

6.19 詳述輕合金鑽模夾具之優點？

6.20 應如何將鎂合金用來作為受力大、磨耗性大之鑽模夾具之結構？

6.21 塑膠鋼用於製作鑽模夾具之優點？

6.22 鑽模夾具之葉板有何功用？

6.23 常見葉板之形式有那些？

6.24 鑽模夾具的支承應如何設計？

6.25 工件推出裝置之目的何在？

6.26 設計工件推出裝置應注意那些事項？

6.27 切屑排出不良常造成那些不良後果？

6.28 切屑清除裝置用於那一類鑽模夾具最多？

6.29 切屑清除裝置設計時應注意那些事項？

6.30 如圖所示詳述該夾具之本體結構？

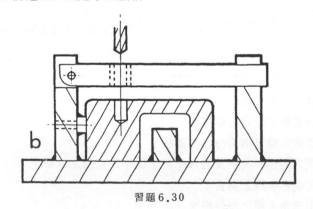

習題 6.30

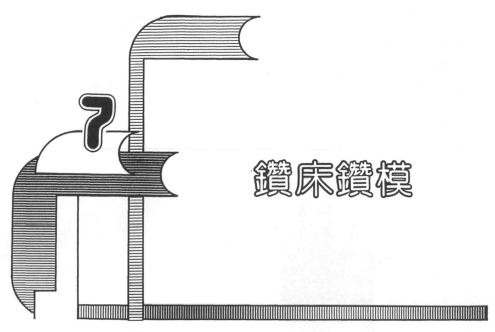

鑽床鑽模

7.1 鑽床之種類與構造

1. 靈敏鑽床

　　靈敏鑽床是一種小型高速之鑽孔機械，其結構與直立式鑽床相似而較為簡單。
具有直立式支架、水平式工作台、垂直主軸、鑽頭均附於主軸上並隨其旋轉。此種

圖 7.1　靈敏鑽床（成發公司提供）

鑽床之刀具進給，一般均利用附於主軸旁之齒條和小齒輪以手操作。此種鑽床適用於小工件，最大鑽孔直徑一般均於 16 mm以下。

2. 直立鑽床

　　直立鑽床與上述之靈敏鑽床相似，但具有較大動力及進給機構，可用於大型工件之加工，此種鑽床之主軸有數段變速最小者爲 70 rpm，最大者高達 3500 rpm。刀具進給速率有四種分別爲 0.1，0.2，0.36，及 0.5 公厘/轉，可用進給桿控制。進給離合器是自動控制，卽當主軸達最大或最小轉速時其會自動節制。可用於自動調整所需鑽孔之深度。此部機械亦可用於攻螺絲。

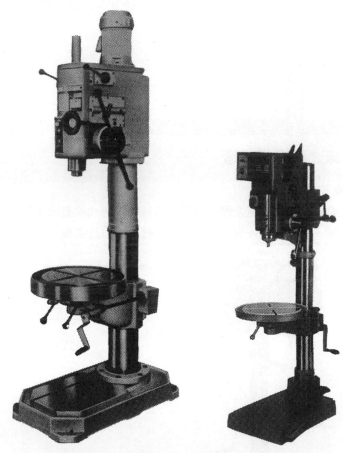

圖 7.2　直立鑽床

3. 旋臂鑽床

　　若一大型機件須於鑽床上鑽孔數孔，而其本身不易移動時，則可用旋臂鑽床來施以鑽孔。旋臂鑽床如圖 7.3 所示爲具有一垂直之圓柱形機柱架，支持著一旋臂，

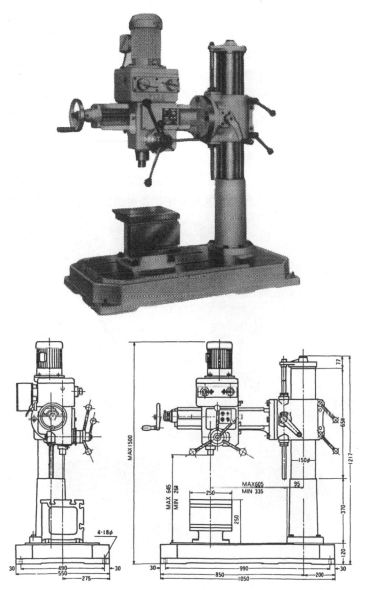

圖 7.3　旋臂鑽床

而鑽頭卽附設於旋臂上，旋臂可自由旋轉至床台上任何位置，同時鑽頭亦可在旋臂上作軸向之調整，此種調整能將鑽頭迅速的移至所希望之位置。此種平面型之機械只能在垂直面上鑽孔，而半萬能型之機械可在旋臂上旋轉而可於垂直面上鑽各種角度之孔，萬能型之機械在鑽頭或旋臂上裝置有額外之旋轉調整器，而可鑽任何角度之孔。

4．排列鑽床

　　當好幾台鑽軸架設於一個床台上時，稱為排列鑽床，一般有兩種型式，一為鑽軸間之間隔固定，另一種則各鑽軸間之間隔可調整，前者較普遍，應用於數個工件須同時加工，工件通常放於鑽模內，此鑽模可輕易地在床台上由一個主軸移至另一主軸。若欲連續操作，可利用自動控制進給，故一個人可同時操作兩個或數個步驟。如同一人同時操作數部鑽床，但較為簡捷而操作更為方便。

5．多軸鑽床

　　多軸鑽床主要用來同時鑽多孔，此種機械主要用於生產工作，尤其適用於大量生產。生產之工件非常精確，往往可互換使用。操作此機械往往不需鑽模，但在一般之情況需用導套來引導鑽頭正確的進入工件。多軸鑽床之不同處乃在鑽頭握持之方

圖 7.4　排列鑽床㈠

圖 7.5　排列鑽床㈡

圖 7.6　直立式多軸鑽床

表7.1　多軸鑽床主要規格

機　械　構　造		工　作　台　昇　降　式
旋　　距	（mm）	430
標準軸數		12
鑽孔能力（鑄鐵）		$\phi 12 \times 12$
攻牙能力（鑄鐵）		M 12 × 8
加工範圍		300×300
進給距離		100
主軸轉數	（mm）	345～1035
使用馬達	（rpm）	$3\phi \times 2.2kW \times 6P$
機械重量	（kg）	750

式及進給之方法上的差異。

　　人部份之多軸鑽床爲直立式如圖7.6所示直立式多軸鑽床，其主要規格如表
7.1所示。

6. 自動傳送加工機械

　　自動傳送加工機械設有一系列加工操作，可將工件由一站自動傳送至另一站逐
次加工。事實上在生產線上相關連之各機械均爲同步操作。所以工件只要放到第一
站以後，不需經由任何手動操作，自動帶至各站，逐項加工直到完成爲止。

　　圖7.7所示爲一自動傳送加工機械，具有4個工作站。每完成一循環共鑽 23
孔，此種機械生產速率極快速，爲大量生產之利器。但此種機械之製造與設計費用

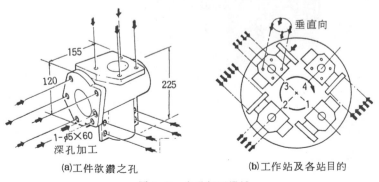

(a)工件欲鑽之孔　　　　(b)工作站及各站目的

圖 7.7　自動加工機械

(c)自動加工機械之造型

圖7.7　（續）

昂貴，且大部份皆為單能機，只限於生產某一工件，因此此種機械僅適合於大量生產。

7．轉塔機械

轉塔機械克服了由排列鑽床所產生之地面空間之限制。圖7.8所示為一六站式數值控制鑽床。站間可用各種工具之調整，可於床台上安裝兩個夾具，因此當切削循環中便於裝卸工件。

圖7.8　數值控制鑽床

7．2　鑽床刀具及附件

圖7.9所示為鑽床之工作項目。

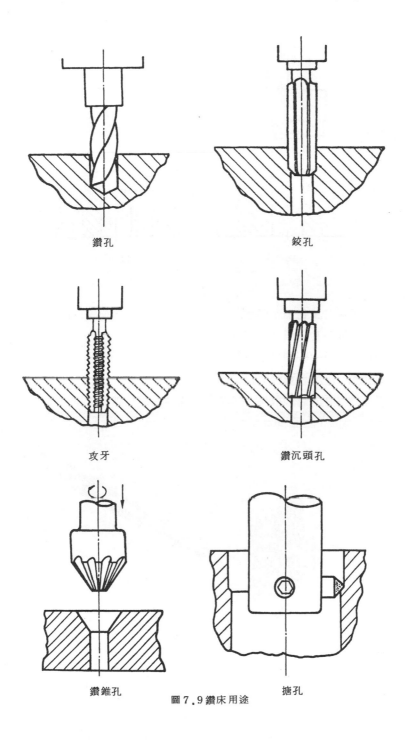

鑽孔

鉸孔

攻牙

鑽沉頭孔

鑽錐孔

搪孔

圖 7.9 鑽床用途

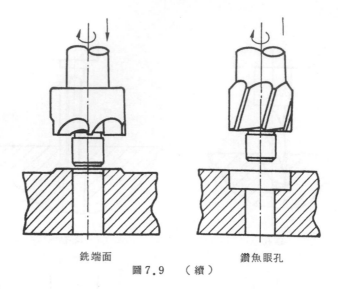

銑端面　　　　　　　　鑽魚眼孔

圖 7.9 　（續）

1. 鑽 頭

　　鑽頭依其用途有其各種不同之形式，但標準鑽頭之幾何學形狀具有下述特徵：

(1)　細長之圓桿在其前端具有鑽刃。

(2)　以圓桿之軸為中心廻轉進行加工。

(3)　2 枚之鑽刃以廻轉軸為中心互為對稱。

(4)　圓桿之外週有 2 條切屑槽，使鑽刃具備刃口傾角並將切削排出孔外。

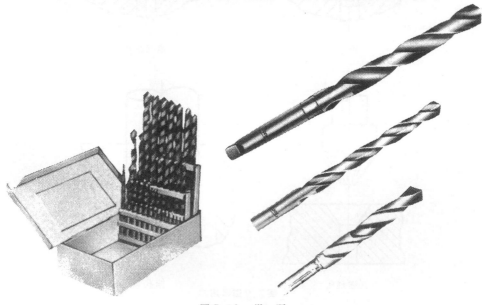

圖 7.10 　鑽 頭

2. 鉸 刀

鉸孔是將預鑽之孔徑擴大，使達於所定之加工尺寸和精光正圓之孔的一種加工方法。

提高工精度之加工方法除鉸孔外尚有精密搪孔和內輪磨，但鉸孔工具應具有下述特徵：

(1) 未必要使用昂貴之機械，亦可使用手加工。

(2) 操作簡單效率高。

(3) 加工精度佳。

(4) 在一定之加工條件其精度波動少，但隨鋒双之磨耗孔徑逐漸減小之傾向。

(5) 較精密搪孔之工具和工件裝卸簡單。

(6) 影響加工精度之因素爲鉸刀形狀和加工條件，因此加工條件之設定和刀具重磨必須特別注意。

(7) 加工時係因切削與輥光同時進行，故受切削劑之影響大。

(8) 加工精度和刀具壽命依鉸刀夾持方法而變。

圖 7.11 常見之鉸刀

3. 螺絲攻

(a)鉸刀之研磨(一)

圖 7.12 鉸刀之研磨

(b) 鉸刀之研磨㈡

　　攻螺絲最具有效率之方法，可以說是使用螺絲攻，其特徵如下：

(1)　螺絲攻可大量生產因此價錢低廉。

(2)　加工容易不需熟練技術。

(3)　在形狀複雜或大型工件上攻螺絲也非常容易。

(4)　可以使用機械與手工攻螺絲。

(5)　可攻小直徑之螺絲。

(6)　因小直徑之螺絲攻其切削扭矩與螺絲攻之抗扭強度差小，因此易折損。

圖7.13　螺絲攻

圖 7.14 螺絲攻之研磨

4. 鑽床之刀具夾持工具

鑽頭夾頭專用於夾持直柄鑽頭，鑽頭夾頭由套桿和夾頭兩部分形成。套桿錐度必須和主軸孔之錐度同一尺寸。

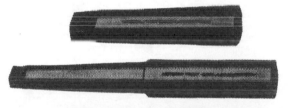

圖 7.15 鑽床夾頭與板手

圖 7.16 鑽床用套筒

　　套筒或錐柄鑽頭若其錐度和機械主軸孔為同號錐度即可直接套入使用，若鑽柄錐度小於機械主軸孔錐度時使用套筒，套筒內外均為錐度，內孔配合鑽柄而外徑配合機械主軸錐度。

5．鑽床使用之汎用夾具與附件

　　鑽床虎鉗用於夾持工件之最普遍之工具，一般鑽孔時虎鉗不固定於床台，但孔徑在 10 mm 以上時將虎鉗固定於床台。

(1)　平行桿皆以鑄鐵或鋼料製成之長方桿而兩對面平行，兩支同尺寸為一對，用以墊高或保持工件水平之用。

(2)　T 槽螺釘，床台上有 T 形槽藉 T 型螺釘工件或夾具之固定於床台，螺釘頭必須配合槽寬才能固緊。

(3)　壓板藉 T 形槽螺釘將工件壓緊於床台或平行桿或 V 型枕。

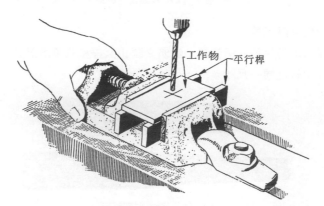

圖 7.17　鑽床虎鉗

圖 7.18　萬能夾具組（T 槽螺
釘、壓板、梯枕）

圖 7.19　活動頂枕

代號	規　　　　　格	V溝寬	概量	精　度
75	75×60×32	45	1	0.02
100	100×68×40	55	2.2	0.02
125	125×80×50	60	4	0.02
150	150×90×65	80	7	0.02
175	75×115×75	95	10	0.03
200	200×140×100	100	17	0.03

圖7.20　V型枕及規格

公稱尺寸	高×寬×台長×厚	溝數	直角度	重　量
300	300×250×250×25	4	0.01	25
450	450×400×400×42	5	0.02	80
460	600×450×450×45	5	0.02	140

直角定盤

公稱尺寸	總高×台長×寬×側度	直角度	重　量
200	200×125×70×20	0.01	5
400	400×200×130×28	0.01	24
500	500×250×150×30	0.02	35

圖7.21　角板及規格

(4) 梯枕用於支承工件或壓板右一端，活動頂枕之功用和梯枕相同，但活動頂枕可調整其高度。

(5) V型枕用於支承圓形或正方形斷面之工件。角板為兩面成直角，大角板板面有用螺釘固定於床台，否則用壓板固定於床台。

圖7.22　壓板與梯枕夾緊工件施以鑽孔

7.3　鑽床加工之切削力及切削扭矩之計算

　　設計鑽模夾具時最重要的是安全問題，爲了人員、機械及工具之安全，設計時必須考慮可能產生之最大切削力，以便決定夾緊力之大小，再選擇適當夾緊機構，再應用力學原理求得各機件之受力情況來決定尺寸大小。如此才能確保安全，否則任意選定夾緊機構及各部位尺寸，是極爲不科學的且常產生以下幾種不良後果：

(1)　夾緊力過大，因工件剛性不足產生變形，影響加工之精度。

(2)　夾緊力過小，因而於加工過程中鬆開，造成危險。

(3)　各機件強度不足，於加工過程中發生變形或斷裂之危險。

(4)　各機件之尺寸過大，則浪費材料且使鑽模過重操作不便。

　　由以上可知在鑽模夾具設計過程中，應加以計算求出最大之切削力及切削扭矩之必要。

1.　鑽頭切削力及扭矩之計算

　　切削扭矩及切削力之計算有各種實驗式，下式爲M.C. Show及C.J. Oxford之計算公式：

$$M_d = 0.0317 H_B \cdot f^{0.8} \cdot d^{1.8} \tag{7.1(a)}$$

$$T = 0.711 H_B \cdot f^{0.8} \cdot d^{0.8} + 0.0022 \cdot H_B \cdot d^2 \tag{7.1(b)}$$

式中　　M_d：切削扭矩（kg・cm）

　　　　T：切削推力（kg）

　　　　f：進刀量（mm/rev）

　　　　d：鑽頭直徑（mm）

　　　　H_B：勃氏硬度（kg/mm²）

公式7.1適用於H_B 200以下之普通鋼料，求出切削扭矩M_d及切削推力T後，便可求出切削動力。

$$N_m = 0.7355 \frac{2\pi \cdot N \cdot M_d}{75 \times 60 \times 100} \doteqdot \frac{M_d \cdot N}{97400} \ (\text{kW}) \tag{7.2(a)}$$

$$N_T = 0.7355 \frac{N \cdot f \cdot T}{75 \times 60 \times 1000} \doteqdot \frac{N \cdot f \cdot T}{612000} \ (\text{kW}) \tag{7.2(b)}$$

但因切削推力所需之動力N_T和因切削扭矩所需之動力N_m比較，其數值甚小可略而不計。

另一常用之NATCO公式如下：

$$N_R = 0.7355 \times 10^{-4} \times (0.88 + 23.6 \ f) \ kd^2 \ (\text{kW}) \tag{7.3(a)}$$

$$T = 58 \cdot k \cdot d \cdot f^{0.85} \ (\text{kg}) \tag{7.3(b)}$$

式中　　N_R：廻轉速在100 rpm時所需之動力（kW）

　　　　f：進刀量（mm／rev）

表7.2　用於計算動力及切削力之材料係數

材　　　料 （SAE）	抗拉強度 kg/mm²	硬　度 H_B	K
鑄　　　鐵	21	177	1.00
鑄　　　鐵	28	198	1.39
鑄　　　鐵	35	224	1.88
1020　碳　鋼	55	160	2.22
1112　易削鋼	62	183	1.42
1335　錳　鋼	63	197	1.45
3115　鎳鉻鋼	54	163	1.55
3120　鎳鉻鋼	69	174	2.02
3140　鎳鉻鋼	88	241	2.32
4115　鉻鉬鋼	63	167	1.62
4130　鉻鉬鋼	77	229	2.10
4140　鉻鉬鋼	94	269	2.41
4615　鉻鉬鋼	75	212	2.12
4820　鉻鉬鋼	140	390	3.44
5150　鉻　鋼	95	277	2.46
6115　鉻釩鋼	58	174	2.08
6120　鉻釩鋼	80	255	2.22
6130　鉻釩鋼	79		2.20

T：切削推力（kg）

d：鑽頭直徑（mm）

k：材料係數（依表7.2）

公式7.3中已將鑽頭鈍化之增加係數，切削所需之動力 N_R 為1.2倍，切削推力 T 為1.4倍，鑽頭之迴轉速度以100 rpm 加以算出。表7.3～7.9係利用此等公式算出之切削動力、切削推力和切削扭矩。

表7.3　依M.C.Show & C.J.Oxford之扭矩

扭矩和推力　硬度　進給量　鑽頭直徑	M.C.Show & C.J.Oxford $M_d = 0.0317 \times H_B \times f^{0.8} \times d^{1.8}$（kg-cm）							
	$H_B = 200$				$H_B = 300$			
	0.1	0.2	0.3	0.4	0.1	0.2	0.3	0.4
5.0	18	32	44	55	27	48	66	83
8.0	42	74	102	129	64	111	153	193
10.0	63	110	153	192	95	166	229	288
12.0	88	153	212	267	132	230	318	400
15.0	132	229	317	399	197	344	475	598
18.0	183	318	440	554	274	477	660	830
20.0	221	384	532	669	331	577	798	1004
22.0	262	456	631	795	393	684	947	1192
25.0	330	574	794	1000	495	862	1192	1500
28.0	410	704	974	1226	607	1057	1461	1840
30.0	458	798	1103	1389	687	1196	1655	2083
32.0	514	896	1239	1560	772	1344	1858	2339
35.0	605	1053	1456	1833	907	1579	2184	2749
38.0	701	1220	1688	2125	1051	1831	2532	3187
40.0	769	1339	1851	2330	1153	2008	2777	3496
42.0	839	1461	2021	2544	1259	2192	3032	3817
45.0	950	1655	2289	2881	1425	2482	3433	4321
48.0	1067	1858	2571	3236	1601	2788	3856	4854
50.0	1149	2000	2767	3482	1723	3000	4150	5224

以上所述係以鋼為對象之計算式，對於其他各種材料下列實驗式亦常被使用：

$$T = k_1 \cdot d \cdot f^m \qquad\qquad (7.4\text{(b)})$$
$$M_d = k_2 \cdot d^2 \cdot f^n \qquad\qquad (7.4\text{(b)})$$

式中　　　f：每週進給量（mm/rev）

　　　　　T：切削推力（kg）

　　　　　d：鑽頭直徑（mm）

　　　　　M_d：切削扭矩（kg·cm）

k_1，k_2，m，n 為依材料而興之公式，其值如表7.9所示。

表7.4　依M.C.Show & C.J.Oxford之推力

扭矩 和 推力 進 硬 度 給 量 鑽頭直徑	M.C.Show & C.J.Oxford $T = 0.711 \times H_B \times f^{0.8} \times d^{0.8} + 0.0022 \times H_B \times d^2$（kg）							
	$H_B = 200$				$H_R = 300$			
	0.1	0.2	0.3	0.4	0.1	0.2	0.3	0.4
5.0	93	153	208	259	139	230	312	388
8.0	147	235	315	389	221	353	472	583
10.0	186	292	386	475	279	438	580	713
12.0	228	350	460	562	342	525	689	843
15.0	296	441	573	695	444	662	859	1043
18.0	370	539	691	832	555	808	1036	1249
20.0	423	607	772	927	635	911	1158	1390
22.0	480	678	856	1023	720	1017	1285	1534
25.0	571	790	988	1172	856	1185	1482	1758
28.0	669	909	1125	1327	1004	1364	1688	1991
30.0	738	992	1221	1434	1108	1488	1831	2151
32.0	811	1078	1319	1544	1217	1618	1778	2316
35.0	926	1213	1472	1713	1390	1820	2208	2570
38.0	1049	1356	1632	1890	1574	2034	2448	2834
40.0	1135	1455	1742	2011	1703	2182	2613	3016
42.0	1224	1557	1856	2135	1830	2335	2783	3202
45.0	1365	1716	2032	2327	2047	2574	3048	3490
48.0	1513	1882	2215	2526	2269	2823	3322	3789
50.0	1615	1997	2341	2662	2423	2996	3512	3993

表7.5 依NATCO之扭矩

扭矩和推力 進給量 硬度 鑽頭直徑	NATCO $M_d = K \times d^2 \times (0.0631 + 1.686 \times f)$ (kg - cm)							
	$K = 1.0$				$K = 1.5$			
	0.1	0.2	0.3	0.4	0.1	0.2	0.3	0.4
5.0	5.8	10	14	18	8.7	15	21	28
8.0	15	26	36	47	22	38	55	71
10.0	23	40	57	74	35	60	85	111
12.0	33	58	82	106	50	86	123	159
15.0	52	90	128	166	78	135	192	249
18.0	75	130	184	239	113	195	276	358
20.0	93	160	228	395	139	240	341	443
22.0	11.2	194	275	357	168	291	413	535
25.0	145	250	356	461	217	375	533	691
28.0	182	314	446	578	272	471	669	867
30.0	209	360	512	664	313	540	768	996
32.0	237	410	583	755	356	615	874	1133
35.0	284	490	697	903	426	736	1045	1355
38.0	335	578	821	1065	502	867	1232	1597
40.0	371	640	910	1180	556	961	1365	1770
42.0	409	706	1004	1301	613	1059	1505	1951
45.0	469	811	1152	1493	704	1216	1728	2240
48.0	534	922	1311	1699	801	1383	1966	2549
50.0	579	1001	1422	1844	869	1501	2133	2766

表 7.6　NATCO 之推力

扭矩和推力 材料係數 進給量 鑽頭直徑	NATCO $T = 57.95 \times K \times d \times f^{0.85}$							
	$K = 1.0$				$K = 1.5$			
	0.1	0.2	0.3	0.4	0.1	0.2	0.3	0.4
5.0	41	74	104	133	61	111	156	199
8.0	65	118	167	213	98	177	250	319
10.0	82	148	208	266	123	331	313	300
12.0	98	177	250	319	147	266	375	479
15.0	123	221	312	399	184	332	469	598
18.0	147	266	375	479	221	398	562	718
20.0	164	295	417	532	246	443	625	798
22.0	180	325	458	585	270	487	687	878
35.0	205	369	521	665	307	553	781	997
28.0	229	413	583	745	344	620	875	1117
30.0	246	443	625	798	368	664	937	1197
32.0	262	472	666	851	393	708	1000	1277
35.0	287	516	729	931	430	775	1093	1396
38.0	311	561	791	1011	467	841	1187	1516
40.0	327	590	833	1064	491	885	1250	1596
42.0	344	620	875	1117	516	930	1312	1676
45.0	368	664	937	1197	553	996	1406	1795
49.0	393	708	1000	1277	589	1062	1499	1915
50.0	409	738	1041	1330	614	1107	1562	1995

表7.7　依M.C.Show & C.J.Oxford所需之動力

所需之動力 進　硬 給　度 量 鑽頭直徑	M.C.Show & C.J.Oxford 所需之動力（kW）　　N＝100 rpm							
	$H_B=200$				$H_B=300$			
	0.1	0.2	0.3	0.4	0.1	0.2	0.3	0.4
5.0	0.02	0.03	0.05	0.06	0.03	0.05	0.07	0.09
8.0	0.04	0.08	0.10	0.10	0.07	0.11	0.16	0.20
10.0	0.06	0.11	0.16	0.20	0.10	0.17	0.24	0.30
12 0	0.09	0.16	0.22	0.27	0.14	0.24	0.33	0.41
15.0	0.14	0.24	0.33	0.41	0.20	0.35	0.49	0.61
18.0	0.19	0.33	0.45	0.57	0.28	0.49	0.68	0.85
20.0	0.23	0.39	0.55	0.69	0.34	0.59	0.82	1.03
22.0	0.27	0.47	0.65	0.82	0.40	0.70	0.97	1.22
25.0	0.34	0.59	0.82	1.03	0.51	0.89	1.22	1.54
28.0	0.42	0.72	1.00	1.26	0.62	1.09	1.50	1.89
30.0	0.47	0.82	1.13	1.43	0.71	1.23	1.70	2.14
32.0	0.53	0.92	1.27	1.60	0.79	1.38	1.91	2.40
35.0	0.62	1.08	1.49	1.88	0.93	1.62	2.24	2.82
38.0	0.72	1.25	1.73	2.18	1.08	1.88	2.60	3.27
40.0	0.79	1.37	1.90	2.39	1.18	2.06	2.85	3.59
42.0	0.86	1.50	2.07	2.61	1.29	2.25	3.11	3.92
45.0	0.98	1.70	2.35	2.96	1.46	2.55	3.52	4.44
48.0	1.10	1.91	2.64	3.32	1.64	2.86	3.96	4.98
50.0	1.18	2.05	2.84	3.57	1.77	3.08	4.26	5.36

表7.8　依NATCO所需之動力

所需之動力　材料係數　進給　量　鑽頭直徑	NATCO 所需動力（kW）　　$N=100\,rpm$							
	$K=1.0$				$K=1.5$			
	0.1	0.2	0.3	0.4	0.1	0.2	0.3	0.4
5.0	0.01	0.01	0.01	0.02	0.01	0.02	0.02	0.03
8.0	0.02	0.03	0.04	0.05	0.02	0.04	0.06	0.07
10.0	0.02	0.04	0.06	0.08	0.04	0.06	0.09	0.11
12.0	0.03	0.06	0.08	0.11	0.05	0.09	0.13	0.16
15.0	0.05	0.09	0.13	0.17	0.08	0.14	0.20	0.26
18.0	0.08	0.13	0.19	0.25	0.12	0.20	0.28	0.37
20.0	0.10	0.16	0.23	0.30	0.14	0.25	0.35	0.45
22.0	0.11	0.20	0.28	0.37	0.17	0.30	0.42	0.55
25.0	0.15	0.26	0.37	0.47	0.22	0.39	0.55	0.71
28.0	0.19	0.32	0.46	0.59	0.28	0.48	0.69	0.89
30.0	0.21	0.37	0.53	0.68	0.32	0.55	0.79	1.02
32.0	0.24	0.42	0.60	0.78	0.37	0.63	0.90	1.16
35.0	0.29	0.50	0.72	0.93	0.44	0.76	1.07	1.39
38.0	0.34	0.59	0.84	1.09	0.52	0.89	1.26	1.64
40.2	0.38	0.66	0.93	1.21	0.57	0.99	1.40	1.82
42.0	0.42	0.72	1.03	1.34	0.63	1.09	1.55	2.00
45.0	0.48	0.83	1.18	1.53	0.72	1.25	1.77	2.30
48.0	0.55	0.95	1.35	1.74	0.82	1.42	2.02	2.62
50.0	0.59	1.03	1.46	1.89	0.89	1.54	2.19	2.84

表 6.9　各種材料之 k_1，k_2，m，n 值

材　　　料	k_1	m	k_2	n
軟　　鋼	125	0.88	5.9	1.00
軋　　鋼	55	0.88	3.5	1.00
7-3黃銅	44.4	0.87	2.5	0.94
鋁	33.3	0.78	1.5	0.90
鋅	27.0	0.74	1.4	0.88
炮　　銅	21.6	0.75	2.0	0.94
錫	6.4	0.55	0.3	0.57

2. 螺絲攻之切削扭矩

　　螺絲攻加工時切削扭矩為一種變化值其變化量如圖7.23所示，當螺絲攻的切双切入底孔時，隨著切双之增加，切削扭矩也逐漸增大，當斜口部之切双全部開始切削時方才保持某一大略定值。

　　當斜口部貫通時，切削扭矩次第減少，但實際上受切屑之影響偶有突然增大之現象。切削扭矩之變化因素如表7.10所示。圖7.24則為切削扭矩和折損扭矩之經驗例。由圖中得知直徑越小越容易折斷，大直徑之螺絲攻則有切双折損或機械因過載有停止而虞。

　　攻螺絲時切削扭矩之理論公式：

　　圖7.25及圖7.26為求下列公式為理論上切削扭矩之解析例。

　　設任一切双之切削面積為 A_i，由螺絲攻中心到切双之距離為 r_i，比切削阻力為 K_i，則此一切双之切削扭矩 T_i 為：

$$T_i = K_i \cdot r_i \cdot A_i \tag{7.5}$$

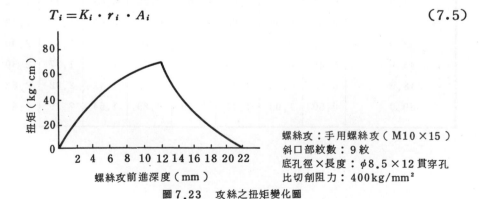

螺絲攻：手用螺絲攻（M10×15）
斜口部紋數：9紋
底孔徑×長度：φ8.5×12貫穿孔
比切削阻力：400kg/mm²

圖7.23　攻絲之扭矩變化圖

表 7.10　攻牙切削扭矩之變化因素

項	目		切 削 扭 矩
刃 部 形 狀	刃 背 寬 度	大	×
		小	○
	前 傾 角	大	○
		小	×
	排 屑 槽 數	多	×
		少	○
	斜 口 紋 數	多	×
		少	○
	螺 旋 角	大	○
		小	×
	排 屑 槽 底 徑	大	×
		小	△
底 孔 尺 寸	底 孔 直 徑	大	○
		小	×
	螺 紋 長	長	×
		短	○
切 削 油 劑	潤 滑 性	優	○
		劣	×
切 削 條 件	切 削 速 度	大	△
		小	×
工 件 材 料	硬 度	硬	×
		軟	○
	切 削 性	良	○
		不 良	×

○：切削扭矩　小

△：切削扭矩　中

×：切削扭矩　大

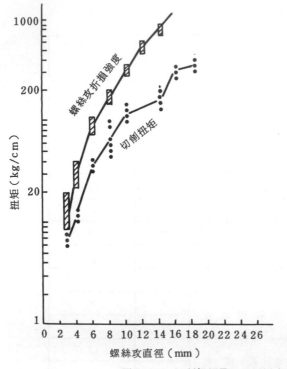

圖7.24　切削扭矩及折損扭矩之經驗例

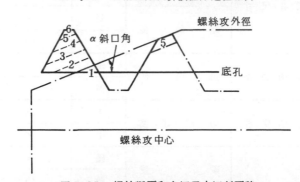

圖7.25　螺紋斷面和各切刃之切削面積

根據上式，當螺絲攻進入底孔時，在任意位置上切削扭矩之理論公式為：

$$T = \iint_D K_{(r)} (r + X \sin \alpha) \cos \alpha \cdot dX \cdot dr \tag{7.6}$$

式中，比切削阻力 K_i 為切刃位置函數，可用下式求出，

$$K_{(r)} = K_o \cdot e^{a(r - r_o)} \tag{7.7}$$

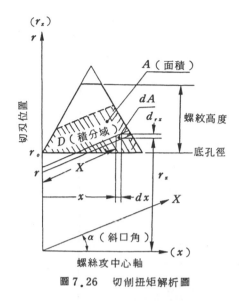

圖7.26　切削扭矩解析圖

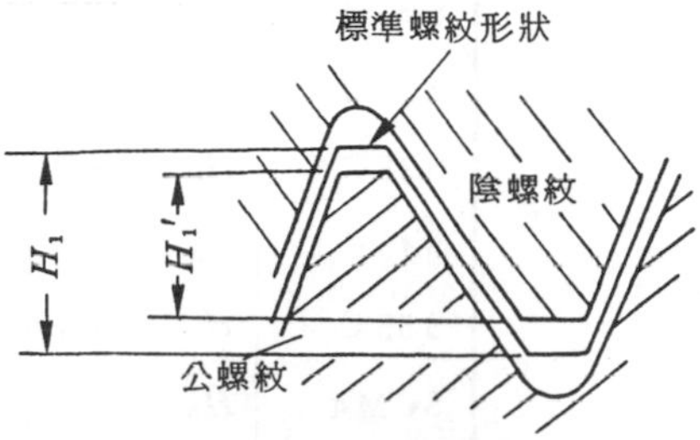

圖7.27　螺紋旋合率

式中，K_o，u，r_o爲常數

攻螺絲最人切削扭矩之實驗公式：

在實驗式中，不考慮切削扭矩之理論公式7.6中斜口角α，並設比切削阻力$K_{(r)}$爲一定值。

$$T = 0.0024 \cdot K \cdot k \cdot (D - D_o)^2 \cdot (D + 2D_o) \qquad (7.8)$$

式中　　　T：切削扭矩（kg·cm）

　　　　　K：比切削阻力（kg·mm²）

　　　　　k：螺絲攻常數

　　　　　D：螺絲攻外徑（mm）

　　　　　D_o：底孔徑（mm）

　　其中K及k可由表7.11及表7.12查出，利用此一公式之計算例則如表7.13及表7.14。

　　又表7.13及表7.14中之螺紋旋合率爲如圖7.26中所示，旋合高度（H_1'）對於基準螺紋之高度（H_1）之百分率可由下式求出。

$$螺紋旋合率 = \frac{H_1'}{H_1} \times 100\% \qquad (7.9)$$

　　無槽螺絲攻之切削扭矩之實驗公式：

$$T = k \cdot d \cdot P^2$$

表7.11　材料之比切削阻力 K

材　料　種　類			K 比切削阻力（kg/mm²）
SK-5	H_B	175	540
SS-41	H_B	133	375
S 15 C	H_B	141	370
S 35 C	H_B	162	380
S 45 C	H_B	188	400
S 55 C	H_B	188	410
SCM 4	H_B	193	370
SCM 4	H_{RC}	30	500
SCM 4	H_{RC}	40	565
SUS 304	H_B	209	430
BSP 3	—		230
AC 4 B	—		130
FC 25	H_B	193	295

表7.12　各種螺絲攻之常數表

材料 螺絲攻種類	常　　　數　　　(k)					
	鋼		鑄鐵、鋁合金		黃　　銅	
	標　準	細　牙	標　準	細　牙	標　準	細　牙
螺尖螺絲攻	0.95	1	0.8	1	0.75	1
螺旋式螺絲攻	1.15	1.25	1.05	1.1	0.85	—
手用螺絲攻　（光）	0.95	1.20	—	—	1.20	—
手用螺絲攻　（中）	1.35	1.15	1.25	1.08	1.60	1.1
手用螺絲攻　（下）	1.43	1.50	1.30	1.25	1.68	1.12

式中　　T：塑性變形扭矩（kg・cm）

　　　　k：工件材料係數

　　　　d：螺絲攻基準有效徑（mm）

　　　　P：螺絲節距（mm）

　　但上式係指旋合率為75%者，係數K可由表7.15中查出，表7.16為利用此一公式之計算例。

表7.13　攻螺絲切削扭矩計算表

材　料：SCM4
硬　度：H_B193
比切削阻力（K）：370（kg/mm²）
螺絲攻：手用螺絲攻，二攻標準牙
螺絲攻常數（k）：1.35

螺絲旋合率 公稱直徑	100%	90%	75%	60%
M 1	0.21	0.17	0.11	0.07
M 2	1.14	0.95	0.69	0.44
M 3	2.8	2.3	1.6	1.0
M 4	7.0	5.9	4.2	2.5
M 6	22.0	18.0	12.5	8.5
M 8	46.5	38.5	27.0	17.5
M10	84.0	70.0	49.0	31.5
M12	140	113	78.0	49.0
M16	250	190	138	92.0
M20	478	400	269	174
M24	800	670	465	300
M30	1,426	1,150	796	550
M48	4,653	3,852	2,742	1,691

表7.14　攻螺絲切削扭矩計算表

材　料：FC 25
硬　度：H_B 193
比切削阻力（K）：295（kg/mm²）
螺絲攻：手用螺絲攻，二攻標準牙
螺絲攻常數（k）：1.25

公稱直徑 ＼ 螺絲旋合率	100%	90%	75%	60%
M 1	0.16	0.13	0.09	0.06
M 2	0.84	0.70	0.51	0.33
M 3	2.1	1.7	1.2	0.8
M 4	5.4	4.4	3.1	2.0
M 6	16.3	13.4	9.5	6.2
M 8	34.4	28.4	19.9	13.0
M10	62.3	51.2	36.4	23.4
M12	103	83.5	57.7	36.3
M16	187	141	102	68.8
M20	353	282	199	129
M24	595	494	343	218
M30	1,055	853	587	400
M48	3,443	2,856	2,024	1,249

表7.15　無槽螺絲攻之工件材料係數

工　件　材　料	係　　數（k）
鋁	2
壓　鑄　鋁　件	3～4
黃　　　　　銅	6～8
鋼	10

表7.16　無槽螺絲攻切削扭矩計算表

工件材料：軟鋼 工件材料係數：10 螺絲攻：無槽螺絲攻			
公　稱　直　徑	螺　　距	基　準　有　效　徑	扭　　矩
M 1	0.25	0.838	0.5
M 2	0.4	1.740	2.8
M 3	0.5	2.675	6.5
M 4	0.7	3.545	17.4
M 6	1.0	5.350	53.5
M 8	1.25	7.188	112
M10	1.5	9.026	203
M12	1.75	10.863	333

7.4　鑽床用鑽模設計時應注意事項

1.　基本注意事項

　　鑽模之目的在於發揮預期之效果與較高之投資報酬率。因此在鑽模設計前應先做好各項分析工作，設計完成構想圖時再作各部位之效果查核，以達預期之效果。所以在設計時基本上應注意下列各項：

(1)　鑽模之精密度與剛度能否符合所需。

(2)　工件裝卸時間應設法減短。

(3)　設法使切屑排除容易，不使基準面、支承面上有積屑之可能。

(4)　於滿足強度與剛度之情況下，應設法減輕鑽模之重量。

(5)　應在設計鑽模時，對鑽模安全設施與防止錯誤安裝操作一併考慮。

(6)　在設計鑽模時，應考慮鑽模本身製作是否容易，製作過程中可能發生某些困難。

　　以上六點為鑽模設計之基本注意事項，在設計之時必須加以詳細考慮。當設計之時能考慮到以上之六點，且又能考慮到造價問題是相當不容易的，若又能在短時間內完成設計就更困難了，因此常常將此視為一種理想，為達到此種理想，提供一條可行之道，即設計方法步驟化、構造標準化、組合元件規格化。使其鑽模元件能交替互換使用，例如設計鑽模之模板採用幾種通用之標準模板，製造方便，效率增高，且能使兩種以上鑽模共同用一模板之理想，如此一來製作費用減低，製作時間縮短，且能達到需求使用之目的。

2. 鑽模具體設計要點

刀具引導（導套）

刀具引導（導套）之種類與功能，於本書第三章已做過詳細之討論與分析，本節強調一些設計要點。

使用鑽模製孔時，常發現工件之中心距有某程度之誤差，主要原因如下：

(1)　鑽模本身之孔與孔間之中心距離有誤差。

(2)　鑽模導套與鑽頭之間隙過大。

(3)　襯套與導套之配合間隙過大。

(4)　襯套之內外徑間不同心情況過於嚴重。

(5)　導套之內外徑間不同心情況過於嚴重。

(6)　襯套內孔之傾斜量過大。

(7)　導套內孔之傾斜量過大。

(8)　導套末端與工件間之間隙過大所產生之誤差。

(9)　工件於安裝時與定位銷之間隙產生之誤差。

(10)　由於溫度變化所產生之誤差。

(11)　鑽模或工件因夾緊產生變形所生之誤差。

(12)　因切削力作用產生變形所生之誤差。

(13)　鑄造本體因有氣泡與砂孔所產生之誤差。

(14)　板片型工件因數件重疊鑽孔所生之誤差。

導套安置於鑽模時應考慮導套與裝配之孔，應注意其裝配公差，表7.17可供參考。

設計鑽模時應注意有關切屑排出之問題，此問題關係著導套與工件間距離大小，若距離過小或無間隙時，則切屑全由鑽槽經由導套排出，如圖7.28所示。若距離過大固然切屑可由間隙排出，但導套會失去引導鑽頭之功能，如圖7.29所示，因此如何決定導套與工件間之距離極為重要，以下提供一些原則以供參考：

(1)　工件之孔位置為精密時，應選用無間隙方式，因導套與工件間有間隙使刀具引導間發生偏移誤差。

(2)　切屑經由導套排出之情況，切削液冷卻潤滑時容易附着於切屑上，無法抵達切削處，而未能達到冷卻潤滑之效果。

(3)　切屑經由導套排出時，導套內徑磨耗很快，易減低精度，使導套壽命減短。

間隙大小之決定應根據下列幾點：一般視工件材質與加工精度而定，如鑄件切

表7.17　鑽模襯套導套配合公差

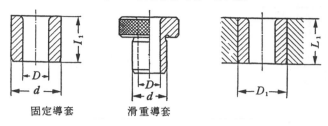

固定導套　　　滑重導套

使 用 目 的	固 定 導 套			滑 重 導 套		鑽 模 本 體	
	d	D	L	d	D	D_1	L_1
鑽 頭 用 導 套	P6	G6	0 −500	m5	G6	H7	+500 0
H_7 孔鉸刀用導套	P6	參照參考表1	0 −500	m5	參照參考表1	H7	+500 0
滑 動 導 套 用 導 套	P6	參照參考表1	0 −500	—		H7	+500 0

參考表1

導套內徑區分	1以上 3以下	3以上 6以下	6以上 10以下	10以上 18以下	18以上 30以下	30以上 50以下	50以上 80以下
導套內徑公差	+16 + 9	+20 +12	+24 +15	+29 +18	+34 +21	+11 +25	+49 +30

參考表2

孔軸的種類、等級 ＼ 公稱尺寸之區分		1以上 3以下	3以上 6以下	6以上 10以下	10以上 18以下	18以上 30以下	30以上 50以下	50以上 80以下
軸	P6	+16 + 9	+20 +12	+24 +15	+29 +18	+35 +22	+42 +26	+51 +32
	m5	+ 7 + 2	+ 9 + 4	+12 + 6	+15 + 7	+17 + 8	+20 + 9	+24 +11
孔	G6	+10 + 3	+12 + 4	+14 + 5	+17 + 6	+20 + 7	+25 + 9	+29 +10
	H7	+ 9 + 0	+12 + 0	+15 + 0	+18 + 0	+21 + 0	+25 + 0	+30 + 0

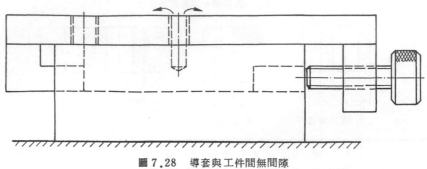

圖 7.28　導套與工件間無間隙

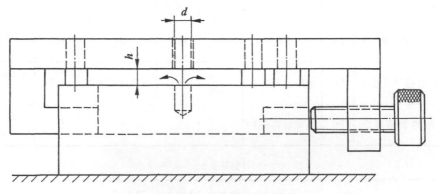

圖 7.29　導套與工件有間隙

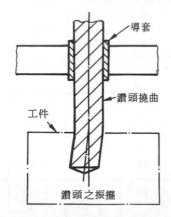

圖 7.30　導套與工件間之間隙過
　　　　大所產生之不良情況

屑成粉片狀排出時，其間隙為½鑽頭直徑，如鋼或黃銅切屑成流出形排出時，其間
隙可大些，但不得超出鑽頭直徑，否則間隙過大，鑽頭於加工之時搖幌不定，失去
導套之功用，使精度減低。

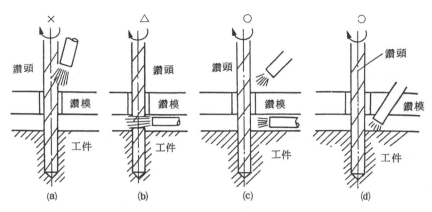

圖 7.31　各種切削油劑之給油方法

3. 鑽模之定位

定位包含鑽模本身之定位與工件定位於鑽模，即是切削刀具與鑽模間之相對位置之固定；及工件與鑽模之相關位置，應保持固定不變，以期加工完成後工件尺寸均一化，且能使定位之方式簡便。

定位與夾緊間有重要之關係，因為夾緊時位置常有微量之變化，或切削時產生之切削力而使工件產生振動，使工件之位置產生變化，如此一來工件之品質受到影響，因此在設計定位時應有以下幾點之認識：

(1) 工件之基準面應根據工件之使用情況或裝配情況之重要而定。

(2) 若需經數次加工作業時，為避免累積誤差，對各加工過程應盡可能採同一基準面。

(3) 應選擇工件尺寸較穩定之處為基準。

(4) 定位之基準面不可有灰塵或切屑，故應能易於清除切屑，且操作員易於檢查

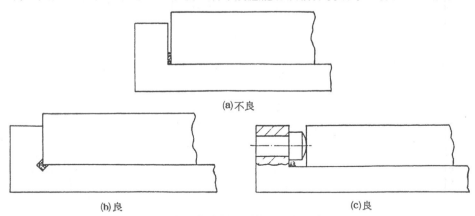

圖 7.32　定位裝置之設置應考慮切屑之附著

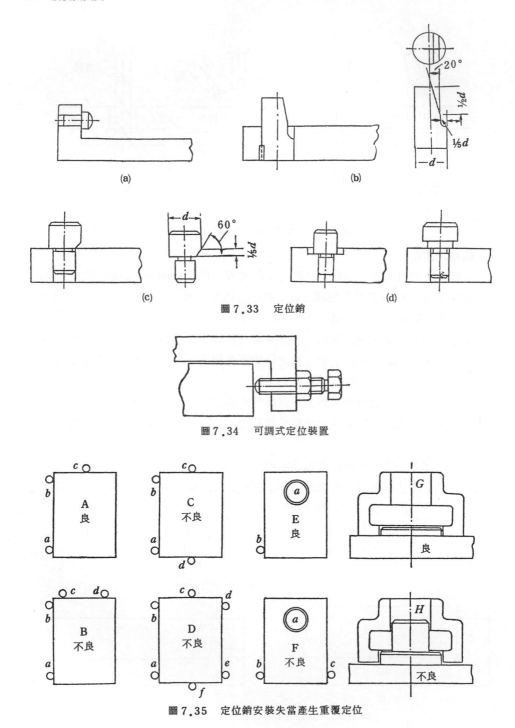

(a)　　　(b)

(c)

圖 7.33　定位銷

(d)

圖 7.34　可調式定位裝置

圖 7.35　定位銷安裝失當產生重覆定位

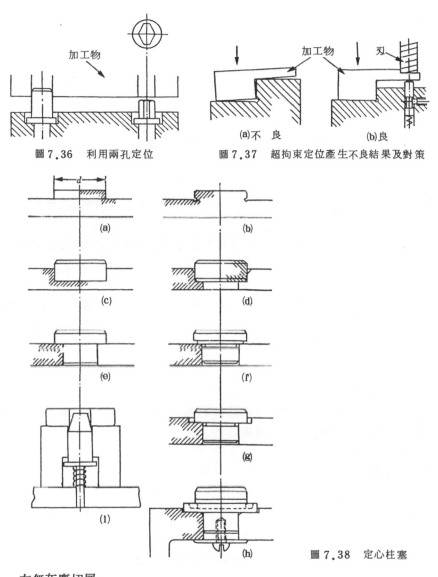

圖7.36　利用兩孔定位

圖7.37　超拘束定位產生不良結果及對策

(a)不　良　　(b)良

圖7.38　定心柱塞

有無灰塵切屑。

(5)　工件之定位，應有防止錯誤安裝之考慮。

(6)　定位與夾緊間有重要關係，因此在設計定位時應同時考慮夾緊方法。

(7)　應注意工件定位夾緊是否因切削力作用而位置產生變化。

(8)　工件以黑皮爲定位面或支承面應注意其定位方法，此定位方法於第四章已詳述過。

設計定位之時，應同時考慮鑽模如何安裝於機械床台上，一般而言鑽孔直徑在

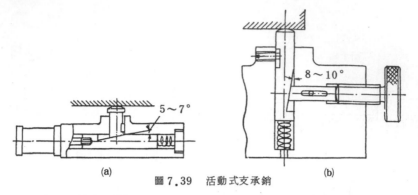

圖 7.39　活動式支承銷

10mm 以下者，鑽模不需固定於床台，10mm 以上者，鑽模應固定於床台之上。

4．鑽模之夾緊機構

　　鑽模之夾緊機構與加工之工件精度和加工時間有著重大之關係，所以設計時對以下各事項應特別注意。

(1)　夾緊機構之設計應儘量操作簡單，裝卸容易。

(2)　夾緊力不宜過大，否則工件或鑽模產生變形，但也不宜過小，否則切削力作用下工件產生偏移。

(3)　夾緊工件時，在切削力或切削振動之作用下是否鬆動之顧慮。

(4)　同一鑽模上安裝數個工件時，夾緊力能否平均分佈於各工件。

(5)　以夾緊機構夾緊時工件是否產生變形或凹痕。

　　夾緊之方法可分為人力夾緊及機械夾緊兩大類，一般小型工件使用人力夾緊較多，其人力夾緊方式可分為下列幾種：

(1)　用螺旋夾緊。

(2)　用楔夾緊。

(3)　用凸輪夾緊。

(4)　用肘節夾緊。

(5)　彈簧夾緊。

　　大型工件常使用機械力夾緊，且大量生產時亦用機械夾緊，其主要之方式有下列幾種：

(1)　利用油壓夾緊。

(2)　利用氣壓夾緊。

(3)　利用電磁力夾緊。

　　以上兩者前者構造簡單而夾緊力容易調整，但夾緊時所需之時間較長。後者構造複雜，夾緊力調整較困難，而主要之優點為夾緊所需之時間較短，夾緊與鬆開間之距離長操作方便，對加工之自動化提供有效之夾緊方法。

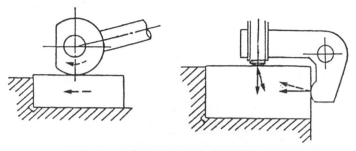

圖 7.40　夾緊力作用下應使基準面緊靠定位面

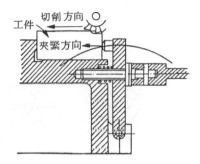

圖 7.41　夾緊力與切削力同向

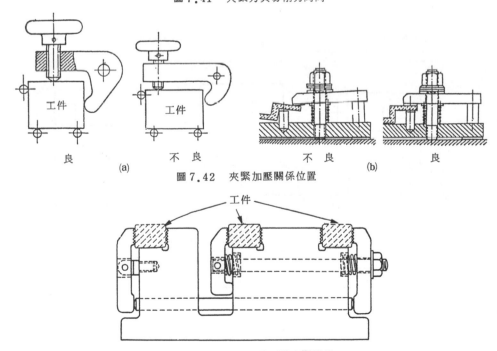

(a)　　　　　　　　　　　　　(b)

圖 7.42　夾緊加壓關係位置

圖 7.43　3 加工件同時夾緊機構

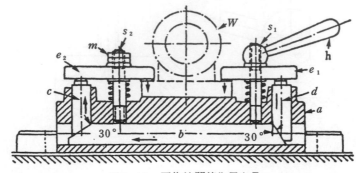

圖 7.44 兩楔銷間接作用夾具

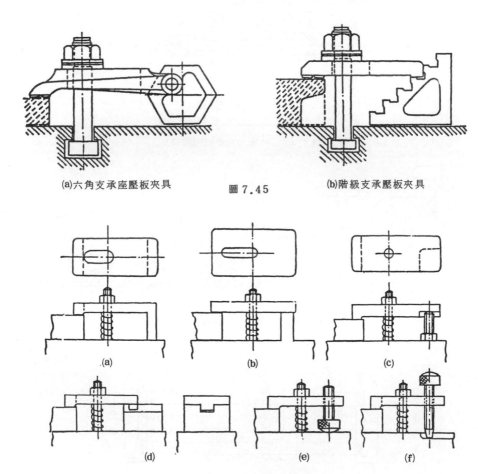

(a)六角支承座壓板夾具　　圖 7.45　　(b)階級支承壓板夾具

圖 7.46 彈簧壓板夾具

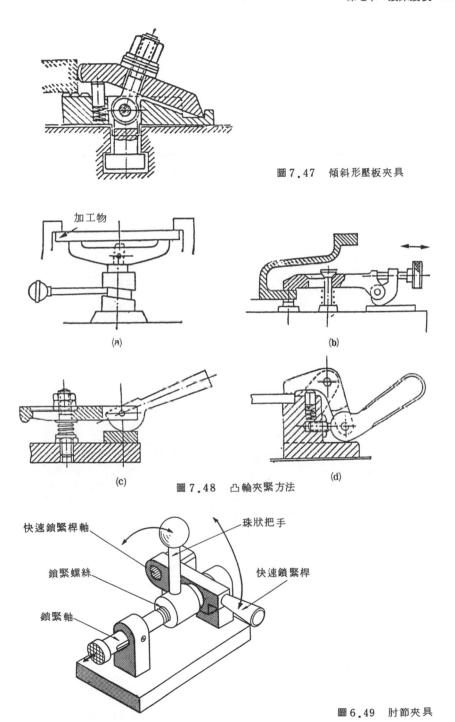

圖7.47　傾斜形壓板夾具

加工物

(a)

(b)

(c)

圖7.48　凸輪夾緊方法

(d)

快速鎖緊桿軸

珠狀把手

鎖緊螺絲

快速鎖緊桿

鎖緊軸

圖6.49　肘節夾具

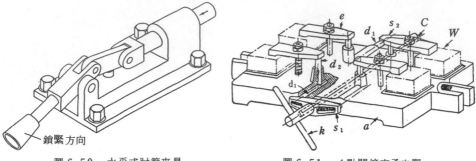

鎖緊方向

圖 6.50 水平式肘節夾具

圖 6.51 4點間接支承夾緊

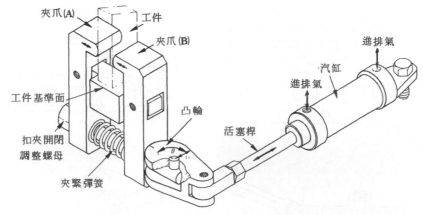

夾爪(A)

工件

夾爪(B)

工件基準面

凸輪

進排氣

汽缸

進排氣

活塞桿

扣夾開閉
調整螺母

夾緊彈簧

圖 7.52 水平式垂直力氣壓夾緊

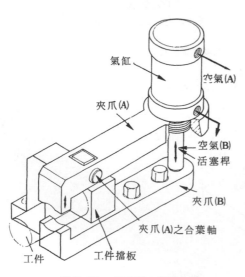

氣缸

空氣(A)

夾爪(A)

空氣(B)

活塞桿

夾爪(B)

夾爪(A)之合葉軸

工件擋板

工件

圖 7.53 垂直壓力氣壓夾緊

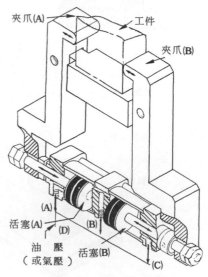

夾爪(A)

工件

夾爪(B)

活塞(A)

(D)

(B)

油 壓
(或氣壓)

活塞(B)

(A)

(C)

圖 7.54 雙油壓缸夾緊

5. 單能機自動化之鑽模

　　單能鑽床所使用之鑽模，爲機械主要構造之一，設計上與一般鑽床不同，除了應考慮堅固與簡便外應注意下列要點：

(1)　相同工件要能同時加工數件。

(2)　工件裝卸要容易操作。

(3)　能將切屑完全排出。

(4)　鑽模上易磨耗件之更換容易。

(5)　鑽模零件應盡可能使用規格品。

　　單能機係應用於大量生產，故設計時爲減少故障率，鑽模應爲剛度高易於

圖 7.55　全自動廻轉式多軸鑽孔、攻牙

圖 7.56　全自動立式廻轉多軸鑽孔、攻牙

圖 7.57　七方向自動鑽孔、攻牙

保養、檢修，且應能維持長時間之精度。夾緊機構儘量利用空油壓及電磁力迅速夾緊，自動運送應採用自動廻轉台。

7.5　鑽孔之鑽模設計步驟

鑽模夾具設計規劃，於第二章已詳述介紹，其導套、定位、夾緊及本體之設計也於前幾章詳細介紹過，本節將做一些必要之複習，並舉出實例，依設計之步驟逐次完成，加深初學者之印象，培養整體設計之能力。

鑽模設計之步驟：
(1) 分析工件藍圖及生產計畫表，以決定操作情況，再考慮欲製工件之數量與交貨日期。
(2) 繪製工件之三視圖於設計圖上，並將各視圖位置拉開些，以便而後設計時之用。
(3) 將適當之導套安置繪製於圖中之適當位置。
(4) 將適當之定位及支承設施繪製於圖中之適當位置處。
(5) 將夾緊機構加繪於圖中之適當位置。
(6) 將所需之特別設施加繪於圖中之適當位置。(此處特別設施如冷却劑之注入機構)。
(7) 選擇適當之夾具本體，將以上所設計之組件結合起來，加繪於圖中。
(8) 依7.3節所述之方法，求出切削力與切削力矩。
(9) 依第四章所述之方法，計算求出夾緊機構之主要尺寸。
(10) 依夾緊機構所能產生出之最大夾緊力，決定各部位之尺寸。

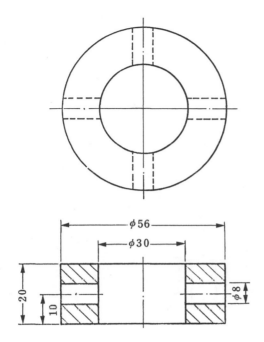

$\phi 56$

$\phi 30$

20

10

$\phi 8$

圖 7.58　工件藍圖

(11)　最後繪出全套之夾具工作圖與材料表，完成設計。

(12)　根據設計分析結果建立檢核表，核對各部位之功能，若未能達成檢核表之功能時應加以檢討修正。

實例說明：

圖 7.58 所示爲工件之工作圖，今欲爲此工件設計 $\phi 8$ 之鑽孔鑽模。已知工件每月生產 1000 個，生產年限 74 年 8 月至 79 年 7 月爲期 5 年，使用機械爲一般靈敏鑽床，操作者爲童工。

導套設計時應考慮採用何種導套、安置位置及間隙，由於在工件外徑上鑽孔，爲防止鑽頭產生滑動，因此將工件與導套間之距離選擇較小者，且生產量頗大因而選用滑動式導套，而安置方式如圖示。

導套設計安置完成後下一步驟則是設計定位裝置，此一工件屬於圓柱無方向定位，爲一自由度定位，在定位時只需 5 個拘束度，即 5 個定位點即可將工件定位，此一方式在第四章已詳述過，今選用工件端面爲支承面具有 3 個定位點，則只需再兩個定位點即可定位，因此吾人選用工件之內孔或外緣來定位，但由於內孔尺寸精度較高，所以選用內孔。在第四章中已說明長銷與短銷定位上不同，因而選用具有兩個定位點之短銷，若誤送長銷定位則爲過拘束，將造成不良後果。圖 7.60 所示爲工件之定位裝置加繪於假想圖之情況。

定位裝置設計完成後接著設計夾緊機構，由於實例中工件頗小，使用一般鑽床

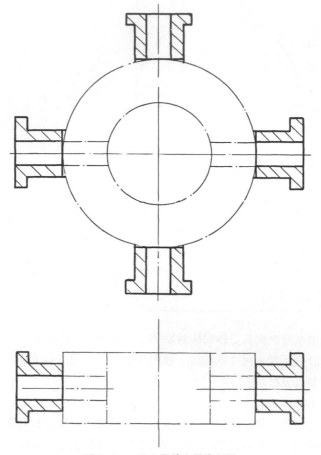

圖 7.59　導套設計安置構想圖

鑽製，因此不適合採用空油壓裝置，較適合使用螺旋、凸輪、楔子及肘節等。由於製造上之考慮吾人選用螺旋夾緊，爲操作方便配合使用 C 型墊圈，當工件安裝時只需將工件放入 C 型墊圈卡上，螺旋夾緊卽可，當工件拆卸時只需將螺旋轉鬆取下 C型墊圈卸下工件而不需將螺帽卸下，操作方便節省時間。圖 7.61 所示爲假想圖上加繪夾緊機構之情況。

　　夾緊機構設計完成後再設計一本體將所有機件結合起來，本體設計在第 6 章中詳述過，現吾人選用焊接本體，如圖 7.62 所示爲完成設計之鑽模造形。

　　鑽模設計完成後接下夾卽決定各部位尺寸，爲了安全起見應先計算求出切削力及切削力矩，由表 7.3～7.6 所示得知切削力及切削力矩頗小可不用考慮。

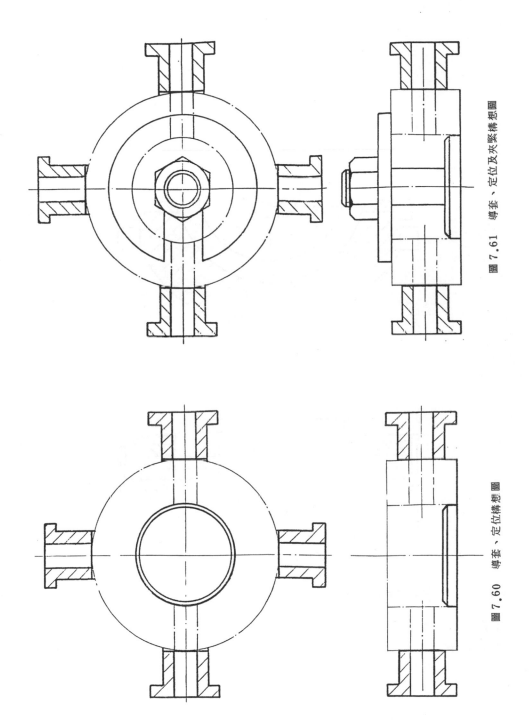

圖 7.61 導套、定位及夾緊構想圖

圖 7.60 導套、定位構想圖

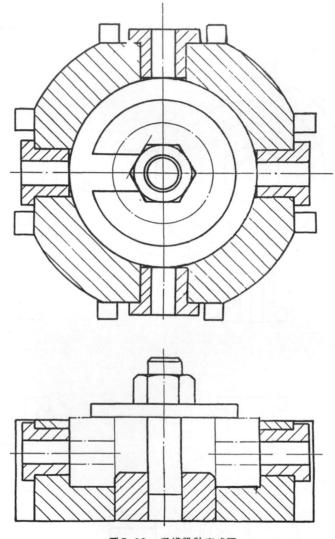

圖 7.62　鑽模設計完成圖

7.6　鑽床之鑽模實例

【實例 1】鑽孔鑽模──刀具引導的要領

加工零件圖

工件名稱	塞 子
加 工 部 位	6-M3 開盲孔
材 料	BSBMD-2
加 工 數 量	3000/月
使 用 機 械	單軸桌上鑽床

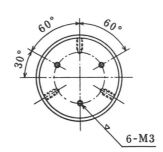

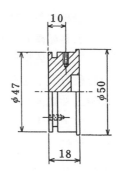

鑽模立體圖

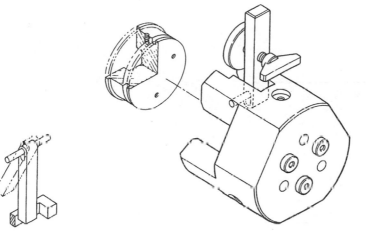

鑽模裝配圖

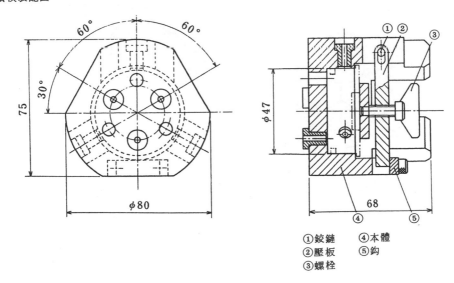

①鉸鏈　　④本體
②壓板　　⑤鉤
③螺栓

鑽模設計要點與操作說明：

工件如圖示爲柱塞狀，經車削過之端面和外圓上製作螺孔。

工件之安裝係先鬆開螺栓③，將有長孔之壓板②從鉤⑤中卸下。以鉸鏈①爲中心旋轉打開。工件以外圓及端面爲基準，將工件壓入本體④，用附有螺栓③之壓板②後工件底面頂壓，將壓板②邊緣鉤在鉤⑤內鎖緊螺栓③。

加工時係利用各孔之對應之各鑽模本體面進行加工，加工時先用更換式導套鑽孔，再換上攻牙導套進行攻牙。

【實例２】鑽孔鑽模 —— 刀具引導的要領

工件圖

工 件 名 稱	活　　塞
加 工 部 位	2～1.5鑽
材　　　料	─
加 工 數 量	500/月
使 用 機 械	高速桌上鑽床

鑽模立體圖

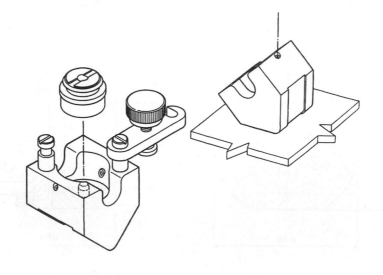

鑽模裝配圖

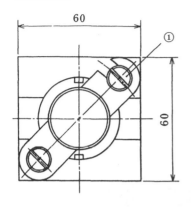

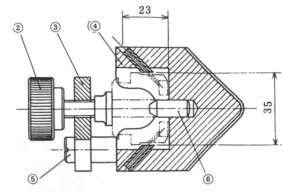

①螺栓　④支持具
②鉗　　⑤鉸鏈
③托架　⑥定位具

鑽模設計要點與操作說明：

工件為如圖示之活塞，今欲鑽製傾斜45°φ1.5之2孔。

工件安裝係將托架③旋開，移動鎖緊螺栓②以定位銷⑥當做引導壓入工件。然後轉回托架③以開口卡入螺栓①，旋轉鎖緊螺栓壓緊工件。鑽孔時用手壓住使各斜孔所對應之垂直面於工作台上而進行鑽孔。

【實例3】鑽孔鑽模──定心的要領

工件圖

工 件 名 稱	環
加 工 部 位	φ8H7
材　　　料	SCM3
加 工 數 量	一
使 用 機 械	鑽　床

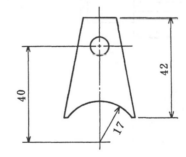

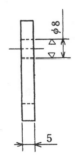

鑽模立體圖

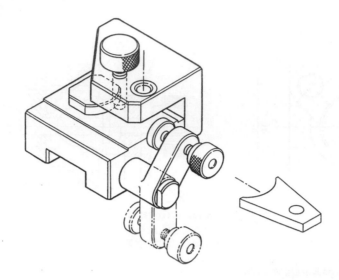

鑽模裝配圖

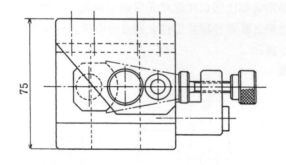

①托　　架
②螺　　栓
③鉸　　鏈
④定 位 裝 置
⑤螺　　栓

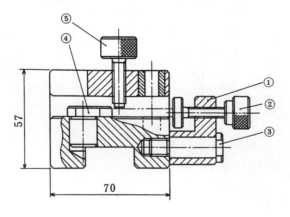

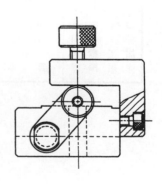

鑽模設計要點與操作說明：

工件如圖示爲板片，今欲鑽 $\phi 8$ 孔，該孔中心與 R17 圓弧中心距離爲 40±0.05。

工件之安裝，係以鉸鏈③爲中心旋轉托架，將托架降至下方，插入工件並與定位裝置接觸，然後托架①旋轉至上方以螺栓②夾緊工件，爲防止工件往上翹起，使用螺栓⑤往下壓，如此即可定出距 R17 之中心 40±0.05 之加工孔中心。加工時使用更換式導套，先用鑽頭 $\phi 7.8$ 鑽孔，再使用 $\phi 8$ 鉸刀進行鉸孔。

【實例4】鑽孔鑽模 —— 定位及定心要領

工件圖

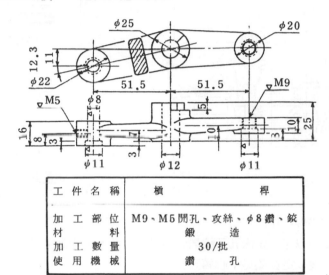

工　件　名　稱	槓　　　　　　　桿		
加　工　部　位	M9、M5開孔、攻絲、$\phi 8$鑽、鉸		
材　　　　　料	鍛　　造		
加　工　數　量	30/批		
使　用　機　械	鑽　　孔		

鑽模立體圖

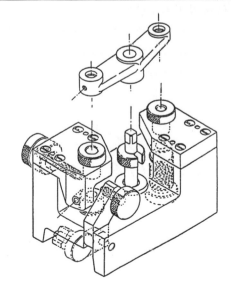

鑽模裝配圖

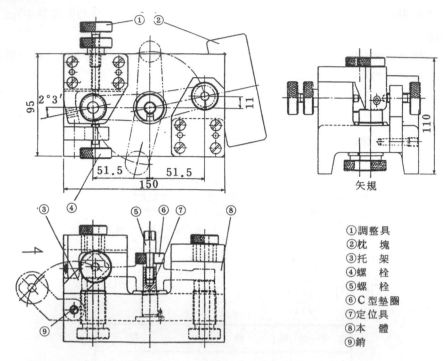

①調整具
②枕　塊
③托　架
④螺　栓
⑤螺　栓
⑥C型墊圈
⑦定位具
⑧本　體
⑨銷

鑽模設計要點與操作說明：

　　工件之安裝係以 $\phi 12$ 內孔及輪轂端為基準，套入定位銷⑦使與本體⑧之輪轂基準面接觸。然後以定位銷為中心轉動工件，使用調整螺栓給予定位，再以銷9為中心轉動托架，用螺栓④夾緊工件，最後套上C型墊圈⑥，以螺栓⑤壓緊工件。

　　M5之螺孔攻製時，係以枕塊②為基準，而調整螺栓①用於預先調工件之 $\phi 22$ 輪轂中心，使與導套中心吻合然後用鎖緊螺栓固定。

【實例5】鑽孔鑽模──支持的要領

工作圖

工 件 名 稱	軸　　襯
加 工 部 位	4～8鑽
材　　　料	S 55 C
加 工 數 量	一
使 用 機 械	鑽　床

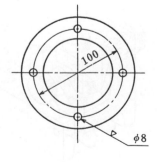

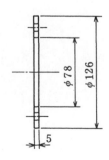

鑽模立體圖

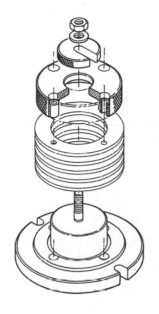

鑽模裝配圖

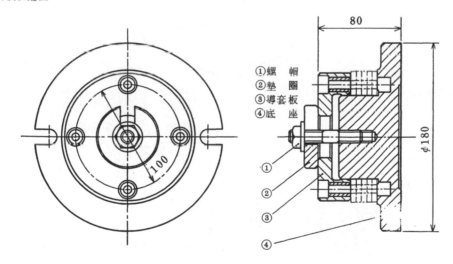

①	螺	帽
②	墊	圈
③	導套板
④	底	座

鑽模設計要點與操作說明：

　　工件如圖示為薄軸襯，今欲加工 $\phi 8$ 之 4 孔。

　　工件之安裝係以 $\phi 78\,H7$ 內孔之定位，將工件 4～5 片重疊套入底座④之定位短柱上，同時套上導套板③，然後卡上Ｃ型墊圈②，最後用螺帽①將工件及導套板夾緊。

【實例6】鑽孔鑽模——支持及夾緊的要領

工件圖

工件名稱	凸　　　緣
加工部位	8～18鉸
材　　料	—
加工數量	—
使用機械	旋臂鑽床

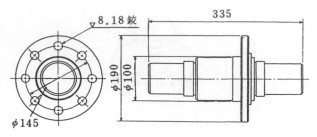

鑽模立體圖

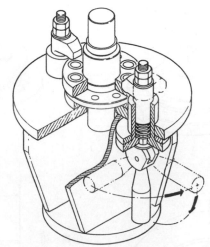

鑽模裝配圖

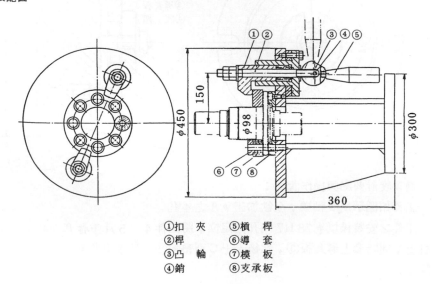

①扣　夾　　⑤槓　桿
②桿　　　　⑥導　套
③凸　輪　　⑦模　板
④銷　　　　⑧支承板

鑽模設計要點與操作說明：

工件如圖示具有凸緣軸，今欲鑽製φ8之8孔及鉸孔精製。

工件安裝時先將槓桿⑤放鬆，如圖示轉至左方，扣夾之夾口也向右方移動，工件由上往下安裝，使工件緊靠於支承板⑧裝入鑽模板⑦並緊貼工件凸緣面。

工件夾緊係將槓桿⑤轉至右方，使扣夾④轉至左方並確認與導套⑥有關連後，再把槓桿⑤往下扳，由於凸輪之偏心作用桿②往下拉，而壓緊扣夾①，於是工件被固定。

【實例7】鑽孔鑽模 ——分度的要領

工件圖

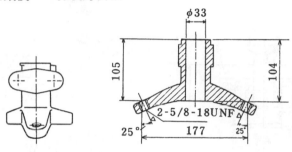

工 件 名 稱	托　　　　　架
加 工 部 位	2～5/8～18UNF鑽、攻絲
材　　　　料	—
加 工 數 量	100/月
使 用 機 械	旋 臂 鑽 床

鑽模立體圖

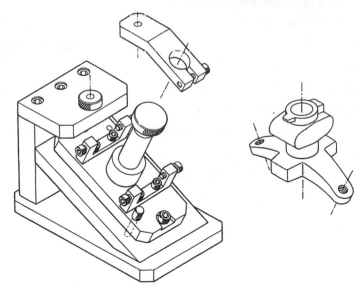

鑽模裝配圖

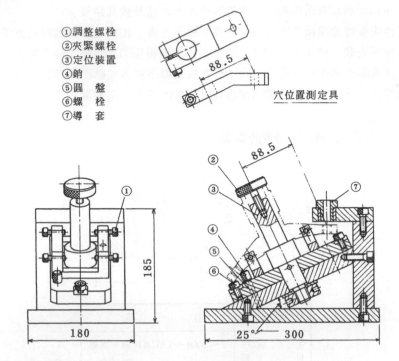

①調整螺栓
②夾緊螺栓
③定位裝置
④銷
⑤圓　盤
⑥螺　栓
⑦導　套

穴位置測定具

鑽模設計要點與操作說明：

　　工件如圖示為形狀複雜之托架，極不易檢驗加工孔之位置和角度，因此為省略工件檢驗，而以鑽模之精度保證工件之品質。

　　工件之安裝係以 ϕ 33 之內孔套入定位裝置③中，以工件前加工之端面來定位，再利用 4 支調整螺栓鎖緊而將中定完全定位。最後以夾緊螺栓②夾緊工件，為了承受鑽頭之推力，調整螺栓⑥即完成工件之安裝。

　　加工時將銷④插入圖示之任一邊，待一邊之孔鑽好後把銷拔出，圓盤⑤連同工件一起回轉，再把銷④插入加工另一孔。

　　鑽模圖中 88.5±0.05 之精度，要製作如圖示之孔位置，檢驗時用螺栓固定定位裝置③，從導套⑦插入塞規。

【實例 8】鑽孔鑽模 ── 支持及夾緊的要領

工件圖

加工零件名稱	殼
加 工 部 位	4～3.7鑽
材　　　料	壓鑄合金
加 工 數 量	100/月
使 用 機 械	鑽　床

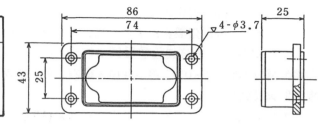

鑽模立體圖

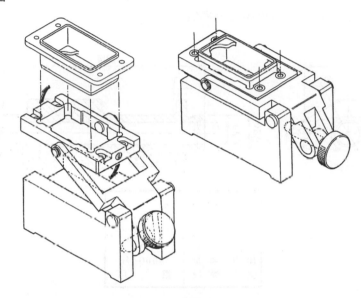

鑽模裝配圖

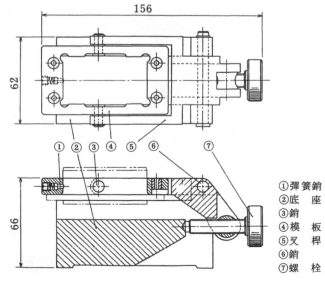

①彈 簧 銷
②底　　座
③銷
④模　　板
⑤叉　　桿
⑥銷
⑦螺　　栓

鑽模設計要點與操作說明：

工件如圖示今欲鑽製φ3.7之4孔，該孔中心距公差均為0.05。

工件安裝時，先將螺栓⑦鬆開，以銷⑥為中心將叉桿⑤舉起，再以銷③為中心將鑽模板④反轉180°，將工件插入框內，再把鑽模板連同工件轉回，將工件凸緣面貼靠於底座②。

工件之夾緊係鎖緊螺栓⑦時叉桿⑤透過鑽模板④將工件夾緊。彈簧銷①用以防止工件押在框內而反轉時脫落，並提高定位之精度。

【實例9】鑽床夾具──確保精度的要領

加工零件圖

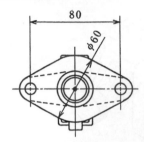 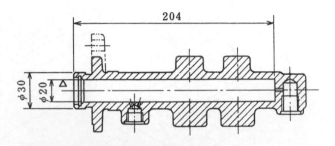

加工零件名稱	壓　　　　缸
加　工　部　位	φ20內徑擦光
材　　　　料	—
加　工　數　量	5000/月
使　用　機　械	鑽　　　床

夾具立體圖

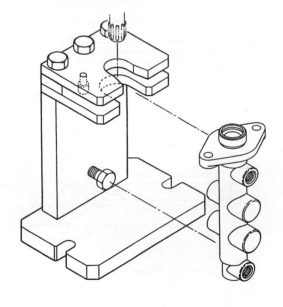

夾具裝配圖

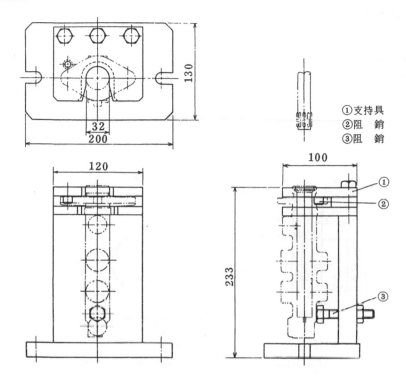

①支持具
②阻　銷
③阻　銷

夾具設計要點與操作說明：

工件為串列主缸本體，用軸狀廻轉磨光工具施予內孔磨光精製。

工件之加工係將工件凸緣部位插入支承件①內，而安裝於阻銷②φ30上，外徑部位則安裝於阻銷③上。

由於無切削因此加工時力量甚小無需特別夾緊機構，而用手扶持。

習　題

7.1 鑽床常用之汎用夾具包括那些？

7.2 鑽床加工時產生切削力及切削阻矩之大小與鑽模有何關係？

7.3 工件為鑄鐵以 φ15 之鑽頭鑽孔，最大進給量為 0.2 mm，試求最大之切削力及切削扭矩。（使用 M.C.Show 及 C.J.Oxford 之公式）

7.4 工件為碳鋼 R_c 52 以 φ10 之鑽頭鑽孔，最大進給量為 0.15mm 試用（7.1 (a)），（7.1(b)）求最大切削力及切削扭矩？

7.5 習題 7.3 試用 NATCO 公式再求最大切削力及切削扭矩。

7.6 習題 7.4 試用 NATCO 公式再求最大切削力及切削扭矩。

7.7 設計鑽模在基本上應注意那些事項？

7.8 使用鑽模加工工件常產生工件中心位置誤差原因何在？

7.9 如何克服使鑽模加工之工件中心位置產生誤差。

7.10 試討論工件與導套間之間隙決定方式。

7.11 鑽模設計時對工件定位裝置應注意那些要項？

7.12 鑽模設計時對工件夾緊機構應注意那些事項？

7.13 如圖所示各面及中心孔均加工完成，現欲設計一鑽模鑽製 φ9 之 4 孔。已知工作機械為一般鑽床，產量為 1000 個／月。

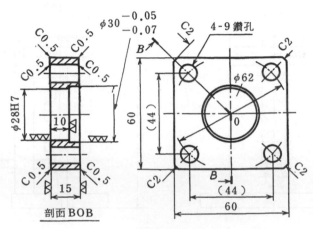

習題 7.13

7.14 如圖示工件之 φ45 中心孔及兩端面均完成加工，試設計一鑽模鑽製 φ4 之 4 孔。已知工作機械為一般鑽床，產量為 500 個／月。

7.15 如圖示工件只完成尺寸 5.24 處之銑削，設計一鑽模鑽製 φ0.62 之 2 孔。已知工作機械為一般鑽床，產量 100 個／月。

7.16 如圖示工件完成 83 之平面銑削，且完成 φ18 之兩孔加工，今欲使用多軸鑽床大量生產，試設計一鑽模以利 φ5.8 之 6 孔加工。

7.17 如圖示已知工件各表面均為未加工之黑皮，今欲使用一般鑽床加工 φ½ 之 4 孔，產量為 200 個／月，試設計此鑽模。

7.18 以上題相同情況試設計一鑽模加工 φ12 之 3 孔。

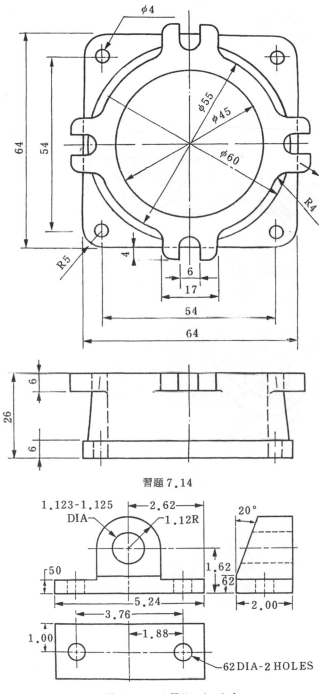

習題 7.14

習題 7.15（單位：inch）

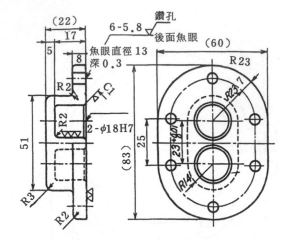

習題 7.16

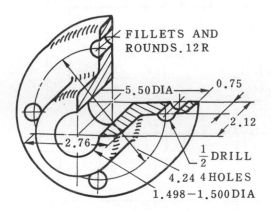

FILLETS AND
ROUNDS. 12R

5.50 DIA
0.75
2.12
2.76
½ DRILL
4.24 4 HOLES
1.498－1.500 DIA

習題 7.17

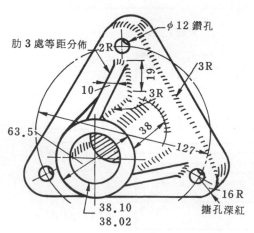

習題 7.18

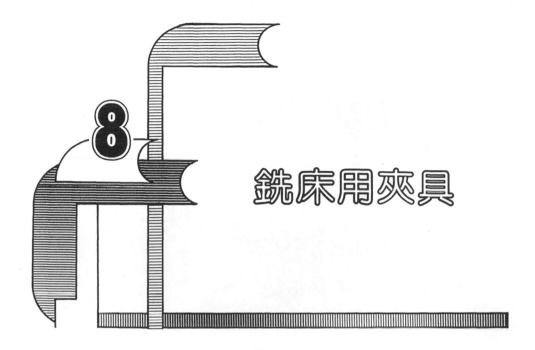

銑床是精度較高的工具機，使用多鋒刀具切削，速度較快爲機械工廠不可缺少之工具機，由於刀具材料的改良，使刀具具有強勁切削性，往往只需一次加工，極少用數次進刀切削，因此更能發揮銑床之特性。

根據調查資料顯示，在銑床加工過程中，銑床切削加工時間只佔 30 ％左右，裝卸時間佔 40 ％左右，準備及收工時間佔 5 ％，而其他方面時間佔 10 ％左右。爲了提高勞動生產力應設法減少裝卸時間，使裝卸時間在銑床總加工時間的百分比減少。節省裝卸時間最有效的方法就是使裝卸時間與切削時間相重疊，即切削同時裝卸。此種加工改良法在夾具設計時加以考慮，此一理想極易達成。

8.1　銑床種類及附件

8.1-1　銑床的種類

1. 臥式銑床

圖8.1所示爲臥式銑床，此種銑床由底座、床台、床鞍及床架四部份組合而成，床台能作縱向、橫向及上下三方向運動，構造結實具有動力進給機構，爲機械工廠中廣用之工具機。

2. 立式銑床

圖8.2所示爲床型立式銑床，因銑刀主軸垂直於床台，床台運動與臥式銑床相

圖 8.1 臥式銑床

同，但立式銑床主軸可旋轉使主軸可從垂直調至水平任何角度。床台上可加旋轉附件或旋轉工作台，可銑削圓槽或連續加工。圖8.3所示爲砲塔型立式銑床，與床型立式銑床最大區別即主軸橫臂可作前後移動，故其加工範圍很廣，此外更具有以搪孔爲目的能使主軸頭作自動上下移動的裝置之特點。

3. 萬能銑床

萬能銑床是爲了極精確之工作而設計，外形和普通臥式銑床相似，最大不同點爲床台有第四種運動方向，以便床台可水平旋轉，且於床台之左端設有換向或分度頭。萬能銑床之旋轉裝置，可割切螺旋、鑽頭、銑刀、凸輪及齒輪。

萬能銑床亦設有立銑附件，床台旋轉附件、虎鉗等，所有各項增加其效用。萬能機器有自動循環裝置，由起動到停止完全控制床台之橫向運動及進給。

4. 龍門銑床

工件安裝於長床台上實施加工，床台只能縱向運動，且用適當速率，向旋轉銑刀進給。銑刀主軸備有橫向及垂向運動。此種機械專爲需切除厚材料之大型銑切工件而設計，且可用於複製正確單曲面及雙曲面。

5. 固定台座式銑床

此爲一種笨重結構之生產機械，床台爲重而堅固的鑄件，支持祇有縱向運動之

圖 8.2　床型立式銑床

工作台尺寸及能量	
工作台尺寸	1830 × 400 mm
左右移動距離	1200 mm
前後移動距離	505 mm
T溝（寬×數）	18 × 3.75 mm
左右及前後進給速度	3000 mm/min
左右及前後快速進給速度	3000 mm/min
主　　軸	
上下移動距離	600 mm
上下進給速度	5～825 mm/min
上下快速進給速度	1500 mm/min
主軸廻轉數	60～1720 rpm
主軸端斜度	N.S.T50
電　動　機	
主電動機	10HP.4P
進給用電動機	2HP.4P
切削油泵浦	⅛HP.2P
機械高度（最大）	2550 mm
佔地面積	1520 × 800 mm
機械重量（約）	5000 kg
裝箱重量（約）	5600 kg

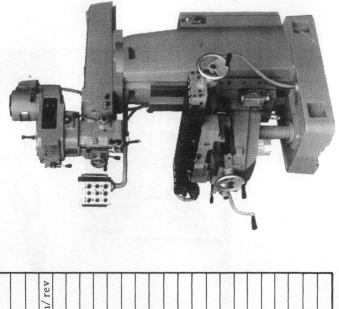

工　作　台	
工作台面積	1200×260 mm
左右行程	800 mm
前後行程	300 mm
上下行程	450 mm
T形槽（尺寸×槽數×間隔）	16 mm×3×60 mm
左右進給	（12段 steps）22.450 mm/min
左右快移速率	2160 mm/min
上下快移速率	800 mm
主　軸（立　軸）	
主軸轉速	（16段 steps）75～3600 rpm
主軸通心軸上下行程	140 mm
主軸進給	（3段 steps）0.035, 0.07, 0.14 mm/rev
主軸端孔斜度	N.S.T 40
主軸頭之旋轉角度（左右）	90°
伸臂之旋轉角度	360°
伸臂行程	450 mm
主軸端至工作台面之距離	100～550 mm
軸心至機柱滑動面之距離	110～560 mm
主　軸（橫　軸）	
主軸轉速	（9段 steps）70～1020 rpm
主軸端孔斜度	N.S.T 40
軸心至工作台面之距離	0～450 mm
軸心至伸臂下端之距離	170 mm
電　動　機	
立主軸	3 HP-2P/1½HP-4P
橫主軸	5 HP-4P
工作台左右進給	1 HP-4P/½HP-8P
工作台上下快移	½HP-6P
冷卻泵浦	⅛HP
淨重	2100 kg
包裝重量	2400 kg
包裝尺寸	1840×1680×1950 mm

圖 8.3　砲塔型立式銑床

圖 8.4　萬能銑床

圖 8.5　龍門銑床

圖8.6　固定台座雙柱式銑床

圖8.7　切削中心

工作台。在主軸備有垂直調整，而橫向調整藏在主軸座或衝桿內。單軸式、雙軸式及三軸式名稱，各表示機械備有一個、兩個及三個主軸刀頭，此種機械能在大量生產工作中承受重銑，並且時常設有自動控制之切削循環。

6. 切削中心

切削中心是 NC 機械，設計作小量和中量生產。切削中心可指一部或多部 NC 機械，而且有多目標切削能量。切削中心在一次安裝中，同時完成銑、鑽、搪、鉸孔、鉸牙。切削中心可啟動及停止機械、選擇刀具、更換刀具、可完成兩度或三度銑削輪廓，但造價昂貴。

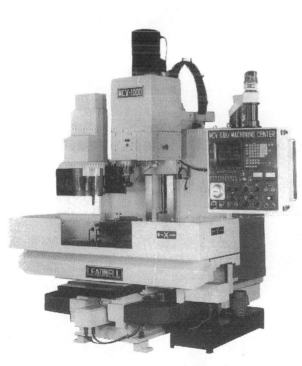

- 工作範圍特大，尤其 Y 軸（前後）行程達 510mm。
- 各軸快速移動均為 10 m/min，將非切削時間降至最低。
- 三軸滑軌面均為方型結構，經熱處理及研磨，各相配合面及嵌條，均附有 Turcite-B，可保證長期精度。
- 主軸由 7.5 hp AC 馬達驅動，經由獨特的空壓控制自動兩段變速裝置，可得廣泛的無段變速～ 50 ～ 3600 rpm，由 S 4 直接指令。而且由 300 ～ 3600 rpm 均為定馬力之範圍，故切削力強大。
- 自動換刀器採用空壓驅動，為無臂式設計，結構簡單，可靠性極高。
  刀具數目：16
  最大刀具直徑：100 mm
  最大刀具重量：5 kg
  換刀時間：6 sec
- 切削能力：（ S 45 C 鋼材）
  正面銑削：100 cc/min
  鑽　孔：38 mm
  攻　牙：M 30 × P 3
  搪　孔：150 mm
- 集中式操作箱
  FANUC 6MB 型並附 CRT 顯示。
  　主軸轉速表，負荷表及其他與操作有關之開關、按鈕及指示燈均位於此箱上，一目瞭然。
- 在自動換刀過程中，主軸孔內自動噴出壓縮空氣以清除刀柄上之雜物。
- 切削護罩為標準附屬品。
- 附有指示燈之自動潤滑裝置。
- 可加裝第四軸控制，兼具橫式切削中心機之功能。

圖 8.8　數值控制立式切削中心（台灣麗偉電腦機械提供）

7．廻轉床台銑床

　　廻轉床台銑床係利用立式銑床改變而成之特別用途銑床。操作時銑刀作連續之切削，操作員只要向機械裝料和卸料即可。此種機械加工快速，但限於銑製平面，爲大量生產之利器。

圖 8.9　廻轉床台銑床

8.1-2　銑床之附件

1．銑刀泛用夾具

　　銑床安裝工件需正確而堅固，不容在銑削中有振動情況產生。T 槽螺釘帽、壓板等爲慣用之基本夾具。

　　銑床虎鉗廣泛的用於固緊銑製工件，有下列各種型式：

圖 8.10　銑床夾具組

(1)　普通虎鉗：利用 T 形螺栓固定於床台上，因此夾爪可與主軸之軸向成平行或
　　垂直。此種虎鉗之底部可配合台面 T 形槽，快速準確定位。

型　　　　　式	口　　　　寬	開　　　　口
J-600	165 m/m	300 m/m

圖 8.11　普通虎鉗

(2)　廻轉式虎鉗：此種虎鉗除了具有廻轉座能於水平面上廻轉 360° 外，其餘與
　　普通虎鉗相同。

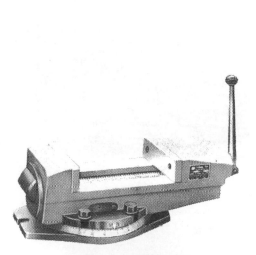

圖 8.12　廻轉式虎鉗　　　　　　　　圖 8.13　萬能虎鉗

圖 8.14　自由虎鉗

圖 8.15　手動進給轉盤

圖 8.16　有分度附件之手動進給轉盤

圖 8.17　動力進給轉盤

圖 8.18　分度頭

(3)　萬能虎鉗：此種虎鉗除了能在水平面上廻轉360°外，還可在垂直面上傾斜0°～90°，其主要用於刀具及模具之製造。

(4)　自由虎鉗：此種虎鉗夾緊工件之方法即使用連動顎夾。爲單動式夾爪可在機械床台之任何地方固定，利用旋轉螺絲使顎夾向內移動而造成工件向下之拉力夾緊工件。

2．銑床泛用分度工具

轉盤用於普通立式銑床上使工件轉動，加上機械床台之兩軸向運動，用於銑製圓弧、圓槽和其他圓切面。可分爲手動進給及動力進給兩種型式。

分度頭爲銑床最重要之附件之一，用於將工件之周圍等分成一定之間距，如銑製齒輪、方栓槽、四角形、六邊形工件。亦可相對台面進給之預定比例廻轉，工件以加工凸輪、齒輪、鑽頭、鉸刀等螺旋槽。

8.2　銑刀種類及構造

銑床工作必須有刀双良好及適當種類之銑刀相配合才能達成加工任務。常見之銑刀有平銑刀、側銑刀、面銑刀、成形銑刀、端銑刀、鋸切銑刀等。銑刀材質常用之兩種是高速鋼及炭化鎢，一般使用以高速鋼爲最多。

1．平銑刀

平銑刀係於圓柱之外圓周上製作刀齒之銑刀，用以銑削平面，使平面和廻轉軸平行。銑刀中心爲精確研磨孔，藉以裝於刀軸。平銑刀又可分爲直齒銑刀及螺旋齒銑刀。前者適宜重切削、振動較大。後者適宜精削或輕削、振動較小，如圖8.19所示。

圖8.19　平銑刀

2．側銑刀

側銑刀具有平銑刀之形狀及功用，尚可銑削側面。其形式尚有交錯側銑刀，由於刀齒交錯相反方向傾斜，銑削時可抵消橫向應力，用於重銑。如圖8.20所示。

碳化鎢刀片

交錯刀齒

圖 8.20 側銑刀

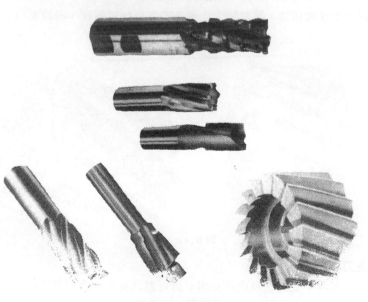

圖 8.21 端銑刀

3. 端銑刀

端銑刀之刀齒在刀桿之圓周和端面，用於銑平面、端面及溝槽等。如圖 8.21 所示為各種端銑刀。其中可分為直柄、錐柄及套殼端銑刀。

4. 面銑刀

面銑刀與套殼端銑刀相似，但銑刀外徑在 150mm 以上，利用套桿裝在銑床主軸口，用於銑削平面。

圖 8.22 面銑刀

圖 8.23 面銑工作

5. 角銑刀

角銑刀用於銑削與回轉軸成一定角度之面，且角銑刀常用於銑削刀具。

規　　　格	角　　　度
70×½×1″	45°～90°
75×½×1″	45°～90°
75×18×1″	45°～90°
75×12×1″	30°～35°

圖 8.24　角銑刀

6. 鋸割銑刀

鋸割銑刀為一種較薄之平銑刀或側銑刀。前者刀厚約自0.5mm至3.5mm。後者刀厚自1.5mm至5mm。專用於鋸割螺釘頭槽。

圖 8.25　鋸割銑刀

7. T形槽銑刀

T形槽銑刀是一種端銑刀用以銑削床台上之T形槽。開T形槽之程序是先銑或鉋削床面上明槽，而後再以T形槽銑刀銑明槽之側面。

8. 鳩尾槽銑刀

鳩尾槽銑刀為一種角端銑刀，可銑角度外主要用於銑鳩尾槽。

9. 成形銑刀

成形銑刀為特定形狀之銑削工作而設計，種類很多，如銑切內圓弧角、圓稜、半圓槽、齒輪、鏈輪等。

規格 m / m		規格 m / m	
外徑	厚度	外徑	厚度
13	3	25	6
13	4	25	7
16	3	25	8
16	4	28	6
16	5	28	7
19	4	28	8
19	5	28	10
19	6	30	6
20	4	30	7
20	5	30	8
20	6	30	10
22	5	32	6
22	6	32	8
22	7	32	10
25	5	45	10

圖 8.26　*T*形槽銑刀

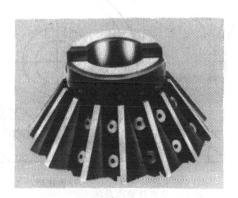

圖 8.27　鳩尾槽銑刀

成型銑刀

外圓銑刀

鏈齒刀

圖 8.28 成型銑刀

8.3 銑床切削之切削力計算

8.3-1 銑刀切削時切削力變化

使用普通銑刀切削時，應注意切削力之變化及平均切削力之方向變化，尤其是在逆銑法時更應加以控制，如圖 8.29 為逆銑法。

圖 8.30 所示為逆銑法所生作用於床台垂直方向之切削力，每一切齒之進刀量 S_z，如果超過一定進刀深度時，切削力之方向變為向上，產生將工件自床台舉起之力，如果就單一切齒而言，在開始切削時是由上向下壓工件，隨銑齒回轉而達於某一進刀深度時，則切削力轉換方向，而舉起工件，因此此種切削方式之穩定性極差，採用逆銑法時通常之進刀深度以不超過圖 8.30 所示之不安定區域為宜。

由圖 8.30 可知大部份之進刀深度 $t = 2 \sim 5\,mm$，在圓周方向之切削齒數應在 2 切齒以上。因此，通常都使銑刀具有螺旋角，以增加軸向之切削齒數，而減少其合力之變化。

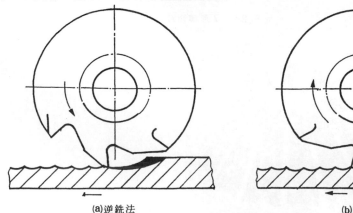
(a)逆銑法　　　　　　　(b)順銑法
圖 8.29 銑刀之逆銑法及順銑法

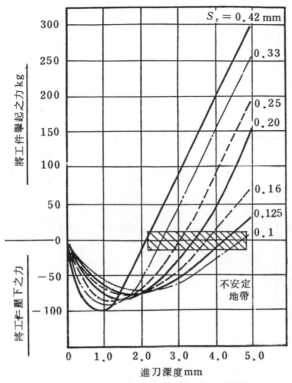

圖 8.30　普通銑刀逆銑之切削力之變動

如圓周面上同時切削齒數為 E_u ，軸面寬度同時切削齒數為 E_b 時 ，則

$$E_u = \frac{\phi_t}{\phi_z} = \frac{z}{\pi} \frac{t}{\sqrt{D}} \tag{8.1}$$

$$E_b = \frac{b}{P_a} = \frac{b\,z}{\pi D} \tan\beta \tag{8.2}$$

ϕ_t ：切入角度

ϕ_z ：切齒節距角

z 　：銑刀齒數

D 　：銑刀直徑

t 　：切削深度

b 　：切削寬度

β 　：螺旋角

P_a ：銑刀軸向節距

若為直線銑齒 $\beta = 0$ ， $E_b = 0$ ，圖8.31所示為直線銑齒銑刀之切削力變化圖

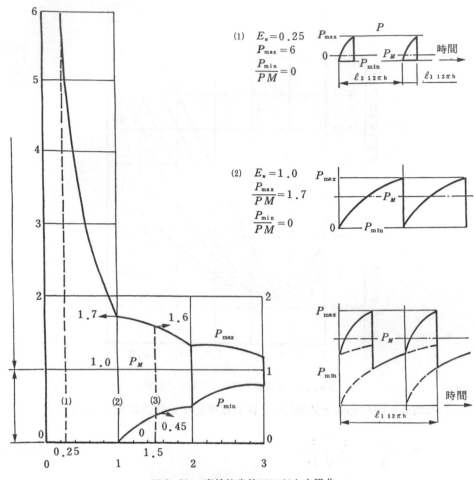

圖 8.31 直線銑齒銑刀切削力之變化

，水平方向為 E_n ，垂直方向為變化率 P_{max}/P_m ，P_{min}/P_m 之值，水平方向之縱軸為 1 表平均切削力 P_m ，在上下兩實線間變化，P_m 之絕對值將於下面幾頁中求出。

若將螺旋銑刀每一切齒所生切削力之變化加以分析，便可表出圖 8.32 ，圖中之實線 $E_b = 1$ 而 E_a 隨 $\frac{1}{3}$ ，$\frac{2}{3}$ 及 1 而變，虛線為 $E_u = 1$ 而 E_b 隨 $\frac{1}{3}$ ，$\frac{2}{3}$ 及 1 而變時，每一切齒所產生切削力之變化情形，作用於兩相鄰銑齒之切削力，為將此圖中之水平方向從 0 移到 1 ，並分別將其重疊部份之力合成為圖(d)所示之合力。

由圖中得知，若螺旋角 β ，而 E_a 值其小時其變化率亦小，$E_b = 1$ ，2 ……等整數倍時變化率最小，亦可由圖中看出。

通常 E_b 值取 1 以上，其因為合力之變化率 $(P_{max} - P_{min})/2P_m$ 之值變小，圖 5 所示為 $E_u = 1.2$ ，$E_b = 1.48$ 時施於一銑齒之力及合力之變化量，左圖為作用

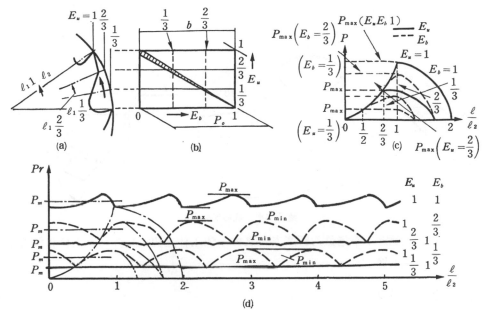

圖 8.32 螺旋銑刀切削力之變化圖

於 1 ， 2 ， 3 銑齒之切削面積，隨回轉情況由左側移至右側，在 1 之情況切削力將會增大， 2 之情況爲一定， 3 之情況會逐漸減少，亦卽是 2 之情形越長切削力之變化越少，對於一定之 E_b 值其 E_a 越小變動越少。

　雖然對於順銑法力之變化情況可用同相之方式加以考慮，但作用力對床台垂直方向之分力與圖 8.30 所示不同，當進刀深度爲銑刀直徑之一半以下時經常向下，由上向下壓床台。因此順銑法之進刀深度可比逆銑深，而 $t \leq D/3$ 爲宜。但因水平分力會變成工作台進刀方向，因此若無間隙消除裝置之銑床是不可用以順銑。

　面銑刀之切削力之變化情況，如圖 8.34 所示，一般使用面銑刀其切齒安裝 K 比較 90° 爲小，因此床台垂直方向之力經常都爲負（向下），卽將工件由上側壓向

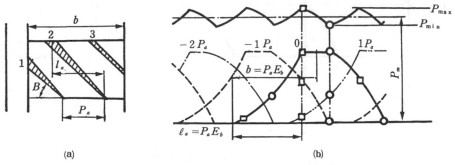

圖 8.33 螺旋叉齒銑刀切削之切削力變化

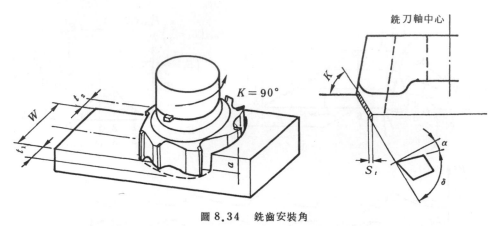

圖 8.34 銑齒安裝角

床台，因此較穩定，不過銑刀圓周方向之力，依工件之切削寬度以及工件和銑刀中心之相對位置而變。

8.3-2 切削力

銑刀在切削時之切削力，如前述作用於 1 切齒之力由 變化至最大，若同時之切削銑刀齒數為 1 以上時，分別重疊而成之較大合力。當銑齒具有螺旋角時，就更為複雜，但無論如何計算切削力之理論式，皆由下述之基礎公式導出來。

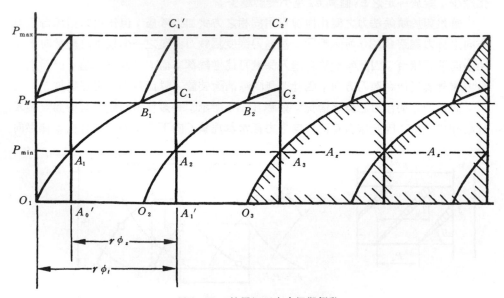

圖 8.35 銑刀切削力之週期變動

圖 8.35 爲圖 8.31 之部份圖，由圖中得知，平均切削力 P_m 爲：

$$P_m = \frac{b}{r \cdot \phi_2} \quad （面積 A_0{}', A_1, B_1, C_1{}', A_1{}'）$$

$$= \frac{b}{r \cdot \phi_2} \quad （面積 O_1, A_1, B_1, C_1, A_1{}'）$$

$$= \frac{b \cdot A_z}{r \phi_z} \tag{8.3}$$

A_z：每單位寬度 1 銑齒之切削工作

r ：銑刀半徑

ϕ_z：銑齒節距角

b ：切削寬度

$$A_z = \int_0^{lt} P_t \, dl = \int_0 P_h \cdot h \cdot r \cdot d\phi$$

l_t ：切屑弧長

h ：切削厚度 $= S_z \sin \phi$

S_z ：每銑刀齒之進刀量 $= S/nZ$

z ：銑刀齒數

P_h：切削阻力

ϕ ：齒刀之回較角

因此

$$P_m = \frac{b \cdot A_z}{r \phi_z} = \frac{b}{S_z \phi_z} \int_0^{ht} P_h \, h \, \frac{dh}{\cos \phi} \tag{8.4}$$

於車床切削時，$P_h = C_{ps} h^{-\varepsilon}$，而在銑削時也可使用，但將 h 代換爲 $\cos \phi$，作爲近似值計算，銑削時之切削力基礎公式：

$$P_m = \frac{4}{\phi_z} \cdot \frac{S_z \cdot b}{2 - \varepsilon} \cdot \frac{t}{D} \cdot P_n$$

$$= \frac{2}{2 - \varepsilon} \cdot \frac{Sbt}{\pi nD} P_n$$

$$= \frac{2}{2 - \varepsilon} \cdot \frac{V_c}{v} \cdot C_{ph} \cdot h^{-\varepsilon} \quad （kgf） \tag{8.5}$$

銑削之切削厚度 h 係依下式求出，隨進刀深度而變，與此相對之，S_z 係依床台之進刀量而定，計算時採用每一銑齒之進刀量 S_z 。

$$h = S_z \sin\varphi \fallingdotseq S_z \sqrt{\frac{4t}{D}}$$

$$h^{-\varepsilon} = (2S_z)^{-\varepsilon} \left(\frac{D}{t}\right)^{\frac{\varepsilon}{2}}$$

1. 普通銑刀產生切削力之計算公式

$$P_m = \frac{2^{1-\varepsilon}}{2-\varepsilon} \frac{V_c}{v} \left(\frac{D}{t}\right)^{\frac{\varepsilon}{2}} \frac{C_{ph}}{S_z^{\varepsilon}}$$

$$= \frac{2^{1-\varepsilon}}{2-\varepsilon} \frac{V_c}{v} \left(\frac{D}{t}\right)^{\frac{\varepsilon}{2}} P_s \quad (S = S_z) \tag{8.6}$$

（8.6）式中：

$$P_s = K\delta \cdot K_x \cdot P_{s_0}$$
$$P_{s_0} = C_{ps} \cdot S^{-\varepsilon} \qquad (\text{kg/mm}^2) \tag{8.7}$$

式中，C_{ps}：$S = 1$ 時之 P_{s_0}
$\quad V_c$：切削量（mm³/min）
$\quad V_c$：進給量（mm/min）
$\quad S$：進給量（mm/min）
$\quad b$：切削寬度（mm）
$\quad t$：進刀深度（mm）

$$v = \pi \cdot D \cdot n$$

$\quad v$：切削速度（m/min）
$\quad D$：銑刀直徑（mm）
$\quad n$＝銑刀廻轉數（rpm）

由表 8.1～8.3，可求出比切削力 P_s（即單位面積切削力）之值，然而代入（8.6）式即可。

表 8.4，表 8.5 為利用普通銑刀切削時，由作用於銑刀柄上之切削動力 L（kw/sec）之實測值，換算成切削力之值，及使用（8.6）式計算出之值，比較之例。

表 8.1　K_δ 之值

切削材料	傾角 α / 切屑角 δ / 切屑形狀	40° / 50°	30° / 60°	20° / 70°	10° / 80°	0° / 90°	ε_δ
鋼、銅、輕合金	帶狀切屑	0.66	0.75	0.84	0.92	1.00	0.7
鑄鐵、黃銅、青銅	撕裂切屑或粉狀切屑	0.59	0.69	0.80	0.90	1.00	0.9

表 8.2　K_x 之值

被切削材料 ＼ 安裝角 K	30°	45°	60°	75°	90°	ε_x
鋼	1.27	1.16	1.09	1.04	1.00	0.22
鑄鐵	1.21	1.13	1.07	1.03	1.00	0.17
輕合金	1.15	1.09	1.05	1.02	1.00	0.125
黃銅、青銅	1.10	1.06	1.04	1.02	1.00	0.086

表 8.3　比切削力 P_{so}（kg/mm²）（$\delta = 90°$，$K = 90°$）

切削厚度 h（mm）/ 進刀量 S（mm/rev）（車）/ 每齒進刀量 S_z（mm/齒）銑		0.02	0.04	0.1	0.3	0.4	C_{ps} / 1.0	ε	P_{so}
碳鋼	σ_B（kg/mm²）= 40	410	350	290	250	212	173	0.22	$C_s\sigma_r{}^{0.5}S^{-0.22}$
	60	500	430	356	300	255	212	0.22	$C_s\sigma_r{}^{0.5}S^{-0.22}$
	80	580	500	410	350	300	245	0.22	$C_s\sigma_r{}^{0.5}S^{-0.22}$
合金鋼	100	640	550	450	385	330	270	0.22	$C_s\sigma_r{}^{0.5}S^{-0.22}$
	140	760	650	530	460	395	320	0.22	$C_s\sigma_r{}^{0.5}S^{-0.22}$
	180	1000	855	700	600	510	420	0.22	$C_s\sigma_r{}^{0.5}S^{-0.22}$
鑄鐵	H_B = 120	225	185	142	118	97	75	0.38	$C_s H_b{}^{1.2}S^{-0.28}$
	160	316	260	200	166	137	105	0.28	$C_s H_b{}^{1.2}S^{-0.28}$
	200	410	340	260	215	178	137	0.28	$C_s H_b{}^{1.2}S^{-0.28}$
鋁合金	H_B = 80	160	138	115	97	83	68	0.22	$C_s S^{-0.22}$
鋁		125	107	89	75	65	53	0.22	$C_s S^{0.22}$
鎂合金					40				
黃銅					110				
電木、硬質橡膠					35				
硬質板					28				
$\delta = 90°$　　$K = 90°$									
比切削力 $P_s = K_\delta \cdot K_b \cdot P_{so}$，$P_{so} = C_{ps} \cdot S_z{}^{-\varepsilon}$									

表8.4 普通銑刀切削(1)

銑刀直徑 $D = \phi 75$ mm 齒數 $Z = 8$ $\alpha = 0°$
被切削材料 $\sigma_B = 50$ kg/mm² $\varepsilon = 0.22$
切削速度 $v = 90.7$ m/min
刀具廻轉數 $n = 385$ rpm
切削寬度 $b = 90$ mm
銑床 No.2
刀桿直徑 $\phi 31.75$

進刀深度 t (mm)		進刀量 S (mm/min)	每齒進刀量 S_z (mm/tooth)	切削量 V_e (cm²/min)	切削動力 L (kW/sec)	切削力 kgf 實驗值	切削力 kgf 計算值	誤差 %
逆銑	2.0	76	0.025	13.7	1.6	108	94	+13
		112	0.036	20.2	2.2	148	128	14
		152	0.049	27.4	2.8	189	162	14
		200	0.065	36.0	3.5	236	200	15
		288	0.094	51.8	4.5	310	265	15
		396	0.129	71.3	5.7	385	340	12
順銑	2.0	76	0.025	13.7	1.7	115	94	19
		112	0.036	20.2	2.3	155	128	17
		152	0.049	27.4	2.8	189	162	14
		200	0.065	36.0	3.5	236	200	15
		288	0.094	51.8	4.6	310	265	15
		396	0.129	71.3	5.5	370	340	8

平均誤差 % ＝ ± 14^{+3}_{-2}

表 8.5　普通銑刀切削(2)

銑刀直徑　$D＝\phi 100$ mm　　齒數 $Z＝10$ 齒　　$\alpha＝0°$
被切削材料 $\sigma_r＝50$ kg/mm²　　$\varepsilon＝0.22$
切削速度　$v＝94.8$ m/min
刀具廻轉數 $n＝302$ rpm
切削寬度　$b＝90$ mm
銑　　床　No. 2½
刀桿直徑　$\phi 40.0$

進刀深度 t (mm)	進刀量 S (mm/min)	每齒進刀量 S_z (mm/tooth)	切削量 V_e (cm³/min)	切削動力 L (kW/sec)	切削力 kgf 實驗值	計算值	誤差 (%)
逆銑 3.0	155	0.051	46.5	3.8	245	258	－5
	205	0.068	61.5	4.6	297	318	－7
	285	0.094	85.5	5.7	368	413	－12
	350	0.116	105.0	6.8	439	484	－11
	470	0.156	141.0	9.0	581	610	－5
	575	0.191	172.5	10.8	697	712	－2
順銑 3.0	155	0.051	46.5	3.7	239	258	－8
	205	0.068	61.5	4.5	290	318	－10
	285	0.094	85.5	5.6	362	413	－14
	350	0.116	105.5	6.6	426	484	－14
	470	0.156	141.0	8.8	568	610	－7
	575	0.191	172.5	10.0	646	712	－10

平均誤差 ％＝ -9^{+4}_{-5}

表 8.6 普通銑刀切削(3)

工　件　$D=100\,mm$
　　　　$Z=10$ 枚
　　　　$n=0$
被切削材料 $\sigma_B=50$ kg/mm²（$\varepsilon=0.22$）
切削速度　$v=92.8$ m/min，$n=295$ rpm
切削寬度　$W=100\,mm$
銑　床　No 3
刀桿直徑　$=40\,mm^\phi$

進刀深度 t (mm)	進刀量 S (mm/min)	每齒進刀量 S_z (mm/tooth)	切削量 V_e (cm³/min)	切削動力 L (kW/sec)	切削力 kgf 實驗值	切削力 kgf 計算值	誤 差 (%)
逆銑 3.5	110	0.037	38.5	3.1	204	229	− 12
	152	0.052	53.2	4.2	277	294	− 6
	210	0.071	73.5	5.4	356	378	− 6
	290	0.098	101.5	6.9	455	487	− 7
	400	0.136	140.0	8.8・	580	625	− 8
	550	0.186	192.5	11.3	745	802	− 8
順銑 3.5	110	0.037	38.5	3.2	211	229	− 9
	152	0.052	53.2	4.3	284	294	− 4
	210	0.071	73.5	5.4	356	378	− 6
	290	0.098	101.5	6.9	45.5	487	− 7
	400	0.136	140.0	8.8	58.0	625	− 8
	550	0.186	192.5	11.3	7.45	802	− 8

平均 $-7\,{}^{+1}_{-2}$

切削動力之實測係爲某工廠之實測所得之數據，並非由實驗室中測得之數據，因此並無法確定實驗值之精密程度，但實測值及理論值之平均誤差，在 No. 1 爲＋14 $\binom{+3}{-2}$％，No. 2 爲－9 $\binom{+4}{-5}$％，而 No. 3 爲－7 $\binom{+1}{-2}$％，同時將此三者加以平均，其平均值爲－0.7％，故誤差極小可當作 0，理論計算式可視爲準確。

2. 面銑刀及端銑刀之切削力計算求法

面銑刀及端銑刀切削時，工件之放置與銑刀軸垂直，因此如圖 8.34，圖 8.36 所示爲面銑刀或端銑刀之切削情況，在普通銑刀式中，相當於進刀深度 t 之切削寬度，在（8.5）式中切削寬度 b 之處，以進刀深度或槽深 a 代入。

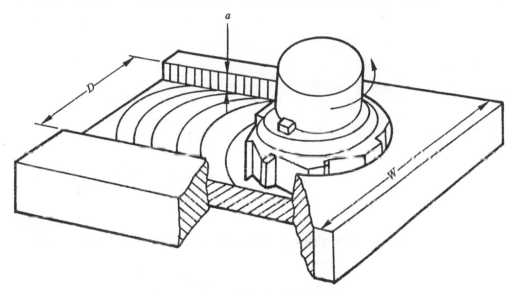

圖 8.36 面銑刀及端銑刀銑削溝槽

(一) 切槽（工件寬 W ＞銑刀直徑）

切槽時將（8.5）式以 $h=S_z$，$b=a$，$t=D$ 代入而 $V_c=S \times a \times D$。

$$P_{ma} = \frac{2}{2-\varepsilon} \cdot \frac{S \cdot a}{\pi \cdot n} \cdot P_s$$

$$= \frac{2}{2-\varepsilon} \cdot \frac{V_c}{v} \cdot P_s \tag{8.8}$$

(二) 平面銑刀切削

使用面銑刀切削，依工件之寬度 W 及銑刀直徑 D 之大小，工件對銑刀中心位置之關係，可成立下列三的計算公式，此時之切削量爲 $V_c=S \cdot a \cdot D$。

(1) $W=D-t_u-t_d$ （圖 8.9 (a) 所示）

由切槽之（8.8）式減掉進刀深度 t_u 之逆銑法（8.6）及 t_d 之順銑法（8.6）式之切削力即可。

$$P_m = \frac{2^{1-\epsilon}}{2-\epsilon} \cdot \frac{Sa}{\pi n} \cdot P_s \left\{ 2^\epsilon - \left(\frac{t_u}{D} \right)^{1-\frac{\epsilon}{2}} - \left(\frac{t_d}{D} \right)^{1-\frac{\epsilon}{2}} \right\}$$

$$= \frac{2^{1-\epsilon}}{2-\epsilon} \cdot \frac{V_c}{v} \cdot \frac{D}{W} \cdot P_s \left\{ 2^\epsilon - \left(\frac{t_u}{D} \right)^{1-\frac{\epsilon}{2}} - \left(\frac{t_d}{D} \right)^{1-\frac{\epsilon}{2}} \right\}$$

$$(8.9)$$

$$V_c = S \cdot a \cdot W$$

$$t_u + t_d = D - W$$

(2) $W = D - t_u + X$

即（8.9）式中之 $t_d = 0$

$$P_m = \frac{2^{1-\epsilon}}{2-\epsilon} \cdot \frac{S \cdot a}{\pi \cdot n} \cdot P_s \left\{ 2^\epsilon - \left(\frac{t_u}{D} \right)^{1-\frac{\epsilon}{2}} \right\}$$

$$= \frac{2^{1-\epsilon}}{2-\epsilon} \cdot \frac{V_c}{v} \cdot \frac{D}{W} \cdot P_s \left\{ 2^\epsilon - \left(\frac{D-W}{D} \right)^{1-\frac{\epsilon}{2}} \right\} \ (\text{kgf})$$

$$(8.10)$$

(3) $W = D - t_d + X$ 時即如圖8.37(c)所示之情況，即（8.9）式中之 $t_u = 0$ 。

$$P_m = \frac{2^{1-\epsilon}}{2-\epsilon} \cdot \frac{S \cdot a}{\pi \cdot n} \cdot P_s \left\{ 2^\epsilon - \left(\frac{t_d}{D} \right)^{1-\frac{\epsilon}{2}} \right\}$$

$$= \frac{2^{1-\epsilon}}{2-\epsilon} \cdot \frac{V_c}{v} \cdot \frac{D}{W} \cdot P_s \left\{ 2^\epsilon - \left(\frac{D-W}{D} \right)^{1-\frac{\epsilon}{2}} \right\} \ (\text{kgf})$$

$$(8.11)$$

t_u , t_d ：由圖8.37之情況而定

V_c 　：S、a、W 每單位時間之切削量

S 　　：進刀量

a 　　：進刀深度

n 　　：銑刀廻轉數

D 　　：銑刀直徑

W 　　：切削寬度（mm）

P_s　　　：切削厚度 S_z（mm／1 切齒）時之比切削力（表8.3）

ε　　　：由表8.3中可查得

　　表8.7，表8.8，表8.9為面銑刀切削之例，及表8.4，表8.5，表8.6相同由作用於銑刀軸之切削動力換算成圓周方向之切削力，及由（8.9）式計算所得之理論值加以比較。表8.1，表8.2及表8.3之數據為同一家工廠建立起來，在面切削與實測值及計算值之誤差極小，因此使用普通銑刀切削及面銑刀切削之數例中，平均誤差在2％以內，因此可說利用以上之計算式，可以不加測定而推定利用銑刀割削時之切削力，其準確程度在±15％以內。準確度±15％，對於全體之切力之絕對值的誤差，在各例中之誤差均在％以內，因此可確定理論式之精度相當高。

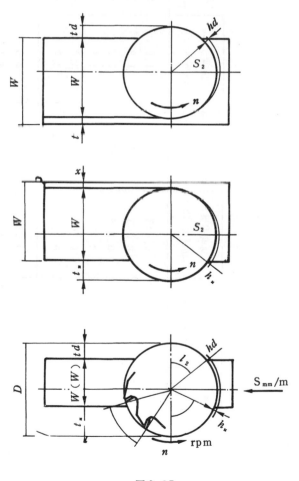

圖9.37

表 8.7　面銑刀切削(1)

銑刀直徑　$D=\phi152$ mm　　齒數 $Z=6$ 齒　　$\alpha_a=3°$
被切削材料 $\sigma_r=50$ kg/mm²
切削寬度　$W=90$ mm
刀具廻轉數 $n=295$ rpm
切削速度　$v=141$ m/min
銑　床　立式 No 2
　　　　$\alpha_s=6°$

進刀深度 a (mm)	進刀量 S (mm/min)	每齒進刀量 S_s (mm/tooth)	切削量 V_e (cm³/min)	切削動力 L (kW/sec)	切削力 (kgf) 實驗值	計算值	誤差 (%)
2.0	76	0.043	13.7	1.0	43.4	40.7	+6
	112	0.063	20.2	1.3	56.4	55.2	+2
	152	0.086	27.4	1.7	73.8	69.9	+5
	200	0.113	36.0	2.1	91.1	86.5	+5
	288	0.163	51.8	2.8	121.5	114.8	+6
	396	0.224	71.3	3.7	161	147.3	+9
3.0	152	0.086	41.0	2.5	109	104.6	+4
	200	0.113	54.0	3.1	135	129.7	+4
	288	0.163	77.8	4.1	178	172.4	+3
	896	0.224	106.9	5.5	239	220.8	+8

平均誤差 % $=+5^{+3}_{-2}$

圖 8.37 (b) 彼切削 $t_{ss}=D-W$

表 8.8　面銑刀切削(2)

銑刀直徑　$D=\phi152$ mm　　齒數$Z=6$齒
　　　　　$\alpha_a=3°$　　$\alpha_r=6°$
被切削材料　$\sigma_B=50$ kg/mm²
切削寬度　$W=120$ mm
切削速度　$v=144$ m/min
銑　床　立式No 2½
銑刀廻轉數　$n=303$ rpm

圖8.37(b)歛切削 $t_m=D-W$

進刀深度 a(mm)	進刀量 S (mm/min)	每齒進刀量 S_z (mm/tooth)	切削量 V_c(cm³/min)	切削動力 L (kW/sec)	切削力(kgf) 實驗值	切削力(kgf) 計算值	誤差(%)
3.0	155	0.086	55.8	3.3	140	134	+4
	205	0.113	73.8	4.0	170	167	+2
	285	0.157	102.2	4.9	208	216	−4
	350	0.193	126.0	6.0	255	254	+0.4
	470	0.259	169.2	7.7	327	318	+3
	575	0.317	207.0	8.8	374	373	−3
4.0	350	0.193	158.0	7.8	332	338	−2
	420	0.231	201.6	9.2	383	383	0
	470	0.259	225.6	10.1	424	425	−2
	575	0.317	276.0	11.8	497	497	0

平均 $+0.9^{+2}_{-1}$

表 8.9　面銑刀切削(3)

銑刀直徑　$D = \phi 152\,mm$　　齒數 $Z = 6$ 齒
　　　　　$\alpha_a = 3°$　　$\alpha_r = 6°$
被切削材料 $\sigma_B = 50$（S 45 C）
切削寬度　$W = 140\,mm$
切削速度　$V = 132.6\,m/min$
銑刀廻轉速 $n = 208\,rpm$
銑　床　立體 No 3

切削深度 a (mm)	進刀量 S (mm/min)	每齒進刀量 S_z (mm/tooth)	切削量 V_c (cm³/min)	切削動力 L (kW/sec)	切削力 (kgf) 實驗值	切削力 (kgf) 計算值	誤差 (%)
5.0	100	0.6	70.0	3.5	162	193	-19
	210	0.126	147.0	6.9	319	344	-8
	400	0.240	280.0	10.7	494	569	-15
	500	0.300	350.0	13.1	605	678	-12
	600	0.361	420.0	15.1	697	782	-12
7.0	210	0.126	205.8	9.3	429	482	-12
	400	0.240	392.0	14.7	679	798	-17
	500	0.300	490.0	18.1	835	951	-14
	600	0.361	588.0	20.7	955	1095	-15
	650	0.391	637.0	22.1	1020	1166	-14

平均誤差 % $= -14^{+3}_{-2}$

圖 8.37(a)接觸角 $t_e = (D-W)/2$

8.3-3　例　題

【例 1 】普通銑刀銑削，表8.5之1例，切削條件如下：

銑刀直徑 $D = 100$ ， $\alpha = 0°$ ， $k = 90°$ ， $z = 10$ 齒

銑刀回轉數 $n = 302$ rpm

切削速度 $v = \pi \cdot D \cdot n = \pi \times 100 \times 302 = 94.8$ m/min

切削寬度 $b = 100$ mm

被切削材料 $\sigma_B = 50$ kg/mm²

切削量 $V_c = S \cdot b \cdot t$

由（8.6）式

$$P_m = \frac{2^{1-\varepsilon}}{2-\varepsilon} \cdot \frac{V_c}{v} \left(\frac{D}{t}\right)^{\frac{\varepsilon}{2}} \cdot P_s$$

由表 8.1 ，表 8.2 之資料求 P_s

(1)由 $\alpha = 0$ ， $K_\delta = 1.00$

(2)由 $K = 90°$ ， $K_z = 1.00$

(3) $\sigma_b = 50$ kg/mm²

表 8.3 碳鋼之 $\sigma_B = 60$ kg/mm² 時 $C_{ps} = 212$ kg/mm² ， $\sigma_B = 40$ kg/mm² 時 $C_{ps} = 173$ ，因此可得 $\sigma_B = 50$ kg/mm² 時之 $C_{ps} = 192$ kg/mm² 。

(4)因被切削材料為鋼，故為 0.22

$$P_s = K_\delta \cdot K_x \cdot C_{ps} \cdot S^{-\varepsilon}$$
$$= 1.00 \times 1.00 \times 192 \times S_z^{-0.22}$$
$$= 192 S_z^{-0.22}$$

由（8.6）式

$$P_m = \frac{2^{1-\varepsilon}}{2-\varepsilon} \cdot \frac{V_c}{v} \cdot \left(\frac{D}{t}\right)^{\frac{\varepsilon}{2}} P_s$$
$$= \frac{2^{0.78}}{1.78} \times \frac{V_c}{94.8} \times \frac{100^{0.11}}{3^{0.11}} \times \frac{192}{S_z^{0.22}}$$
$$= \frac{1.717}{1.78} \times \frac{V_c}{94.8} \times \frac{1.66}{1.13} \times \frac{192}{S_z^{0.22}}$$
$$= 3.24 \frac{V_c}{S_z^{0.22}}$$

表 8.5 ， $t = 3$ ， $S = 205$ mm/min 故

$$V_c = S \cdot b \cdot t$$
$$= 205 \times 100 \times 3$$
$$= 61.5 \times 10^3 \text{ mm}^3/\text{min}$$
$$= 61.5 \text{ cm}^3/\text{min}$$

$$S_z = \frac{S}{n\,z} = \frac{205}{302 \times 10}$$
$$= 0.068 \text{ mm}/ \text{切齒}$$

$$S_z{}^{0.22} = (0.068)^{0.22} = 0.554$$

$$P_m = 3.24 \times \frac{61.5}{0.554} = 319 \text{ kg}$$

因為 v 為 m/min，V_c 為 cm³/min 時，則 V_c/v 之單位和兩者都用 mm 為單位時相同。

【例2】面銑刀銑削，表8.8之1例，切削條件如下：

銑刀直徑 $D = 152$（mm），$\alpha_r = 6°$，$\alpha_a = 3°$

銑刀齒數 $z = 6$（齒）

銑刀回轉數 $n = 302$（rpm）

切削速度 $v = \pi \cdot D \cdot n = 144$（m/min）

切削寬度 $W = 120$（mm）

初切削切料 $\sigma_b = 50$（kg/mm²）

切削量 $V_c = S \cdot W \cdot a$

切削為圖8.37 (b)型，故依8.10式

$$P_m = \frac{2^{1-\epsilon}}{2-\epsilon} \cdot \frac{V_c}{v} \cdot \frac{D}{W} \cdot P_s \left\{ 2^\epsilon - \left(\frac{t_u}{D} \right)^{1-\frac{\epsilon}{2}} \right\}$$

由表8.1，表8.2及表8.3求出 P_s

(1) $\alpha_r = 6°$，$\alpha_a = 3°$（有效傾斜角 $\alpha_e = 7.5°$），由 $\alpha_e = 7.5°$，$K_\delta = 0.94$。

(2) 由 $K = 90°$，$K_x = 1.00$。

(3) 被切削材料 $\sigma_B = 50$ kg/mm² 與例1完全相同，故 $C_{ps} = 192$ kg/mm²。

(4) ϵ 亦與例1相同為 $\epsilon = 0.22$

$$P_s = K_\delta \cdot K_x \cdot C_{ps} \cdot S_z{}^{-\epsilon}$$
$$= 0.94 \times 1.00 \times 192 \times S_z{}^{-0.22}$$
$$= 180 \, S_z{}^{-0.22}$$

$$P_m = \frac{2^{1-\epsilon}}{2-\epsilon} \cdot \frac{V_c}{v} \cdot \frac{D}{W} \cdot P_s \left\{ 2^\epsilon - \left(\frac{t_u}{D}\right)^{1-\frac{\epsilon}{2}} \right\}$$

$$= \frac{2^{0.78}}{1.78} \times \frac{V_c}{144} \times \frac{152}{120} \times \frac{180}{S_z^{0.22}} \left\{ 2^{0.22} \left(\frac{152-120}{152}\right)^{0.89} \right\}$$

$$= 1.398 \times \frac{V_c}{S_z^{0.22}}$$

表 8.7 中

$a = 2$ mm

$S = 205$ mm/min

$V_c = S \cdot W \cdot a$

$\quad = 205 \times 120 \times 2$

$\quad = 73.8 \times 10^3$ mm³/min

$\quad = 73.8$ cm³/min

$S_z = \dfrac{S}{n\,z} = \dfrac{205}{302 \times 6} = 0.113$ mm / 1 切齒

$S_z^{0.22} = (0.113)^{0.22} = 0.62$

$P_m = 1.398 \times \dfrac{73.8}{0.62} = 167$ kg

【**例 3**】平面銑刀，表 8.9 之 1 例，列削條件如下：

刀具直徑 $D = 203$（mm），$\alpha_r = 6°$，$\alpha_a = 3°$

銑刀齒數 $z = 8$（齒）

銑刀回轉速 $n = 208$（rpm）

切削速度 $v = \pi \cdot D \cdot n = 132.6$ m/min

切削寬度 $W = 140$ mm

被切削材料 $\sigma_B = 50$ kg/mm²

切削量 $V_c = S \cdot W \cdot a$

切削形式為圖 8.37 之 (a)，故 8.9 式為

$$P_m = \frac{2^{1-\epsilon}}{2-\epsilon} \cdot \frac{V_c}{v} \cdot \frac{D}{W} \cdot P_s \cdot \left\{ 2^\epsilon - \left(\frac{t_u}{D}\right)^{1-\frac{\epsilon}{2}} - \left(\frac{t_d}{D}\right)^{1-\frac{\epsilon}{2}} \right\}$$

P_s 之求法與例 2 相同

$P_s = 180\, S_z^{-0.22}$

$$P_m = \frac{2^{1-\varepsilon}}{2-\varepsilon} \cdot \frac{V_c}{v} \cdot \frac{D}{W} \cdot P_s \left\{ 2^{\varepsilon} - \left(\frac{t_u}{D} \right)^{1-\frac{\varepsilon}{2}} - \left(\frac{t_d}{D} \right)^{1-\frac{\varepsilon}{2}} \right\}$$

$$= \frac{2^{0.78}}{2^{-0.22}} \cdot \frac{V_c}{144} \cdot \frac{203}{140} \cdot \frac{180}{S_z{}^{0.22}} \left\{ 2^{0.22} - \left(\frac{204-140}{2 \times 204} \right)^{0.89} \right.$$

$$\left. \times 2 \right\}$$

$$= 1.49 \frac{V_c}{S_z{}^{0.22}}$$

表 8.9 之 $a = 5\,\text{mm}$, $S = 210\,\text{mm/min}$, 故

$$V_c = S \cdot W \cdot a = 210 \times 140 \times 5$$

$$= 147 \times 10^3\ \text{mm}^3/\text{min}$$

$$= 147\ \text{cm}^3/\text{min}$$

$$S_z = \frac{S}{nz} = \frac{210}{208 \times 8} = 0.126$$

$$S_z{}^{0.22} = 0.63$$

$$P_m = 1.49 \times \frac{147}{0.63} = 344\ \text{kg}$$

　　以上介紹切削力之計算，其目的是在夾具設計過程中，正確的決定夾緊力，再將所定出之夾緊力大小，選擇適當之夾緊機構，夾緊機構之構件大小亦可經由計算求得，如此一來對夾具之設計提供安全可靠之方法，此即為本節發費極多之時間介紹切削力求法之最大目的。

8.4　銑床用夾具之設計應注意事項

　　生產工廠中夾具也與其他設備機械相同，應考慮投資報酬率，夾具之投資金額由工件之數量而定，但應注意工件之精度與形狀，例如少量而精度高之工件，或形狀複雜之工件生產費可能提高。但某些形狀使用專門之夾具生產費可能降低，所以夾具可為滿足工件精度要求，且能於交貨時間內廉價完成交貨。

　　一般夾具可分為兩大類，其一為標準廣用夾具，其二為特殊夾具。而銑床之夾具也是如此，一般銑床之廣用夾具以銑床虎鉗最具有代表性，如圖 8.38 所示為銑床用夾緊用具，常用於小量生產之情況。今日數控工具機發展快速，數控工具機最適合於多樣少量之生產，所以數控工具機之夾具皆趨於廣用性。一般而言廣用性良好之夾具，其操作速度上可能較差，但是若要更有效的應用數控工具機，應注意夾具之各部位功能，並能力求標準化。特殊夾具為特定之工件加工時使用，所以對一

圖 8.38　銑床夾緊用具

般之轉用困難。夾具之操作及作動，可用手動操作，氣壓、油壓亦相當之普遍，工件之搬運使用輸送機，而自動裝卸分度等應為使用容油壓之裝置。

在設計銑床夾具時要先了解所使用之銑床特性，床台、尺寸、作業面積、T 形槽尺寸、左右、前後、上下之最大移動量，銑床馬力、主軸回轉速，及輸送速度之範圍，何種方式操作加工如採立銑或臥銑較好，由此決定夾具之複雜程度。

設計夾具時應將所組成之構件標準化，儘可能採用通用之規格品，類似產品加工所需之夾具，應儘量採用相同之構件與造形，若類似產品改變設計或形狀相同而加工略有異時，祇需改變某一、二零件，即可成為另一新夾具，負責另一工件之加工，如此即可達成夾具應負之使命，又能降低夾具製作之成本及時間，此為應付現今之多樣少量生產方式最有效之夾具設計方式。

設計銑床用夾具應考慮之事項：

(1) 工件之大小、重量、剛性及加工基準面，特別注意加工基準面為黑皮面或加工過之面，若經加工過應注意其加工形態及精度。

(2) 工件之加工量及切削性。

(3) 工件加工精度要求（表面精度、平面度、平行度、垂直度、尺寸精度）。

(4) 生產數量、費用、時間。

(5) 選擇適當之銑削方法。

(6) 使用之銑床之形式、大小及馬力數。

(7) 銑刀之種類、形狀及材質。

(8) 夾具之夾緊力大小及形式。

(9) 操作員之能力。

(10) 安全設施。

8.4-1 工件之配置法

將工件安置於銑床床台上加工時，其配置方法很多，而配置方法對於夾具之設計有著重要之關係。一般常用之配置方法有下列幾種，如圖8.39所示。

1. 單件裝法

夾具中最簡單者，除小工件外，單件裝法頗多，生產線上常為縮短裝卸之時間，要求單件配置。

2. 直列配置

將床台之長軸方向上排列兩個以上之工件，依次加工，將加工完成之工件依次卸下，裝上未加工之工件，因此可增加機械之生產效率，工件配置愈近愈能縮短加工時間，但裝卸之設計較難考慮。

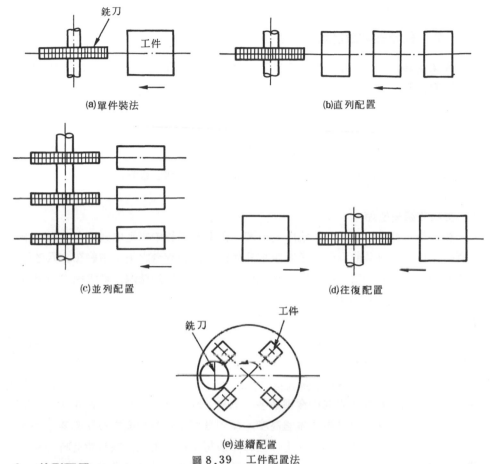

(a)單件裝法

(b)直列配置

(c)並列配置

(d)往復配置

(e)連續配置

圖8.39　工件配置法

3. 並列配置

在床台之短軸方向上配置二個以上之工件，同時作數件加工，每個加工時間與工件之裝置量成反比，若將工件間隔減少為零時，銑削所耗費時間最少，但工件之裝卸有種種問題，反而會將時間拉長，且加工精度亦有問題產生。所以設計前應作詳細考慮，才能決定排列之數值，否則會產生頗多不良後果。

4. 往復配置

工件夾具分裝銑床床台之左右兩端，當一端夾具上之工件完成加工後，再加工另一端工件，此時卸下已加工過之工件，換上未加工之工件。此種方法常用於中量生產，銑刀在銑削時，一端為順銑，一端為逆銑。

5. 連續配置

工件夾具安裝於迴轉盤上，加工裝卸是連續動作，機械不必停止，機械利用率提高。迴轉式銑床、圓筒式銑床皆為連續配置式之專用銑床，普通之銑床，小工件時利用附件裝置圓型工作台，亦可作如此之連續加工。

8.4-2 銑床夾具設計應注意事項

銑床夾具之設計除了要注意工件之定位與夾緊之原則外，尚需注意下列之事項:

1. 銑刀安裝

在大量生產中，定期更換銑刀。如何迅速正確的更換銑刀，對生產效率有重大之影響。爲提高生產力在夾具設計時應考慮設計刀具定位裝置，如此一來銑刀之更換即可達到迅速正確之要求。例如夾具內設有刀具安裝基準面，此面在安裝銑刀時用量規定出銑刀之固定位置，尺寸精度可嚴密加以控制。或者在夾具內設有刀具定位裝置。

2. 夾具安裝安位面

在小量生產中，夾具常在銑床上換裝，在換裝過程中需定位與定心，操作上相當費時，因此在夾具設計時，應考慮夾具如何定位於床台之上，一般在夾具底面設一定位鍵與 T 形溝同寬。在定位夾具時只要將鍵放入 T 形槽內，可迅速求出夾具之位置，減少安裝或互換夾具所需之時間，以提高生產效率。

3. 切屑處理

一般對切屑之處理並不重視，但是夾具加工工件產生不良品中，一大半是因爲切屑處理不當所造成的。例如夾具基準面上積有切屑，造成工件精度不良，切屑一般溫度較高，停滯於夾具上，易使夾具溫度上升，影響工件之精度，所以對切屑處理要多加小心。在加工過程中會製造多少切屑，應先加以計算，以便在夾具設計時做具體之考慮，在設計時做爲本體高度、傾斜角度，及基準面之形狀參考。銑削時切屑易飛散，作業時應在加工面上加上防護設施，在自動化之夾具設計時因夾具本體高度受限，傾斜角度不能太大，其原因在防止振動，此時切屑處理相當之困難。

8.5 銑床夾具設計步驟

銑床夾具由於銑床種類之不同及銑削方式之差異而有所區別，但在設計時只需做某些細節的考慮及修正即可達到所需之目的，設計時可根據以下步驟思考，則會發現設計極爲簡單:

1. 夾具設計前初步分析

吾人在設計前必須對工件及加工情況有所了解，此在第二章中已詳述過。對工件有了認識便可選擇加工方法，再根據加工方法選擇工作機械。此外對操作者之能力、技術亦須了解，再考慮夾具投資額。實例中工件爲鑄件表面爲未加工之黑皮，今欲加工軸承座底面之基準平面，吾人選用床型立式銑床採用面銑刀銑削加工，操作者爲年青男性半技工，工件數量每月 1500 件，生產年限 5 年，投資夾具費用 2 萬元。 。

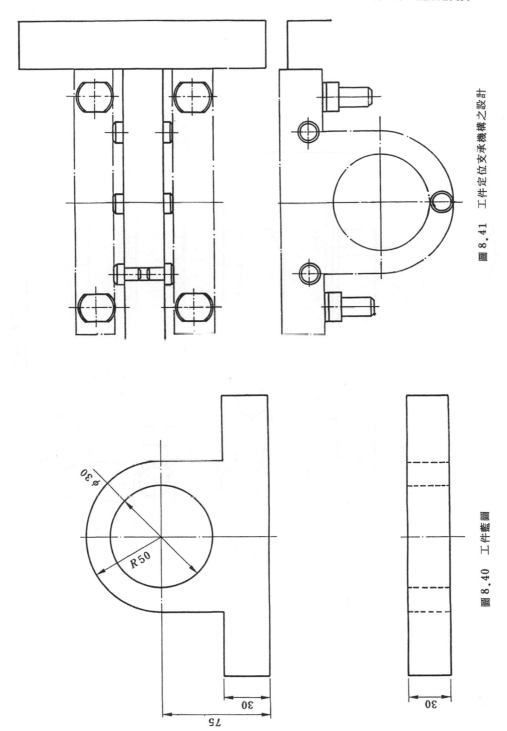

圖 8.41 工件定位支承機構之設計

圖 8.40 工件藍圖

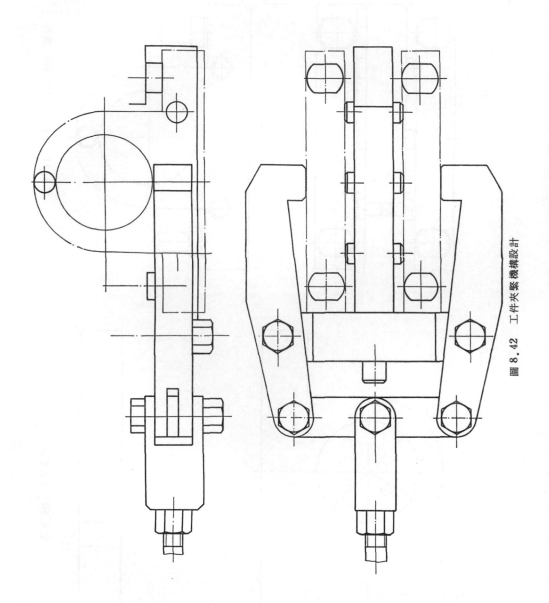

圖 8.42 工件夾緊機構設計

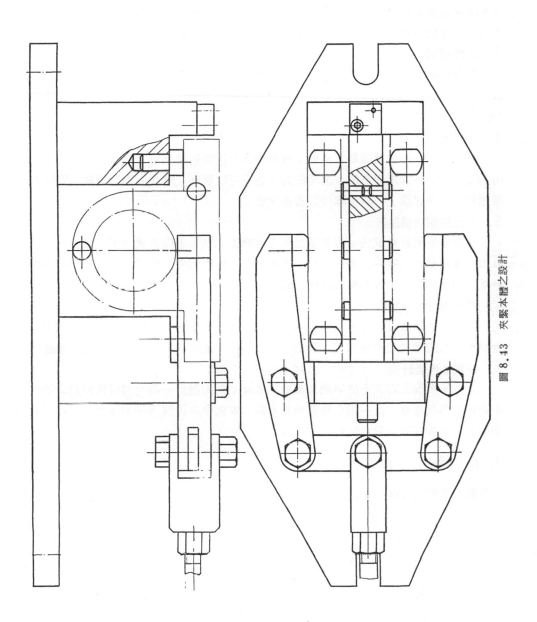

圖 8.43　夾緊本體之設計

2．夾具設計時應考慮事項及有關資料

　　夾具設計時應對工作機械有所了解，如銑床 T 形槽尺寸，銑床附件是否齊全，該機械是否具有油壓、氣壓等動力源，使用油壓、空壓是否方便，工作機械在安裝夾具是否方便有無手推車或吊車，夾具操作使用時是否影響他機械等。

3．工件構圖

　　工件構圖係將工件依加工部位及情況，依所採用之設計方式繪製於構想草圖中。實例中吾人選擇兩工件並列安裝於夾具中，構圖時即將工件之安裝構想繪製於草圖中。

4．工件定位安裝設計

　　工件定位應符合第四章之原則，實例中吾人以兩短柱支承，以三定位銷定位，由於工件屬於一自由度定位，故定位方式合乎定位原則。將設計構想成熟之定位裝置繪於工件構想圖上，該步驟設計即告完成。

5．工件夾緊機構設計

　　工件定位設計完成後，再著手思考夾緊機構，思考方向應著重於夾緊方式、夾緊力、操作簡單及製造容易等方向。實例中吾人以肘節鉗夾緊工件。如圖示將相對兩鉗爪用連桿連結，以氣壓缸操作自動肘節夾。

6．刀具定位校準設計

　　定位、夾緊設計完成後，將再考慮銑刀定位校準裝置，以便夾具安裝於床台，極快的即可校準銑刀進行加工。實例中吾人以銑刀定位塊配合厚薄規定位校準銑刀。

7．夾具本體設計

　　定位、夾緊及刀具定位等設施設計完成後，吾人設計一組合體將所設計之機件組合使其各司專職，此一組合體即夾具本體。實例中吾人選用焊接本體，以 U 形槽安裝 T 形螺栓固緊於銑床床台上。

8.6　銑床夾具實例

【實例 1】銑削夾具——定心的要領

工件圖

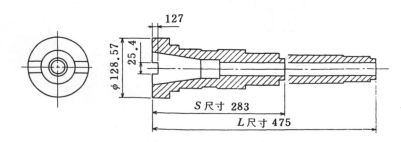

127

ϕ 128.57

25.4

S尺寸 283

L尺寸 475

工 件 名 稱	心　　軸
加 工 部 位	25.4鍵槽
材　　料	
加 工 數 量	60／批
使 用 機 械	萬能銑床

夾具立體圖

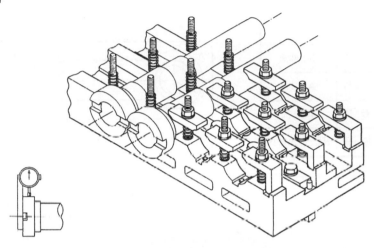

夾具裝配圖

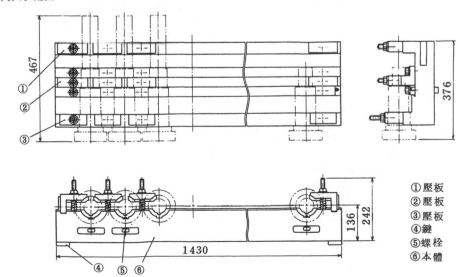

①壓板
②壓板
③壓板
④鍵
⑤螺栓
⑥本體

夾具設計要點與操作說明：

工件如圖示之銑床心軸，今欲銑削銑刀安裝用鍵槽，此鍵槽尺寸精度為 $^{-0.004}_{0.017}$ 與軸心對稱度為 0.04 。

工件安裝係將工件放置於本體⑥之半圓槽內，用壓板①、②及③暫時壓緊，再利用工具機主軸中心位置以固定上下兩針盤量規，一面移動滑座，一面調整螺栓⑤將工件對齊。如此則切削位置各工件之中心成一致，也可控制工件軸徑尺寸之大小。

【實例 2 】銑削夾具 —— 支持及上緊的要領

工件圖

加工零件名稱	板
加 工 部 位	30 部面
材 料	AC2A
加 工 數 量	30／批
使 用 機 械	NC 立式銑床

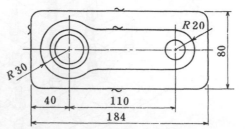

夾具立體圖

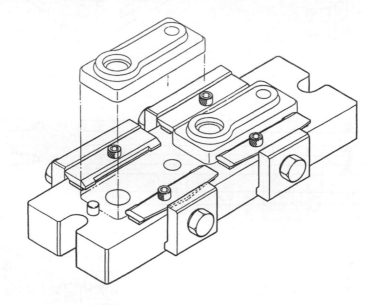

夾具裝配圖

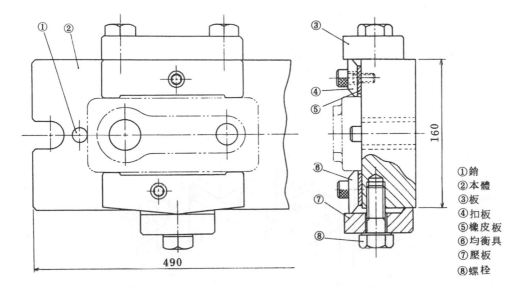

①銷
②本體
③板
④扣板
⑤橡皮板
⑥均衡具
⑦壓板
⑧螺栓

夾具設計要點與操作說明：

　　工件如圖示之鑄件，鑄件外襰爲未加工之黑皮，因此具有拔模斜度且平面度差，若使用銑床虎鉗夾緊不能正確安裝，於是在設計本夾具時必須使工件安裝基準面與夾具支承面能確實緊貼，且因工件兩側之平行度和平面度稍差，夾具應具有確實夾緊之能力。

　　工件安裝係先將工件推靠本體②上之定位銷①，再由擋板③及壓板⑦透過扣板④及平衡板⑥夾住工件，則工件被④、⑥之扣板夾緊固定。扣板④及平衡板⑥如圖示交互錯開，因此以螺栓爲中心之力臂作用可防止工件浮動，且平衡板對壓板⑦是以點接觸，所以對平行度誤差較大之工件也能確實夾緊。

【實例３】銑削夾具──支承及上緊的要領

工件圖

工 件 名 稱	板
加 工 部 位	缺口部
材 　 　 料	S 15 C
加 工 數 量	
使 用 機 械	臥式銑床

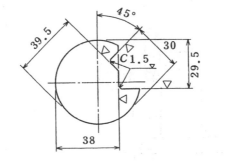

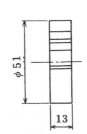

夾具立體圖

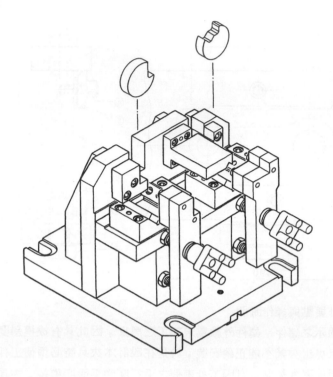

夾具裝配圖

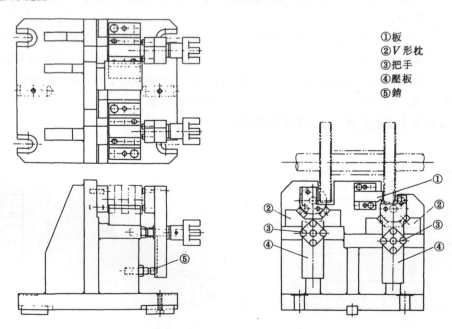

①板
②V形枕
③把手
④壓板
⑤銷

夾具設計要點與操作說明：

工件如圖示之圓板，外徑 $\phi 51$ 及厚度 13 已加工完成，今欲銑削缺口部位。

工件 5 片同時安裝於 V 型槽內，將壓板④之把手⑤鎖緊即可，加工係使用兩側面銑刀同時加工。尺寸 29.5 處之銑切是以各工件之外周及端面為基準，其次尺寸 30 處之銑切是在夾具左側加工完成之工件翻轉過來安裝，此時之基準以板①決定回轉方向之位置。

【實例 4 】銑削夾具 —— 定位及定心的要領

工件圖

工 件 名 稱	萬向接頭用零件
加 工 部 位	R8
材 料	FC 15-25
加 工 數 量	50／月
使 用 機 械	臥式銑床

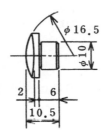
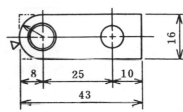

夾具立體圖

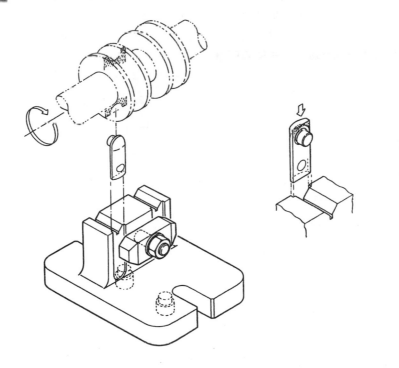

夾具裝配圖

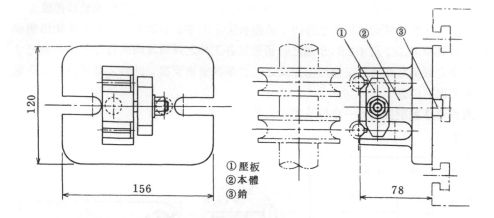

①壓板
②本體
③銷

夾具設計要點與操作說明：

工件如圖示之萬向接頭用零件，今欲以成形銑刀銑切 R 8 之加工。

工件係安裝於本體②之 V 型槽內，以槽安裝 φ 10 之兩側面以定位，由壓板①同時夾緊兩工件。

工件製作數量多時，在銑床床台上可設置兩組相同夾具，一邊之工件在加工另一邊工件進行裝卸，如此更具生產效率。但這種生產方式應特別注意作業上之安全，夾具應有充分之間隔。且夾具之高度應盡可能降低以防止振動。

【實例5】銑削夾具──定位的要領

工件圖

工 件 名 稱	凸輪軸
加 工 部 位	槽部
材 料	S C M 3
加 工 數 量	
使 用 機 械	銑床

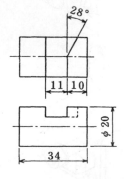

夾具立體圖

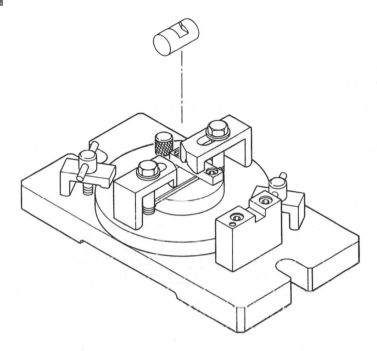

夾具裝配圖

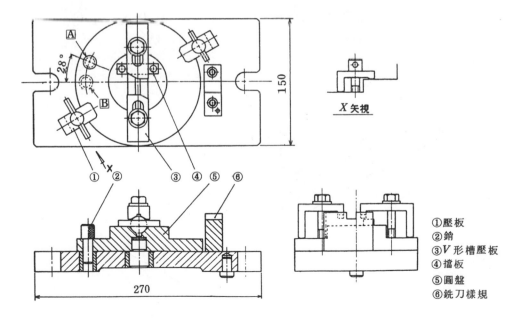

X 矢視

①壓板
②銷
③V 形槽壓板
④擋板
⑤圓盤
⑥銑刀樣規

夾具設計要點與操作說明：

工件如圖示今欲切削寬 11 之槽與該槽銑成 28° 之斜口。

工件安裝，係將工件安置於圓盤⑤之 V 型槽內，端面緊貼檔板④將工件定位，用 V 型開口壓板③壓緊工件外徑。第一步驟銑削尺寸 11 之槽，係將銷②插入Ａ之銷孔，使銑刀樣規⑥對合銑刀，然後僅以銑床床台左右移動對工件施以加工。第二步驟銑削 28° 斜口，將壓板①放鬆旋轉圓盤⑤ 28°，再將銷②插入③之銷孔，夾緊壓板①進行加工。

【實例6】銑削夾具 —— 支承及夾緊的要領

工件圖

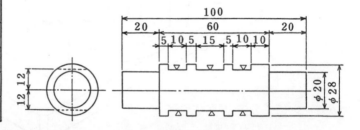

工　件　名　稱	階級軸
加　工　部　位	槽部
材　　　　　料	S 45C
加　工　數　量	
使　用　機　械	銑床

夾具立體圖

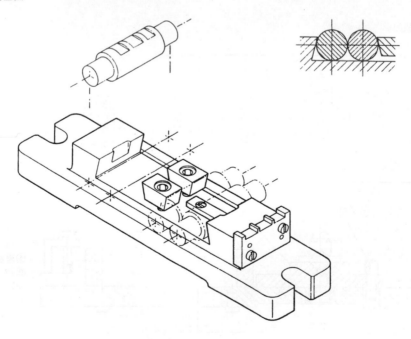

夾具裝配圖

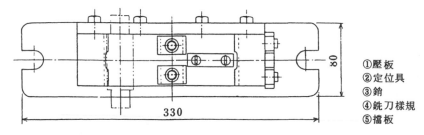

①壓　板
②定位具
③銷
④銑刀樣規
⑤擋　板

夾具設計要點與操作說明：

工件如圖示之軸，今欲利用三片側面銑刀之拼裝銑銷寬 10 ， 15 ， 10 三槽之平面。同時加工四件。

工件安裝係將工件之一側貼靠於擋板⑤以定位，再鎖緊壓板①卽可。

工件要兩面平行加工，以壓板爲界—邊爲未加工工件，一邊爲一面已加工工件，一面已加工之工件爲求與另一面之平行，將加工之平面貼於定位板②上定位，以銑刀樣規調置銑刀。

【實例７】銑削夾具——支承及上緊的要領

工件圖

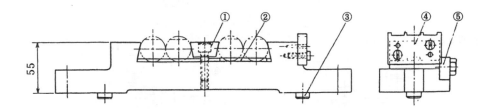

工 件 名 稱	連　桿
加 工 部 位	3 mm 槽之切斷
材　　　料	S 40 C
加 工 數 量	5000／月
使 用 機 械	臥式二軸銑床

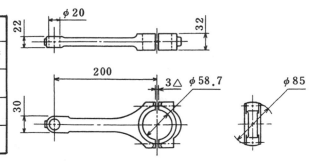

夾具立體圖

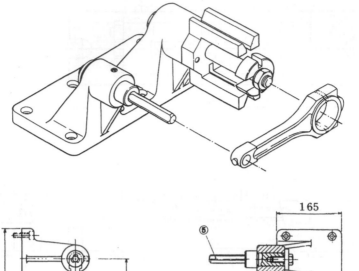

夾具裝配圖

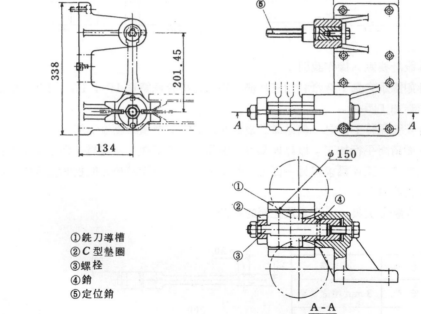

① 銑刀導槽
② *C* 型墊圈
③ 螺栓
④ 銷
⑤ 定位銷

A - A

夾具設計要點與操作說明：

　　工件如圖示之連桿，今欲左右用 $3 \times \phi 150$ 之金屬縫鋸切。

　　工件安裝係以 $\phi 20$ 及 $\phi 58.7$ 為基準三件重疊，以定位銷⑤及螺栓定位，利用 *C* 型墊圈②及螺帽夾緊。加工時由夾具外邊切削，銑刀中心至第三件之端頭退回，反轉 $180°$ 再做同樣切削。為增加生產量可將同樣兩夾具安裝於 $180°$ 分度台上，一邊切削工件另一邊夾具進行裝卸，即所謂往復式配置。

【實例 8】銑削夾具 —— 分度的要領

工件圖

工 件 名 稱	連結件
加 工 部 位	38 面
材　　　　料	A_3F_2-14
加 工 數 量	6000／月
使 用 機 械	臥式銑床

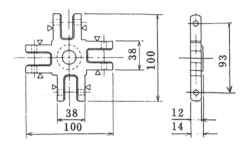

夾具立體圖

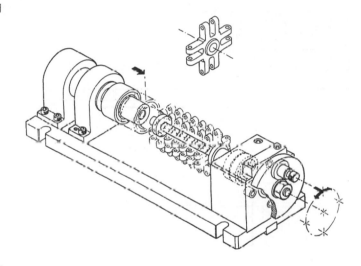

夾具裝配圖

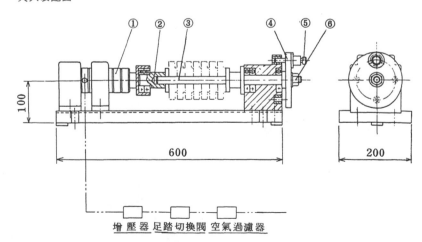

増 壓 器　足踏切換閥　空 氣 過 濾 器

①氣壓缸
②運接套
③支承軸
④模板
⑤銷
⑥螺栓

夾具設計要點與操作說明：

工件以一平台支承，將四處各有兩面，用兩片側面銑刀分度加工。

工件之安裝係以中心孔 $\phi 16$ 及兩端面爲基準，將工件裝入支承軸③，調整使各件平行及垂直，由切換閥輸送空氣至增壓器變換爲油壓，而驅動壓缸以夾緊工件。加工時放鬆螺栓⑥以銷⑤進行分度，而螺栓⑥固定夾具板④後進行銑削。對於加工推力之考慮，爲增強支承軸③之能力配置接承具②。

【實例９】銑削夾具 —— 定位及求心要領

工件圖

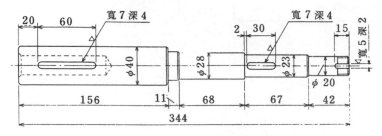

工 件 名 稱	心軸
加 工 部 位	鍵槽
材 料	SCM 22
加 工 數 量	6／批
使 用 機 械	立式銑床

夾具立體圖

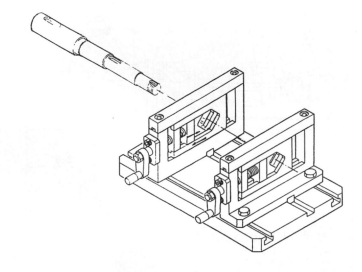

夾具裝配圖

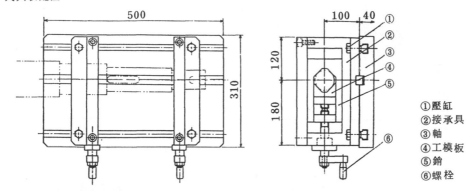

①壓缸
②接承具
③軸
④工模板
⑤銷
⑥螺栓

夾具設計要點與操作說明：

工件如圖示之階級軸，分欲銑切軸上之三個鍵槽。

工件安裝係先依工件之需要移動兩支承架②，用 T 型螺栓鎖緊於底座③，將工件由左向右放入，$\phi20$ 及 $\phi28$ 處分別用 V 型座支承，旋轉把手⑥將工件夾緊。

V 型座⑤車製右螺旋，夾爪④車製左螺旋，所以 V 型座⑤及夾爪將工件夾緊。

【實例10】銑削夾具 —— 支持及上緊的要領

工件圖

工 件 名 稱	軸
加 工 部 位	槽部
材　　　料	—
加 工 數 量	—
使 用 機 械	立式銑床

零件 A

零件 B

夾具立體圖

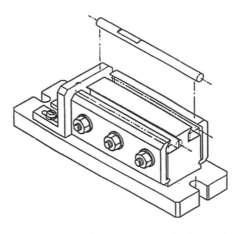

夾具裝配圖

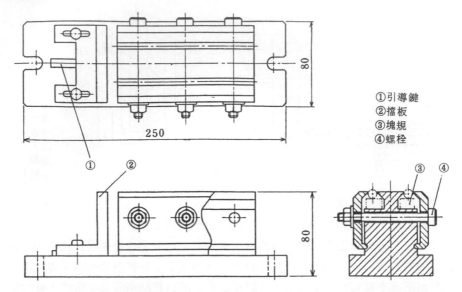

①引導鍵
②擋板
③塊規
④螺栓

夾具設計要點與操作說明：

工件如圖示之軸，今欲銑削零件 A、B 之削槽。由於小圓軸之加工極易產生偏轉，若採用銑床虎鉗夾緊難以達到 ± 0.01 以內精度之加工。若設計夾具本體之長度範圍內時，與加工長度無關易以達到 ± 0.01 以下之平行度。

工件安裝係按工件大小及寬度選擇塊規③，在上端放裝工件，緊靠擋板②，擋板②按工件長度能以擋板②上之調節長孔控制，為引導擋板之滑動設有引導鍵①，鎖上三支螺栓④即可。

本夾具可同時做兩個工件之加工。

習 題

8.1 在銑床加工中吾人應如何精簡加工時間？銑床加工中那些方面可利用夾具使操作時間減少。

8.2 廻轉床台銑床在夾具設計上與其他銑床有何差別？

8.3 銑床泛用夾具包括那些？

8.4 銑床泛用虎鉗之種類有那些？有何區別？

8.5 如何將分度進給轉盤應用於夾具上？

8.6 銑刀材料可分為那幾類？

8.7 如圖所示，若工件為 S15C 之碳鋼最大加工量為 3 mm，進給量為 0.6 mm/rev，試求該工件在夾具上切削加工時最大切削力為若干？

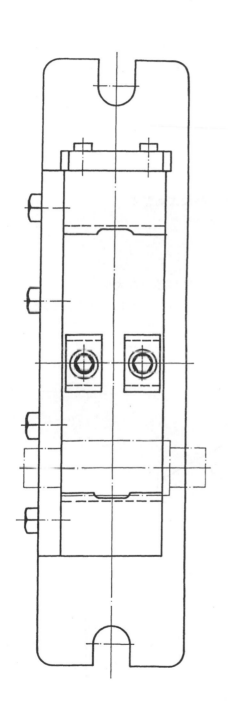

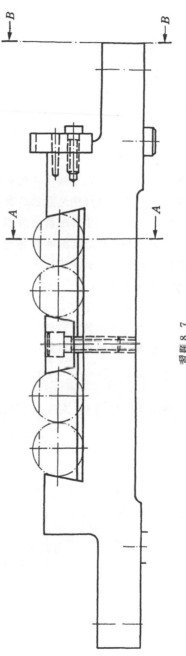

習題 8.7

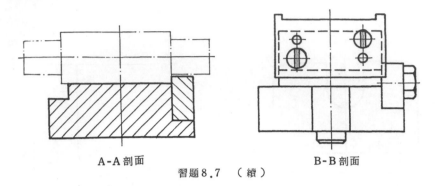

A-A剖面   B-B剖面

習題8.7 （續）

8.8 如圖所示，試求該工件在夾具上切削加工時最大切削力。

8.9 銑床夾具設計應注意那些事項，詳述之。

8.10 銑床夾具與工件配置之原則爲何？

8.11 銑床夾具設計時應考慮那些事項？

8.12 承**8.8**題，試決定該夾具各部位之尺寸，及氣壓應出力大小。

8.13 如圖所示試設計一夾具加工該工件。已知工件爲鑄件ϕ30，ϕ48及ϕ64之
端面均加工完成。

8.14 承**8.13**題試設計銑削ϕ30處之平面夾具。

8.15 承**8-14**題試設計銑削ϕ64之端面槽34×8處之夾具。

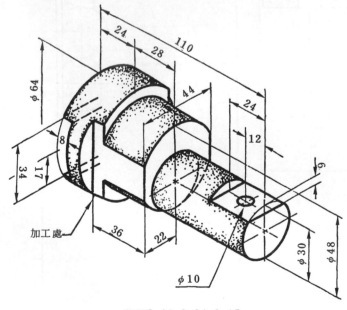

習題8.13,8.14,8.15

8.16 如圖所示，已知工件爲鑄件，試設計一加工 4×24 槽之銑床夾具。

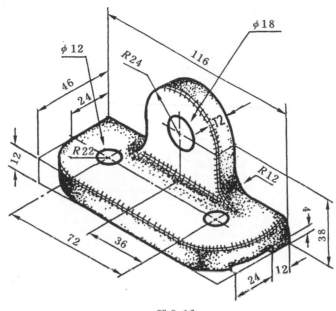

圖 8.16

8.17 如圖所示，試設計一夾具銑削 φ44 之端面。

8.18 承上題試設計銑削 φ30 之端面夾具。

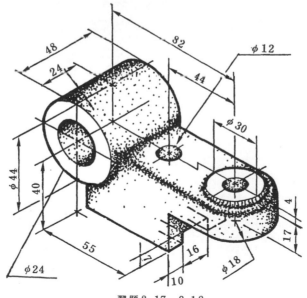

習題 8.17，8.18

8.19 如圖所示，工件均為黑皮之鑄件，試設計銑削45°之傾斜面夾具。

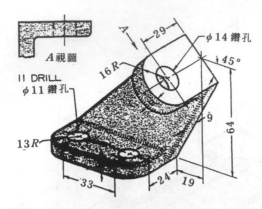

習題8.19

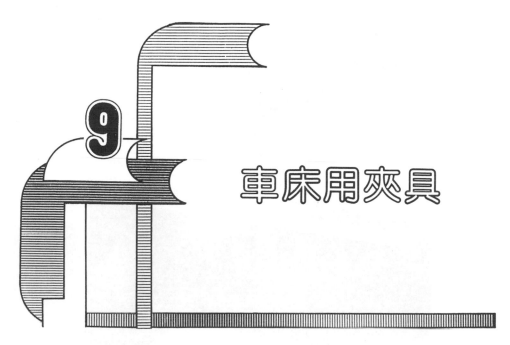

9.1 車床之種類

由於加工需求種類繁多，至今約有二十餘種不同形式之車床，車床之分類可由驅動方式，適用工作及設計特性而加以區分。

9.1-1 車床之分類

(1) 機力車床：圖9.1所示，為最普遍採用之車床。

(2) 高速車床：由於大量生產加工之需要，車床之堅固及高速不得不相對跟進，進步至今轉速高全2000rpm之車床已十分普遍，一般高速車床之車頭為齒輪式傳動，附有自動橫向進刀、汽却劑泵浦、快速刹車裝置、斜度附件、仿削裝置，其它切螺絲裝置、刀座堅固性、精確性均較普通低速車床優良。

(3) 枱式車床：為一種小型車床，常稱為桌上車床，在設計上與高速車床相同，主要之差別是尺寸較小，架設方式不同，適用於小型工件之加工。如圖9.2所示。
    用途：電子、汽車、機車、針車、自行車、樂器、儀器、瓦斯器具、其他複雜小零件。

(4) 工具室車床：此種車床為最現代化之機力車床，與普通車床最大之區別為變速等級多，附有多種精密工作所需之附件，舉凡攻螺絲裝備、鏈齒附件、拉入式筒夾、冷却泵浦等皆有之，精密度極高，專用於工具室之製造小型工具

圖9.1　機力車床

圖9.2　枱式車床

、刀具、檢驗規、夾具等等。

(5) 六角車床：此種與普通車床最大之差異是以六角轉塔代替普通車床之尾座，在轉塔上可依工作次序固定多把刀具，每切削操作一步驟後，能正確的更換另一把刀具俾進行第二步驟之工作，在六角轉塔後方有定位停止螺桿，可控制進刀距離，刀具進行至安排好之位置時，有自動脫離桿使結合器脫離，而不再繼續移動。圖9.3為六角車床。

(6) 自動車床：自動車床是從桿料裝送，刀具自動按工作次序進行車削，以至車削完成刀具自動退回，形成一加工循環，一般自動車床仍需人工裝料，但少數之自動車床則以裝料箱一次裝滿相當數量之工件，使車床依加工循環一個完成接一個的加工。

(7) 數值控制車床：如圖9.4所示為數值控制車床，可作完全自動之車削，較自動車床之用途大，將車床操作過程中所有的進給、轉速及計劃的停止，以及其他與車床有關任務皆打入孔帶中，將孔帶置入控制櫃，由檢波器拾取信號送入電腦，令伺服馬達帶動轉軸作正確之迴轉，而使床台行走一定距離。

圖9.3　六角車床

圖 9.4 數值控制車床

9.2 車床泛用夾具

(1) 三爪夾頭：當夾頭板手套於圓周上之方孔轉動時，夾頭上各爪都一齊開合，自行維持同心之關係，可用於圓柱形工件之夾持，使工件迅速而準確的固定於中心處。

(2) 四爪夾頭：當夾緊工件時，各爪單獨用夾頭板手調整，每爪間無相互之聯動關係，用於夾持偏心、複雜之工件。

(3) 面板：形狀如驅動盤但外徑大，面上開溝也較多，用於裝置大或不規則形狀之工件。圖 9.5 (c) 為面板上夾持工件加工情況之相片圖。

(4) 穩定中心架：長軸端面需加工時穩定中心架是代替尾座支承工件之附件，穩定中心架上部為鉸鏈可打開裝上工件後鎖緊螺釘固定。架上有三扶片可配合工件直徑調整至一定位置固定，下架為固定於床台之部位，三扶片調整後中心架可移至床台任何地方。

(a) 三爪夾頭

具有相互聯動凹爪夾頭 (b) 四夾頭 無相互聯動凹爪夾頭

面 板 (c) 車床面板 面板使用實例

圖 9.5

(d) 穩定中心架

圖9.5 （續）

圖9.6 筒夾

(5) 筒夾：筒夾用於夾緊圓柱形工件，較三爪夾頭爲快速，且可使用油壓、氣壓
    之裝置成爲自動夾頭。其外緣有錐度，內孔爲直孔於圓周上切３～４處等分
    深槽，附有彈性，利用此種彈性夾持工件，又稱爲彈簧夾頭。在使用時利用
    彈性變形夾緊工件且放鬆後不得變形，因此必需使用韌性，硬度較好之材料
    製成。

9.3　車床夾頭型夾具

夾頭型夾具，根據夾爪之數目可分為2爪、3爪、4爪。2爪及3爪夾頭皆為自動定心式，而4爪夾頭一般皆為單動，目前也有少數作成自動定心式。這些夾頭夾緊二件有手動夾緊及機械式快速夾緊。

1.　2爪夾頭

手動式2爪夾頭，皆利用螺栓夾緊而夾緊螺栓安裝於夾具之中心或側面上，用於夾緊非對稱或複雜輪廓工件。

圖9.7所示為非泛用2爪夾頭。夾緊螺栓2安置於夾爪3之側，工件安裝於夾頭之中心孔處。由於夾緊螺栓是從夾爪之側方作用，因此會於間隙範圍內產生傾斜之故，定心精度較差，且夾頭之螺栓磨耗快。

圖9.8所示為利用氣壓拉力作用夾緊之2爪夾頭。夾頭係利用螺釘1安裝於車床主軸之中間凸緣上，用氣缸之拉力拉動夾頭之螺栓3，即可對夾爪11之情況對氣缸活塞調整適當之位置，螺帽4上之彈簧壓緊止動件5來支承螺栓，以防止夾頭在使用當中鬆動。螺帽4係用小螺釘2固定於螺栓3上。

夾頭本體8之筒狀孔7支承之槓桿10之作用使夾爪11移動，氣缸之壓力由螺栓3傳遞到螺帽16再傳到槓桿10。螺帽上有2個傾斜面 K，夾爪即在活塞迴轉移動中釋開，工件亦可取出。

圖9.8中之夾爪可隨工件之形狀加以更換，如圖9.9(a)所示為圓條形工件所設計之夾爪，圖9.9(b)所示為三角形工件所設計之夾爪，圖9.9(c)所示為翼形工件所

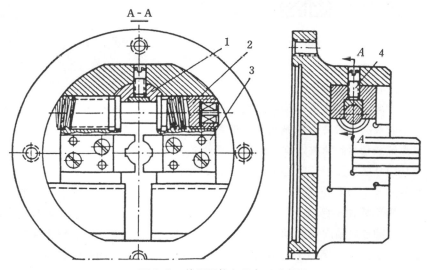

圖9.7　使用螺栓夾緊之兩爪夾頭

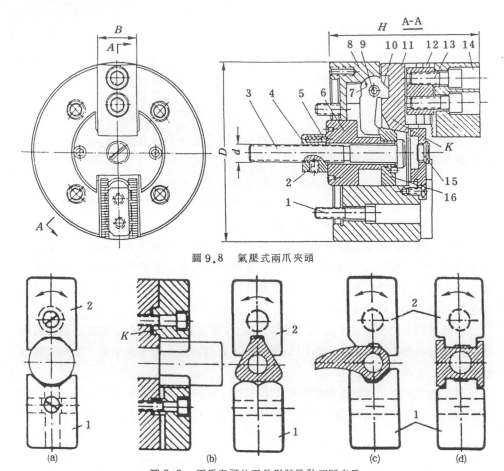

圖9.8　氣壓式兩爪夾頭

圖9.9　兩爪夾頭依工件形狀設計不同夾爪

設計之夾爪，圖9.9(d)所示為Ⅱ字形工件設計之夾爪。

2．3爪定心夾頭

　　此種夾頭可分為楔子及槓桿兩種，皆為非泛用夾頭，具有可互換使用夾爪及機械式或手動式夾緊機構。機械式夾緊機構之夾頭，由於夾緊機構之拉桿裝於主軸孔中，因而無法使用此種夾頭從事圓條形工件之加工。

　　圖9.10所示為楔子定心夾頭，夾頭本體1有3個徑向可互換使用夾爪5。螺栓4及隔片3，乃用於調整夾頭之各種情況及調整完成後固定之用。於夾頭本體上滑動之圓筒6具有3個15°之傾斜角 a ，以便和夾爪之底座連結由夾緊機構之拉桿來控制，若圓筒於軸向上移動時，則夾爪即作徑向移動，來夾緊放鬆工件。

　　圖9.11所示為槓桿定心夾頭，在3個槓桿2使圓筒1向軸向運動之情況下，將圍繞著支點3來轉動。圓筒係用推桿及夾緊機構結合，夾爪底座5於夾頭本體

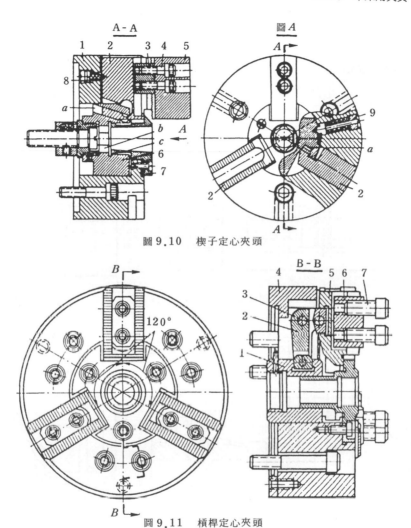

圖 9.10　楔子定心夾頭

圖 9.11　楔桿定心夾頭

4 之徑向槽內移動。可互換夾爪是由螺栓 7 和隔片 6 固定在底座 5 上。

　　一般泛用車床夾頭，因為皆以轉動蝸線或螺紋來使得夾爪移動，所以能和工件所要之尺寸配合，如此則能用於工件直徑範圍大之工件加工。上述之非泛用車床夾頭，因為夾爪之移動較短（3～12mm），所以在從一整批之工件加工完成改變為另一批工件之時，必須調整或更換夾爪。且用於薄壁工件或形狀複雜工件之加工時，亦可用萬能夾頭上安裝特別夾爪。

　　茲將夾爪 1 及夾爪底座 2 之接合面形狀示於圖 9.12(a)中。這是在使之互相移動位置以後，可以由於 T 形件 4 及螺栓 3 來夾緊。

　　交換式重疊夾爪如圖 9.12(b)所示，可由底座、鍵狀突出部份和槽接合起來。

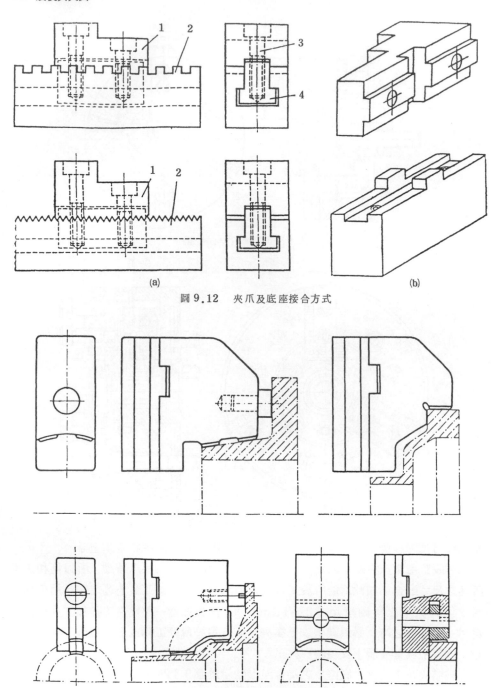

圖 9.12　夾爪及底座接合方式

圖 9.13　三爪夾頭之夾爪設計實例

夾爪之形狀，將會由於工件之形狀來改變，乃爲多種式樣，如圖9.13所示。

9.4　車床面板型夾具

　　車床面板夾具通常係將夾具固定於面板之板面上，利用傳統式標準夾緊用具及定位裝置，來夾緊定位工件施以必要之加工。

　　圖9.14所示爲面板型夾具。此夾具係利用定位銷定位，使用螺栓將工件夾緊。夾具爲一L形之角板，利用螺栓固定於面板上。

　　圖9.15所示爲利用角板夾持工件之面板型夾具，角板角度係配合工件之角度而設計，安裝工件於面板時，應考慮平衡，因此工件不規則重量不平衡之情況應加配重。

　　圖9.16所示係利用壓板夾緊工件之面板型夾具，工件以內孔定位，以壓板將工件夾緊。

　　圖9.17所示爲商販面板夾具之構造圖。工件安裝於台面上之位置可依工件之

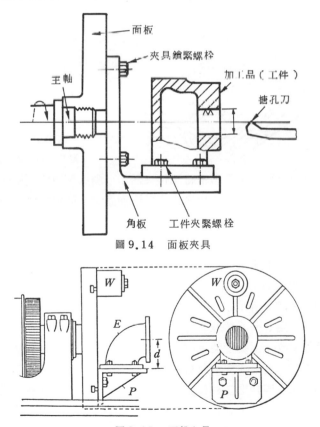

圖9.14　面板夾具

圖9.15　面盤夾具

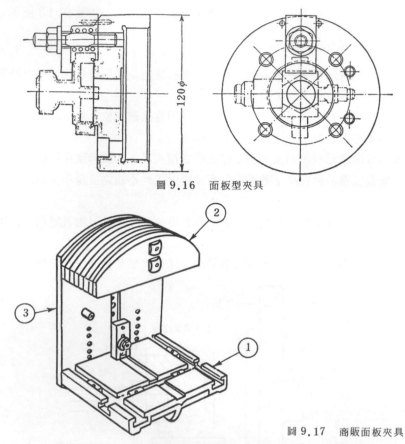

圖 9.16　面板型夾具

圖 9.17　商販面板夾具

要求來調整。利用台面上之 T 型槽將工件夾緊。可調式配重(2)能確保車床在車削時能達平衡。夾具底板(3)用有頭螺絲穿過面板槽而固定於面板之螺孔上。

9.5　車床彈性筒夾型夾具

　　六角車床及自動車床用於加工長條形工件之情況下，彈性筒夾乃爲不可缺乏之夾具，無論長條斷面形狀如何，皆可利用不同之筒夾給予夾緊。常見之筒夾型式有下列幾種，如圖9.18所示。

　　筒夾之槽一般開 3～4 槽最爲理想，正確之開槽數目依工件之形狀而定。圓形工件以開 3 槽最有效，因爲能使筒夾以 3 等距夾緊圓形工件之外緣。但不可開 2 槽，2 片之精度不足，且易使筒夾只夾緊工件之末端兩點，彈性也較差。六角形工件以開 3 槽最爲理想。四角形工件以開 4 槽最爲理想。圖9.19所示爲筒夾開槽之方式。

　　尺寸精密之工件所用之筒夾，筒夾之內徑只能比工件尺寸大 0.05 mm，若工

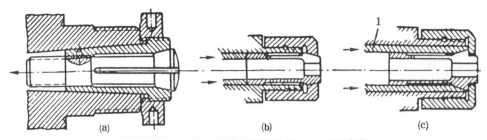

圖 9.18　(a)拉入夾緊，(b)推出夾緊，(c)固定套筒

圖 9.19　筒夾開槽方式

件直徑爲 3mm，長 25mm 時同心度可能有 0.025mm 之誤差。而工件直徑爲 30 mm 長爲 50mm 時，同心度可能有 0.05mm 之誤差。普通筒夾與工件之尺寸容許大 0.2～0.3mm，而筒夾之圓錐角爲 30°±10′ 之範圍內，DIN 規定筒夾之圓錐角爲 30°，心軸之圓錐角爲 29°30′±10′。

　　具有盤形彈簧之車床夾具：

　　近年來盤形彈簧廣泛應用於各型夾具之夾緊機構，特別是心軸型夾具。盤形彈簧可作爲工件之夾緊及定心之用，一般用於夾具之盤形彈簧與標準盤形彈簧略有出入，夾具用盤形彈簧之彈簧片厚度爲 0.5～1.25mm，且具有兩列之細槽，使彈簧之徑向彈力加大，而軸向之夾緊力減小。

　　圖 9.20 使用盤形彈簧之車床夾具。係由本體 1、壓環 3、盤形彈簧 4、壓入軸襯 2 及螺栓 5 所構成。

　　盤形彈簧係經由研磨加工用於圓軸或圓孔之安裝用，盤形彈簧及安裝軸間採鬆配合。若轉動螺栓則彈簧受軸向壓力作用，外徑將會增大而內徑則將縮小，如此而

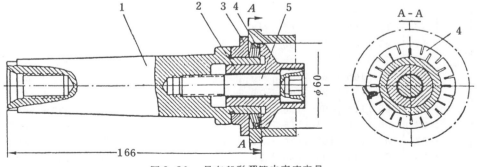

圖 9.20　具有盤形彈簧之車床夾具

表9.1　盤形彈簧之標準尺寸及所能傳遞之扭矩

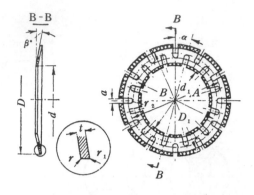

盤形彈簧		d	D	d_1	D_1	α^0	A	B	盤形彈簧所傳遞的扭矩 kg·cm	爲夾緊所必要的軸向力 kg
種類	No									
窄	1	4	18	7	14	30	11	11	1.3～3.9	13～22
	2	7	22	11	18	30	15	14	3.9～9.5	22～32
	3	10	27	15	22	20	19	18	8.0～18	32～47
	4	10	32	15	27	20	23	19	12～2.7	47～70
	5	15	37	20	32	20	28	24	27～48	70～100
	6	20	42	25	37	15	33	29	48～75	100～120
	7	25	47	30	42	15	38	34	75～108	120～140
	8	30	52	35	47	15	43	39	108～147	140～170
	9	35	57	40	52	15	48	44	147～190	170～190
	10	40	62	45	57	15	53	49	190～240	190～210
	11	45	67	50	62	15	58	54	240～300	210～240
	12	50	70	55	67	12	62	58	300～360	240～260
寬	13	45	75	50	70	12	63	57	314～390	285～315
	14	50	80	55	75	12	68	62	390～470	315～345
	15	55	85	60	80	12	73	67	470～560	345～380
	16	60	90	65	85	12	78	72	560～655	380～410
	17	65	95	70	90	12	83	77	655～750	410～440
	18	70	100	75	95	12	88	82	750～870	440～475
	19	75	105	80	100	10	93	87	870～1000	475～505
	20	80	110	85	105	10	98	92	1000～1130	505～535
	21	85	115	90	110	10	103	97	1130～1270	535～565
	22	90	120	95	115	10	108	102	1270～1410	565～600
	23	95	125	100	120	10	113	107	1410～1570	600～630
	24	100	130	105	125	10	118	112	1570～1730	630～660

將工件定心及夾緊，並將工件之左端面緊靠於支承面上。

　　盤形彈簧之尺寸，最小之盤形彈簧外徑 $D = 18\,mm$，內徑 $d = 4\,mm$，厚度 t $= 0.5\,mm$。最大之盤形彈簧外徑 $D = 200\,mm$，小徑 $d = 160\,mm$，厚度 $t =$ $1.25\,mm$。表9.1為盤形彈簧各部位尺寸所能傳遞之扭矩及所需之軸向夾緊力。

　　為提高定心之精度在夾具設計時應注意下列事項：

(1)　對於淺基準孔之工件而言，應使用1組盤形彈簧，以便於夾緊之時工件之支承面自動靠緊支承銷，支承銷可設置於彈簧之前端（如圖9.21所示），亦可設置於彈簧之後端（如圖9.22所示）。

　　對於具有深基準孔之工件應選用2組相互遠離之盤形彈簧，如圖9.23所示，

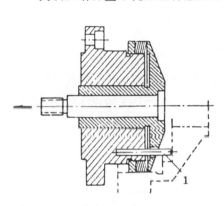

圖9.21　支承銷設置於盤形彈簧之前端

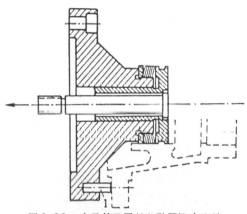

圖9.22　支承銷設置於盤形彈簧之後端

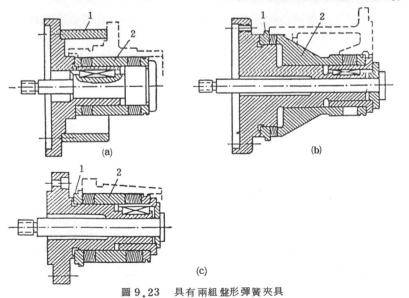

圖9.23　具有兩組盤形彈簧夾具

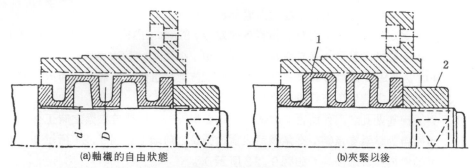

(a)軸襯的自由狀態　　　　　　　　　　(b)夾緊以後

圖 9.24　波形彈簧夾具

左端之彈簧位置必須能使工件自動壓於支承面上。

　　具有波形軸襯之車床夾具：

　　圖9.24(a)所示為具有波形軸襯夾具之自由狀態，圖9.24(b)所示係將螺栓鎖緊軸襯夾緊工件之情況。圖中若螺帽2將軸襯1朝向左壓縮時，則軸襯外徑變大，內徑縮小，如此則工件即可為精密定心，夾緊情況尺寸之變化，必須在彈性限度內才行，否則會產生永久變形。

9.6　心軸型夾具

　　心軸型夾具係用以套入有精光孔之工件，裝於兩頂心間切削工件外徑及端面，使工件內徑及外徑同心，心軸型夾具有實體型、膨脹型、排列型等多種。圖9.25所示為實體型心軸，以工具鋼製成有 $0.0005 \sim 0.0008$ 錐度。

　　圖9.26所示為車床心軸型夾具之另一種型式，係利用實心圓軸與工件內孔配

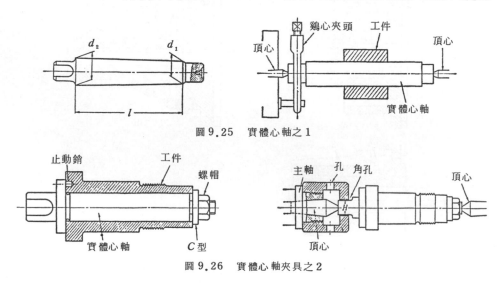

圖 9.25　實體心軸之1

圖 9.26　實體心軸夾具之2

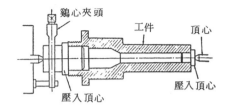

圖 9.27 兩端嵌入型心軸夾具

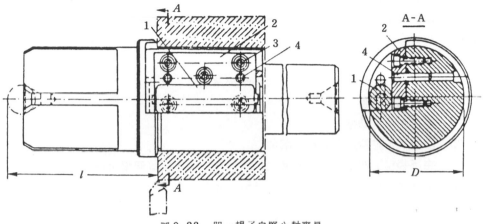

圖 9.28 單一輥子自緊心軸夾具

合，並以一止動銷安裝定位工件，以螺帽配合鎖緊。

　　圖 9.27 所示為嵌入型心軸夾具，兩端以銷嵌入工件，銷子另一端設有中心孔以便安裝頂心之用。此類型夾具不適合於重車削，否則產生滑動車刀易受損害。

　　自動夾緊心軸夾具：

　　此種心軸夾具由於夾緊力隨切削力及切削扭矩之增大而增大，故適合於重切削加工及定心極嚴格之工件。

　　圖 9.28 所示為具有單一輥子及變形而具有防止脫落之端軸承(2)之自緊心軸夾具。夾具裝配時先將輥子安裝於端軸承之槽上，再將銷 4 嵌入在端軸承上，並用螺栓(3)固定在夾具本體上。端軸承之安裝於本體上之面及接觸輥子之面應加以研磨，並安裝後之心軸夾具尺寸 D 等於工件內孔之直徑，以便輥子外緣在一開始之位置卽能於夾具之圓周上。設計時在夾具強度許可之情況下，應儘量加大輥子直徑。

9.7　車床用夾具設計時應注意事項

1．工件精度要求

　　工件之定位應如何選擇，對而後之工件精度有絕對之關係，若為鍛件應儘可能選擇尺寸變化較小之面或已加工過之面為基準面，若為鑄件應避免使用澆口、冒口，及合模線之面為基準面。

　　切削量之多寡應加以檢討，因切削量與夾緊力有著重要之關係。工件之加工處、定位處、加工量、加工方法等應注意，以達工件所需之精度。

2．工件裝卸方面

(1)　夾緊工件應儘可能一個動作完成。

(2)　夾緊時不需施加很大之力量即可夾緊工件。

(3)　裝卸夾緊時應保留裕度。

(4)　定位可簡單完成，且有防止錯誤安裝之設計。

(5)　夾具應儘量減輕，而且平衡之構造容易達成。

(6)　儘可能使用筒夾、油壓、空壓等設施。

(7)　儘可能在夾緊時使用現有之板手來夾緊。

3．夾緊之確實方面

(1)　儘量利用主動軸。

(2)　儘量夾於工件之大直徑之部位。

(3)　在不損傷工件之情況，夾緊之爪應儘量加齒形，以便增大夾緊力。

(4)　應考慮由於停電事故，油壓、空壓之裝置壓力下降，可能引起工件彈出之防備設施。

(5)　夾緊位置，應儘可能設計於壁厚之處，以免在夾緊力作用下變形。

(6)　夾緊工件時應特別注意壁薄之處可能發生之情況。

(7)　車床夾具為抵抗旋轉力矩和離心力，固定工件應使用較大之夾緊力，需防止工件之變形及破碎，儘量避免夾持斷面較薄或有彈性之處。

(8)　如果工件斷面較薄或剛性不足負荷夾緊力時，應設法支承，支承件需不因旋轉而移位或鬆脫。

4．其他方面

(1)　夾具重量儘量輕，且應具有充份之剛性。

(2)　工件安裝應注意平衡，使其有調整可能。

(3)　工件與夾具等不可對操作者構成危險性之突出物。

(4)　避免工件之裝法錯誤，應設置夾具之防止安裝錯誤裝置。

(5)　切屑排除容易。

(6)　容易加切削液於工件切削處。

(7)　定位部位應從外部可看出。

(8)　儘可能一次夾緊工件。

(9)　避免重複定位，同時夾緊時壓力能平均分佈於面上。

(10)　夾具之摩耗件應考慮易於換修。

(11)　依所需之精度設計所需之夾具。

⑿　考慮工件之加工過程，儘量使用同一定位。

9.8　車床夾具設計步驟

車床夾具設計步驟與前述之鑽床及銑床相類似，其步驟如下：

(1)　夾具設計前初步分析。

(2)　夾具設計時應注意事項。

(3)　工件位置構圖。

(4)　工件之定位及支承設計。

(5)　工件之夾緊機構設計。

(6)　夾具本體之設計。

(7)　計算求取切削力之大小及夾緊力之大小，以重新檢討夾緊機構是否安全。

(8)　決定夾具各重要尺寸。

(9)　繪製完整工作圖樣。

由下列實例詳述說明：

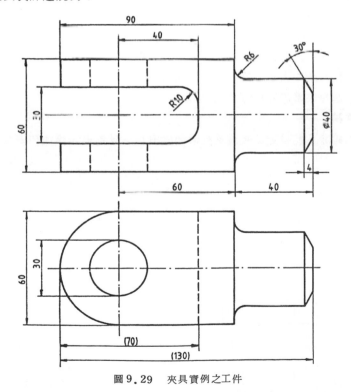

圖 9.29　夾具實例之工件

1．設計前初步分析

工件為鑄鐵，加工前工件表面為黑皮，欲加工成 $\phi 40$ ，表面精度要求甚嚴，最大切削量 3 mm ，選用一般車床車製及卡規檢驗，操作者為年青男子半技工。生產量為200件／月。

2．設計時應注意事項

工件已加工完成尺寸 90 處之所有面及孔。車床附件齊全如三爪夾頭、四爪夾頭、面板、板手及各式附件規格表。

3．工件位置構圖

為設計進行及刀具切削順利，在設計夾具前應將工作藍圖重新安置視圖，以利設計之進行。

4．工件之定位及支承

由於工件上 $\phi 30$ 之孔及尺寸 90 之面已加工完成，因而吾人選用尺寸 90 之面為安裝基準面，而用 $\phi 30$ 之孔為基準用短柱定位。由於工件需完全定位，因此必須有6個定位點，而今只具有5個定位點，即支承面3點及短柱2點。因此還需1點，因而吾人加裝一定位銷，使工件具有6個定位點。

5．工件之夾緊機構

定位完成後吾人將決定夾緊方式，由於工件件數並不多，因而選用螺栓夾緊。為了防止切削時產生滑動，吾人於螺栓端面刻槽，且為了防止工件因夾緊力作用而產生破裂，選擇夾緊於 $R10$ 之實心處。

6．夾具本體

夾具本體除了能將定位裝置及夾緊裝置組合，且還應考慮如何安裝於車床上，

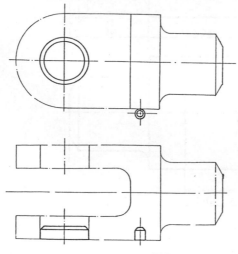
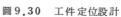
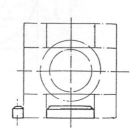

圖 9.30　工件定位設計

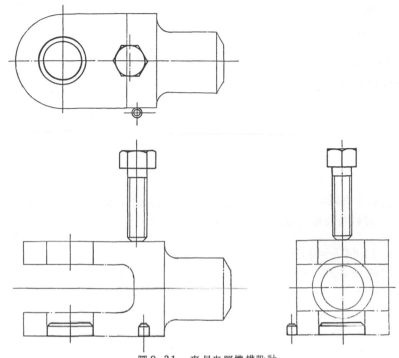

圖9.31　夾具夾緊機構設計

吾人將本體設計成 U 形安裝於車床面板上之焊接本體。採用兩 U 形槽用螺栓鎖緊於面板上，由於夾具本體之圓板與工件同心，因此夾具安裝時只需校準夾具圓板。

7. 各種尺寸決定

吾人由第八章銑床夾具中得知車削工件之主切削力為 $P_t - K \cdot t \cdot S$ ，背切削力為主切削力之 50 % 左右，而進給切削力約為主切削力之 25 % 左右，受力情況如圖示。

P_c：主切削力

P_t：背切削力

P_f：進給切削力

K ：比切削力（如表9.2所示）

t ：切削寬度

S ：切削厚度（進給量）

工件為鑄鐵，最大切削量 $t_{max} = 3$ ，最大進給量 $S_{max} = 0.6$ ，查表9.2之灰鑄鐵得 $K = 88$ 。

$$P_{c\,max} = 88 \times 3 \times 0.6 = 158.4 \text{ kg}$$

$$P_{t\,\max} = 79.2 \text{ kg}$$
$$P_{f\,\max} = 39.6 \text{ kg}$$

由於工件係以螺栓夾緊之壓力產生摩擦力為夾具之夾緊力，加工時工件最有可能產生位變滑動之情況為當車刀車製 $\phi\,40$ 之導角處，工件以 $\phi\,30$ 之中心孔旋轉滑動，由力學平衡得：

$$\sum M_{a-a} = 158.4 \times 100 - \text{〔（螺栓夾緊力產生之摩擦力} \times 2）- \mu$$
$$\times 79.2\text{〕} \times 40 = 0$$

由於螺栓夾緊時工件兩面均產生摩擦力故為兩倍，此處由於工件表面黑皮取 $\mu = 0.3$，設螺栓夾緊力為 F_c：

則　　　　$15840 = 0.3\text{〔}2F_c + 79.2\text{〕} \times 40$

　　　　$F_c = 620.4 \text{ kg}$

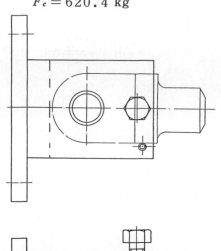

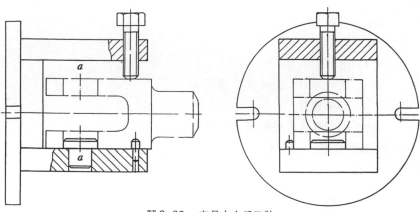

圖 9.32　夾具之本體設計

表9.2　各種被削材之比切削抵抗 K

被削材材質	抗拉強度 kg/mm²	切削抵抗係數 1-Zo	比切削抵抗 K,14 kg/mm²	比切削抵抗 切削寬度 b=1mm 切屑平均厚度 h_m=( )mm								
				(0.025)	(0.04)	(0.063)	(0.1)	(0.16)	(0.25)	(0.4)	(0.63)	(1)
低碳鋼	52	0.81	139	278	257	233	215	197	180	165	151	139
中碳鋼	62	0.87	144	230	216	205	194	182	172	162	152	144
高碳鋼	72	0.79	150	324	296	269	243	220	197	182	165	150
工具鋼	67	0.88	147	223	213	203	194	182	173	164	155	147
工具鋼	77	0.86	143	240	225	211	197	184	174	162	152	143
錳鋼	77	0.81	144	288	266	242	223	204	187	171	157	144
錳鋼	63	0.74	145	377	335	299	264	233	208	184	163	145
鉬鋼	73	0.80	155	322	294	268	245	233	204	186	170	155
鉬鋼	60	0.84	148	266	244	230	214	197	184	171	159	148
鎳鉻鉬鋼	94	0.82	129	247	239	210	194	179	165	151	140	129
鎳鉻鉬鋼（淬火）	HB 352	0.82	135	259	239	220	203	188	173	159	146	135
鉻鉬鋼	59	0.86	150	252	235	221	207	193	182	170	160	150
硬質鑄鐵	190	0.81	190	380	351	319	294	269	247	226	207	190
米海納鑄鐵	HRC46	0.74	120	312	276	247	218	193	172	152	135	120
灰鑄鐵	HB 200	0.66	176	264	226	194	166	141	121	103	88	76
鑄鋼	52	0.82	180	345	319	294	271	250	231	212	195	180
輕合金（Al-Mg）	16	0.66	25	87	74	63	54	46	40	34	29	25
輕合金（Al-Si）	20	0.66	30	104	89	76	66	56	48	41	35	30

螺栓許用應力為 800 kg/cm²，則螺栓直徑為

$$\sigma_a = \frac{F_c}{A} \qquad A = \frac{F_c}{\sigma_a}$$

$$D^2 = \frac{4}{\pi} \frac{F_e}{\sigma_a}$$

$$D = \sqrt{\frac{4}{\pi} \frac{F_c}{\sigma_a}} = 9.87 \text{ mm} \doteq 10 \text{ mm}$$

一般常見螺栓板手柄長 $l = 14D$，則操作者施加夾緊力 Q 為：

$$F_c = 65Q$$

$$Q = \frac{F_c}{65} = \frac{620}{65} \doteq 10 \text{ kg}$$

■本體尺寸：

焊接處許用剪應力 $\tau = 700$ kg/cm²

焊接處許用拉應力 $\sigma = 700$ kg/cm²

本體鋼板許用剪應力 $\sigma = 800$ kg/cm²

當切削進行時螺栓之夾緊力及切削可能為同向，可能為反向，因此為安全起見應取較大之值，由於受重負荷因此吾人選用填角焊。

由表 6.4 得 $\sigma_w = \dfrac{1.414 \, Pl}{bt(t+h)}$ ，此處選用 $h = 10$mm， $b = 100$mm，

$$Pl = M = 620 \times 10 + 160 \times 15 = 8600$$

$$t^2 + t - \frac{1.414 \, Pl}{b \, \sigma_w} = 0$$

$$t^2 + t - 1.74 = 0$$

$$t = 0.91 \text{ cm} \doteq 10 \text{ mm}$$

由板產生最大應力而發生破壞為：

$$\sigma = \frac{My}{I} \qquad \sigma = 2000 \text{ kg/cm}^2 \qquad y = \frac{1}{2}t \qquad I = \frac{bt^3}{12}$$

$$t = \sqrt{\frac{6M}{b\,\sigma}} = \sqrt{\frac{6 \times 8600}{10 \times 2000}} = 1.61$$

因此吾人選用 $t = 17$ mm。

9.9　車床夾具實例

【實例1】車削夾具 —— 定位及定心要領

工件圖

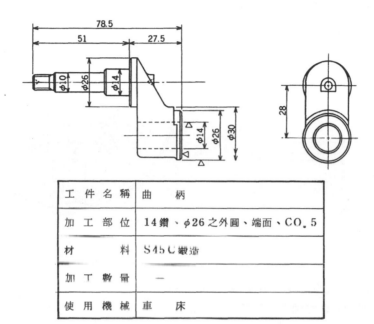

工件名稱	曲　　柄
加工部位	14鑽、ϕ26 之外圓、端面、CO.5
材　　料	S45C 鍛造
加工數量	－
使用機械	車　　床

夾具立體圖

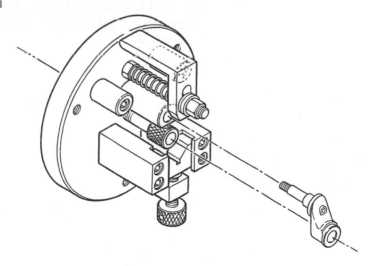

夾具裝配圖

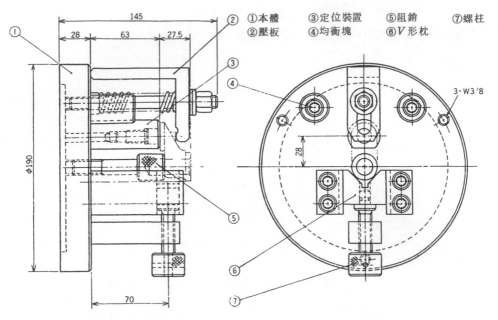

①本體　③定位裝置　⑤阻銷　⑦螺柱
②壓板　④均衡塊　⑥V形枕

夾具設計要點與操作說明：

　　工件如圖示之曲柄，今欲車削 $\phi 26$ 之外徑、端面及 0.5 倒角並鑽 $\phi 14$ 之孔。$\phi 14$ 之孔與軸間之兩軸平行度為 0.15。工件已完成尺寸 51 各部位之直徑及端面之加工。

　　工件安裝係利用曲柄軸已加工之 $\phi 10$，$\phi 14$ 及 $\phi 26$ 之端面的基準插入定位裝置③，並將中心孔突出面用壓板②給予暫時固定，再用螺栓⑦使 V 形枕⑥緊靠工件，並使工件與阻銷⑤緊靠，利用壓板②夾緊工件。

【實例２】車削夾具 —— 定位及定心要領

工件圖

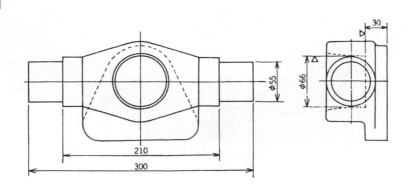

夾具立體圖

工 件 名 稱	鏈輪支座
加 工 部 位	φ70
材　　　料	—
加 工 數 量	40／批
使 用 機 械	車　　床

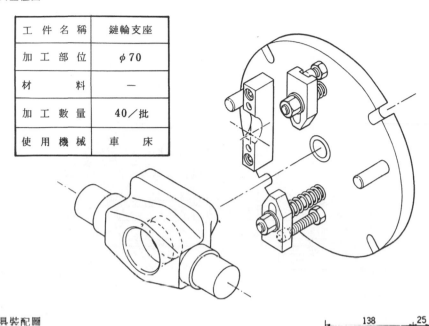

夾具裝配圖

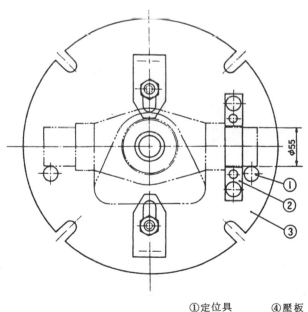

①定位具　　④壓板
②定位具　　⑤導套
③板

夾具設計要點與操作說明：

　　工件以底面爲安裝基準面，以尺寸 φ55 外徑爲基準，緊靠兩定位銷①，將 φ55 軸之大端端面緊靠檔板②定位，再利用壓板④夾緊工件，加工時使用搪孔刀。

【實例３】車削夾具──定位及定心要領

工件圖

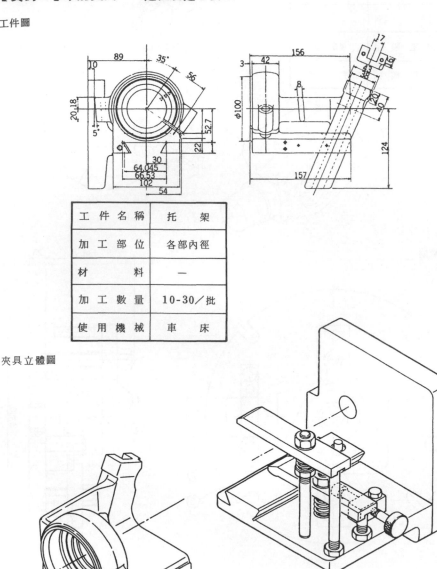

工 件 名 稱	托　　架
加 工 部 位	各部內徑
材　　　　料	－
加 工 數 量	10-30／批
使 用 機 械	車 床

夾具立體圖

工模裝配圖

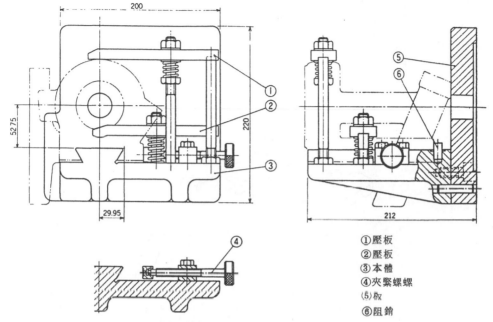

①壓板
②壓板
③本體
④夾緊螺螺
⑤板
⑥阻銷

夾具設計要點與操作說明：

　　工件如圖示，具有滑動槽之托架，今欲車削軸孔各內徑。

　　工件安裝即將加工完成之鳩尾槽嵌入本體③之鳩尾座，並推至壓緊阻銷⑥，而從鳩尾斜面之內側使用前端帶襯墊之夾緊螺栓頂住，以壓板①、②壓緊。

　　板⑤上之孔用於夾具安裝車床主軸之定心，和鳩尾平行而與工件軸心共通。

【實例４】車削夾具──定位及定心要領

工件圖

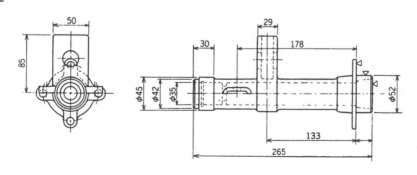

工 件 名 稱	旋 轉 管
加 工 部 位	ϕ52之外圓、端面、凸緣、C1（註：1×45°倒角在TSO中，已由IC改用"CI"）
材 料	FCD45
加 工 數 量	—
使 用 機 械	車 床

夾具立體圖

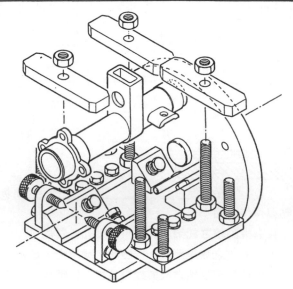

夾具裝配圖

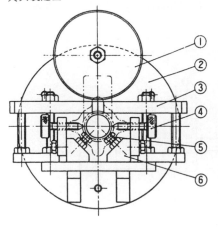

①均衡塊　⑤定位具
②本體　　⑥V形枕
③壓板　　⑦承片
④調整具　⑧阻銷

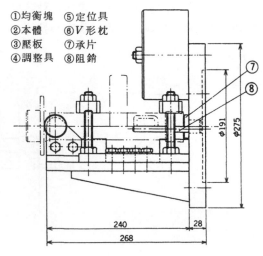

夾具設計要點與操作說明：

工件如圖示，具有凸緣之旋轉桿爲細長而壁薄之鑄件，今欲車削 $\phi 52$ 之外圓、端面及凸緣。工件表面均爲未加工之鑄件黑皮。

工件安裝爲從黑皮外圓求心，先用 V 形塊⑥上之定位裝置⑤支承，以螺栓調整定心，再將工件端面緊靠定位銷⑦，並將工件翼形凸出部位靠貼阻銷⑧，而用壓板③夾緊。爲防止工件固定後振動鎖緊螺栓④，爲使車床之車頭正確均衡，使用均衡塊①平衡車床軸心。

【實例5】車削夾具 —— 支承及上緊要領

工件圖

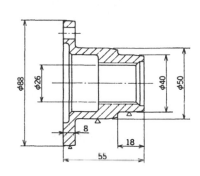
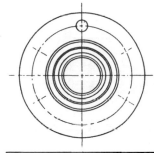

工 件 名 稱	凸　　　緣
加 工 部 位	外　　　徑
材　　　料	一
加 工 數 量	20000／批
使 用 機 械	靠模車床

夾具立體圖

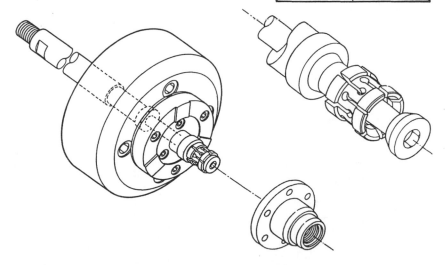

夾具裝配圖

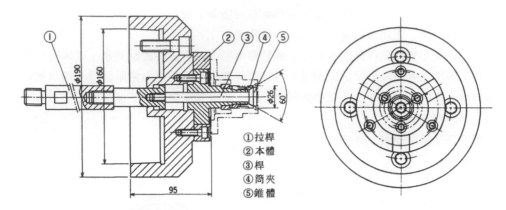

①拉桿
②本體
③桿
④筒夾
⑤錐體

夾具設計要點與操作說明：

工件如圖示之凸緣，內外徑之同心度要求甚嚴，今欲設計一夾具來加工外徑各部位尺寸。

工件安裝係以內徑爲基準插入筒夾④，凸緣處之端面貼於本體②，再利用油壓夾頭之閥操作槓桿而拉動拉桿①，由桿③前端之錐體⑤及本體②軸部來打開筒夾④，以進行工件之夾緊及求心。

【實例6】車削夾具——支承及上緊的要領

工件圖

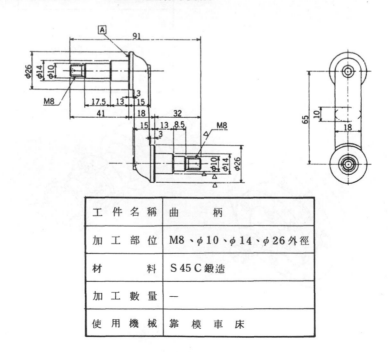

工 件 名 稱	曲　　　　柄
加 工 部 位	M8、φ10、φ14、φ26外徑
材　　　　料	S 45 C 鍛造
加 工 數 量	—
使 用 機 械	靠　模　車　床

夾具立體圖

夾具裝配圖

95

14　26　55

①牽轉具
②彈簧頂尖
③調整具
④均衡塊
⑤筒
⑥彈簧

φ170

φ15

⑤　⑥

②

③

④

①

65

夾具設計要點與操作說明：

　　工件爲曲柄軸，今欲使用靠模車床車製 $M8$ ，$\phi10$ ，$\phi14$ ，$\phi26$ 外徑。

　　工件安裝係將工件之 $\phi14$ 軸徑插入 U 形座①內，使工件之中心孔和彈簧頂心②對準，以車床尾座頂心頂住工件，藉調整螺帽③調整彈簧頂心②，使至基準面Ⓐ輕輕接觸 U 形座①端面之最適當位置。

【實例7】車削夾具——支承及測定的要領

工件圖

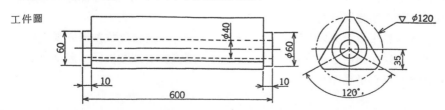

φ120

φ40

60　φ60

35

10　　　10

600

120°

夾具立體圖

工 件 名 稱	三 角 棒
加 工 部 位	ϕ120 外徑
材　　　　料	A C 2 A
加 工 數 量	10／批
使 用 機 械	車　　床

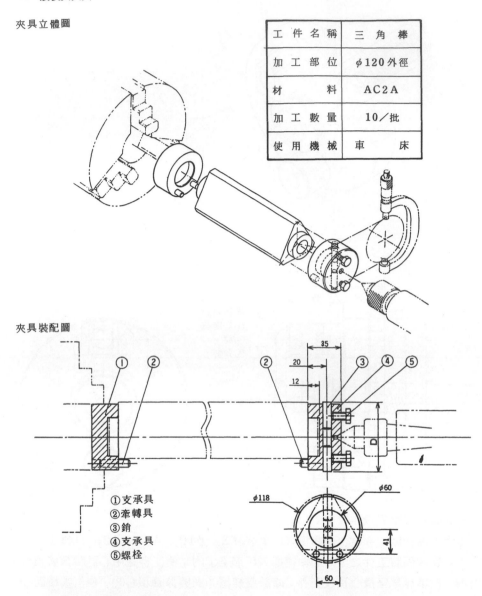

夾具裝配圖

①支承具
②牽轉具
③銷
④支承具
⑤螺栓

夾具設計要點與操作說明：

　　工件如圖示之三角柱，今欲車削 ϕ120 之外徑，但由於此一尺寸測定非常麻煩，因此應設法於車削時同時能做測定工作。

　　工件安裝係先用車床夾頭夾緊定位裝置①，以 ϕ60 之部位爲基準安置工件，用定位裝置①之端面連結工件之端面，在工件另一端安裝支承裝置④，用樣方式安裝並以車床尾座頂心推壓即可。

　　將兩鋁製銷③露出與工件毛胚略同之長度，用螺栓⑤鎖緊，銷③也和工件外徑一起加工，加工後測定銷③之距離 D 即可，每次加工都把銷③露出些。

【實例 8 】車削夾具── 分度的要領

工件圖

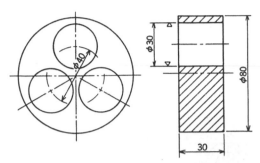

工 件 名 稱	罩
加 工 部 位	3-30 鑽、搪孔
材　　　料	鋁 合 金
加 工 數 量	200／月
使 用 機 械	轉塔式車床

夾具立體圖

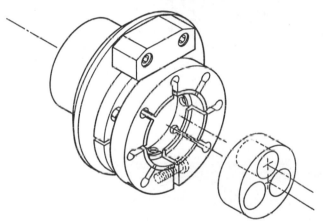

夾具裝配圖

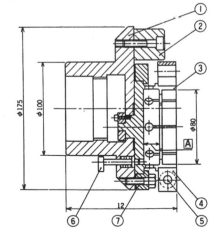

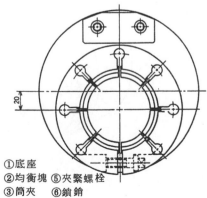

①底座
②均衡塊　⑤夾緊螺栓
③筒夾　　⑥鎖銷
④襯墊　　⑦環

　　工件如圖示之圓柱，今設計夾具以利 ϕ 30 之 3 孔易於在車床上鑽孔及搪孔。該 3 孔等間距角度爲 120°±15′，各孔間之平行度爲 0.0005。

　　工件安裝係以 ϕ 80 外徑爲基準壓入筒夾③之 80 部位，筒夾③具有 8 處開口槽，由襯墊④之夾緊螺栓⑤夾緊而固定工件。加工時每完成一 ϕ 30 孔之加工，就放鬆環⑦拔出銷⑥而旋轉筒夾③進行分度，在此夾具筒夾之彎曲部Ⓐ之尺寸甚短，其原因是由於工件外徑公差甚小，以提高加工精度之關係。

【實例９】車削夾具──分度的要領

工件圖

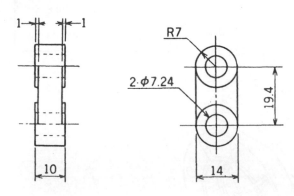

工 件 名 稱	連　　桿
加 工 部 位	2-7.24鑽、鉸
材　　　　料	S15C
加 工 數 量	300／月
使 用 機 械	轉塔式車床

夾具立體圖

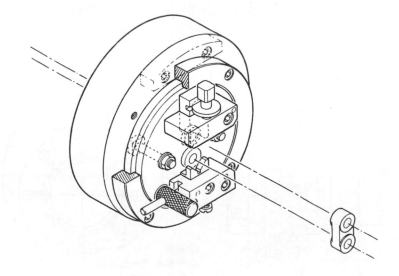

夾具裝配圖

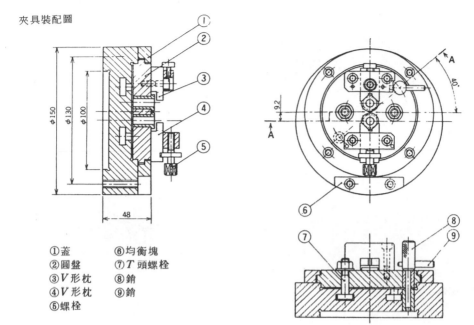

①蓋 ⑥均衡塊
②圓盤 ⑦T頭螺栓
③V形枕 ⑧銷
④V形枕 ⑨銷
⑤螺栓

夾具設計要點與操作說明：

工件如圖示為連桿，今欲加孔7.24之孔，孔中心距公差為±0.05，平行度為0.001。

工件安裝係將工件放入固定之V形枕③上，即可決定一邊之孔位置，於是藉上緊有爪之螺栓⑤使可動V形枕④將工件夾緊。一邊鑽孔、搪孔及鉸孔完成後，另一邊之孔加工即將T形螺栓放鬆，拔出固定用銷⑨，並拉出分度用銷進行分度，分度後圓盤②以T形螺栓⑦夾緊。

【實例10】車削夾具──分度的要領

工件圖

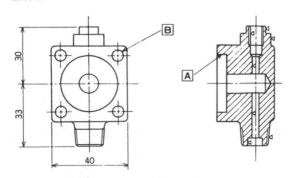

工 件 名 稱	本　　　體
加 工 部 位	鑽孔、搪孔、車螺紋
材　　　料	SUS 304
加 工 數 量	2000／月
使 用 機 械	轉塔式車床

夾具立體圖

夾具裝配圖

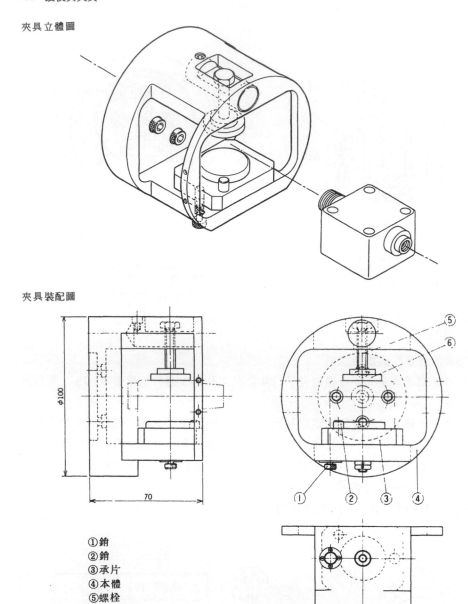

φ100

70

①銷
②銷
③承片
④本體
⑤螺栓
⑥壓板

夾具設計要點與操作說明：

　　工件如圖示之接頭，今欲於車床上鑽孔、搪孔及車製螺紋，工件上之Ⓐ、Ⓑ已加工完成。

　　工件以Ⓐ及Ⓑ面之四孔為基準，嵌入於本體④內之支承板③之下緣及定位銷②

而定位，用螺栓⑤及壓板⑥夾緊工件。一端加工完成後由支承板③之銷孔將銷①拉出，將工件旋轉180°，再把銷①插入而進行分度，再繼續加工。

習題

9.1　車床泛用夾具包括那些？各有何用途？

9.2　車床夾具中夾頭型夾具與泛用夾頭有何區別。

9.3　詳述夾頭型夾具設計時應注意事項。

9.4　詳述面盤型夾具設計時應注意事項。

9.5　彈性筒夾適用於那幾類工件之夾緊。

9.6　彈性筒夾依夾緊方式可分為那幾類。

9.7　詳述彈性筒夾開槽方式。

9.8　詳述盤形彈簧夾具之特點。

9.9　試比較彈性筒夾及盤形彈簧夾具在夾緊操作上之異同。

9.10　試說明波形軸襯夾具之優缺點。

9.11　試比較彈性筒夾、盤形彈簧夾具及波形軸襯夾具在使用上、夾緊上及尺寸控制上之區別及選用方法。

9.12　心軸型夾具之種類及優缺點。

9.13　車床夾具設計時應注意那些事項，就工件精度方面、定位方面、夾緊方面及安全方面加以說明。

9.14　如圖所示，試設計一車床夾具以便車製$\phi 26$及$\phi 50$之尺寸。

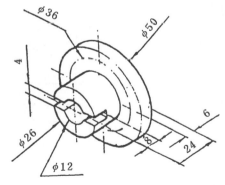

習題9.14

9.15　如圖所示，已知工件為鑄件所有表面均為黑皮，試設計一夾具以車製$\phi 22$之內孔。

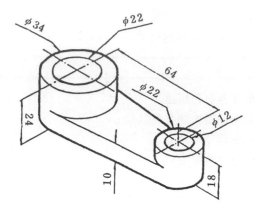

習題 9.15

9.16 如圖所示，試設計一夾具以便車製 $\phi 144$ 之外徑及 $\phi 96$ 之內孔。工件為鑄件已完成 288×224 之底面加工。

9.17 如圖所示，已知工件為鑄件已完成 $\phi 112$ 之端面加工，試設計 $\phi 88$ 及 $\phi 60$ 尺寸加工之車床夾具。

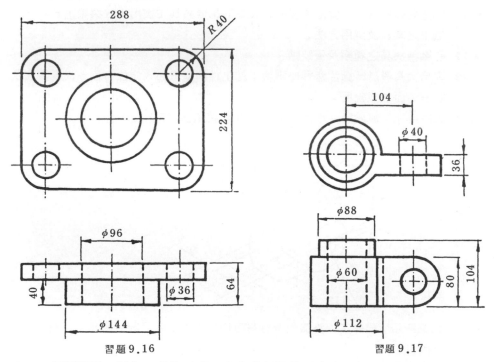

習題 9.16　　　　　　　　習題 9.17

9.18 如圖所示，已知工件除 $\phi 72$ 處之外徑及端面未完成加工外均加工完成，試設計一夾具加工 $\phi 72$ 處之外徑及端面。

9.19 如圖所示，內緣已完成加工，試設計一車製外緣夾具。

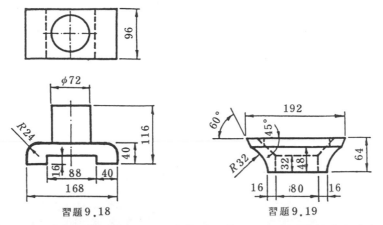

習題9.18

習題9.19

9.20 如圖所示，試設計一車製φ32之內孔夾具。工件中已完成各件之加工。

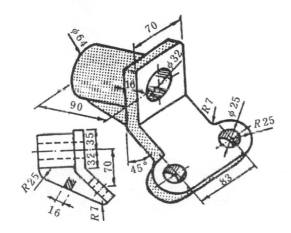

習題9.20

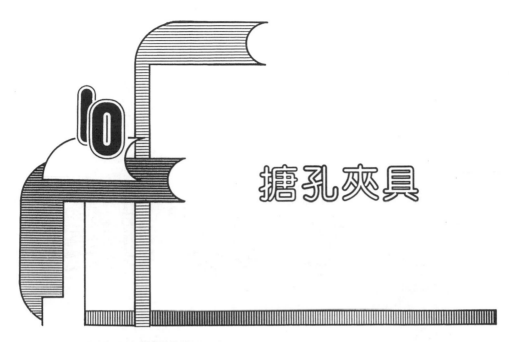

搪孔夾具

10.1 搪床之種類及構造

搪床爲利用刀具廻轉切削工件而達成加工之目的，用於搪孔、銑平面及鑽孔等工作，是一種具有三次元移動之高自由度工具機，適合於高精度及形狀複雜之大型工件加工。可分爲臥式搪床、鑽模搪床及單能搪床三種形式分述於下：

10.1-1 臥式搪床

臥式搪床可分爲台形、床形及鉋床形三種，切削刀具如搪孔刀、銑刀及鑽頭等安裝於水平搪床主軸上，可作 X、Y、Z 三軸向調整移動，工件安裝於床台上。如圖 10.1 所示爲臥式搪床之各種類形。

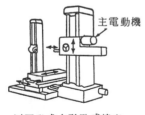

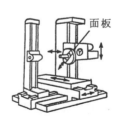

(a)頭動式台形臥式搪床　　(b)頭動式台形臥式搪床　　(c)面板式台形臥式搪床

圖 10.1　臥式銑床之形式

(d)單軸式床形臥式搪床　　(e)滑動柱式床形臥式搪床　　(f)下臂式床形臥式搪床

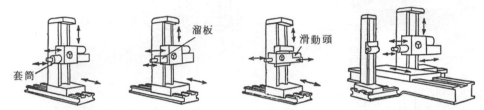

(g)套筒式床形臥式搪床 (h)溜板式床形臥式搪床 (i)滑動頭式床形臥式搪床　(J)鉋床式床形臥式搪床

圖10.1　（續）

1．床形臥式搪床

　　此種形式搪床，由於搪床本身無工作床台，因而安裝搪床時需在地板上裝設一與搪床分離開來之工作床台，工作床台之大小及形式可視工廠需要而設計。圖10.2所示為榴板式床形搪床，工件安裝於工作台上，由於工作床台與機械分離，因而工件之重量及大小未受到限制，適合大型工件之加工。滑動頭式者與前者大致相同，主要是主軸端部可在主軸方向滑動，而滑動套筒式則主軸之套筒可左右滑動。下臂式則在主軸之下端設有角形臂，滑動柱式則在床軌上多了柱鞍，使搪床之床柱可在主軸方向上作若干之移動，對大型複合加工之工件可發揮其加工特長。

　　圖10.3所示為單軸式床形臥式搪床，是一種小型常用搪床，對於複合性加工工作性能較差。

　　圖10.4所示為溜板形主軸構造。

　　圖10.5所示為滑動套筒形之主軸構造。

　　圖10.6所示為單軸形搪床，一般使用之主軸構造。

　　大型之床式搪床由於溜板之移動或溜板前端安裝之附件，對於主軸前端產生之位變，在機械內有各種補償設施。圖10.7所示為補償設施之一例，依溜板之突出長度，及附件重量作用於油壓前後端平衡重量活塞，作為主軸前端之重心變化之補償設施，對於加工精度之提高有著重大之關係。

　　圖10.8所示為床形搪床附有光學式位置讀出裝置。

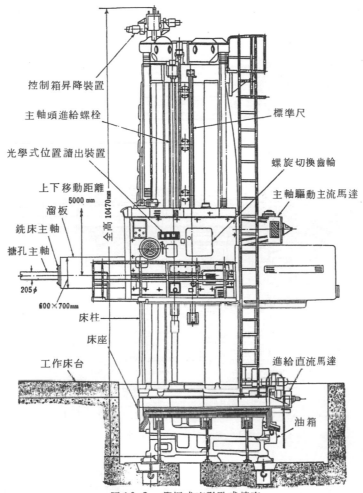

控制箱昇降裝置

主軸頭進給螺栓

光學式位置讀出裝置

上下移動距離
5000 mm

溜板

銑床主軸

搪孔主軸

205φ

600×700mm

標準尺

螺旋切換齒輪

主軸驅動主流馬達

床柱

床座

工作床台

全高10470mm

進給直流馬達

油箱

圖10.2 溜板式床形臥式搪床

圖10.3 單軸式床形臥式搪床

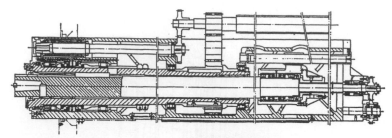

圖 10.4　溜板形主軸構造

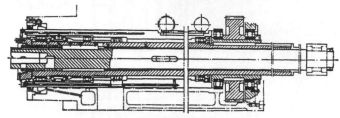

圖 10.5　滑動套筒形之主軸構造

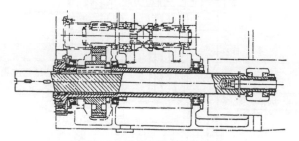

圖 10.6　單軸形搪床主軸構造

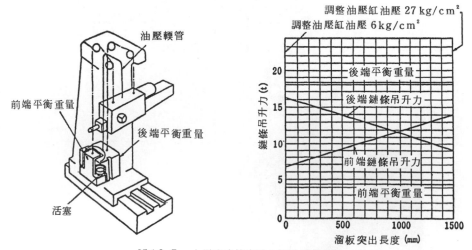

圖 10.7　大型床式搪床重心變化補償設施

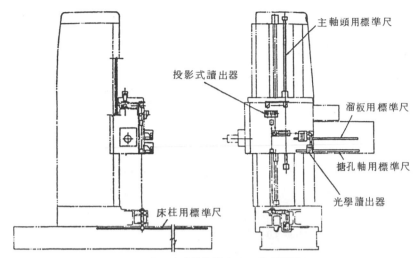

圖10.8　床形搪孔附有光學讀出裝置

2. 台式臥式搪床

　　台式臥式搪床工件安裝於搪床迴轉盤上，因而工件大小及重量受到限制。一般驅動馬達及變速齒輪安裝於搪床主軸之一端（如圖10.9所示）。亦有一種驅動馬達安裝於搪床之床柱底端，如圖10.10所示。

　　台動形及頭動形搪床為單軸式搪床，另有一種為面板嵌入式搪床（如圖10.11所示）。圖10.12所示為單軸式搪床之主軸構造，圖10.13所示為面板嵌入搪床主軸之構造。

圖10.9　頭動式搪床

圖 10.10　台動式台形臥式搪床

圖 10.11　面板式台形臥式搪床

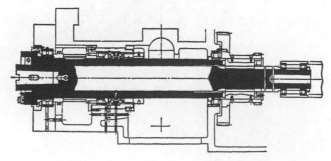

圖 10.12　單軸式台形臥式搪床主軸構造

面板

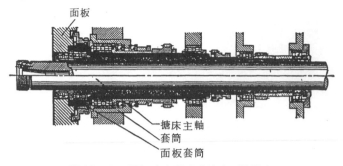

搪床主軸
套筒
面板套筒

圖10.13　面板式台形臥式搪床主軸構造

3. 床式臥式搪床

此型搪床與台式搪床相同，工件安裝於床台上施以加工，而工件之形狀、大小及重量受到限制，此與床式搪床之不同處，而加工之適應性與精度較床式搪床爲高，圖 10.14 所示爲鉋床形臥式搪床。可分爲主軸、床柱、床台及端部支柱四部份，床台之荷重容許量大、精度高。

圖10.14　鉋床式臥式搪床

10.1-2　鑽模搪床之種類及構造

鑽模搪床外表與銑床相似，除搪孔外兼作鑽孔及端銑兩種工作。一般分爲兩種型式①立式搪床，②臥式搪床，適於大型工件之加工。

圖 10.15　立式鑽模搪床

圖 10.16　臥式鑽模搪床

圖 10.17　單能精密搪床之一

10.1-3　單能搪床之種類及構造

　　圖 10.17 所示為汽車工業、電機工業等多量生產零件之搪孔所用之單能精密搪床。工件安裝在中央油壓作動台上，兩側分別作搪孔加工。

　　圖 10.18 所示為馬達殼加工而設計之單能搪床。

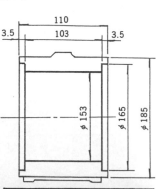

- Workpiece: motor case
  Material: cast iron
  Cycle time: 8 min

加工物名稱：馬達殼
加工物材質：鑄鐵
機械加工時間：8 分

圖 10.18　兩方向搪孔單能機

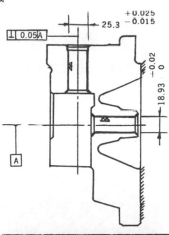

- Workpiece: Compressor frame
- Material: FC 25
- Cycle time: 1.49 min

● 加工物名稱：壓縮機主架
● 加工物材質：鑄鐵 FC 25
● 機械加工時間：1.49 分

圖 10.19　雙軸互成垂直單能搪床

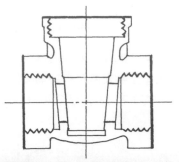

● Work: valve body
Material: bronze
Capacity: ³⁄₈″ ～2″
(larger type for 2½″～4″
also available)
Cycle time: 25sec(1″)
Feeding mechanism: boring: Hydraulic
tapping: lead screw

● 加工物：閥本體
● 加工物材質：鑄銅
● 加工範圍：³⁄₈″～2″（2½″～4″大型機）
● 加工時間：25秒／1個（1″）

圖 10.20　三向閥搪孔攻牙單能機

　　圖 10.19 所示為壓縮機主架加工而設計之單能搪床。

　　圖 10.20 所示為閥本體施以搪孔攻牙加工而設計之單能搪床。

10.2　搪床之附件及工具

10.2-1　搪床之附屬裝置

　　搪床所使用之刀具種類頗多，可作三次元之移動，特別是床形臥式搪床，因工件較大笨重，移動困難，對於工件精度不易控制，因而希望工作程序儘可能減少，加上臥式搪床之性能，而應用各種附件來完成複合式加工。

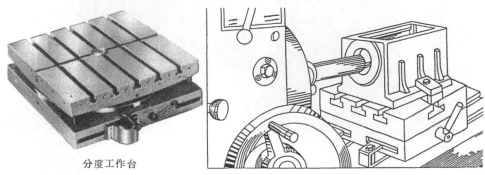

分度工作台

圖 10.21　分度工作台

圖 10.22　傾斜角銑刀頭

圖 10.23　萬向銑刀頭

表 10.1　短截搪桿（A_1、A_2型）

錐度 MT-NO	主要尺寸（mm）			加工孔徑範圍（mm）			
				A1形		A2形	
	D	L	b	最小	最大	最小	最大
3	20	119	8	24	52	24	44
4							
3	30	143	10	35	70	35	60
4							
5		163					
3	40	125	13	47	92	47	79
4		185					
5							
6		200					
4	50	168	16	58	114	58	98
5		228					
6		238					
4	60	155	19	70	136	70	117
5		225					
6		275					
5	75	213		85	151	85	132
		268					
6	90	256	25	103	190	103	165

圖10.21所示為搪床分度工作台。

圖10.22所示為搪床傾斜角頭，圖10.23所示為萬向銑刀頭，主要安裝在溜板、套筒或滑動頭之前端，以便銑削與主軸任意角度之面。

10.2-2　搪床工具及心軸

搪床主軸一般使用莫氏斜度最多，亦有使用美國標準斜度。最近為達工具裝卸自動化、切双之軸向定位及加工精度的提高，後者漸漸的增加。

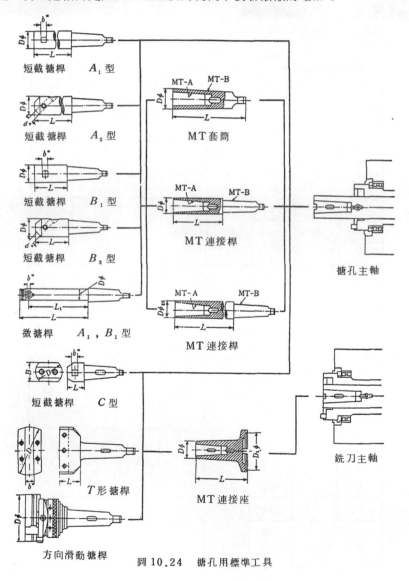

圖 10.24　搪孔用標準工具

1．標準搪床工具用心軸

搪床為加工適應性極大之工具機，所以被加工之工件種類頗多，工件加工部位之形狀、尺寸亦極多，所以工具之種類必然也增多，然而對於工具之選擇及保養，為提高生產有著重大之關係。圖10.24為台形臥式搪床之搪孔用標準工具。

2．特殊搪孔刀

搪桿直徑大小與搪孔深度有一定比例，否則會產生振動，一般以1：4為適當，為提高其比例而將搪桿之材料改為碳化鎢，圖10.25所示為加裝動力阻力器之鋼製搪桿，而搪桿直徑與搪孔深度之比例提高為1：7，若搪桿以碳化鎢製成，則比例能更高。

表10.2　短軸搪桿（B_1、B_2型）

錐度 MT-NO	主要尺寸（mm）			加工孔徑範圍（mm）			
				B1形		B2形	
	D	L	b	最小	最大	最小	最大
3	30	78	10	35	70	35	60
4	40	85	13	47	92	47	78
	50	93	16	58	114	58	98
5	60	100	19	70	136	70	117
	75	113		85	151	85	132
6	90	126	25	103	190	103	165

表10.3　短軸搪桿（C型）

錐度 MT-NO	主要尺寸（mm）				加工孔徑範圍（mm）	
	D	L	B	b	最小	最大
5	75	73	75	19	85	151
	90		90		103	190
6	110	76	85	25	122.5	210
	130		100		142.5	230

圖 10.25　提高搪孔安定界限之特殊搪桿

表 10.4　微軸搪桿（A_1 型）

錐　度 MT-NO	主要尺寸（mm）				加工孔徑範圍（mm）	
	D	L	L_1	b	最　小	最　大
3	30	140	120	8	34	62
4		160	140			
5						
3	40	127	100	10	45	80
4		187	160			
5		202	175			
6						
4	50	176	145	13	56.5	102
5		236	205			
6		246	215			
4	60	165	130	16	68	124
5		235	200			
6		285	250			
5	75	225	185	19	84.5	151
6		280	240			
	90	278	225	25	102.5	190

表10.5　微截搪桿（B型）

錐　度 MT-NO	主要尺寸（mm）				加工孔徑範圍（mm）	
	D	L	L_1	b	最　　小	最　　大
3	30	75	55	8	34	62
4	40	87	60	10	45	80
	50	101	70	13	56.5	102
5	60	110	75	16	68	124
	75	125	85	19	84.5	151
6	90	148	90	25	102.5	190

表10.6　T形搪桿

錐　度 MT-NO	主要尺寸（mm）			加工孔徑範圍（mm）	
	D	L	b	最　　小	最　　大
5	140	60	25	150	240
	220	70		230	320
6	200			210	300
	280	80		290	380

表10.7　偏心搪孔夾頭

錐　度 MT-NO	D	最大行程	格　　式	微調整1目盛	最大加工直徑 （mm）
5	170	112	UFB-5S	0.01ϕ	620
6	223	140	UFB-6		800

表10.8 MT套筒

錐	度	主要尺寸（mm）	
MT-A	MT-B	L	D
1	3	100	24.152
2		112	24.754
1	4	124	31.594
2			31.594
3		136	32.217
2	5	156	44.757
3			44.757
4		168	45.388
3	6	220	63.889
4		225	64.150
5			64.150

表10.9 MT連接頭

錐	度	主要尺寸（mm）	
MT-A	MT-B	D	L
3	4	32	117
4		42	142
3	5	32	117.5
4		42	142.5
5		60	177.5
4	6	42	142.5
5		60	177.5

表10.10　MT連接桿

錐　度		主要尺寸（mm）	
MT-A	MT-B	D	L
3	3	30	200
4	4	40	250
	5		300
	4	50	
			500
5	5	60	300
			500
	6	75	

表10.11　MT連接座

錐　度 MT-NO	主要尺寸（mm）		
	D_1	I	D
5	190	360	90
6		300	100
6	225	400	110

10.2-3　備用工具

1. 標準備用工具

圖10.26所示爲各種備用工具，各具有之功用如下：

角塊分爲兩種利用螺栓鎖緊，相互配合使用，基準塊係利用工作台或平台之T形槽固定，爲工件加工之基準。直角基準塊係插入工作台或平台之T形槽內具有直角基準槽時用，爲工件加工面與基準面互成垂直時採用。起重機主要用來支承黑皮工件，以便調整定心支承及防止工件加工時產生振動及夾緊變形。圓筒塊與襯墊是

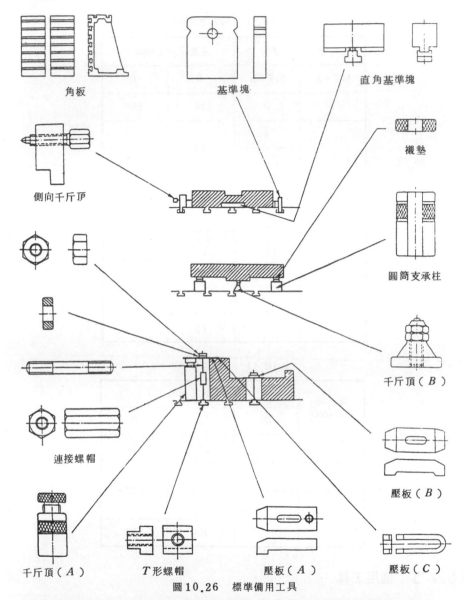

角板

基準塊

直角基準塊

側向千斤頂

襯墊

圓筒支承柱

連接螺帽

千斤頂（ B ）

壓板（ B ）

千斤頂（ A ）　　T 形螺帽　　壓板（ A ）　　壓板（ C ）

圖 10.26　標準備用工具

配合使用或單獨使用以求得高度之精確基準，組合使用時其高度誤差可調至 1 mm 以下。各種形式之壓板配合鎖緊螺栓用於壓緊工件之頂面用者，鎖緊螺栓之尾端旋入 T 形螺帽，再扣入工作台或平台之 T 形槽內固定。

2．備用平台之應用

如圖 10.27 所示係將工件安裝於平台之操作。作業中專人將工件放於平台上定位後夾緊。圖 10.28 所示爲將安裝好工件之平台安裝於機械之工作台上。

圖10.27 備用平台之工件安裝操作

圖10.28 工件與平台安裝於搪床上

備用平台有機械安裝基準面與工件之定位面，定心容易，可免除劃線工作，提高工作效率。

10.3 搪床作業與切削條件

搪床作業範圍很廣，常用於銑削、搪孔及鑽孔等作業，以臥式搪床爲例，它常用於以銑削爲主之工具機，根據工廠所成的比例如下：

銑削作業　　　46～52％

搪孔作業　　　28～34％

鑽孔作業　　　6.5～9％

其他作業　　　11～13.5％

1. 懸臂式搪桿之搪孔界限

懸臂式搪桿於作業時常產生振動，其原因非常之多，其主要者有下列數點：

(1) 搪床主軸之錐度與搪桿錐度不一致。

(2) 搪床主軸支承間隙之調整不良。

(3) 搪床主軸與銑削主軸間之間隙過大。

(4) 各滑動面間之間隙過大。

(5) 工件本身之剛性不足。

(6) 工件之作業程序不良。

(7) 搪床本身之剛性不足。

(8) 搪桿之穩定性不足。

圖10.29及圖10.30所示爲台形臥式搪床安裝直徑110mm之搪桿，搪製FC20之鑄件時穩定性之實例說明（切削速度86 m/min 時，$L/D = 6$）。

切削條件如下：

(1) 切削方法：搪桿突出之長度L，於工作台上施以搪孔，如圖10.31所示。

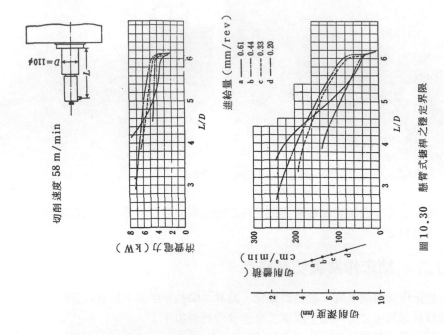

圖 10.30　懸臂式搪桿之穩定界限

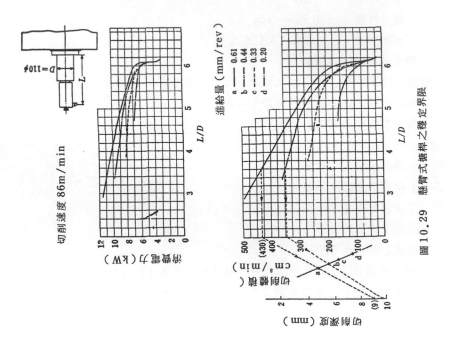

圖 10.29　懸臂式搪桿之穩定界限

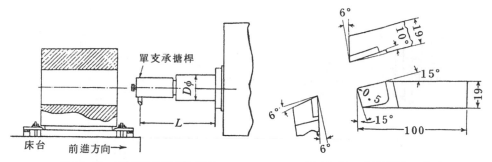

圖 10.31　單向支承搪桿切削法　　　　圖 10.32　刀具形狀及尺寸

(2)　工件：FC20，500×500×600之立方體鑄件。

　　　　抗拉強度……………………20 kg/min²

　　　　硬度……………………H_B 223

(3)　使用刀具，如圖 10.32 所示。

　　　　刀片材質……………………JIS K10

(4)　使用搪桿，如圖 10.33 所示。

(5)　切削條件：

　　　　刀具之突出量（L）……………約22 mm

　　　　搪孔直徑（D）……………約124 mm

　　　　切削速度……………………58 m/min，86 m/min

　　　　進給量……………………0.61，0.44，0.33，0.20 mm/rev

2．簡支式搪孔

　　台形臥式搪床上安裝110mm之搪桿，搪削FC20之鑄件，圖 10.34 及圖 10.35 所示為搪床主軸之穩定性之一例。

　　切削條件如下：

(1)　切削方法：如圖 10.36 所示。

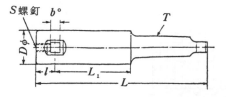

T	D	l	L_1	L	S	b
MT #6	80	30	170	417.5	M12	25

圖 10.33　單向支承搪桿

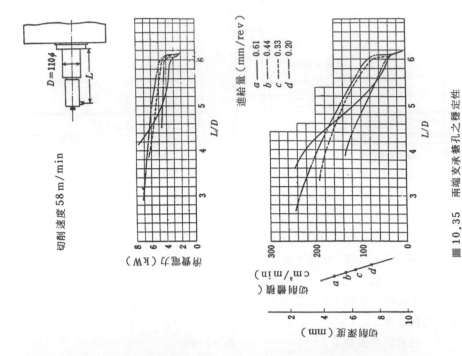

圖 10.35　兩端支承搪孔之穩定性

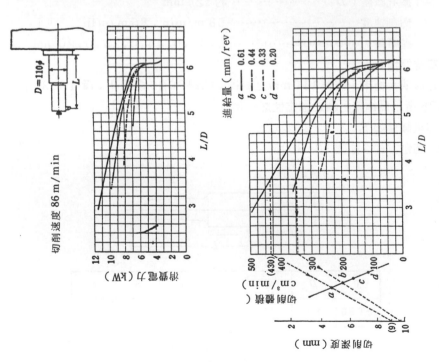

圖 10.34　兩端支承搪孔之穩定性

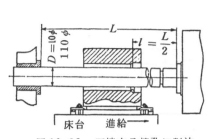

圖10.36 兩端支承搪孔切削法

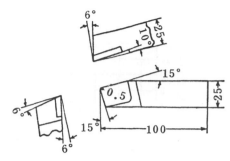

圖10.37 刀之形狀及尺寸

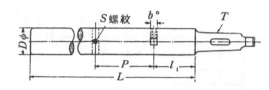

T	D	L	l_1	P	S	b
MT#6	110	2500	150	350	M16	20

圖10.38 兩端支承之搪桿

(2) 工件：與前者相同。

(3) 使用刀具：如圖10.37所示

刀片材質‧‧‧‧‧‧‧‧‧‧‧‧‧ JIS K10

(4) 使用之搪桿：如圖10.38所示。

(5) 切削條件：

刀具突出量‧‧‧‧‧‧‧‧‧‧‧‧‧ 25～40 mm

搪孔直徑‧‧‧‧‧‧‧‧‧‧‧‧‧‧‧ 160～190 mm

切削速度‧‧‧‧‧‧‧‧‧‧‧‧‧‧‧ 58 m/min ，86 m/min

進給量‧‧‧‧‧‧‧‧‧‧‧‧‧‧‧‧‧‧‧ 0.61,0.44,0.33,0.20 mm/rev

3. 銑削之界限

台形臥式搪床上安裝200mm之面銑刀，銑刀軸為110mm來銑削鑄件，其極限如圖10.40及圖10.41所示。搪床主軸安裝面銑刀，銑削時 $L/D=1$ 為極限，穩定極限急據下降。

銑削條件如下：

(1) 銑削方法：面銑刀安裝於銑床主軸或搪床主軸上。兩者作銑削，銑削時由主軸移動或床台移動。

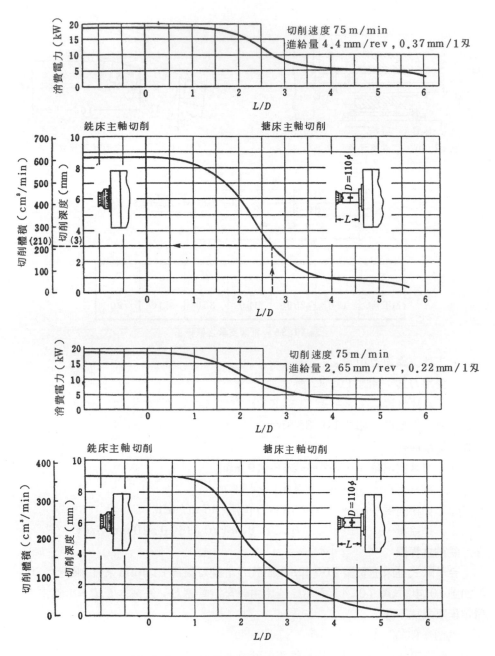

圖 10.39　面銑穩定極限（切削速度 75 m/min）

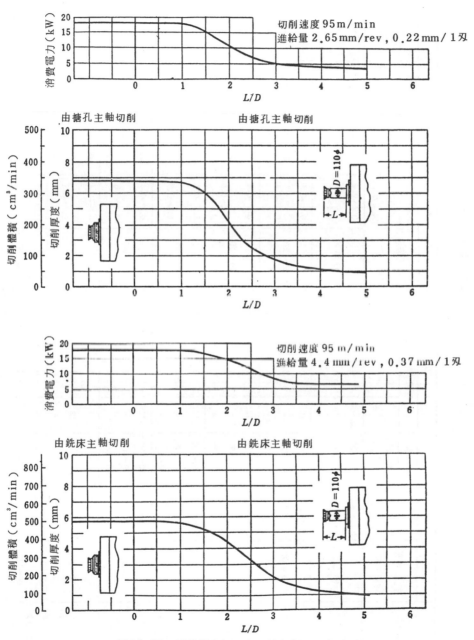

圖 10.40　面銑穩定極限（切削速度 95 m/min）

表 10.12 超硬刀片之切削條件（東芝碳化鎢）

工件材質	抗拉強度 (kg/mm²)	精削 進給量 f (mm/rev)	精削 切削速度 v (m/min)	精削 r	精削 λ	精削 α	精削 JIS 分類	粗削 進給量 f (mm/rev)	粗削 切削速度 v (m/min)	粗削 r	粗削 λ	粗削 α	粗削 JIS 分類
碳 鋼	50 以下	0.05~0.2	150~270	12~18	0	6~8	P 10	0.2~0.4	80~150	12~18	−4	6~8	P 20
		0.2~0.4	120~240	"	−4	"	"	0.4~0.8	60~130	"	"	"	"
			110~200		"		P 20		50~100	12			P 30
	50~60	0.05~0.2	100~250	12	0	6~8	P 10	0.2~0.4	70~110	12	−4	6~8	P 20
		0.2~0.4	90~210	"	−4	"	"	0.4~0.8	60~100	"	"	"	"
			80~190	"			P 20		50~80	"			P 30
	60~70	0.05~0.2	90~220	12	0	6~8	P 10	0.2~0.4	60~100	12	−4	6~8	P 20
		0.2~0.4	80~190	"	−4	"	"	0.4~0.8	50~80	"	"	"	"
			70~170	"			P 20		40~90	"			P 30
	70~85	0.05~0.2	90~200	12	0	6~8	P 10	0.2~0.4	50~95	12	−4	6~8	P 20
		0.2~0.4	80~170	"	−4	"	"	0.4~0.8	45~80	"	"	"	"
			70~150	"			P 20		40~60	"			P 30
	85~100	0.05~0.2	80~190	12	0	6~8	P 10	0.2~0.4	60~140	12	−4	6~8	P 20
		0.2~0.4	70~160	"	−4	"	"	0.4~0.8	40~90	"	"	"	"
			60~140	"			P 20		30~60	"			P 30
NiCr 鋼 NiCrMo 鋼	70~100	0.05~0.2	80~190	6	0	6~8	P 10	0.2~0.4	45~75				P 20
				12	"		"		30~75				"
		0.2~0.4	70~150	12	−4		P 20	0.4~0.8	25~45				P 30
			50~110										
其他合金鋼	100~140	0.05~0.2	70~150	6	0	6~8	P 10	0.2~0.4	30~75				P 20
		0.2~0.4	40~100		−4		"	0.4~0.8	25~50				"
			30~70		"		P 20		20~30				P 30

材料	硬度(HB)	送り	切削速度	τ邊斜角	λ後斜角	α前隙角	超硬	硬度(HB)	送り	切削速度	τ邊斜角	λ後斜角	α前隙角	超硬
不銹鋼 (18-8)	60~70	0.05~0.2	60~100	12~18	-4	6~8	P 10	60~70	0.2~0.4	25~45	12	-4	6~8	P 20
		0.2~0.4	40~70	12	〃	〃	P 20		0.4~0.8	20~30	12~18	〃	〃	P 30
工 具 鋼	120~150	0.05~0.2	30~70	0	0	6~8	P 10	120~150	0.2~0.4	20~50	6	-4	6~8	P 20
		0.2~0.4	30~50 30~40	6	-4	〃	P 20		0.4~0.8	20~35 15~25	〃	〃	〃	P 30
鑄　鋼	30~50	0.05~0.2	120~160	6	0	6~8	P 10	30~50	0.2~0.4	60~90	12	-4	6~8	P 20
		0.2~0.4	80~140 80~120	12	-4	〃	P 20		0.4~0.8	55~80 35~60	〃	〃	〃	P 30
	50~70	0.05~0.2	100~130	6	0	6~8	P 10	50~70	0.2~0.4	50~75	6	-4	6~8	P 20
		0.2~0.4	70~120 50~90	6	-4	〃	P 20		0.4~0.8	45~60 30~50	12	〃	〃	P 30
球狀鑄鐵	HB 230~280	0.05~0.2	50~90	6	-4	6~8	P 20	HB 230~280	0.2~0.4	40~60	6	-4	6~8	P 20
		0.2~0.4	40~70	6	〃	〃	P 20		0.4~0.8	30~50	6	〃	〃	P 30
可鍛鑄鐵	HB 130以下	0.05~0.2	120~160	6	-4	6~8	P 20	HB 130以下	0.2~0.4	100~130	6	-4	6~8	P 30
		0.2~0.4	120~150	〃	〃	〃	P 30		0.4~0.8	70~100	〃	〃	〃	P 30
	HB 130~180	0.05~0.2	90~130	6	-4	6~8	P 20	HB 130~180	0.2~0.4	90~120	6	-4	6~8	P 30
		0.2~0.4	90~120	〃	〃	〃	P 30		0.4~0.8	60~80	〃	〃	〃	P 30
	HB 180以上	0.05~0.2	70~110	6	-4	6~8	P 20	HB 180以上	0.2~0.4	70~100	6	-4	6~8	P 30
		0.2~0.4	60~100	〃	〃	〃	P 20		0.4~0.8	60~80	〃	〃	〃	P 30

註：(1)剛性高之機械取高速值，舊機械取低速值之切削速度。
　　(2) τ＝邊斜角，λ＝後斜角，α＝前隙角。

表 10.13　鑄鐵系工件切削時之切削條件

連續切削穩定條件

材料名稱	抗拉強度 (kg/mm²)	進給 (mm/rev)	分給類進	切削速度 (m/min)	邊斜角	前隙角	後傾角	後斜角
鑄鐵	~H_B 180	~0.3	K 20	100~70	6~12	6~8	3	-4
		0.3~0.6	K 20 / K 30	80~50 / 70~40	6~12	6~8	3	-4
		0.6~1.2	K 20 / K 30	60~40 / 50~30	6	6~8	0	-4
	H_B 180~220	~0.3	K 10 / K 20	70~50 / 70~50	6 / 6~12	6~8	0 / 3	-4
		0.3~0.6	K 10 / K 20	60~40	6 / 6~12	6~8	0 / 3	-4
		0.6~1.2	K 20	50~30	6	6~8	0	-4
	H_B 220~250	~0.1	K 01 / (K 05)	100~70 / 90~60	6	6~8	0	0
		0.1~0.3	K 01 / (K 05) / K 10 / M 20 / M 20 / M 20	80~60 / 80~60 / 60~40 / 60~40 / 55~40 / 50~30	6 / 6 / 6 / 6 / 6~12 / 6~12	6~8	3 / 3	-4
		0.3~0.6	K 10 / M 10 / M 20 / K 20	50~30 / 50~30 / 45~30 / 40~25	6	6~8	0	-4
		0.6~1.2	M 20	35~25 / 30~20	6	6~8	0	-4
合金鑄鐵	H_B 250~450	~0.1	K 01 / (K 05)	70~30 / 70~30 / 65~30	6	6~8	0	0
		0.1~0.3	K 01 / (K 05) / K 10 / M 10 / M 20	60~25 / 60~25 / 50~25 / 40~20 / 40~20	6	6~8	0	-4
		0.3~0.6	K 10 / M 10	35~15 / 35~15 / 30~12	6	6~8	0	-4
		0.6~1.0	K 10 / M 20	30~12 / 25~10	6	6~8	0	-4

不連續切削不穩定條件

材料名稱	抗拉強度 (kg/mm²)	進給 (mm/rev)	分類記號	切削速度 (m/min)	邊斜角	削隙角	後傾角	後斜角
鑄鐵	~H_B 180	~0.3	K 20	90~60	6	6~8	0	-4
		0.3~0.6	K 20 / K 30	70~40 / 60~30	6	6~8	0	-4
		0.6~1.2	K 30	40~20	6	6~8	0	-4
	H_B 180~220	~0.3	K 10 / K 20	70~40 / 60~30	6	6~8	0	-4
		0.3~0.6	K 10 / K 20	50~30	6	6~8	0	-4
	H_B 220~250	0.1~0.3	K 10 / M 10 / M 20 / K 20	60~30 / 60~30 / 50~30 / 40~25	6	6~8	0	-4
		0.3~0.6	K 10 / M 10 / M 20 / K 20	40~25 / 40~25 / 40~25 / 30~20	6	6~8	0	-4
合金鑄鐵	H_B 250~450	0.1~0.3	K 10 / M 10 / M 20	35~20 / 35~20 / 30~15	6	6~8	0	-4
		0.3~0.6	K 10 / M 20	30~15 / 25~12	6	6~8	0	-4

材料	硬度	進給	刀片	切削速度			
冷硬鑄鐵	Hs 65~80	~0.1	K 01	12~5 12~5 12~4	0	6~8 8	0
	Hs 80~90		(K 05) K 01 K 01	5~10 2~6	0	6~8	0
球狀石墨鑄鐵	HB 140~180	~0.1	M 10	160~120	6	6~8	-4
		0.1~0.3	M 10 P 20 M 20	130~100 120~90 110~70	6	6~8	-4
		0.3~0.6	P 20 M 20 M 30	100~70 80~60 80~50	6	6~8	-4
	HB 220~280	~0.1	M 10	100~70	6	6~8	-4
		0.1~0.3	M 10 M 20	80~50 60~40	6	6~8	-4
		0.3~0.6	M 20	50~30	6	6~8	-4
~HB 130		~0.1	M 10	150~120	6	6~8	-4
		0.1~0.3	M 10 P 20 M 20 K 10	130~100 150~120 100~80 100~70	6	6~8	-4
		0.3~0.6	P 20 M 20 M 30 K 10	130~100 90~60 80~50 80~50	.6	6~8	0
黑心可鍛鑄鐵	HB 130~180	~0.1	M 10	130~100	6	6~8	-4
		0.1~0.3	M 10 P 20 M 20	100~80 120~90 90~60	6	6~8	-4
		0.3~0.6	P 20 M 20 P 30	100~80 80~60 80~60	6	6~8	-4
	HB 180~	~0.1	M 10	120~100	6	6~8	-4
		0.1~0.3	M 10 P 20 M 20	110~70 100~70 80~60	6	5~8	-4
		0.3~0.6	P 20 M 20 P 30	80~60 70~50 70~40	6	5~8	-4

材料	硬度	進給	刀片	切削速度			
		~0.1	M 10	140~100	6	6~8	-4
		0.1~0.3	M 10 (P 25) M 20	100~80 100~70 100~60	6	6~8	0	-4
		0.3~0.6	(P 25) M 20 M 30	80~50 70~50 70~40	6	6~8	0	-4
		~0.1	M 10	80~50	6	6~8	0	-4
		0.1~0.3	M 10 M 20	60~30 50~30	6	6~8	0	-4
		0.3~0.6	M 20	40~25	6	6~8	0	-4
		~0.1	M 10	160~110	6	6~8		-4
		0.1~0.3	M 10 (P 25) M 20 K 10	120~80 130~100 90~60 80~60	6	6~8	0	-4
		0.3~0.6	(P 25) M 20 M 20 K 10	110~70 80~50 70~40 70~40		6~8	0	-4
		~0.1	M 10	100~70	6	6~8		-4
		0.1~0.3	M 10 (P 25) M 20	90~60 100~50 80~50	6	6~8	0	-4
		0.3~0.6	(P 25) M 20 M 30	80~50 70~50 70~50	6	6~8	0	-4
		~0.1	M 10	100~70	6	6~8		-4
		0.1~0.3	M 10 (P 25) M 20	90~50 80~50 80~50	6	6~8	0	-4
		0.3~0.6	(P 25) M 20 M 30	70~40 60~40 60~30	6	6~8	0	-4

表10.14 非鐵金屬及非金屬工件之切削條件

| 工件材料 | | 連續切削穩定情況 | | | | | | | 不連續切削不穩定情況 | | | | | | |
材料名稱	抗拉強度 (kg/mm²)	進給量 (mm/rev)	分類記號	切削速度 (m/min)	邊斜角	前隙角	後傾角	後斜角	進給量 (mm/rev)	分類記號	切削速度 (m/min)	邊斜角	前隙角	後傾角	後斜角
銅		~0.1	K 10	600~450	18~25	10		0~-4	~0.1	K 10	600~450	18	10		0
		0.1~0.3	K 10	500~400	18~25	10		0~-4	0.1~0.3	K 10	500~400	18	10	12	0
		0.3~0.6	K 10	400~300	18~25	10	6	0~-4	0.3~0.6	K 10	400~300	18	10	6	0
黃銅		~0.1	K 10	600~450	12	10		0	~0.1	K 10	600~450	12	10	6	0
		0.1~0.3	K 10	500~400	12	10		0	0.1~0.3	K 10	500~400	12	10	6	0
		0.3~0.6	K 10	400~300	12	10	3	0	0.3~0.6	K 10	400~300	12	10		0
鑄青銅		~0.1	K 10	500~400	8~12	8		0	~0.1	K 10	500~400	8	8		0
		0.1~0.3	K 10	400~300	8~12	8		0	0.1~0.3	K 10	400~300	8	8	3	0
		0.3~0.6	K 10	300~250	8~12	8	3	0	0.3~0.6	K 10	300~250	8	8	3	-4
鋁	HB 80~120	~0.1	K 10	1200~800	20~30	10		0	~0.1	K 10	1200~800	20~30	10		0
		0.1~0.3	K 10	1000~600	20~30	10		0	0.1~0.3	K 10	1000~600	20	10	12	0
		0.3~0.6	K 10	800~500	20~30	10		0	0.3~0.6	K 10	800~500	20	10	12	-4
		~0.1	K 10	800~500	12~20	10		0	~0.1	K 10	800~500	12~20	10		0
		0.1~0.3	K 10	600~300	12~20	10		0	0.1~0.3	K 10	600~300	12~20	10	6	0
		0.3~0.6	K 10	400~200	12~20	10		-4	0.3~0.6	K 10	400~200	12	10	6	-4
鋁合金	(9~14% Si)	~0.1	K 10	300~200	12	10		-4	~0.1	K 10	300~200	12	10		0
		0.1~0.3	K 10	250~150	12	10		-4	0.1~0.3	K 10	250~150	12	10		-4
		0.3~0.6	K 10	200~100	12	10		-4	0.3~0.6	K 10	200~100	12	10		-4
	(14% 以上 Si)	~0.1	K 10	180~100	6	8~10/10		0	~0.1	K 10	180~100	6	10	6	0
		0.1~0.3	K 10	140~80	6	10		-4	0.1~0.3	K 10	140~80	6	10	6	0
		0.3~0.6	K 10	100~60	6	10		-4	0.3~0.6	K 10	100~60	6	10		-4

表（續）

下半部

材料	切込み(mm)	工具材種	切削速度	角度1	角度2	角度3	角度4
鎂合金	~0.1	K 10	2000~1200	15~25	10		C
	0.1~0.3	K 10	1500~800	15~25	10		C
	0.3~0.6	K 10	1000~500	15	10		C
鈦	0.1~0.3	(K 15)(K 20)	75~50 / 65~45	12	6~8		-4
	0.3~0.5	K 30	50~35	12	6~8		-4
玻璃	~0.1	(K 05)(K 10)(K 10)	90~70	0	6~8		C
陶磁器	0.1~0.3	(K 05)(K 10)(K 10)	80~50	0	6~8		C
	~0.1	(K 05)(K 10)	35~20 / 30~20	0	6~8		C
	0.1~0.3	(K 05)(K 10)	25~10 / 20~10	0	6~8		C
	0.3~0.6	K 10	20~10	0	6~8		B
黑炭	~0.3	K 10	80~50	0	6~8		0
軟質岩	0.2~0.6	(K 05)	400~200	0~6	15		-4
	0.6~1.2	K 10	200~100	0~6	15		-4
中硬岩	0.2~0.6	K 10	80~40	0	6~8		-4
	0.6~1.2	K 20	40~20	0	6~8	-4	-4
熱可塑性樹脂	~0.1	K 10	~1200	15~30	10		0
	0.1~0.3	K 10	~800	15~30	10		0
	0.3~0.6	K 10	~650	15~20	10		0
熱硬化性樹脂	~0.1	K 01 / (K 05)(K 10)	600~400	10~20	10		0
	0.1~0.3	K 10	500~300	10~20	10		-4
	0.3~0.6	K 01 / (K 05)(K 10)	400~250	10~20	10		-4
	~0.1	K 10	400~200 / 300~200	12	10		0
	0.1~0.3	(K 05)(K 10)	300~150 / 250~150	12	10		0
	0.3~0.6	K 10	200~100	12	10		-4

上半部

材料	切込み(mm)	工具材種	切削速度	角度1	角度2	角度3	角度4
鎂合金	~0.1	K 10	2000~1200	15~25	10	6	0
	0.1~0.3	K 10	1500~800	15	10	6	0
	0.3~0.6	K 10	1000~500	15	10	6	-4
鈦	0.1~0.3	K 20	55~35	12	6~8	6	-4
玻璃	~0.1	K 10	90~70	0	6~8		0
陶磁器	0.1~0.3	K 10	80~50	0	6~8		0
	~0.1	K 10	30~20	0	6~8		0
	0.1~0.3	K 10	20~10	0	6~8		0
軟質岩	0.2~0.6	K 10	400~200	0~6	12		-4
	0.6~1.2	K 10	200~100	0~6	12		-4
中硬岩	0.2~0.6	K 20	60~30	0	6~8		-4
	0.6~1.2	K 20	30~15	0	6~8	-4	-8
熱可塑性樹脂	~0.1	K 10	~1000	15~30	10		0
	0.1~0.3	K 10	~800	15~20	10		0
	0.3~0.6	(K 05)(K 05)(K 10)	~650	15	10		0
熱硬化性樹脂	~0.1	K 10	600~400	10~20	10		0
	0.1~0.3	K 10	500~300	10~15	10		0
	0.3~0.6	K 10	400~250	10~12	10		-4
	~0.1	K 10	300~200	12	10		0
	0.1~0.3	K 10	250~150	12	10	3	0
	0.3~0.6	K 10	200~100	12	10		-4

表10.15　超硬銑刀切削條件

| 被削材 | | 穩定切削狀態 | | | | | 不穩定切削狀態 | | | | |
材料名	抗拉強度 (kg/mm²)	進給量 (mm/tooth)	分類號碼	切削速度 (m/min)	前隙角	備考	進給量 (mm/tooth)	分類號碼	切削速度 (m/min)	前隙角	備考
軟鋼	~50	0.2~0.5	P 40	140~70	10~20	高傾角銑刀	0.2~0.5	P 40 / M 40	130~60 / 110~50	10~20	高傾角銑刀
構造用鋼	40~50	0.06~0.12	P 20	150~100	5~10	碳化銑刀4000 TAC銑刀		P 30	110~70	5~10	碳化銑刀4000 TAC銑刀
		0.1~0.2	P 20	120~90	5~10						
		0.2~0.4	P 30	100~70	5~10						
構造用調質鋼 Cr鋼 Cr-Mo鋼	50~70	0.06~0.12	P 20	150~100	5~10	碳化銑刀4000 TAC銑刀	0.2~0.4	P 40 / M 40	100~60 / 80~50	5~10	碳化銑刀4000 TAC銑刀
		0.1~0.2	P 20	120~90	5~10						
	70~85	0.2~0.4	P 30	100~70	5~10						
		0.06~0.12	P 20	150~100	5						
		0.1~0.3	P 20	120~90	5						
		0.2~0.4	P 30	100~70	5						
Cr-Ni-Mo鋼 Mn-Si鋼	70~85	0.06~0.12	P 20	130~90	5	碳化銑刀4000 TAC銑刀	0.2~0.4	P 40 / M 40	100~60 / 80~50	5	碳化銑刀4000 TAC銑刀
		0.1~0.2	P 20	120~80	5						
		0.2~0.4	P 30	110~60	5						
	85~100	0.06~0.12	P 20	130~100	5		0.2~0.4	P 40 / M 40	100~50 / 80~45	5	碳化銑刀4000 TAC銑刀
		0.1~0.25	P 20	110~80	5						
調質鋼 工具鋼	100~140	0.06~0.12	P 30	90~60	5	碳化銑刀4000 TAC銑刀	0.2~0.4	P 30	70~40	5	
		0.1~0.25	P 20	90~60	5						
		0.2~0.4	P 30	80~50	0	高傾角銑刀	0.2~0.4	P 30	60~30	0	
		0.2~0.4	P 30	70~40	0	碳化銑刀					
不銹鋼 耐熱鋼	~50	0.1~0.2	M 40 / M 40	60~40 / 70~53	5~10		0.3~0.5	P 30 / P 40	75~45 / 65~40	5~10	タンガミル4000
		0.3~0.5	P 30 / P 40	90~60 / 70~45	5~10						

材料	硬度 HB	切削深度	材種	切削速度	傾角	刀具
鑄鐵	50~70	0.3~0.5	P30 P40	70~45 60~40	5	碳化銑刀2000 TAC銑刀
	~HB 180	0.1~0.2	K10	100~80	0~8	
		0.2~0.4	K10	90~60	0~8	
		0.4~0.6	K10	80~50	0~8	
	HB 180~220	0.1~0.2	K10 K20	100~70 90~60	0~8	
		0.2~0.4	K10 K20	80~50 70~45	0~8	
		0.4~0.6	K20	60~40	0~8	
	HB 220~250	0.1~0.2	K10	80~60	0~8	
		0.2~0.4	K20	70~45	0~8	
合金鑄鐵	HB 250~350	0.1~0.2	K10	65~40	0~8	碳化銑刀2000 TAC銑刀
		0.2~0.3	M10 K10	60~40 50~40	0~8	
	HB 140~200	0.1~0.25	M10	120~90 80~70	0~8	
		0.25~0.4	M10	100~70	0~8	
球狀黑鉛鑄鐵	HB 200~280	0.1~0.25	M10 K10	85~55 70~40	0~8	碳化銑刀2000 TAC銑刀
		0.25~0.4	M10 K10	75~45 60~30	0~8	
黑心可鍛鑄鐵	HB 130~180	0.1~0.25	M10 K10	120~90 90~60	0~8	碳化銑刀2000 TAC銑刀
		0.25~0.4	M10 K10	90~60 70~10	0~8	
白心可鍛鑄鐵 削速度降低20~30%	HB 180~	0.1~0.25	M10 K10	90~60 80~50	0~8	
		0.25~0.4	M10 K10	90~60 70~40	0~8	
銅	HB 40~60	0.1~0.2	K10	350~200	15	高傾角銑刀
		0.2~0.4	K10	300~150	15	
	HB 60~110	0.1~0.2	K10	300~150	15	
		0.2~0.4	K10	200~120	15	
黃銅 鑄青銅	HB 40~100	0.1~0.2	K10	300~150	10	高傾角銑刀
		0.2~0.4	K10	200~120	10	

材料	硬度 HB	切削深度	材種	切削速度	傾角	刀具
鑄鐵	50~70	0.3~0.5	P30 P40	70~50 60~40	5	碳化銑刀2000 TAC銑刀
	~HB 180	0.1~0.2	K20	90~60	0~8	
		0.2~0.4	K20	70~45	0~8	
		0.4~0.6	K20	60~40	0~8	
	HB 180~220	0.1~0.2	K10 K20	90~60 80~50	0~8	
		0.2~0.4	K20	60~45	0~8	
	HB 220~250	0.1~0.2	K10	75~50	0~8	
		0.2~0.4	K20	60~40	0~8	
合金鑄鐵	HB 250~350	0.1~0.2	K10	50~40	0~8	碳化銑刀2000 TAC銑刀
	HB 140~200	0.1~0.25	K10	90~60	0~8	
球狀黑鉛鑄鐵	HB 200~280	0.1~0.25	K10	60~40	0~8	碳化銑刀2000 TAC銑刀
黑心可鍛鑄鐵	HB 130~180	0.1~0.25	P30	100~80	0~8	碳化銑刀2000 TAC銑刀
白心可鍛鑄鐵	HB 180~	0.1~0.25	P30	80~50	0~8	
銅	HB 40~60	0.1~0.2	K10	300~150	15	高傾角銑刀
		0.2~0.4	K10	200~120	15	
	HB 60~110	0.1~0.2	K10	250~100	15	
		0.2~0.4	K10	200~100	15	
黃銅 鑄青銅	HB 40~100	0.1~0.2	K10	250~150	10	高傾角銑刀
		0.2~0.4	K10	200~100	10	

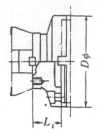
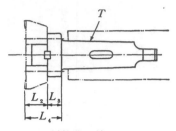

(a)銑削主軸用連接座　　　　　　　(b)搪孔主軸用心軸

銑削主軸用		搪　孔　主　軸　用			
L_1	D	L_2	L_3	L_4	T
71	245	61	30	91	MT #6

圖 10.41　面銑刀之穩定性極限試驗之銑刀支承器及心軸

(2) 工件：FC20之鑄件 $500 \times 500 \times 600$ 之立方塊。

抗拉強度…………… 20 kg/mm²

硬度………………… H_B 223

(3) 使用刀具：超硬鑲入式面銑刀。

軸向頂斜角…………… 3°

半徑方向頂斜角……… 6°

刀片材質…………… JIS K20

面銑刀外徑…………… 200mm

刀双數量…………… 12 片

(4) 銑刀支承及心軸，如圖 10.41 所示。

(5) 切削條件：

切削速度…………… 75m/min，95m/min

進給量……………… 0.22mm/rev，0.37mm/rev

切削深度…………… 0.2～9mm之間

消耗動力…………… 額定動力15kW，最大極限容許增加20％

4．搪孔之切削條件

搪床搪孔與車床車削外圓性質上相同，切削條件亦無重大差別，對於切削條件上應以機械本身及工具剛性爲着眼，發現搪孔較車外圓不穩定，且搪孔時常產生工具之干涉及切屑處理問題，尤其搪小孔時更常發生。所以搪孔之切削條件較車外圓爲嚴格，一般常以車外圓之切削條件爲基礎，加以種種之校正。

使用超硬車刀時切削條件之文獻頗多，舉表10.12～表10.15數例供參考。

5．銑削之切屑條件

　　在銑削時切削因裝刀之裝設位置、切削速度及各刀刃之進給量而有極大之**變化**。所以實際切削條件之決定方法，應由標準切削條件中加以考慮、修正而求得。表10.15所示爲超硬面銑刀之切削條件及數值，表10.16所示爲超硬端銑刀之切削條件及數值。

表10.16　鋼系工件之搪孔加工方式及切削條件之關係

搪孔方式＼切削條件	孔 之 種 類	容　許　差（mm）	切 削 速 度（m/min）	進　給　量（mm/rev）	切削次數
單向支承式搪孔	搪 孔 或 車 削	0.025～0.075	60～120	0.25～0.50	4
	搪 孔 或 車 削	0.075～0.25	60～120	0.25～0.50	3
	搪 孔 或 車 削	0.25 ～0.75	60～120	0.25～0.50	2
	鉸孔用之鑽孔		60～120	0.3	2
雙向支承式搪孔	搪 孔 或 車 削	0.025～0.075	60～120	0.38～0.75	4
	搪 孔 或 車 削	0.075～0.25	60～120	0.38～0.75	3
	搪 孔 或 車 削	0.25 ～0.75	60～120	0.38～0.75	2
單向支承式雙刄搪孔	搪 孔 或 車 削	0.025～0.075	60～120	0.50～1.0	3
	搪 孔 或 車 削	0.075～0.25	60～120	0.50～1.0	2
	搪 孔 或 車 削	0.25 ～0.75	60～120	0.50～1.0	1
雙向支承式雙刄搪孔，加工時使用夾具	搪 孔 或 車 削	0.025～0.075	60～120	0.6 ～1.3	3
	搪 孔 或 車 削	0.075～0.25	60～120	0.6 ～1.3	2
	搪 孔 或 車 削	0.25 ～0.75	60～120	0.6 ～1.3	1

10.3-1　鑽模搪床之作業及切削條件

　　鑽模搪床之作業及切削條件與臥式搪床相同，只有作高精度之加工作業時，按照其所需來調整切削條件。

　　應注意之作業條件如下：

1．室溫之影響

　　鑽模搪床爲保證其加工精度，所以必須保持在固定之溫度中，一般以20℃爲標準溫度。室內溫度爲達均一性，應注意空調之氣體出口位置及出口速度，以免產生局部之溫差。

2. 切削熱之影響

在高精度之加工中，切削熱對精度之影響不可忽視，爲減少其影響，將工件之孔先施以粗加工，等待工件溫度恢復至20°C時再施以精加工。加工進行時應設法避免含有高切削熱之切屑堆積於工件之上。

3. 對工件之考慮

工件在非20°C之處送入20°C之恒溫室加工，所停留時間太短，工件整體未能達到均一之20°C，爲保持工件精密度，應視工件大小及厚度等之熱容量而定，至少放置在恒溫室8小時以上，等工件溫度達到均一後才施以加工。

4. 工件之加工操作情況

將工件安裝於工作台上時，不可因夾緊而產生變形，安裝於工作台上時，應注意機械本體是否有偏心荷重之情況產生。

5. 機械本身之熱變形

鑽模搪床一般安置於恒溫室內，對於外界溫差之熱變形情況似乎不可能，但機械運轉時本身產生之熱變形，對加工精度發生影響。

10.4 搪床夾具設計應注意事項

1. 搪床夾具之目的

夾具是工件與加工刀具之相對位置的決定工具，此種工具由工件之夾緊機構及定位裝置組合而成。其目的如下：

(1) 解決搪床之精度及剛性之不足。

(2) 解決工具之剛性不足及支承不穩定。

(3) 減少檢驗過程及時間。

(4) 利用半技工作高精度加工之工作。

(5) 減少廢料縮短工作時間。

(6) 產品易達均一性及互換性。

搪床夾具應具備之功用如下：

(1) 在切削力或其他外力作用下，保持工件在所定之位置上不產生變化。

(2) 形狀複雜且不穩定時，未能使用普通泛用夾具夾持。

(3) 剛性低夾持易於變形之工件。

(4) 單一件加工不方便之工件，集中至某一數量統一加工，使加工簡便化。

2. 搪床夾具之形式

搪床夾具中使用最多者爲搪孔用夾具及銑削用夾具。夾具由形式上可分爲開放式及閉合式。

開放式即安裝工件於夾具上加工時，工件表面大部份暴露於外者，大部份屬於

圖10.42　閉合式搪床夾具

此類形。如圖10.27所示以平台安裝工件而成之簡單夾具，平台上設有工件之定位裝置，而工作機械上設有平台之定位裝置。

閉合式卽安裝工件於夾具上加工時，工件表面爲夾具之外壁包圍，搪桿由外壁襯套引導，使剛性低之工件不產生變形，此類型夾具在搪床加工中用途最多。圖10.42所示爲齒輪箱蓋搪孔用閉合式夾具。

3.　搪床夾具設計之要點

(一)　需具有足夠之剛性

一般搪床所加工之工件大部份是大型工件，加工量常較其他工作機械大些，因此在設計時應考慮夾具之剛性是否夠大，否則工件進行加工時夾具產生變形或扭曲，而工件之精度無法保持。但爲了有較高之剛性，並非將夾具各處加大加厚，而是利用各種加強肋或加強板給予補強，在不浪費材料及減輕夾具重量之情況下加以考慮。因爲大型笨重夾具搬運及安裝都有困難，且夾具重量太大，安裝於工作機械易使機械本身之加工精度發生問題。

(二)　基準面及支承面之選擇

工件要正確的安裝於夾具上施以加工，應注意工件之變形傾向及切削力作用形式，才能選擇適當之基準面及支承面。一般由加工開始所設定之基準，經由工件全部加工均使用同一基準面，以確保各加工部位之關係尺寸。基準面及支承面選擇不當，工件易發生扭曲或變形，以致加工精度無法達到要求。

(三)　夾具構造

大型夾具之構造應選擇製作成裝配式，勿將設計製作成爲一整體，在構造上應力求簡便，使其易於裝配及搬運，在長期使用後各關係尺寸不致於產生誤差。且大型工件應注意工件安裝完成後，必須等到全部加工完成後才可換下。

(四)　安裝工件時間及切削時間之考慮

臥式搪床作業，一般需要很長的切削時間，卽切削時間遠長於工件安裝時間，因此在設計夾具時如何減短切削時間，遠比如何縮短工件安裝時間來得重要。但工件安裝時間遠較切削時間為長時，應考慮縮短工件安裝時間為優先。

㈤ 切屑排除要容易

在設計搪床夾具除了應注意各部位之作用外，並應考慮切屑排除之方法，否則常產生不良後果。特別是自動機械所使用之夾具，更應注意切屑排除之方法及功能。

㈥ 操作、保養要簡便

工件之裝卸及夾具之裝卸應儘量簡便化，搪桿之引導用導套及磨耗激烈部位更新零件是否容易。

4．搪桿設計要點

(1) 搪桿之強度及剛性：設計搪桿必須有足夠之強度，始能承受搪孔所產生之切削力。搪桿必須具備良好之剛性，始能防止搪孔時產生振動或彎曲。

(2) 搪桿長度與大小：決定搪桿直徑 D 和長度 L，D 與 L 有一定之比例，在前節中已有足夠的資料可參考定出。

(3) 搪桿裕度：搪桿插入所搪製之孔中，應留適當之間際，在不妨碍切屑排出之情況下，搪桿儘可能選用較大直徑。

(4) 搪桿用導套或軸承，應於搪桿與導套產生滑動部位，作硬化處理或鍍鉻，以防止磨耗。

(5) 搪桿用導套，引導長度與導套內徑之關係：l/d 孔徑較大時取 $1 \sim 1.5$，孔徑較小時取 $2.5 \sim 3.5$。

10.5 搪床夾具設計步驟

搪床夾具與銑床夾具頗為相似，最大區別在於搪床具有刀具引導而銑床則無，設計方法如下：

1．夾具設計前初步分析

工件為鑄鋼件，除 $\phi 35$ 之小孔及孔之各端面完成銑削外均為黑皮，今欲加工之孔間同心度及平行度要求頗嚴，工件相當笨重，搬運裝卸較困難，工作機械為臥式搪床，操作者為男性具有工作經驗之技工，加工數量為100件／月，連續生產3年6個月。

2．夾具設計時應注意事項及相關資料

由於工件孔間同心度及孔中心之平行度要求極為嚴格，因此設計時應考慮使用搪桿引導裝置，以便控制尺寸。由於工件笨重，應考慮搬運裝卸所需之工具，如手推車、吊車等。搪床所需之基本附件及規格說明書是否齊全。

3．工件構圖

工件構圖係將工件之工作圖重新繪於設計圖中，繪製時視圖之選擇應以夾具設

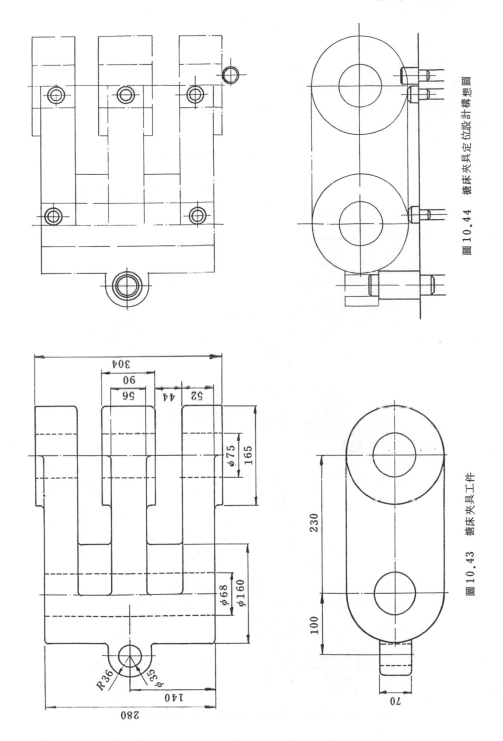

圖10.44　搪床夾具定位設計構想圖

圖10.43　搪床夾具工件

計方便爲主，一般使用假想線繪出工件之輪廓卽可。

4. 工件定位裝置設計

　　根據步驟1、2分析之結果決定定位之方式。實例中吾人選用5支承銷支承，由於工件表面爲黑皮，因此可將支承銷1，2改爲可調式活動支承。由於工件需完全定位，因此必須具有6個定位點，而5支承銷視爲3定位點，乃需再3點，因此吾人選用一短銷⑥配合內孔且以一定位銷7定位，則工件完全定位。

5. 工件夾緊機構設計

　　夾緊機構之作用係將定位完成之工件固定鎖緊。實例中吾人以螺栓配合壓板夾緊工件，操作時只要鬆開螺栓取下壓板，卽可卸下工件。

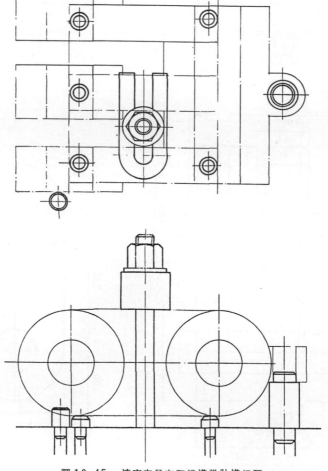

圖10.45　搪床夾具夾緊機構設計構想圖

6. 刀具引導裝置設計

　　搪孔工件為確保孔中心尺寸達到某一標準，且阻止搪桿產生振動或撓曲，吾人常安置有搪桿引導支承裝置。實例中吾人在工件加工孔兩端安裝雙導套以確保加工孔

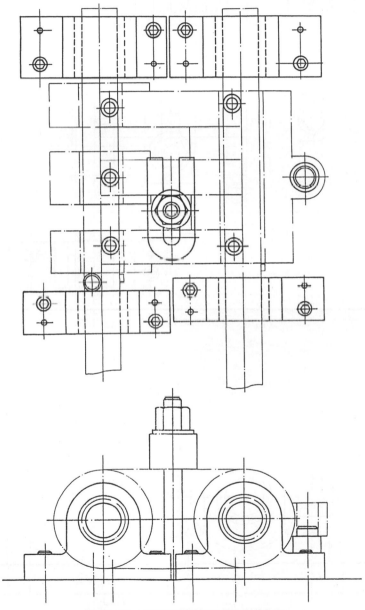

圖 10.46　搪床夾具搪桿引導設計構想圖

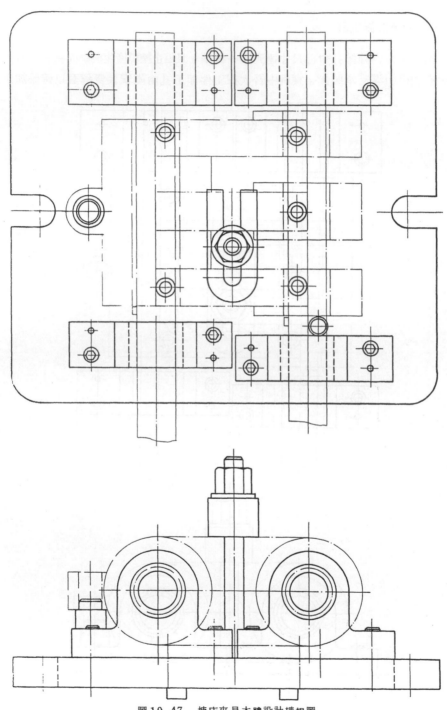

圖 10.47　搪床夾具本體設計構想圖

間之同心度、平行度及直圓度。

7. 夾具本體設計

　　夾具本體之目的係將定位裝置、夾緊機構及刀具引導組合為一體，各司專職。設計本體時應考慮事項可參閱第六章，搪床夾具必須注意如何定位、安裝於搪床床台上。實例中吾人以兩 U 形槽使用 T 形螺栓固緊於床台，以兩樺舌定位於床台上。

10.6　搪孔夾具實例

【實例 1】搪孔夾具——定位及定心要領

加工零件圖

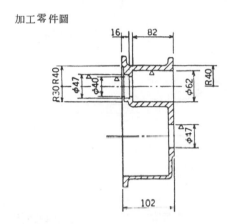

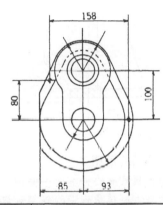

夾具立體圖

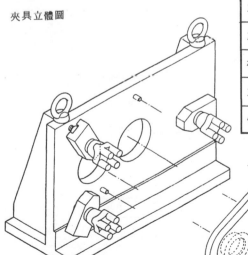

加 工 零 件 名 稱	殼
加 工 部 位	$\phi 62$、$\phi 40$、$2-\phi 47$ 等之搪孔
材　　　　料	—
加 工 數 量	10／批
使 用 機 械	臥 式 搪 床

夾具裝配圖

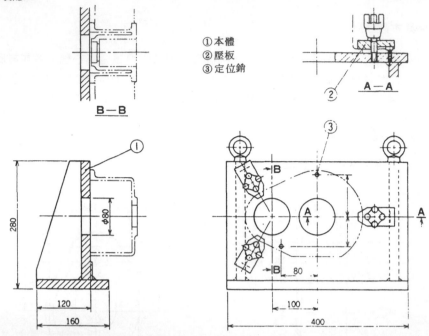

①本體
②壓板
③定位銷

B－B

A－A

夾具操作說明：

此夾具安裝於分度台上使用。

工件安裝係將兩定位銷分別插入工件之 φ8 兩孔中定位，利用 3 個壓板②將工件夾緊於本體①上。爲了不影響機械精度，確保工件之加工位置精度及容易設定加工位置起見，在本體上設置定位孔，如圖所示。

【實例 2 】搪孔夾具──支承及上緊的要領

加工零件圖

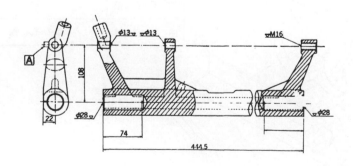

夾具立體圖

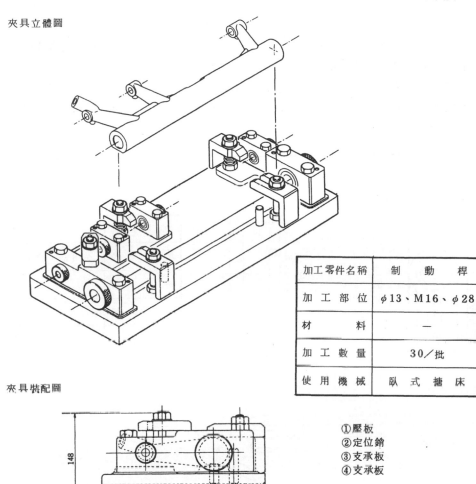

加工零件名稱	制　　動　　桿
加 工 部 位	ϕ13、M16、ϕ28
材　　　　料	—
加 工 數 量	30／批
使 用 機 械	臥 式 搪 床

夾具裝配圖

①壓板
②定位銷
③支承板
④支承板

148

630

260

① ② ③ ④

夾具設計要點與操作說明：

　　工件如圖示之制動桿，兩軸心之平行度要求精度甚嚴，但鑄件先預鑄有突出定位面Ⓐ以供加工時定位之用。

　　工件安裝係利用三支定位銷②以22mm之面及預鑄定位面Ⓐ爲基準，安置於支承板③及支承板④上定位。工件之夾緊係利用5處之壓板①以螺帽鎖緊。在ϕ13之孔使用特殊的導引長鉸刀。

【實例３】搪孔夾具 —— 支承及上緊的要領

加工零件圖

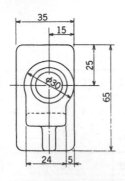
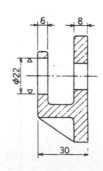

加工零件名稱	連　　　　桿
加 工 部 位	ϕ18鑽、搪孔
材　　　料	—
加 工 數 量	大 量 生 產
使 用 機 械	標度盤形專用機

夾具立體圖

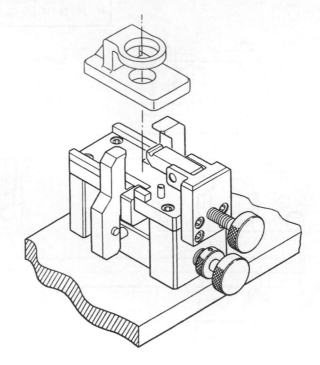

夾具裝配圖

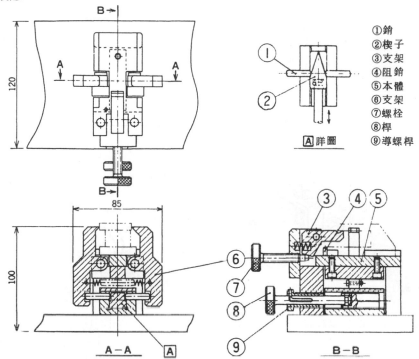

①銷
②楔子
③支架
④阻銷
⑤本體
⑥支架
⑦螺栓
⑧桿
⑨導螺桿

Ⓐ詳圖

A－A　Ⓐ

B－B

夾具設計要點及操作說明：

工件如圖示之托架，今欲搪製 $\phi22$ 之孔，但此孔與基準面之直角度為 0.02。

工件安裝係將工件插入本體⑤，貼靠阻銷④定位。以兩氣缸壓緊工件及尺寸 8 之處。為阻止顫動，壓著旋轉導螺桿組⑨之桿⑧，桿⑧前的楔子②，即可頂開銷①，而支架⑥將工件輕輕卡住。且防止支承加工時因負荷產生之工件撓曲，可旋轉螺栓⑦，頂起支架③以輔助支承。

【實例４】搪孔夾具——確保精度的要領

加工零件圖

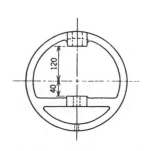

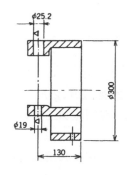

加工零件名稱	架
加工部位	$\phi25$-2、$\phi19$
材　　料	MC6－T5
加工數量	80／批
使用機械	搪床

夾具立體圖

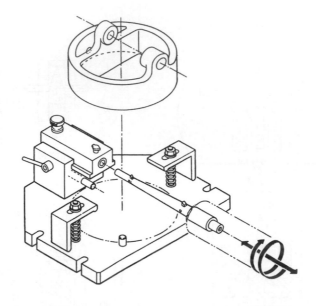

工模裝配圖

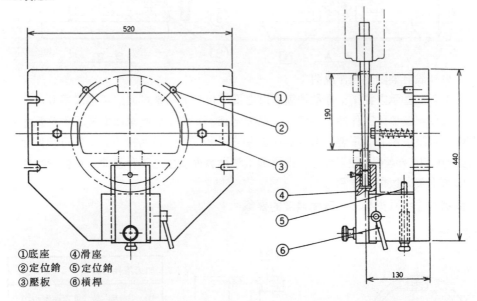

①底座　④滑座
②定位銷　⑤定位銷
③壓板　⑥槓桿

夾具設計要點與操作說明：

　　工件如圖示之圓盤架，今欲搪製 $\phi 25.2$ 及 $\phi 19$ 之孔，孔徑精度為 $H7$ ，孔間之同心度為 0.013 ，選用由同一側同時加工的方式，為避免搪桿產生振動或撓曲，因此採用兩端支承搪桿。

　　工件安裝係以工件底部端面為基準，利用三支定位銷②及一支定位銷⑤插入工件側面之孔定位，用壓板壓緊工件。調整具有導套或軸承之滑塊④以桿⑥固定，使搪桿上之兩搪孔刀在切削以前，桿尖進入軸承內。

【實例5】搪孔夾具──大量生產之效率化的要領

加工零件圖

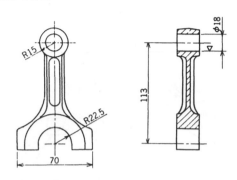

加工零件名稱	托　　　架
加 工 部 位	φ22 搪孔
材　　　　料	ADC12
加 工 數 量	1000／月
使 用 機 械	精密立式搪床

工模立體圖

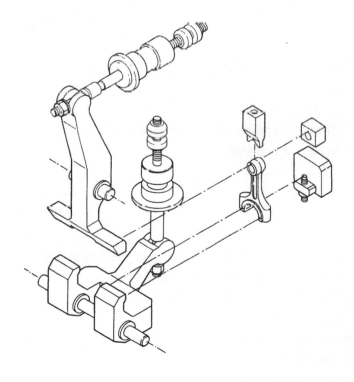

夾具裝配圖

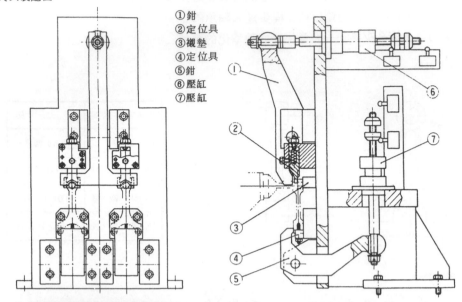

①鉗
②定位具
③襯墊
④定位具
⑤鉗
⑥壓缸
⑦壓缸

夾具設計要點與操作說明：

工件為連桿，今欲加工 $\phi 18$ 之孔，包括鑽孔及搪孔。夾具可同時安裝兩工件。

工件安裝係將工件之大端部位 $R\,45$ 與定位裝置④配合，以三點定位求出工件之中心，以定位 V 型夾②卡住，以氣壓缸之槓桿⑥與⑦推動扣夾①與⑤，如圖所示把工件之小端部及大端部推靠襯墊③及定位裝置④夾緊。同時依次控制鑽頭前進，鑽孔完後鑽頭後退，工作台就被推至搪孔之第二站。

習 題

10.1 詳述搪床之用途有那些？

10.2 常見搪床之附件有那些？

10.3 應用懸臂搪桿搪孔常產生振動，其原因何在？應如何避免？

10.4 簡支搪桿設計使用時應注意那些事項？

10.5 搪桿長度與搪孔直徑間之關係如何？應採用何種方式使搪桿長度 L 與搪孔直徑 D 之比值加大。

10.6 鑽模搪床作業時應考慮那些因素？

10.7 詳述搪床夾具之目的。

10.8 搪床夾具設計時應注意那些事項？

10.9 搪桿設計時應注意那些事項？

10.10 如圖所示，鑄件表面均加工完成，試設計一夾具加工 $\phi 37$ 之內孔。

10.11　如圖所示，工件爲鑄件已完成端面加工，試設計一夾具以便搪製 $\phi152$ 之內孔。

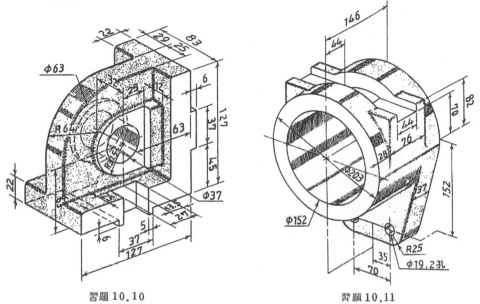

習題 10.10　　　　　　　　　　習題 10.11

10.12　如圖所示，工件爲鑄件表面均加工完成，試設計一夾具搪製 $\phi25$ 之內孔。

10.13　如圖所示，工件均爲黑皮之鑄件，試設計一夾具加工 $\phi46$ 之孔及 $\phi64$ 之端面。

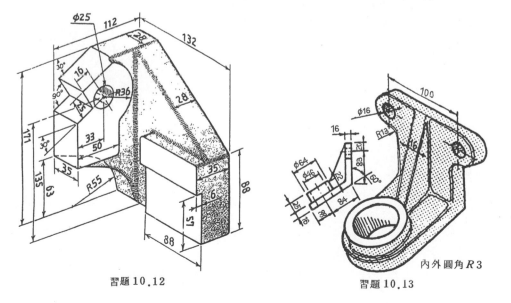

習題 10.12　　　　　　　　　　習題 10.13

內外圓角 $R3$

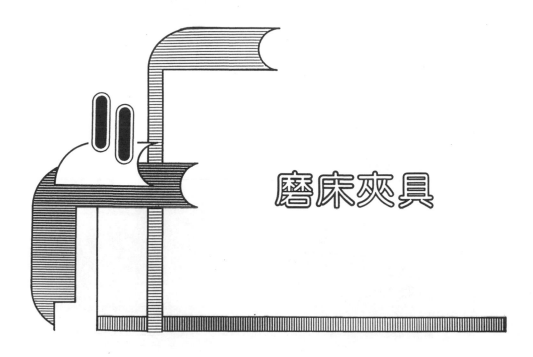

　　磨床之主要目的是用以加工精密零件之圓柱、內圓、平面等等，係當工件經車床車削、鑽床鑽孔、銑床銑削及搪床搪削等加工後，方施加磨光精製。磨床係藉砂輪以高速旋轉，借砂輪表面之砂柱，研磨工件使成光製面，以達所需之精度。

11.1　磨床之種類及構造

1. 平面磨床

圖 11.1　往復平面磨床

圖 11.2　立式——廻轉平面磨床

圖 11.3　臥式——廻轉平面磨床

圖11.4 立式──往復磨床

平面磨床一般分爲兩種類型：其一爲具有往復式工作台之往復平面磨床，如圖11.1所示。另一種爲廻轉工作台型之平面磨床，如圖11.2所示。

2．外圓磨床

外圓磨床主要用於磨製圓柱表面、圓錐表面及其他簡單圓柱弧面。圖11.5所示爲外圓磨床。

圖11.5 外圓磨床

3．內圓磨床

內圓磨床以磨削內孔，使達至正確直徑、垂直孔面及較高之表面光度。內圓磨床之構造與外圓磨床相近，萬能外圓磨床可兼作磨削內孔之工作。內圓磨床是生產工廠之重要磨床之一，可磨削的圓孔有錐孔、直孔及成形圓孔，逐漸代替鉸刀之趨勢。

圖 11.6 研磨內孔

4. 工具磨床

工具磨床專為磨利刀具之固定角度或磨光工具而設計。萬能工具磨床係利用各種附件可作平面、外圓、內圓等磨削工作。

11.2 砂輪種類與選擇

砂輪是研磨工作之刀具,係用磨粒和結合劑形成。磨粒是非常硬之礦粒而作為磨削工作,結合劑為黏結磨粒之原料。對磨削工作而言磨料之種類、大小及結合劑之種類、軟硬、鬆密等情況均有莫大之影響。因此選擇砂輪時必須考慮下列之各要項:

(1) 磨粒材料。

圖 11.7 光學鑽頭研磨機

圖 11.8 萬能工具磨床

圖 11.9 利用萬能工具磨床磨利面銑刀

(2) 磨粒粒度。

(3) 結合度。

(4) 組織（鬆密）。

(5) 結合材料。

(6) 砂輪形狀及尺寸。

1．磨粒材料

　　兩種主要磨粒材料為氧化鋁及碳化矽，砂輪上氧化鋁以 A 及 WA 代號表示，碳化矽則以 C 及 GC 表示。A 磨料為百分之九十以上純度氧化鋁，用於磨削抗拉強度 30 kg/mm² 以上材料，WA 磨料是最高純度之氧化鋁，成白色用於磨削抗拉強度 50 kg/mm² 以上材料，如最硬鋼材。同理用於 C 及 GC 磨料，GS 磨料成綠色用磨削碳化刀具，C 磨料則用於磨削抗拉強度小於 30 kg/mm² 以下之材料，如鑄鐵、黃銅等。

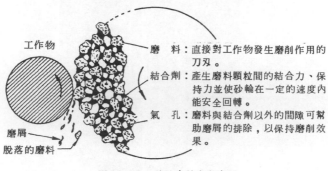

工作物

磨　料：直接對工作物發生磨削作用的刀刃。

結合劑：產生磨料顆粒間的結合力、保持力並使砂輪在一定的速度內能安全回轉。

氣　孔：磨料與結合劑以外的間隙可幫助磨屑的排除，以保持磨削效果。

磨屑

脫落的磨料

圖 11.10　砂輪之結合與磨削

表 11.1　磨料種類、代號及特性

磨　料

種　　類	代　　號	特　　　　　　性
氧　化　鋁 （Al₂O₃）	A	韌性大，適於軟鋼之精密磨削，一般鋼材的排障磨削。
	SA. 32A	單結晶磨料，具有適度之硬度與韌性。對於比較難以磨削的合金工具鋼，整型磨削等最為適宜。
	PW. 50P	韌性比 WA 大，適於熱處理鋼的磨削，工具磨削，齒輪磨削。
	WA. 38A	氧化鋁成分極高，且具有良好的劈開性，適於合金鋼，淬火鋼，工具鋼的精密磨削。
碳　化　矽 SiC	C	硬度高但韌性小，適於非鐵金屬、非金屬，鑄鐵的磨削。
	GC	碳化矽成分極高且劈開性良好，適於超硬合金剛，如鎢鋼、冷輾鋼的磨削。

2．磨料粒度

　　磨粒大小稱爲粒度，以篩網目號數表示，如8號粒度則在1英吋（25.4mm）線上有8個網目，通過此網目之粒度大小約爲最大直徑 3 mm，砂輪製造過程中選擇磨粒是非常重要，因較小磨料參差在磨料中，小磨料將無法達到磨削之效用。

表11.2　商用磨料粒度大小及分類

粒　　　度	
粗　　粒	10，12，14，16，20，24
中　　粒	30，36，46，54，60，70
細　　粒	80，90，100，120，150，180，220
極 細 粒	240，280，320，400，500，600，700，800
	1000，1200，1500，2000，2500，3000，4000

　　選擇粒度之原則：

(1)　表面光度之要求，粗磨削使用粗粒，精磨削用細粒。
(2)　工件硬度之要求，磨削硬材料用細粒，而軟材料用粗粒。
(3)　工件磨削量之要求，磨削裕度大且表面光度不重要時使用粗粒。
(4)　砂輪和工件接觸面之要求，接觸面積大用粗粒，接觸面積小用細粒。

3．結合度

　　黏結磨粒之結合力之強弱稱結合度，結合度弱之砂輪磨粒易脫落，經常新磨粒出現，使磨削容易但不經濟，相反的結合度強之粒度不易脫落，但磨削效果不佳。

表11.3　結合度之區分

結 合 度				
極　　軟	軟	中　　硬	硬	極　　硬
A B C D E F G	H I J K	L M N O	P Q R S	T U V W X Y Z

　　選擇結合度之原則：

(1)　工件硬度：硬材料用軟結合度之砂輪，軟材料用硬結合度之砂輪。
(2)　接觸面之大小：砂輪和工件接觸面積大則用軟結合度，而小則用硬結合度之砂輪。
(3)　進給快慢：快者用硬結合度之砂輪。

4．組織

　　砂輪之組織是指結合劑中磨粒之密度，組織鬆之砂輪，其內部氣孔較多，因此切削時有較大之切屑空間，可較快速磨削工件。

表11.4　砂輪組織之區分

組　織

組織代號	0	1	2	3	4	5	6	7	8	9	10	11	12	13	14
磨料率%	62	60	58	56	54	52	50	48	46	44	42	40	38	36	34
許可差	±1.5%														
種　類	密（C）					中（M）					粗（W）				

選擇砂輪組織之原則：

(1)　工件軟硬，軟材料用粗組織。

(2)　接觸面積大者用粗組織。

(3)　表面精度高者用密組織。

(4)　冷却方法而言，鬆組織者冷却劑易滲入，冷却效果較好。

5．結合材料

結合材料在砂輪中黏結磨粒，有七種原料用於結合材料。黏土、樹脂、橡膠、蟲漆、水玻璃及氧化鎂等結合劑。

表11.5　結合劑種類、記號及特性

結合劑（製法）

種　　類	記號	特　　　　　　　性
瓷質燒結法	V	硬而結合力強，略脆，藉以保持耐用之硬度，適用於精密的磨削和排障操作。
樹脂黏結法	B	結合力甚強韌，用於高速磨削，對最後之精確光磨可得良好效果。
發泡樹脂黏結法	BU	富彈性，耐水，比一般海棉砂輪更適於少量之拋光工作。
橡膠黏結法	R	無心磨削用的調整砂輪及切割用砂輪。
氧化鎂黏結法	Mg	用於刀具磨削或極薄工作物的平面磨削，可避免工作物發生。
蟲漆黏結法	E	適於拋光工作。
水玻璃黏結法	S	適於刀具磨削。

砂輪訂購方法：

國際上可使用的砂輪規格，已有十餘萬種，爲防止訂貨交貨錯誤，定有標準表示方法，其順序及記法如下：

【範例】

表 11.6　砂輪標記

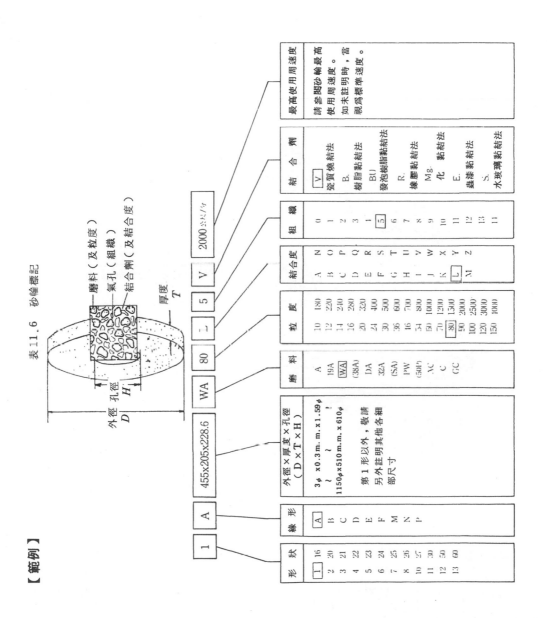

| 1 | A | 455x205x228.6 | WA | 80 | L | 5 | V | 2000 公尺/分 |

6. 砂輪形狀

▲記號表示使用面。　△記號表示輔助使用面。

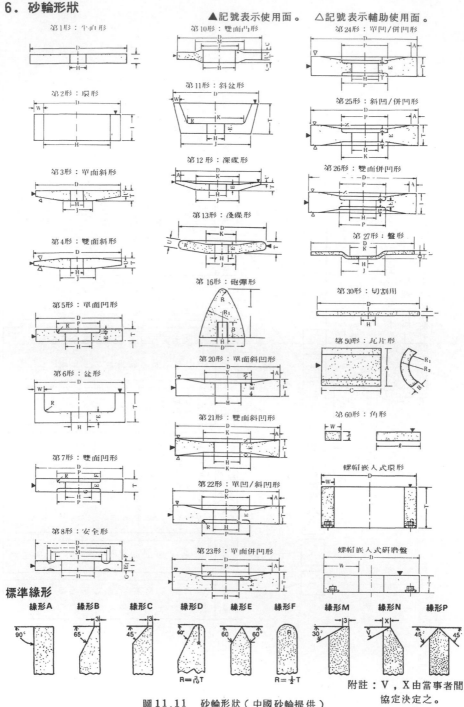

圖 11.11　砂輪形狀（中國砂輪提供）

砂輪規格推薦表　（V製法・濕式磨削・表面粗度1～6μ程度・一般的磨削速度）

表1⒈7　選用砂輪推薦表

被磨削材質	材料硬度	外圓磨削 355以下	外圓 超過355～455以下	外圓 超過455～610以下	外圓 超過610以上	無心磨削	平面磨削 205以下	平面 206～355	平面 356～510	軸 立形	軸 瓦片形	內圓 16以下	內圓 16～32	內圓 32～50	內圓 50～75	內圓 超過75～125以上
普通碳素鋼 (SS, S-C, S-CK, STK, SF, SC)	HRC 25以下	A 60M	A 54M	A 46M	A 46L	A 60M	WA 46K	WA 46J	WA 36J	WA 30J	WA 24K	A 80M	A 60L	A 54K	A 46K	A 46J
	超過HRC 25	WA 60M	WA 54L	WA 46L	WA 46L	WA 60L	WA 46J	WA 46I	WA 36I	WA 36I	WA 30J	WA 80L-M	WA 60K-L	WA 54J-K	WA 46J-K	WA 46I-J
合金鋼 (SNC, SNCM, SCr, SCM, SACM, SK, SUJ)	HRC 55以下	SA 60L	SA 54L	SA 46L	SA 46J	WA 60L	SA 46I	SA 46I	SA 36I	SA 36I	SA 24J	SA 80L-M	SA 60K	SA 54J	SA 46J	WA 46I-J
	超過HRC 55	SA 60K	SA 54K	SA 46K	SA 46J	SA 60K-L	SA 46I	SA 46I	SA 36I	SA 36I	SA 30I	SA 80L	SA 60K	SA 54J	SA 46J	SA 46I
工具鋼 (SKH, SKS, SKD, SKT)	HRC60以下	SA 60K	SA 54K	SA 46K	SA 46J	SA 60K-L	SA 46I	SA 46I	SA 36I	SA 36H	SA 30I	SA 80L	SA 60K	SA 54J	SA 46J	SA 46I
	超過HRC 60	SA 60J	SA 54J	SA 46J	SA 46I	SA 60K	SA 46G	SA 46G	SA 36G	SA 36G	SA 30H	SA 80K	SA 60J	SA 54I	SA 46I	SA 46H
不銹鋼 (SUS)	SUS 400系列 SEH 1,3	WA 60K	WA 54L	WA 46L	WA 46J	WA 60K	SA 46I	SA 46I	SA 36I	SA 36H	SA 30I	WA 80K	WA 60K	WA 54J	WA 46J	WA 46I
	SUS 300系列 SEH 4	WA 60M	WA 54K	WA 46K	WA 46J	WA 60L	SA 36J	SA 30J	SA 30I	SA 30I	SA 24J	WA 80L	WA 60K	WA 54J	WA 46J	WA 46I
耐熱鋼 (SEH)	SEH 4	WA 46L	C 54K	WA 46K	WA 46J	WA 54L	C 46J	C 46I	C 36I	C 36I	C 24J	C 80K	C 60I	C 54K	C 46I	C 36I
鑄鐵 普通鑄鐵	(FC 1-5)	C 60J	C 54K	C 46K	C 36K	C 60L	C 46J	C 46I	C 36I	C 36I	C 24J	C 80K	C 60I	C 54I	C 46I	C 36I
特殊鑄鐵		GC 60I	GC 54I	GC 46I	GC 36I	GC 60L	GC 46I	GC 46H	GC 36H	CG 36H	GC 24I	GC 80J	GC 60I	GC 54H	GC 46H	GC 36H
冷激鑄鐵 (白銑)		GC 60I	GC 54J	GC 46J	GC 36J	GC 60K	GC60-100H-1	GC 60I		GC 60G				D 150		
黑心及白心可鍛鑄鐵 (FCMB/FCMW)		WA 60M	WA 54M	WA 46L	—	—	WA 46M	WA 46J	WA 36J	WA 36J	WA 24K	WA 80M	WA 60L	WA 54M	WA 46K	WA 46J
非鐵金屬 黃銅 (Bs)		C 46J		C 36J		C 46K	C 60J	C 30J	C 30H	C 30J	C 24J	C 80M	C 60J	C 54J	C 46K	C 46I
青銅 (BC)		WA 54L		WA 36L		WA 60M	WA 46K	WA 46J	WA 36J	WA 36J	WA 24J	WA 80L	WA 60L	WA 54L	WA 46K	WA 46I
鋁合金 (A1, A2, A3)		C 46J		C 36J		C 46K	C 30J	C 30H	C 30H	C 30H	C 24J	C 80J	C 60I	C 54I	C 46J	C 36H
超硬合金 (S, G, D)		GC 80I		GC 60I		—	GC60-100H-1	—	—	GC 60G	—			C 80I	C 80I	—
非金屬 玻璃				C 80K			C 60K									—
磁器 (硬)				C 36L			C 24M	C 36M								—
陶瓷				GC 54K			GC 36M			GC 60G				C 80I	GC 36H	—
大理石		—		—		—	—	—	—	GC 6J	—			—	GC 6J	WA 46J

11.3 磨床附件及工具

1. 平衡試驗架

砂軸因製造之組織不均勻，重量可能不平衡，砂輪回轉時之平衡是非常重要的，不平衡之回轉將影響工件之精度及表面光度，過度之不平衡引起振動損傷輪軸軸承，因此需作平衡試驗。

圖11.12 平衡試驗架

2. 金剛石削整器

金剛石是最硬之物質，鑲嵌在圓桿上手持或架持使用。金剛石削整器為磨床必備用具，用以削銳、削正。砂輪許多磨床有此固定附件，當精磨削時削正砂輪，有時亦可作特殊用途之砂輪（如磨削圓槽或螺紋等）削正。

圖 11.13 金剛石削整器　　　　　圖 11.14 削正砂輪附件(1)

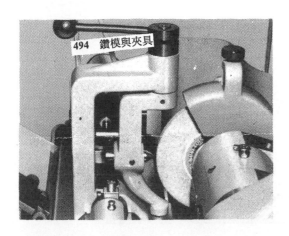

圖 11.15　削正砂輪附件(2)

3. 磨床之泛用夾持工具

平面磨床之床台常以磁性夾頭吸住工件，進行磨削，使用簡便。

往復夾持工件之設施中，一般常見之磁性夾具為 V 形枕，用以夾持圓柱形工件加工或檢驗。另一種磁性夾具為方形磁性夾具。

往復床台夾持工件尚有角板、虎鉗等，對平面之工件均需用量錶校正，傾斜面之磨削，工件可裝於虎鉗或置於正弦桿夾於角板。

圖 11.16　磁性夾頭

圖 11.17　磁性 V 形枕

圖 11.18　磁性 V 形枕之應用例

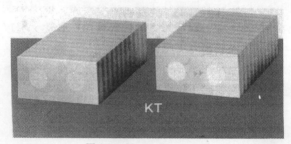

圖 11.19　方形 磁性夾具

11.4　磨床夾具設計應注意事項

(1) 磨床研磨爲精密加工，因此夾具之構造及組合必須要相當之精密，如夾具之定位、支承，心軸與工件之接觸面等，均需精確研磨製成。工件之定位件、支承件、接觸處，須經硬化及鍍鉻之處理，以防磨耗。

(2) 由於高轉速研磨所生之高溫，易使工件變形、縮裂、退火等現象，因此研磨時應在工件研磨位置噴灑大量冷却劑。而且在設計夾具時應考慮或設計適當形狀之冷却劑噴嘴，使冷却劑噴注在理想之位置。爲防冷却劑飛濺，最好設計有防護罩。

(3) 由於室溫之變化常使研磨之工件精度欠佳，因此研磨工作應於恒溫室中進行。（本點同第十章）

(4) 設計磨床夾具，應注意冷却劑之快速排洩，因噴出大量冷却劑，若不能快速流走，積存於夾具上，必然影響施工，所以設計夾具本體結構時應特別注意。

(5) 冷却劑經過砂輪時即可帶走砂粒及鐵屑，冷却劑之流動，必須把這些砂粒和鐵屑順利冲走，不可再附著於工件表面，影響加工精度，故夾具內定位、支承處絕不可積存砂粒、鐵屑及污泥之現象。

(6) 若為轉動式研磨夾具，應注意動平衡。

(7) 大部份研磨工件，皆為車、銑完成之工件，加工量極少，因此要求加工迅速，所以設計磨床夾具時應特別注意其裝卸方便與快捷。

(8) 磨床研磨為高精密加工，因此在設計時應考慮磨削力作用於工件所產生之變形與撓曲問題。

$$\delta_{pt} = \frac{P_t \cdot L^3}{3EI}$$

L ：工件之長度

d ：工件之直徑

E ：彈性係數

I ：工件斷面慣性矩

P_l ：切削之背分力

(9) 於磨削時工件因被切削熱作用而熱膨脹伸長，由於溫度上昇之伸長量 Δl 為：

$$\Delta l = \alpha\, l\, t'$$

Δl ：熱膨脹之伸長量

t' ：溫度上昇

α ：線膨脹係數

l ：工件長度

線膨脹係數 α 如表 11.1 所示。例如鋼材長 200 mm，溫度每上升 1°C 約膨

表 11.8 線膨脹係數

工 件 材 質	線膨脹係數 α
低　碳　鋼	11.2×10^{-6}
高　碳　鋼	11.0×10^{-6}
鑄　　鐵	9.4×10^{-6}
黃　　銅	18.8×10^{-6}
青　　銅	18.0×10^{-6}
杜　拉　鋁	22.6×10^{-6}
Y 合　金	2.0×10^{-6}
不　變　鋼	1.2×10^{-6}
刻 度 用 玻 璃	10.2×10^{-6}

脹 $2 \sim 4 \mu$。因此即使有些微之溫度差，亦足使工件伸長及縮收。爲減少工件伸長，溫度上升時應儘量使之迅速擴散，且需防止工件熱膨脹。至於切削劑，需使切削溫度不上升。

(10) 防止工件因夾緊而產生變形。

(11) 必須防止工件夾緊、加工時位置產生微量變化。

(12) 夾具必須能長時間使用，且夾具之材料永不變化，以確保長時間之精確度。

11.5 磨床夾具設計步驟

磨床由於種類頗多，且種類間加工形式差別頗大，因此設計之形式差別很大。一般平面磨床夾具與銑床夾具相近，常可通用。內外圓磨床夾具與車床夾具相近，亦常爲互用，惟磨床加工較銑床與車床精密，因此在設計時應特別加以注意，其設計步驟如下：

(1) 設計前初步分析。

(2) 夾具設計時應考慮事項及重要資料。

(3) 工件之構圖。

(4) 工件之定位裝置設計。

(5) 工件之夾緊機構設計。

(6) 夾具中某些特殊機構之設計。

(7) 夾具本體之設計。

(8) 決定各部位之重要尺寸，並繪出完整工作圖。

以一外圓磨床夾具設計說明以上之步驟。

工件爲合金鋼車製而成之長管件，內孔各處均加工完成，今欲設計一夾具來實施外圓研磨，工件製造數量頗多，使用工作機械爲外圓磨床，操作員爲有經驗之技工。磨床附件齊全如三爪夾頭、面板、頂心、板手等，並附有規格說明書。

1. 工件之構圖

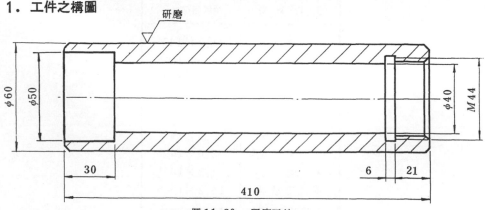

圖 11.20　研磨工件

工件之構圖係將工作圖重新考慮選擇視圖方向，以便砂輪研磨情況易於表現於設計圖上。例中工件為圓管件，因而可不用考慮。

2．工件定位裝置設計

由於該例之工件為無方向性圓管，定位時只需 5 個定位點即可，因此吾人選用工件之端面及內孔定位，如圖所示。

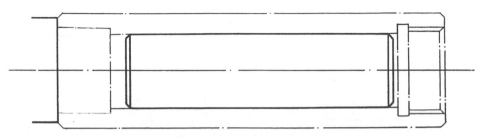

圖 11.21　工件之定位裝置設計

3．工件夾緊機構設計

工件夾緊方式頗多，實例中吾人選用螺帽及 C 形墊圈壓緊工件之另一端。

圖 11.22　工件之夾緊機構設計

4．夾具本體設計

夾具之本體係將設計完成之各裝置組合，使各發揮其專司。實例中吾人將定位件及夾緊螺栓聯結成一長桿，左端配合磨床三爪夾頭夾緊夾具，右端為銷緊螺帽及 C 形墊圈。操作時先將夾具安裝於外圓磨床三爪夾頭上，裝入工件鎖入螺帽，卡入 C 形墊圈銷緊即可施行加工，待加工完成後，只需鬆開螺帽（不需卸下）取下 C 形墊圈，工件內孔通過螺帽即可卸下，因此設計時應先考慮螺帽大小。

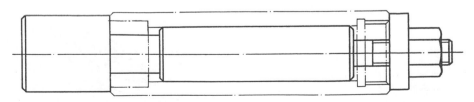

圖 11.23　夾具設計完成之組合圖

11.6　磨床夾具實例

【實例1】磨床夾具——支承及夾緊要領

加工零件圖

加工零件名稱	曲　柄　臂
加 工 部 位	$\phi 22$內圓研磨
材　　　料	S 50 C 鍛造
加 工 數 量	—
使 用 機 械	內 圓 磨 床

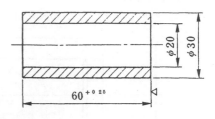

夾具立體圖

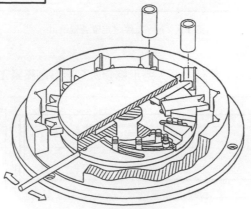

夾具裝配圖

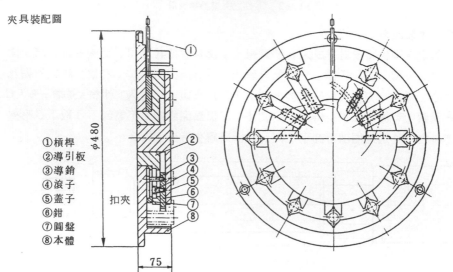

①槓桿
②導引板
③導銷
④滾子
⑤蓋子
⑥鉗
⑦圓盤
⑧本體

夾具設計要點與操作說明：

　　工件為精密鑄件，已切除澆口及冒口，由於工件為鎳基合金，因而無磁力感應，故需製作夾具以利加工。

　　工件安裝於本體⑧之 V 形枕部位，旋轉固定於圓盤⑦之槓桿時，具有凸輪槽之圓盤⑦就開始旋轉，如此則導銷③就沿導引板②之槽向外側摺動。因導銷③固定於扣夾⑥，故扣夾⑥即壓擠工件。為使扣夾⑥不產生撓曲，滾子④就在導引板②之槽內滑動，且藉蓋⑤防止扣夾浮動。此夾具本體⑧用磁力安裝於工作台上。

【實例２】磨床夾具──支承及夾緊之要領

加工零件圖

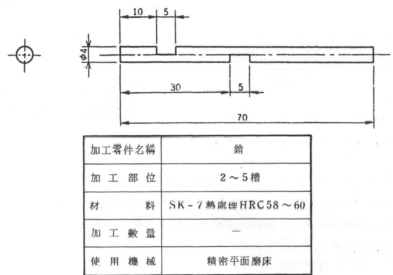

加工零件名稱	銷
加 工 部 位	2～5槽
材　　　　料	SK－7熱處理HRC58～60
加 工 數 量	－
使 用 機 械	精密平面磨床

夾具立體圖

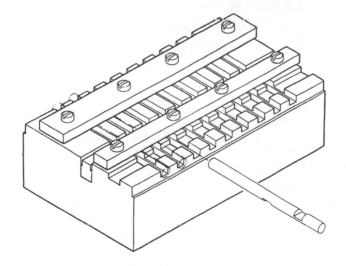

夾具裝配圖

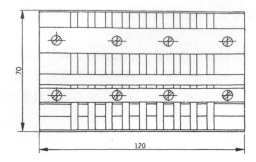

① 螺栓
② 本體
③ 壓板
④ 定位桿
⑤ 壓板

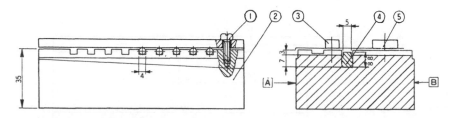

夾具設計要點與操作說明：

　　工件如圖所示為以無心磨床研磨完成之 φ4 細軸，今欲以平面磨床加工寬 5 之槽。

　　工件安裝於本體②之寬 4 槽中，能同時夾緊若干件，工件安裝時先卸下定位桿④，從Ⓐ、Ⓑ間插入長工件使與Ⓐ面對齊之後，研磨工件Ⓑ面之端面。然後再釋開，與Ⓐ面對齊重新夾緊，把Ⓑ面之工件反側磨成 70±0.015 。

　　依原夾緊式樣從Ⓐ面距 30 之位置用成形砂輪研磨寬 5 之槽，再將工件釋開，不必拔出工件而把槽部位向下轉180°，將具有斜度之定位桿插入槽，將槽擺齊後用螺栓①夾緊，另一邊之槽研磨後即完成加工。

【實例３】磨床夾具──支承及夾緊之要領

加工零件名稱	輪　葉
加 工 部 位	R 65
材　　　料	─
加 工 數 量	100／批
使 用 機 械	外圓磨床

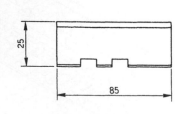

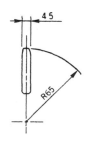

夾具立體圖

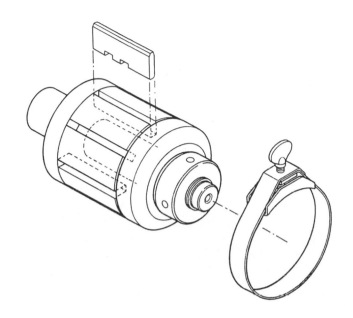

夾具裝配圖

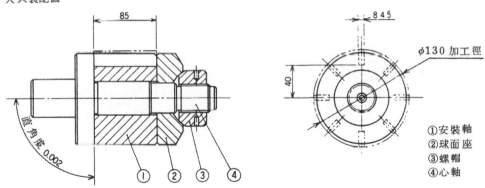

①安裝軸
②球面座
③螺帽
④心軸

　　夾具設計要點及操作說明：

　　工件如圖所示之輪片，尺寸85處已加工完成，今欲加工R65之部位，精度爲±0.01以內，但由於R之中心未在工件內等原因，用成形磨輪製成平面硏磨整修，對工件精度上易產生問題。

　　工件安裝係將8片工件插入底面與軸心整修成平行之安裝軸①，做成之4.5±0.002槽內，爲使工件底面密貼於安裝軸①上，先用輭管帶臨時束緊，而用心軸④之凸緣面和球面座夾兩端面，以螺帽夾緊。再卸下輭管帶，做成φ130外徑硏磨整修加工。

【實例４】磨床夾具——定位及定心之要領

工件圖

工件名稱	槓　桿
加 工 部 位	30°面
材　　　料	－
加 工 數 量	40／批
使 用 機 械	內圓磨床

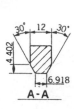

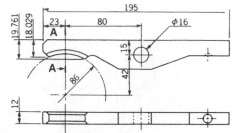

夾具立體圖

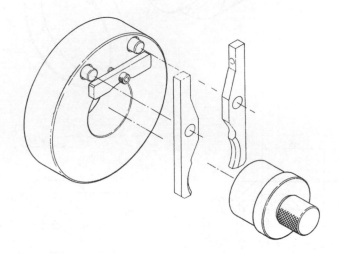

夾具裝配圖

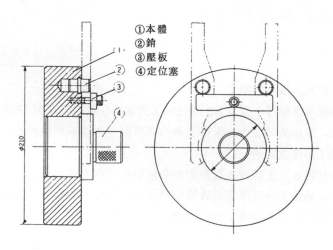

①本體
②銷
③壓板
④定位塞

夾具設計要點與操作說明：

工件為如圖所示之槓桿，能確實夾緊圓筒狀工件之指形夾。因槓桿旋轉中心之銷孔與握圓筒之中心間之精度，及圓筒接觸面之角度和劃分精度等要求頗嚴。

先將本體①用內圓磨床夾頭夾緊，且確實定心。再將定位塞壓入本體①，將在前加工已定成之 $\phi16\,G7$ 孔嵌入定位之銷②，R 面則抽靠定位塞④之外徑。在此情況下夾緊壓板③以固定工件。其次從本體①拔出定位塞④，用成形砂輪研磨 30° 之面，反面亦用同一方式加工。

【實例 5】磨床夾具──定心之要領

工件圖

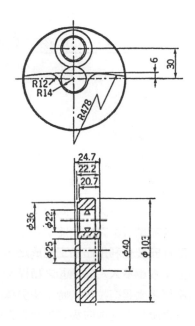

工 件 名 稱	套　　筒
加 工 部 位	端　　面
材　　　料	Nimoic 80A（鑄造）
加 工 數 量	─
使 用 機 械	平面磨床

夾具立體圖

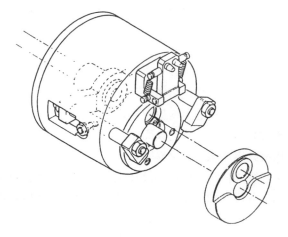

夾具裝配圖

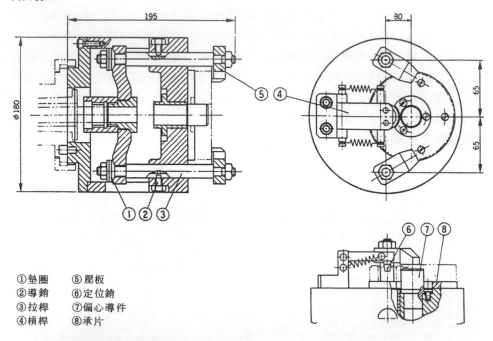

①墊圈　　⑤壓板
②導銷　　⑥定位銷
③拉桿　　⑦偏心導件
④槓桿　　⑧承片

夾具設計要點與操作說明：

　　工件如圖所示之曲柄臂，今欲對偏心 30 之 ϕ22 孔研磨加工。

　　工件安裝係利用已加工完成之 ϕ25 中心孔，插入偏心導柱⑦，使密貼於支承板⑧上，放倒壓入定位銷⑥之槓桿④，以決定 ϕ22 孔之位置。再將裝於主軸後端之氣壓缸之衝程拖拉桿③時，由引導凸輪槽之導銷②，拉桿③就旋轉。安裝在拉桿③前端之壓板⑤就改向夾緊工件之方向而確實夾緊。反轉槓桿④，旋轉主軸研磨。

習題

11.1　選擇砂輪應考慮那些事項？

11.2　磨床常用之泛用夾具有那些？

11.3　磨床夾具設計應注意那些事項？

11.4　磨床夾具中影響精度的主要原因有那些，詳述之。

11.5　詳述磨床夾具與車床夾具之異同。

11.6　詳述磨床夾具與銑床夾具之異同。

11.7　磨床加工時應如何防止因室溫及加工時工件溫差變化對工件之影響。

11.8　如圖所示，各尺寸均車削完成，試設計一夾具以便研磨 ϕ35 之外圓。

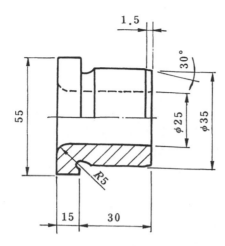

習題11.8

11.9　如圖所示，件1各部位均車製完成，試設計一夾具以便實施 $\phi28$ 長24之外圓研磨。已知工作機械爲外圓磨床，工件產量爲1000件／月，連續生產1年。

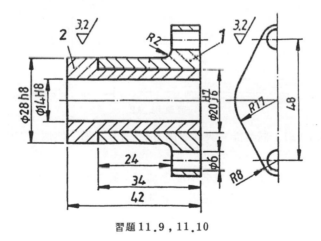

習題11.9，11.10

11.10　如圖所示，件2各部位均車製完成，由於 $\phi20$ 及 $\phi28$ 之同心度要求極爲嚴格，必須同時加工，已知工作機械爲外圓磨床，工件產量爲1000件／月，連續生產1年，試設計一夾具同時加工 $\phi20$ ，$\phi28$ 之外圓。

11.11　如圖所示，工件各部位均完成粗加工，試設計一夾具以便研磨 $\phi72$ 處之外圓。工件產量爲200件／月。

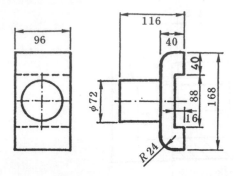

習題11.11

11.12 如圖示，試設計一夾具以便利 φ46 之內孔研磨。已知工件為鑄件，已完成兩端面之銑削及 φ46 之搪孔，工件生產數量為 400 件／月，使用一般內圓研床加工。

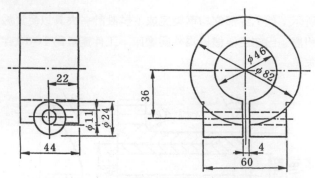

習題11.12

11.13 習題 11.11 試設計一夾具研磨88深16之槽，使用之工作機械為平面磨床。

11.14 如圖所示，工件已完成各部位之加工，最後欲對 φ22 處研磨一平面，該面已完成粗銑工件，試設計一夾具以便 A面之研磨。

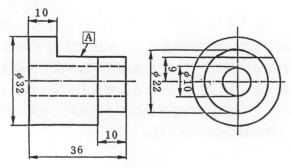

習題11.14

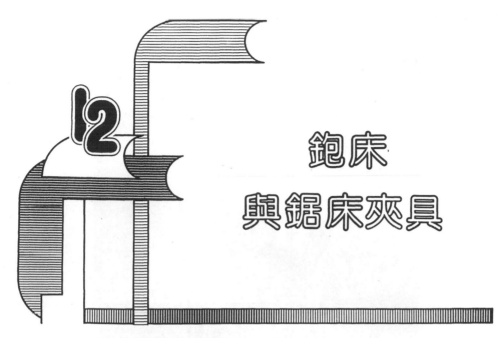

鉋床
與鋸床夾具

12.1　鉋床之種類及構造

1.　牛頭鉋床

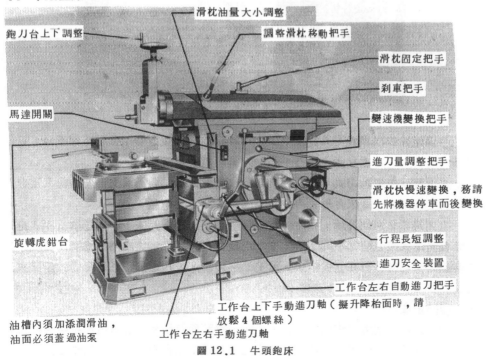

鉋刀台上下調整

滑枕油量大小調整

調整滑枕移動把手

滑枕固定把手

刹車把手

變速機變換把手

馬達開關

進刀量調整把手

滑枕快慢速變換，務請
先將機器停車而後變換

旋轉虎鉗台

行程長短調整

進刀安全裝置

工作台左右自動進刀把手

工作台上下手動進刀軸（擬升降枱面時，請
放鬆 4 個螺絲）

油槽內須加添潤滑油，
油面必須蓋過油泵

工作台左右手動進刀軸

圖 12.1　牛頭鉋床

圖 12.2 立式鉋床

牛頭鉋床係以單鋒刀具鉋削平面。刀具作前後往復運動，去程鉋削工件，每回程終端床台或左或右移動作進刀工作，刀具可調整昇降。

牛頭鉋床視傳動方式可分為曲柄傳動或液壓傳動，視刀具之進行方向又可分為臥式及立式兩種，視床台形式可分為平面式及萬能式兩種。

立式鉋床又稱為插床，和一般鉋床之主要區別是衝錘上下往復運動，立式鉋床之床台與臥式床台略為不同。其主要功用是鉋削各種形狀之內槽、鍵座及齒輪。複雜形狀之金屬模亦常在立式鉋床上加工，一般鉋床能作之加工亦可用立式鉋床來加工。

2. 龍門鉋床

龍門鉋床主要用於鉋削較長之水平面、垂直面及傾斜面。常用於鉋平機柱台面或機械台座等。龍門鉋床刀具裝於可調之工具頭，工件安裝於往復運動之床台上。

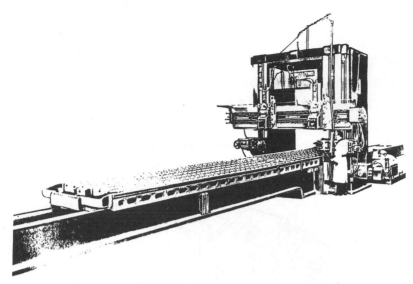

圖12.3　雙套柱龍門鉋床

　　龍門鉋床依構造可分爲兩種型式，分別爲雙柱式龍門鉋床、單柱式龍門鉋床。
依傳動方式可分爲齒輪傳動、液壓傳動、螺旋傳動、皮帶傳動及曲柄傳動。主要部
份爲床台、床座、柱架、頂撐、橫軌及刀具架。

12.2　鉋床泛用夾具

　　鉋床上所使用之夾持工件之夾具大都可在坊間五金行中購得。夾具有虎鉗、平
行桿、壓板、角板、C型夾及T形螺釘等。

　　虎鉗有單桿及雙桿兩種（如圖12.4），雙桿爲重型虎鉗。虎鉗由底台及上座

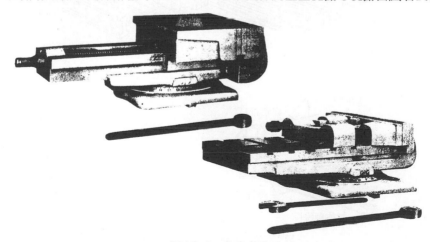

圖12.4　鉋床虎鉗

組成。底台用螺釘固定於床台，上座架於底台可作360°旋轉且鎖緊於底台，雙桿虎鉗藉螺桿長度差距，可調整鉗口傾斜以配合工件形狀（如圖12.5）。

　　平行桿係一對尺寸相同之長方條或方形條（如圖12.6所示），用以墊高光面工件。圖12.7所示為虎鉗及平行桿安裝工件。工件面粗糙如鑄鐵等夾以軟金屬桿有助於防止工件表面及鉗口面之點接觸，而軟金屬嵌住工件表面，使安裝夾緊更牢固。軟平坦之鑄件可用砂布當罩板使用（如圖12.8）。此時砂布砂粒面要向著鑄件，利用摩擦力夾緊。

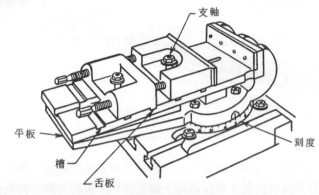

圖12.5　雙桿虎鉗夾持斜形工件

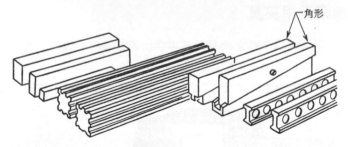

圖12.6　平行桿

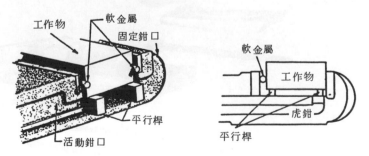

圖12.7　虎鉗及平行桿實用例

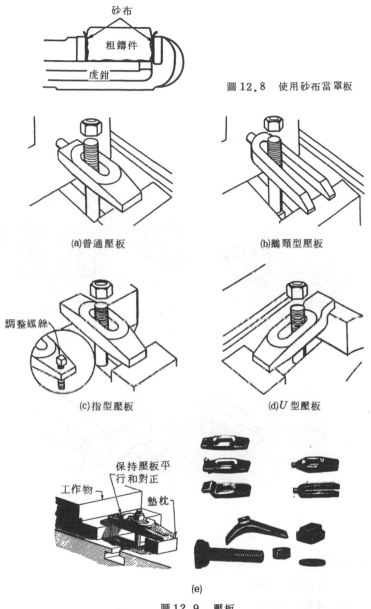

圖12.8　使用砂布當罩板

(a)普通壓板

(b)鵝頸型壓板

(c)指型壓板

(d)U 型壓板

(e)

圖12.9　壓板

　　壓板常用於壓住工件或角板（如圖12.9所示），使用時墊枕要使壓板保持水平且T形螺釘要靠近工件利用槓桿原理之利益。工件薄或小不方便用虎鉗或壓板直接夾持，可用壓楔頂住，如圖12.10所示。壓楔形狀如楔子但有一角成95°，虎鉗旋緊鉗口時壓楔和水平成小角度傾斜工件，使工件不致浮動。

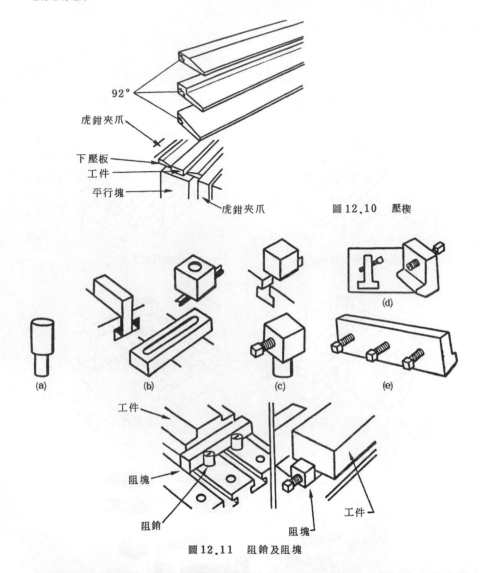

92°

虎鉗夾爪

下壓板
工件
平行塊

虎鉗夾爪　　　　　　　　圖12.10　壓楔

(a)　　　(b)　　　(c)　　　(d)　　　(e)

工件

阻塊

阻銷

阻塊

工件

圖12.11　阻銷及阻塊

　　阻銷與阻塊是用於工件之兩端以防止工件在床台移動，如圖12.11所示。
普通阻銷與阻塊以圓鋼或方鋼製成，一端配合床台之T形槽或圓孔。有時爲塊狀
如圖(b)所示，使用螺栓固定在床台T形槽內。

　　斜承用於夾緊薄片工件，一般將斜承調至水平下方8°～12°最容易夾緊工件
。如圖12.12所示。

　　對準條使用螺桿固緊於床台，作業工件在床台上定位做爲阻銷及阻塊（如圖
12.13）。

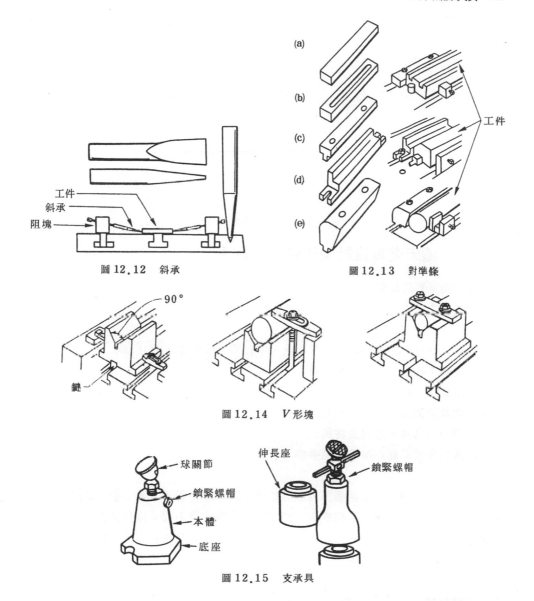

圖12.12　斜承

圖12.13　對準條

圖12.14　V形塊

圖12.15　支承具

　　V形枕用於圓柱工件之夾緊。V形枕應配合螺栓及壓板夾緊於機械床台上（如圖12.14所示）。

　　支承具係用以支承工件懸空部位。當高度調整後以螺栓或夾緊具將支承具鎖緊在床台上。（如圖12.15所示）

　　角板係用於工件加工面要求互成垂直，則可利用角板來夾緊工件，以C型夾或其他方法將兩者固緊在一起。如圖12.16所示。

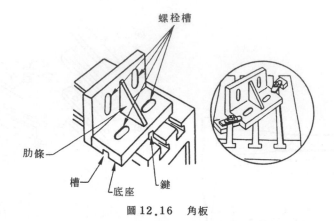

螺栓槽

肋條

槽

底座

鍵

圖12.16　角板

12.3　鉋床夾具設計製作時應注意事項

鉋床夾具設計規劃時應考慮事項：

(1)　工件之大小、重量、剛性及基準面。

(2)　工件之加工量、材質及切削性。

(3)　工件所要求之表面精度、平面度、平行度、垂直度及尺寸精度。

(4)　工件之數量、工時及製造費。

(5)　所使用之鉋床形狀、大小及馬力。

(6)　夾具之形式、大小、能力及造價。

(7)　鉋刀之種類、形狀及材質。

鉋床夾具設計製作時應注意事項：

1．定位方式

工件安裝於夾具上，應選擇何處為基準，基準面是否加工過，若以黑皮面為基準時應如何處理？鉋床加工與銑床、鑽床及搪床等大為不同，鉋床加工時工件較不易產生振動，即使工件支承方式較銑床為差時亦不易產生振動，因此即使以黑皮面為安裝基準面亦可用平面支承，但要特別注意浮動，否則平面度、垂直度會變得很差。

2．夾緊方式

鉋床夾具之夾緊機構用以防止鉋削力作用而產生之工件浮動或不正。鉋床夾具中較常用之夾緊方式與前述之方式相同，但以螺旋鎖緊最為普遍。最近採用凸輪夾緊漸漸增多，設計上與鑽床、銑床、搪床夾具並無兩樣，但必須特別注意自鎖角度，一般約於10°以下（可參考第五章），角度愈小自鎖效率愈好，但是太小時工件角度過大亦不太好。為縮短夾緊操作時間利用油壓或氣壓夾緊已非常普遍，在設計時應注意不可直接用油壓或氣壓夾緊，應經由自鎖凸軸來夾緊較好，因為氣壓油壓故障時亦有安全上之保障。

3．工件安裝方面

工件安裝於鉋床夾具上有單件安裝及多件安裝，而安裝方式有單件安裝及直排安裝。視工件形狀、大小及加工部位而定，一般小工件、加工處單純且數量多時都採用多件直排安裝。

4．夾具安裝方面

夾具安裝於鉋床床台上所需之步驟很麻煩，為夾具安裝簡便，一般在夾具底面銑一槽，以便配合床台 T 形槽之鍵安裝，俾求得夾具正確安裝位置。

12.4　鉋床夾具設計步驟與實例

鉋床夾具設計步驟與銑床夾具頗為類似，其步驟如下：

(1)　夾具設計前初步分析。
(2)　夾具設計時應注意事項及工作機械有關資料之準備。
(3)　將工件圖樣重新佈圖以利設計之進行。
(4)　工件之定位裝置設計。
(5)　工件之夾緊機構設計。
(6)　夾具之本體設計。
(7)　決定各部位重要尺寸。
(8)　繪製正式圖樣。

現以一實例介紹鉋床夾具設計步驟：

1．夾具設計前初步分析

工件為鑄件而表面皆為黑皮，欲鉋削工件之底面，最大加工量為 3 mm，使用一般牛頭鉋床加工。操作者為半技工，產量 250 個／月，使用游標卡尺檢驗尺寸。

2．夾具設計時應注意事項

牛頭鉋床附件齊全如鉋床虎鉗、把手及使用說明書等。

3．工件構圖

由於工件所加工之部位為底面，因此必須將工件倒過來，繪製視圖以利夾具設計思考。（圖 12.17）

4．工件支承及定位

由於工件加工處為將整個工件底部鉋平，所以工件為具有三個自由度定位，在定位時只需三個定位點。吾人選用四支承銷支承工件，由於鉋削只是水平力而無垂直力，因此採用四支承銷支承並不會產生振動，而吾人亦可說該支承銷具有 3 定位點，因此工件被定位。（圖 12.18）

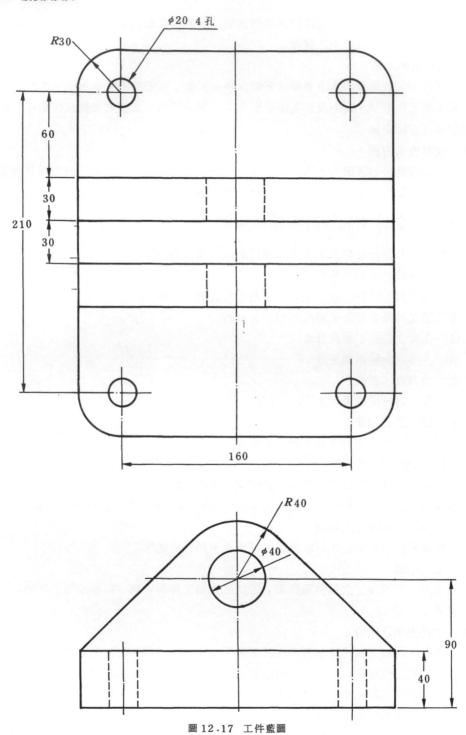

圖 12.17 工件藍圖

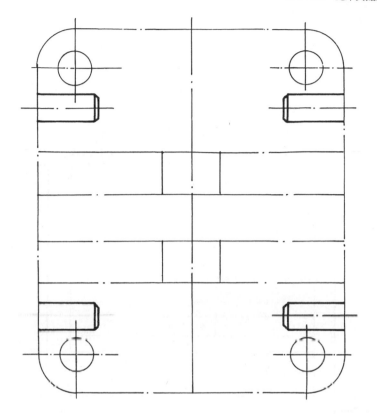

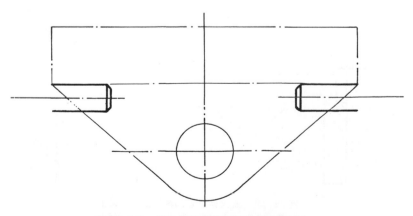

圖 12.18　將定位支承件加繪於工件構圖上

5．工件夾緊

　　吾人爲設計方便將鉋床鉗口卸下，換裝具有四支承銷之鉗口，以螺栓鎖上，如圖12.19所示。

　　由於該夾具係由鉋床改裝，因此設計上頗爲省事，吾人只需定出支承銷尺寸、鉗口尺寸及各關係尺寸卽告完成。

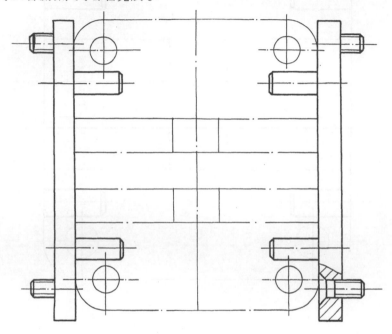

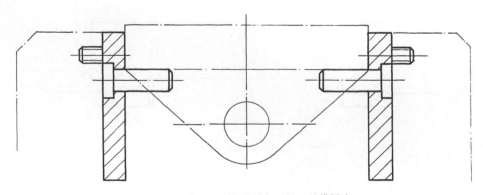

圖12.19　將夾緊裝置加繪於工件構圖上

鉋床泛用夾具之應用實例：

如圖 12.20 所示應用阻銷及對準條在床台上組成夾具，用於夾持厚度較薄之工件。

圖 12.21 所示為使用螺栓千斤頂伸出床台上方，工件藉千斤頂輔助而成之夾具。千斤頂用於夾持工件並支承刀具之推力，使工件有向上推動之趨勢。

圖 12.22 所示為利用斜面對準條及阻銷組合而成之圓條形工件夾具。

圖 12.23 所示為利用壓板及阻塊組成之夾具，用於夾緊圓軸工件，以便施以鉋削鍵槽。

圖 12.24 所示為利用角板及壓板組成之夾具，角板用於夾持一不規則形狀之鑄件，另一端利用壓板及楔子支承以免工件翹起。

圖 12.25 所示利用分度頭及車床尾座組成夾具。用於鉋削圓軸上之數槽。

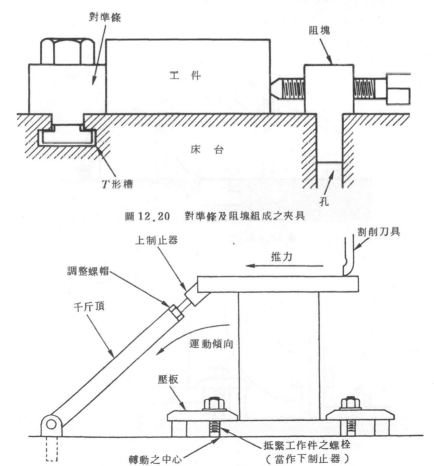

圖 12.20 對準條及阻塊組成之夾具

圖 12.21 千斤頂與壓板組成夾具

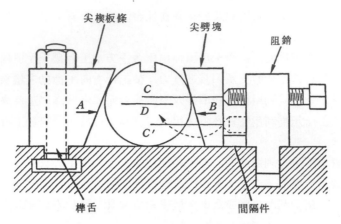

尖楔板條　尖劈塊　阻銷

A　*C*　*B*

D

C′

榫舌　間隔件

圖12.22　安裝圓軸鉋削鍵槽夾具

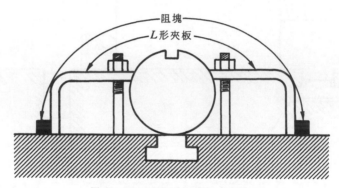

阻塊

*L*形夾板

圖12.23　壓板及阻塊組成夾具

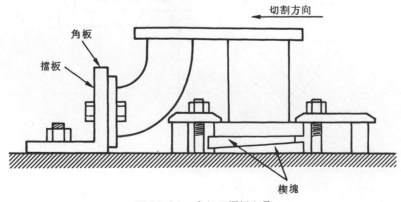

切割方向

角板

擋板

楔塊

圖12.24　角板及壓板夾具

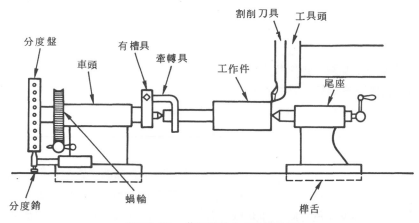

圖12.25　鉋削圓軸上之數槽夾具

12.5　鋸床之種類及構造

1. 往復式鋸床

　　往復式鋸床係利用鋸條之往復運動，鋸切材料之加工。鋸條傳動方式有輕負荷曲柄傳動及大負荷油壓傳動，裝設簡單、操作方便且成本低。依操作方式來分有手動、半自動及全自動。通常進給方法分為確動及均勻壓力進給，前者即每一行程有

圖12.26　液壓式往復鋸床

一定的割切深度，即鋸條之壓力直接依工件接觸之齒數而變化。以圓棒之割切爲例，開始及末了壓力最輕，中心處壓力最大。後者即壓力始終均一，不論接觸之齒數如何？

　　往復鋸床之鋸架及鋸條和手弓鋸相似，鋸架使用連桿連結於回轉輪面，以偏心作用使鋸架作往復運動，當回程時油壓幫浦提昇鋸架，以避免回程時鋸條磨耗。爲使鋸床更有效率，設計急回機構以減短回程時間。鋸床上有虎鉗用於夾持工件。如圖12.26所示爲液壓式往復鋸床。

2. 圓盤鋸床

　　機械以頗大之圓盤鋸片，以低轉速操作鋸切工作。如圖 12.27 所示爲圓盤鋸床。此種機械是液壓操作，鋸切之長度公差可在±0.4mm之範圍內，工件外徑大至200mm之圓桿。鋸片向工件進給，而工件由液壓垂直和水平虎鉗定位夾緊，當鋸斷成固長度，自動夾持式進給器將材料推進。

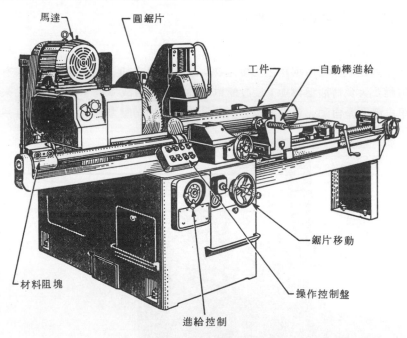

圖12.27　圓盤鋸床

3. 臥式帶鋸床

　　由於往復鋸床回程並未能對工件施以鋸切，爲了改善此一缺點發展一種高能率之鋸床，此種鋸床使用精密軸承爲鋸片導輪，使用凸輪方式調整，鋸片具有很好的穩定性。二件使用快速虎鉗夾持，能立即更換大小材料，利用油壓裝置，可調整最佳進鋸速度。如圖12.28所示。

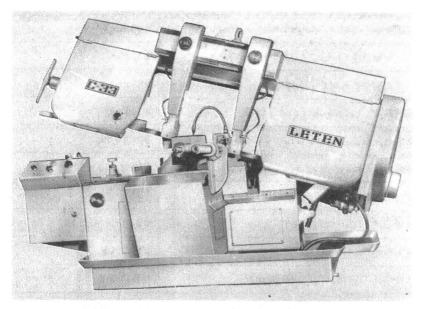

圖 12.28　臥式帶鋸床

4.　立式帶鋸床

　　以上所說之鋸床是爲直線割切而設計，主要目的在切斷，圖 12.29 所示爲立式帶鋸床，不但能用於上述之直線切割外，且能在金屬中割切不規則曲線。因而使

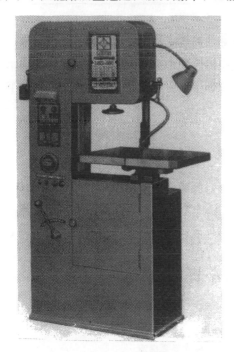

圖 12.29　立式帶鋸床

鋸輪直徑（dia. of wheel）	400 mm φ
最大切斷厚度（max. cutting thickness）	250 mm
上鋸輪調整之距離（upper wheel adjustment）	90 mm
鋸帶長度（length of band saw）	3245 mm
鋸帶可許寬度（blade width）	3～15 mm
床面尺寸（table size）	500×600 mm²
床面可傾斜角度（table lnclinable）	30°
鋸斷速度（cutting speed）	30，55，85，120 m/min
主力馬達（main motor）	2 HP 4 P $\frac{3\phi}{1\phi}$
砂輪馬達（motor for grinder）	⅛ HP 2 P $\frac{3\phi}{1\phi}$ 3600 rpm
電氣熔接機（electric butt welding machine）	1φ 2.4 kVA
機台尺寸（dimension of machine）	L1050×W600×H1810
淨 重（net weight）	430 kg

圖 12.29 立式帶鋸床 （續）

機械之工作範圍變得很大，用以代替其他機械之加工，用於模具、鑽模夾具、凸輪、樣板及機械零件之外形鋸切。立式帶鋸床和木工鋸床相似，只是鋸切速率和鋸條形式不同。機械設計在垂直位置作鋸切操作，而工件支承在有傾側調整水平台上，以便鋸切角度之用。

12.6 鋸條與鋸床附件

1. 弓鋸片

動力鋸片和手弓鋸片相似，以高速鋼製成，長度由 12″～36″（300 mm～900 mm），厚度由 0.050″～0.125″（1.3 mm～3.1 mm）。齒距較手弓鋸粗，每吋 2.5～14 齒。大多數弓鋸片齒之構造如圖 12.30 所示。當割切時為

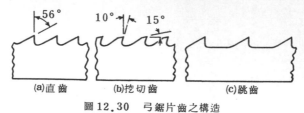

(a)直齒　　(b)挖切齒　　(c)跳齒

圖 12.30 弓鋸片齒之構造

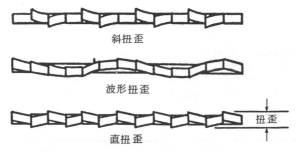

斜扭歪

波形扭歪

直扭歪

圖 12.31 弓鋸片扭歪之種類

鋸片留有足夠空隙，齒被扭歪，使割切之槽或鋸口較鋸片厚度略寬。其方式有斜扭歪、波形扭歪及直扭歪三種，如圖 12.31 所示。

2. 圓盤金屬鋸片

用於旋轉切斷機器之鋸片為高速鋼製成，直徑不得超過 16″（400 mm）。由於成本高且破裂或磨損之齒不能更換，用途有限。齒形構造如圖 12.32 所示。

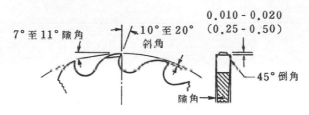

圖 12.32 圓盤鋸齒之構造

3. 帶鋸條

選擇適當之鋸條，對精密鋸切而言，是一重要之工作。選擇鋸條之寬度，由所用之進給和被鋸切之曲線來決定。儘可能時常用最寬之鋸條，為重要之原則。帶鋸

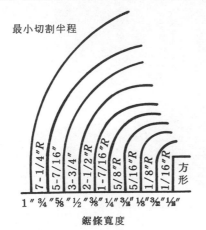

圖 12.33 帶鋸寬度與最小切割半徑之關係

條之構造和弓鋸條所用之相同。圖 12.33 所示爲各種寬度之帶鋸所能鋸出之最小工件半徑。

4. 泛用刻度定位夾具

如圖 12.34 所示爲泛用刻度定位夾具，夾具係由刻度之工件定位用方形桿及定位滑塊所組成。作用把手後凸輪鎖緊定位塊來控制鋸條，調整正確之工件直線切割尺寸。

圖 12.34 　泛用刻度定位夾具

5. 標準鋸圓附件

利用標準鋸圓附件，鋸條可作圓形切割，如圖 12.35 所示卽可輕易完成鋸圓。此附件與鏈條及油壓進料機構聯用，也可用手動進給。

圖 12.35 　標準鋸圓附件

6．切斷及傾斜附件

切斷及傾斜附件如圖12.36所示，可由0°調至45°及－45°。工件可用手動進料及動力進料。

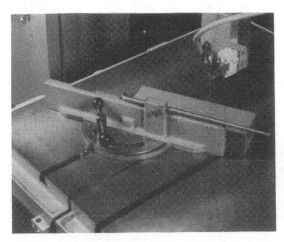

圖12.36　傾斜鋸附件

7．工件握持夾

工件握持夾係由操作者握持及導引工件進入鋸片之工具。可分爲動力進料式（如圖12.37所示）及手動進料式（如圖12.38所示）。

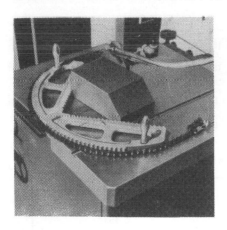
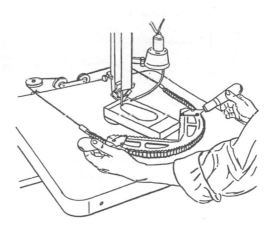

圖12.37　動力進料工件握持夾

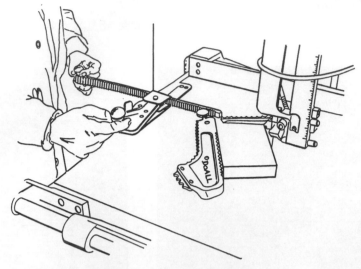

圖 12.38 手動進料工件握持夾

12.7 鋸床夾具設計要點

1. 設計要點

(1) 工件材料之型式與切削性能。

1. 高速度鋼機械鋸條

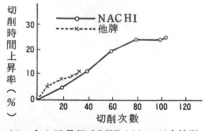

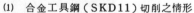

(1) 合金工具鋼（SKD11）切削之情形

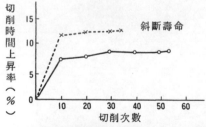

(2) 機械構造用碳素鋼（S45C）切削之情形

350×25×1.25×10牙／吋	機械鋸條尺寸	350×25×1.25×6牙／吋
SKD11	被削物材料	S45C
HB230	被削物硬度	HB200
55 mm	被削物直徑	100 mm
58次／分	切削條件 行程	114次／分
145 mm	切削條件 行程幅	145 mm

2. 高速度鋼強力機械鋸條

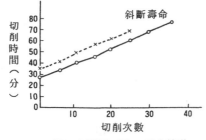

(1)　不銹鋼（SUS27）切削之情形

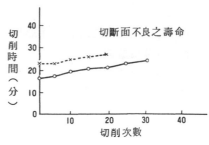

(2)　鎳鉻鋼（SNC3）切削之情形

SUS27	被 削 物 材 料	SNC3
HB150	被 削 物 硬 度	HB310
150 mm	被 削 物 直 徑	250 × 75 mm 角材
51 次／分	切削條件　行　程	51 次／分
195 mm	切削條件　行程幅	195 mm

(2)　**工件之大小形狀與切斷時間。**

　　材料愈大切削愈困難，切削時間也愈長。材料小時，鋸片磨損只有部份。

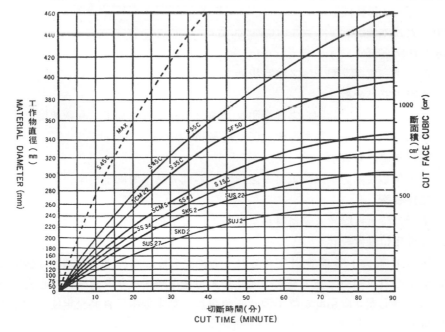

(3) 選擇適當之定位面或加工孔以便控制尺寸之公差。

(4) 考慮是否可用一般泛用夾具夾緊工件,或必須設計鋸床夾具。

(5) 由於工件狀況之差異或生產速率之關係必須設計鋸床夾具時,應考慮使用簡單型或多用型夾具。

立式鋸床由於鋸條之鋸削力為單純之向下壓力,多數夾具無需夾緊裝置。若有數片重疊切割,最好將工件夾緊於夾具底板上。若工件外緣需支承宜用可調式千斤頂。

(6) 鋸床夾具一般使用鋼或鋁等材料製成,有時在滿足鋸削所需夾緊力情況下,可考慮使用木材或塑膠製作夾具。

12.8　鋸床夾具設計步驟與實例

鋸床由於鋸削力較為單純,常用於下料、鋸槽及鋸斷等非精密加工,因此使用特殊夾具較為少見。其設計步驟如下:

(1) 夾具設計前初步分析。

(2) 夾具設計時應考慮事項及所需之夾具。

(3) 工件構圖。

(4) 工件定位裝置設計。

(5) 工件夾緊機構設計。

(6) 鋸條引導裝置設計。

(7) 夾具本體設計。

(8) 決定各部位尺寸。

以下舉一實例說明上述之設計步驟:

1．設計前初步分析

工件為鑄件,工件中心之孔端面及側邊之小孔已完成加工,今欲使用立式鋸床鋸一槽如圖示,操作者為男性半技工,產量為100個／月。

2．設計時應注意事項

立式帶鋸在鋸切時只受垂直力之作用,因此夾具不用固定於床台上。

3．工件構圖

為設計時思考簡單及鋸削容易,應將工件重新佈圖,以利工作進行。

4．工件定位裝置設計

於工件構圖上考慮設計工件定位,考慮完成後加繪於工件構圖上。例中之工件由於中心孔及端面已加工完成,因此吾人可選用端面支承及短柱與中心孔配合定位,而工件必須0自由度定位,因此必須再找一點才能將工件完全定位,所以加裝一定位銷。

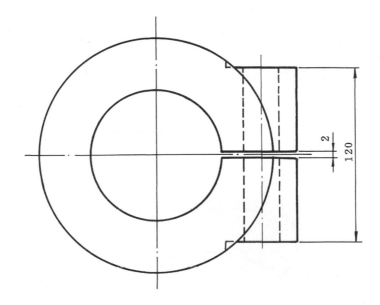

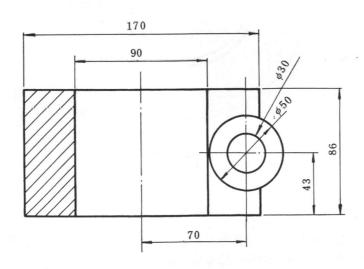

圖 12.39 欲設計夾具之工件

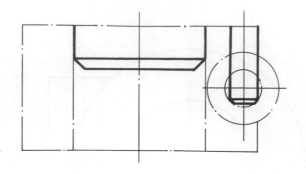

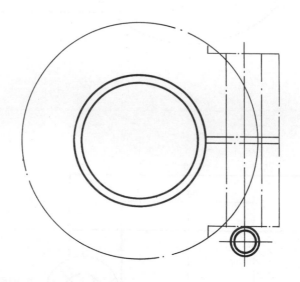

圖 12.40　工件定位加繪於構圖上

5. 工件夾緊機構設計

　　工件夾緊係將定位完成之工件固緊以利鋸削。由於立式帶鋸鋸削力由上往下，因此對工件而言並不需極大之夾緊力，常常只用於固定。下面例子中有些是沒有夾緊機構之鋸床夾具，本實例中係採用螺栓及壓板夾緊如圖示。

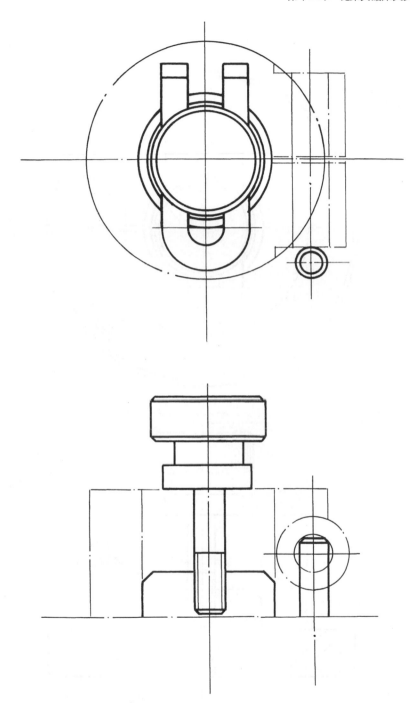

圖12.41　將夾緊機構加繪於工件構圖上

6．本體設計

鋸床夾具與他樣夾具相類似，利用本體將所設計之定位裝置及夾緊機構組合。

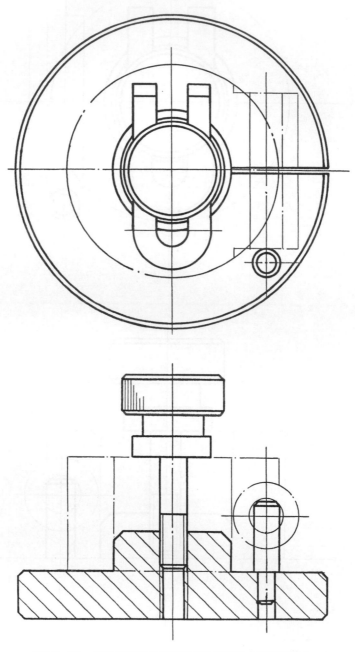

圖 12.42　夾具本體將定位裝置夾緊機構組合繪於構圖上

7. 鋸條引導及重要尺寸之決定

　　為了鋸削能順利準確進行加工，吾人於本體上設計鋸削導槽，以利鋸削尺寸之控制。由於鋸床夾具不固定於鋸床上，因此各部位尺寸以穩定性為考慮重點決定各重要尺寸。

鋸床夾具之實例

1. 臥式帶鋸床自動進料裝署

　　圖 12.43 所示為臥式帶鋸機附設自動進料裝置。工件由後虎鉗爪推向鋸削位置。當帶鋸鋸切時工件即由虎鉗夾緊固定在該位置。滾柱支承有助於工件進料。

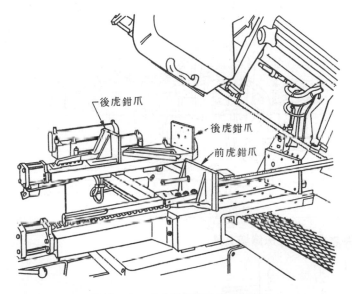

圖12.43　臥式帶鋸機工件夾緊裝置

2. 臥式帶鋸床桿狀鋸切夾具

　　用於圓桿或圓管工件之鋸切夾具如圖 12.44 所示。係利用氣缸之壓力壓緊工

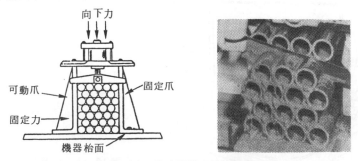

圖12.44　臥式帶鋸床桿狀鋸切夾具

件頂端,將許多工件壓於兩爪間。

3. 連桿鋸切夾具

　　連桿以手動裝入二個立式漏斗槽內,如圖 12.45 所示,切割時自動夾具即送進兩個連桿至鋸條切割處,以鋸片鋸開兩工件之末端,鋸切時工件係利用氣缸壓緊固定。

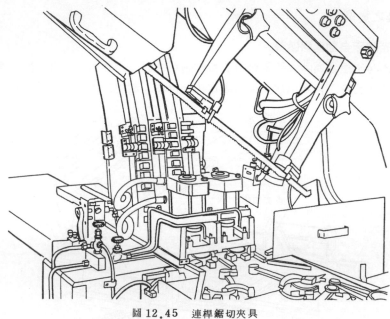

圖 12.45　連桿鋸切夾具

4. 圓形工件之立式帶鋸床鋸切夾具

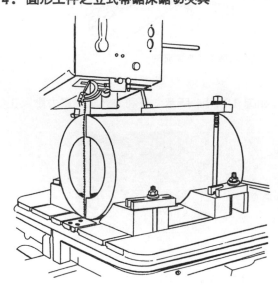

圖 12.46　圓筒工件之鋸切夾具

　　如圖 12.46 所示為圓筒形工件之夾緊方法。工件安裝於鋸床床台上，使用斜塊定位，利用壓板及長螺桿將工件夾緊於床台上。

5．磷青銅鑄件鋸槽夾具

　　如圖 12.47 所示為磷青銅鑄件及簡易快速安裝工件夾具，用於將該鑄件之角部鋸槽之用。夾具底板由低碳鋼製成，定位器亦由低碳鋼經表面硬化處理製成。

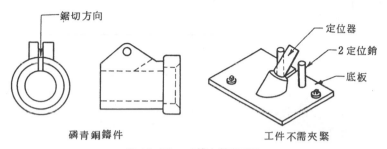

圖12.47　鋸槽夾具與工件

6．分度鋸槽夾具

　　圖 12.48 所示為簡單分度鋸切夾具，工件以中心孔定位於定位銷，先鋸切第一鋸槽，然後旋轉工件將分度銷插入第一鋸槽間，再施行第二鋸槽，如此反復鋸切。

　　圖 12.49 所示為圓筒鋸切為 4 等分弧片夾具，工件定位於方形內孔之定位柱③，以肘節夾緊機構⑥夾緊，定位柱③以螺栓④固定於中心銷②，可依賴青銅襯套及軸承而旋轉，利用分度銷固定角度及分度而達到分度鋸切成弧片之效果。

　　圖 12.50 所示為氣壓自動分度鋸切夾具，工件安裝於底盤之輻射槽內，用彈簧作動夾環夾緊工件，以氣壓作動分度盤轉動達到分度之效果，轉動角度大小依工件與工件在底盤之距離而定。

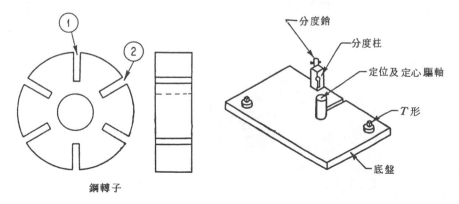

圖12.48　簡易分度鋸切夾具

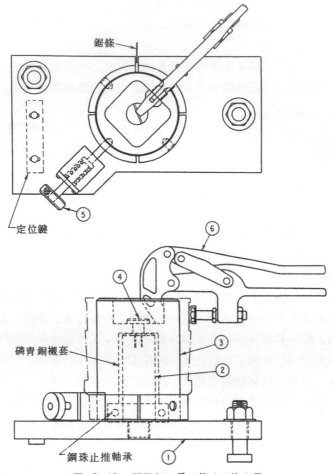

鋸條

定位鍵

⑤

⑥

④

磷青銅襯套

③

②

鋼珠止推軸承

①

圖 12.49　圓筒鋸切為 4 等分弧片夾具

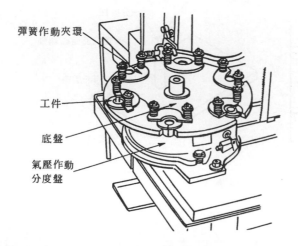

彈簧作動夾環

工件

底盤

氣壓作動
分度盤

圖 12.50　氣壓自動分度鋸切夾具

習　題

12.1　鉋床常用之泛用夾具有那些？

12.2　鉋床之泛用夾具中單桿虎鉗與雙桿虎鉗在使用上有那些區別？

12.3　阻銷及阻塊之用途如何？

12.4　鉋床夾具設計規劃時應考慮那些事項？

12.5　鉋床夾具設計製作時應注意那些事項？

12.6　如圖所示，今欲鉋削三角形底面，試設計此鉋削夾具。已知工件所有表面
　　　均爲黑皮，產量爲 200 個／月。

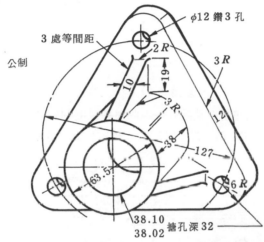

習題 12.6

12.7　已知工件所有表面均爲黑皮，今欲設計一鉋床夾具鉋削工件之底面，由於
　　　製作數量不多，因此採用鉋床虎鉗改裝，試用以上所介紹之步驟設計此夾
　　　具。

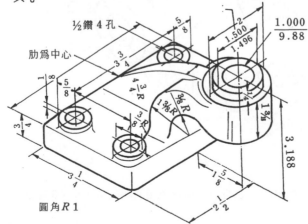

習題 12.7

12.8 利用習題 *12.7* 之已知條件，設計習題 *12.8* 之鉋削底座面夾具。

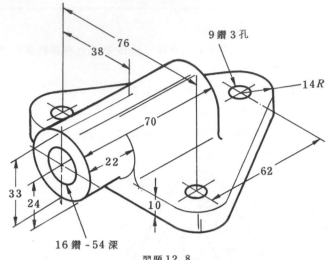

習題12.8

12.9 已知各部位均加工完成，今欲設計一鉋削夾具以便利鉋削直徑2.24之內圓弧，已知產量為500個／月，試為此工件設計此一鉋削夾具。

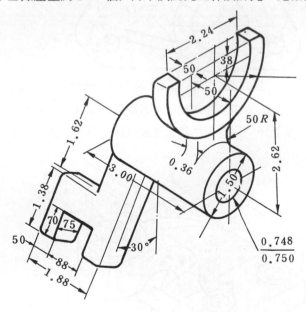

習題12.9

12.10 若條件與 *12.9* 相同，試設計一鉋床夾具鉋削140×70之面。

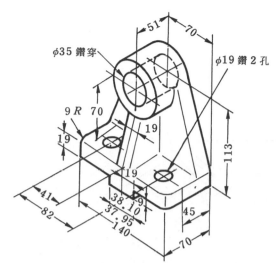

習題 12.10

12.11 詳述鋸切工件選擇鋸條的方法。

12.12 鋸床常用之泛用夾具有那些？

12.13 鋸床夾具設計時應考慮那些事項？

12.14 如圖所示之工件，各部位均加工完成，試設計一夾具來鋸削 12 之鋸槽。
已知工件產量為 100 個／月，使用立式帶鋸床。

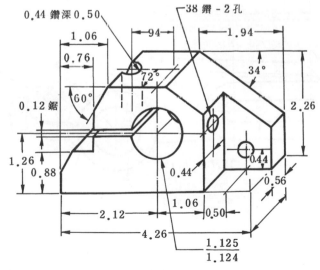

習題 12.14

12.15 如圖所示之工件各部位均加工完成，試設計一立式帶鋸床來鋸削 2 之鋸槽。

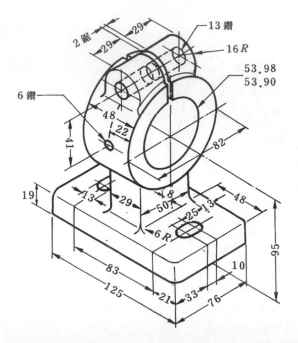

習題12.15

12.16 如圖所示之工件各部位均加工完成，試設計一立式帶鋸床來鋸削2之鋸槽。

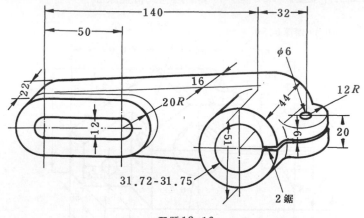

習題12.16

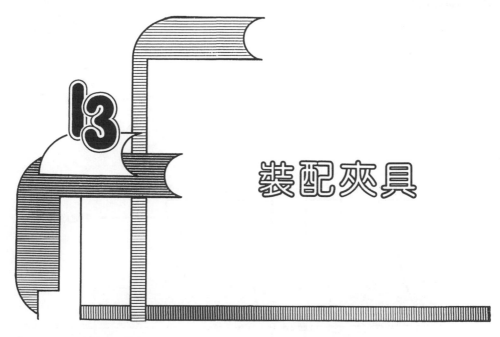

13

裝配夾具

13.1 概 述

對於產品構造簡單且零件不多的裝配工作,雖可由一人在固定工作台上,從頭到尾地將整個裝配工作完成,但此方式通常較為費時,且非一般技藝不佳之操作員所能勝任,故生產成本頗高。為改善此一缺點,吾人可採分工方式將裝配過程分成數個單元,由各人專司其所長之部份,則生產效率必可人為提高。因為此時各人之工作情況較為單純,且又使用專業化之工具夾具,故可在極短時間內熟練其工作,進而提高效率、降低成本。因此對於構造複雜且零件較多之產品,若欲大量生產,則為經濟效益故,實應採用一貫作業的裝配方式以利生產。

圖13.1所示為一貫作業裝配方式參考圖,此種裝配方式適合於較大、較重的工件裝配。而較小、較輕的工件裝配一般採用圖13.2所示的帶式運送機,工作者並排於兩側,依次以取得所需的零件,而各自完成專司的裝配工作,再將產品放回輸送帶上,自動傳送至下一工作站。

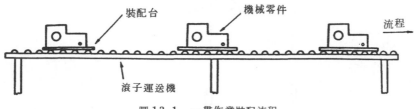

圖13.1 一貫作業裝配流程

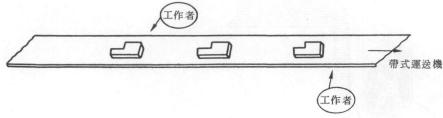

圖13.2　帶式運送機

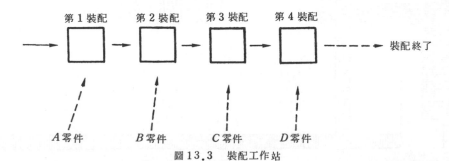

圖13.3　裝配工作站

　　所謂裝配夾具，即在大量生產裝配過程中，如圖13.3所示，配合其由手推車或運送機所形成的一貫作業方式。將裝配工作適當加以區分，而設計出適合於各裝配工作所需的裝配夾具。

　　在裝配過程中，每一過程所必須之零件應經常放置在其工作站上。因此在每一站必須設有專用架，以便放置各過程所需之裝配零件，即在裝配，多為暫時保管零件而設置零件架。

　　設置零件架時除應考慮零件之形狀大小外，最好配合裝配現場之各種狀況。尤其是又長又精密的零件，除應考慮抽出容易，避免重疊外，尚須注意零件架的材質及構造以免零件受損。

　　裝配站所需之各種工具，應配置於裝配員操作取出容易之處，較重工具可藉彈簧之彈性從天花板吊下，使用後能再自動上昇的裝置。圖13.4係由天花板垂吊工具的實例。

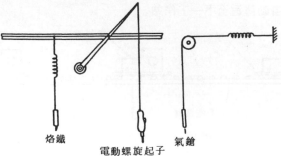

圖13.4　裝配站垂吊工具之實例

　　機械的裝配工作安排應考慮下列幾點：

(1)　儘可能縮短裝置時間。

(2)　應能達成預期之裝配精度。

(3)　使裝配員能易於接近裝配工件。

(4)　儘量減少裝配勞力。

(5)　選擇配合如何。

(6)　研討裝配之程序。

(7)　不遭受損傷，不滲入塵埃。

(8)　工作安全。

(9)　任何人均能裝配。

(10)　採用何種夾具。

(11)　其他。

　　裝配順序的安排不良，常導致操作員必需時常改變其姿勢或變換方向等困難，不但不能提高工作效率，且時有損傷或彎曲零件等事故發生。例如裝配時先將較重零件依次裝配後，必然得將笨重裝配物傳至往後之所有小零件之裝配站。因此在裝配順序之安排，首先裝配需更精度之小部份或需更調整之一部份等，互相間含有關連之小零件，然後再裝配較重的大零件，此種裝配順序常能達到令人滿意的結果。

13.2　裝配用工作台及工具

1. 裝配用工作台

　　圖13.5所示為裝配用工作台，通常工作台的大小為長1.2m左右，寬0.8～0.9m左右，但如供二人以上並排操作時，其長度可為3.2m或超過3.2m。圖13.6係為配合裝配零件而製之專用工作台之若干實例。

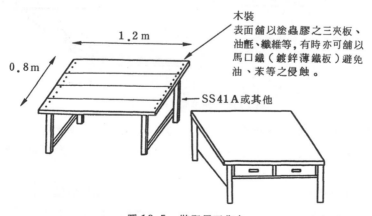

木裝
表面舖以塗蟲膠之三夾板、油氈、纖維等，有時亦可舖以馬口鐵（鍍鋅薄鐵板）避免油、苯等之侵蝕。

1.2m

0.8m

SS41A或其他

圖13.5　裝配用工作台

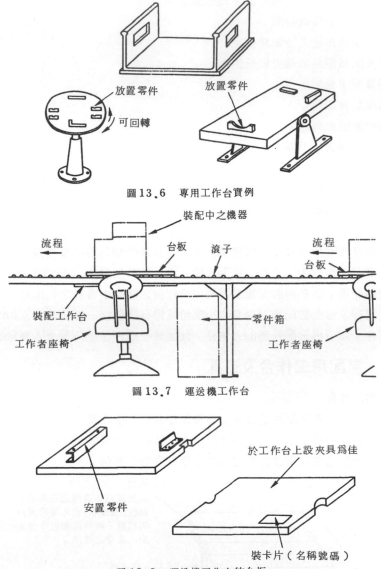

圖13.6　專用工作台實例

圖13.7　運送機工作台

圖13.8　運送機工作台的台板

　　圖13.7所示係以運送機作為工作台的實例，為使裝配零件能在滾子運送上輕快流動，並兼作工作台之用，需備有如圖13.8所示之台板。台板可架於數根滾子上移動。

　　圖13.9所示為板金焊接而成之裝配工作台，若無此種設備，必需一人支持工件，而另一人施以裝配，如此則工作不方便。因此使用圖示電動式裝配台，僅需一人即可完成形狀正確、精度良好之裝配物品。

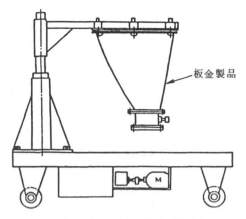

圖13.9　板金熔製之工作台

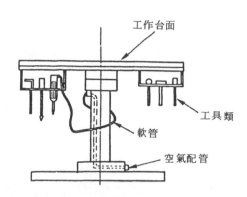

圖13.10　附有工具箱之旋轉式工作台

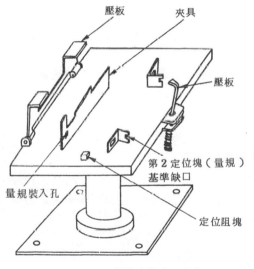

圖13.11　附有夾具之工作台

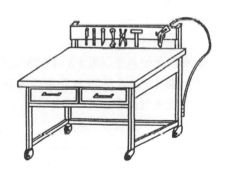

圖13.12　可移動式工作台

　　圖13.10所示為工作台之實例，工作台面可自由旋轉，將工作必需之各種工具掛於適當之位置。氣壓工具之軟管長度，應定使工作台面無論正轉或反轉皆無妨礙。

　　圖13.11所示為附有夾具之工作台，此工作台設有壓板以便壓緊已接合之機械零件或機架。且為決定進行裝配之零件位置，設有裝入第2定位塊之基準，與校對裝配時之尺寸所使用量規之另一端裝入孔。若設有必須工具之吊架將更為理想。

　　圖13.12所示為附有滾輪移動式工作台，以便可自由變換位置及方向。

　　圖13.13所示為裝配圓軸時由轉動，以工作之定位器工作台實例。

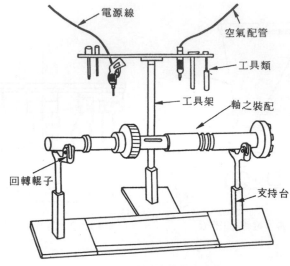

電源線

空氣配管

工具類

工具架

軸之裝配

回轉輥子

支持台

圖13.13 附有定位器之工作台

2. 裝配用器具

較重機件之裝配常用吊車，圖13.14所示為氣缸式吊車，其升降運動之速度可自由調整，例如升距在1m程度以內操作簡單，其容量有210kg～1500kg之各種型式。

氣壓吊車之一般型式，有上部吊鈎式、上部滑輪式、上部手鏈滑輪式及上部氣動滑動式等各型。表13.1為氣壓吊車機種參考表。

圖13.15所示為利用彈簧將較重工具吊起之情況，於各種裝配工作時，將工具或其他物件順手自上拉下，而工作完成後將手放開，工具即藉彈簧之力彈回，上升至一定高度之例。

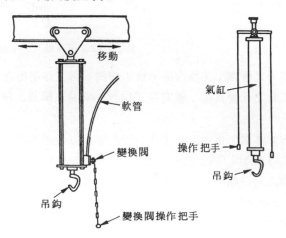

移動

軟管

變換閥

氣缸

操作把手

吊鈎

吊鈎

變換閥操作把手

圖13.14 氣壓吊車

表 13.1 氣壓吊車規格表

容 量 （kg）	升 程 （m）	軟管內徑 （mm）
250	4.5	19
500	4.5	19
1000	4.5	19
1500	4.5	19
2000	4.5	19
3000	4.5	19
4000	4.5	25
5000	4.5	25

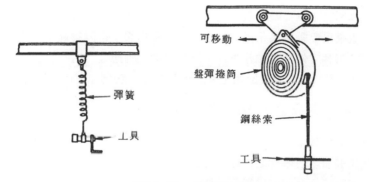

圖 13.15 彈簧吊升器

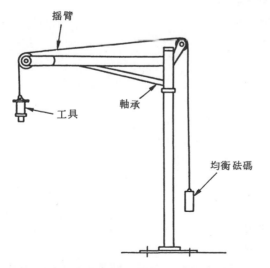

圖 13.16 衡重式吊車

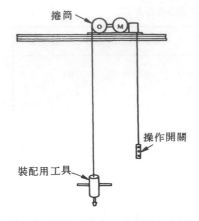

捲筒

操作開關

裝配用工具

圖 13.17 裝配用電動工具實例

　　圖 13.16 所示為掛有定量均衡砝碼吊車，砝碼使其保持平衡，於必要時可隨時拉下裝配所需之工具。雖一般較重零件之吊升，使用各種吊車類，但不需經常升降之零件，宜使用手動鏈條吊車或手動之吊車為理想。但因鏈條吊車之效率稍差，需經常升降的零件宜使用電動吊車或氣壓吊車較為理想。

　　圖 13.17 所示為操作裝配用工具之簡易設備之實例。

13.3　裝配夾具之分類規劃及設計

　　裝配夾具之分類：

(1)　為決定裝配之各零件之相關位置而設計。

(2)　為安裝時能確保規定之精度狀態而設計。

(3)　為裝配必需之鑽孔、鉸孔加工而設計。

(4)　為鎖緊螺釘、鉚接工作而設計。

(5)　為接合、焊接而設計。

(6)　為裝配時兼用檢查而設計。

(7)　為調整裝配精度及功能而設計。

(8)　為夾持裝配零件而設計。

(9)　為壓入工件而設計。

(10)　為不遭受損傷而設計。

(11)　為除去塵埃而設計。

(12)　為給油而設計。

(13)　其他。

　　裝配夾具之規劃應注意下列事項：

(一)　調查未設計夾具前的工作方法

　　調查目前裝配作業，產品的品質是否良好，裝配時間能否再縮短，裝配操作能否更簡便，操作姿態能否更舒適，操作時人員機具是否安全，可否減少產品不良率，能否為缺乏經驗之非技術工操作，能否採用廉價之工具等切實加以調查檢討。

㈡　裝配數量

即調查裝配數量，此種數量應推測至 2～3 年後的情況，亦應盡可能掌握負責人員的人數及人事變動。

㈢　夾具製作期限及交貨日期

應瞭解製作夾具所需之時間及交貨日期，是否緊急需要或只是需要製作可拖延一年左右，或為應急需要夾具。

㈣　將來製作之推測

即製作裝配零件時，應判斷將來是否能夠穩定地製作同一機種。有無將裝配工作轉移至其他工廠，或變更設計等之顧慮。

㈤　裝配精度與性能

即調查並檢查裝配的精度及性能。是否應為其研製特殊之精度量測夾具，抑為各零件之裝配工作研製專用之工具、夾具為優，必需用心檢討。

㈥　形狀、大小、重量

關於形狀、大小、重量等，是否太大而工作台無法承受，是否太小而設備顯得粗糙。形狀穩定否？是否需要固定夾具。重量是否過重，以現有吊車能否吊起，或重量過輕，以現有大型吊車是否方便。

㈦　裝配重點

應充分明瞭裝配後如有彎曲、傾斜、變形等情況時對精度有無影響，是否允許有稍微的壓痕，裝配後之漏油或漏氣能否完全阻止，何處為重點。

㈧　裝配方法及順序

裝配工作應在何處，如何進行較好，如裝配順序不良，不但費時費心，且增加不良成品，有時需用特殊工具、夾具，因而浪費時間。

㈨　基準之決定

應以何處為基準來決定裝配零件之位置尺寸、角度方向等，又應以何處為基準應用裝配夾具，應從何處以多少力量加以調整等之研討。

㈩　成本計算

可否縮短裝配時間而降低成本，可否減少不良品之產生而提高工作利益，工作時間如能縮短，即可降低生產之人力投資，而得到較高的利潤，如能採用選擇配合，雖非高精度之零件亦可獲得品質良好之裝配製品，可否藉此方式降低零件之精度降低成本。

13.4 裝配夾具實例

1. 零件壓入裝配夾具

　　圖 13.18 所示需壓入裝配之 A、B 兩機械零件之實例，爲使其壓入適當，無歪斜，能順利裝配之實用夾具設計。

　　圖 13.19 所示爲上圖壓入裝配夾具之設計實例。自上方以油壓機加壓，壓縮彈簧使其沿著導套下降予以壓入。此時應避免對 A 零件之孔徑中心產生外周之偏心。

　　圖 13.20 亦爲此壓入裝配夾具之另一設計實例，此夾具使用時應注意中心孔與配合孔之偏心精度。

　　圖 13.21 所示爲此種壓入裝配夾具之設計實例，此夾具以手持零件 A 概略定位後壓入，零件 B 之夾持係利用壓入空氣擴展橡膠，或利用彈簧等方法亦爲理想。

　　圖 13.22 所示完成裝配之機械零件之實例，此係將帶有驅動銷的 A 件，以壓入配合方式壓入軸中，但裝配時驅動銷與軸的鍵槽必須同一方向，此裝配夾具如圖

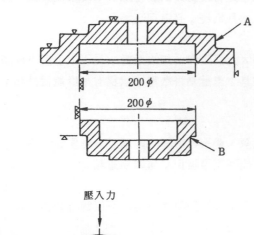

圖13.18　壓入裝配零件

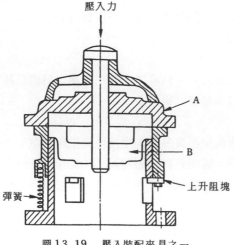

圖13.19　壓入裝配夾具之一

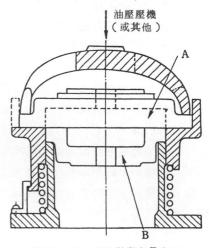

圖13.20　壓入裝配夾具之二

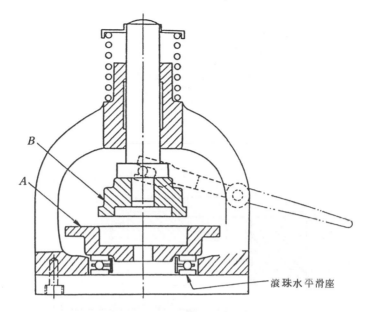

圖 13.21　壓入裝配夾具之三

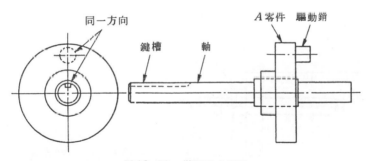

圖 13.22　裝配完成實例

13.23 所示，在 X-X 剖面上可看出驅動銷定位槽，將 A 件之驅動銷放入定位槽中，緊貼於台面。再將上支柱之護蓋向 Z 方向推開，裝入軸後以反向鎖緊，以方向定位銷壓入軸鍵槽中則軸將被定位，以壓機壓入至圖中位置卽裝配完成。

　　圖 13.24 為機械零件裝配圖，將軸安裝於齒輪之輪轂中對準位置後打入斜銷之工作。為此而設計之裝配夾具，如圖 13.25 所示，將預先壓入齒輪軸，安置於夾具之 V 形枕上，以鎖緊螺栓推進齒輪，當定位塊及定位銷接觸時，輕輕敲打齒輪軸，直至軸之小徑肩角能緊貼於定位銷為止，並對壓入深度後，將分成兩半之開口夾蓋，依箭頭指示方向鎖緊而夾住齒輪。然後再施以鑽孔、鉸孔再將斜銷插入敲打完成裝配。

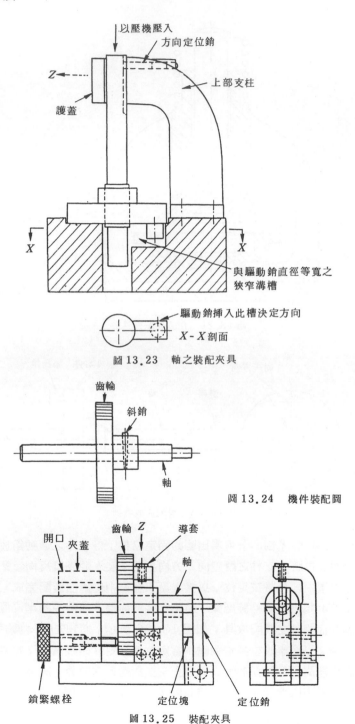

圖 13.23　軸之裝配夾具

圖 13.24　機件裝配圖

圖 13.25　裝配夾具

　　圖13.26所示爲壓入銷之實例，圖13.27所示將此銷壓入於他零件之夾具。圖 13.28 所示爲使用此夾具正在壓入銷之情況，當鎖緊壓入螺栓，即可將壓入銷壓入。

　　若軸向長度較直徑爲短的短柱裝配零件，當壓入或打入時，若未特別小心常因歪斜而卡住，此種現象使得無法確實且穩定壓入。圖 13.29 之左圖所示爲正常被壓入的狀態，右圖則爲不理想之壓入狀態。因此圖 13.30 爲使壓入夾具，事先將壓入零件保持正確位置後，依軸向將其壓入之實例。

　　圖13.31所示將機械零件壓入於軸之壓入夾具實例。

　　圖 13.32 所示將機件壓入栓槽軸的夾具，此種軸之夾持較困難，應於下方設計簡單的夾持夾具較理想。

　　圖13.33所示依箭頭Z方向壓入零件於軸之裝配工作，圖13.34所示爲壓入夾具之一實例，圖13.35所示爲壓入夾具之說明。

　　圖 13.36 所示將襯套壓入於機械本體之夾具。當襯套之直徑大於長度時，使

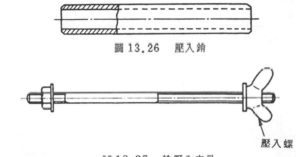

圖 13.26　壓入銷

圖 13.27　銷壓入夾具

壓入螺

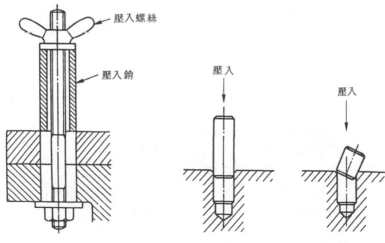

壓入螺絲

壓入銷

壓入

壓入

圖13.28　銷壓入說明

圖13.29　零件之壓入裝配

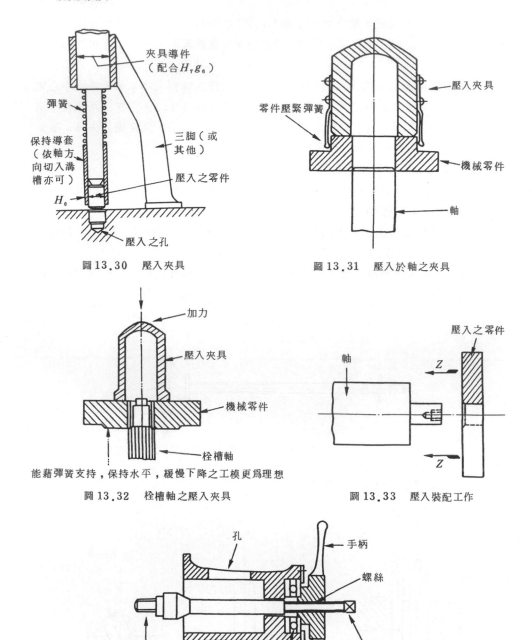

夾具導件
（配合H_7g_6）

彈簧

保持導套
（依軸方
向切入溝
槽亦可）

三脚（或
其他）

壓入之零件

H_6

壓入之孔

圖13.30 壓入夾具

壓入夾具

零件壓緊彈簧

機械零件

軸

圖13.31 壓入於軸之夾具

加力

壓入夾具

機械零件

栓槽軸

能藉彈簧支持，保持水平，緩慢下降之工模更爲理想

圖13.32 栓槽軸之壓入夾具

軸

壓入之零件

Z

Z

圖13.33 壓入裝配工作

孔

手柄

螺絲

使用扳手放鬆處

夾具螺絲

止推滾珠軸承

圖13.34 壓入裝配夾具

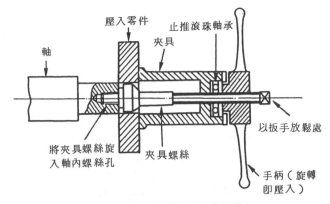

壓入零件

止推滾珠軸承

夾具

軸

將夾具螺絲旋
入軸內螺絲孔

夾具螺絲

以扳手放鬆處

手柄（旋轉
即壓入）

圖 13.35　壓入裝配夾具說明

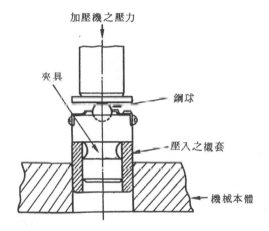

加壓機之壓力

夾具

鋼球

壓入之襯套

機械本體

圖 13.36　襯套壓入夾具

用壓機壓入時易發生偏差，有時襯套傾斜壓入，故圖示在其中間介入鋼球壓入以防止襯套傾斜壓入。

2．螺帽螺釘鎖緊裝配夾具

圖 13.37 所示將螺帽旋入螺栓或其他一般的裝配，如圖所示旋入長度過長時，以手旋入螺帽將較費時。因此圖 13.38 所示為螺帽旋入螺栓夾具，此夾具設有溝槽可確實保持螺帽。圖13.39所示為將螺帽裝入槽中之夾具使用說明。

旋轉夾具係如圖 13.40 所示，其外周以橡膠製成，雖以手旋轉即可將螺帽旋入螺栓，但亦可將此旋轉夾具之外周，以手持向與藉馬達回轉之摩擦輪外周相接觸，藉其摩擦力即可急速旋轉。

圖13.41所示為使螺帽定位之V型壓板，圖13.42為學用例子之說明。

圖 13.43 所示螺帽鎖緊夾具實例，通常鎖緊螺帽時，螺栓亦旋轉，故在夾具

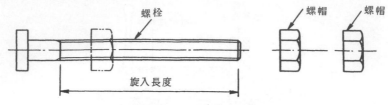

圖 13.37　螺帽旋入螺栓

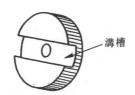

圖 13.38　螺帽旋入夾具

圖 13.39　螺帽裝於夾具槽中

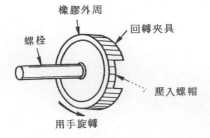

圖 13.40　螺帽旋入夾具使用說明

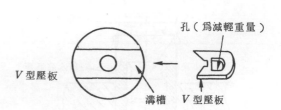

圖 13.41　定位用 V 型壓板

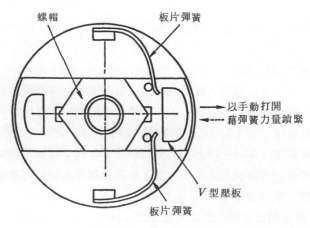

圖 13.42　螺帽旋入夾具

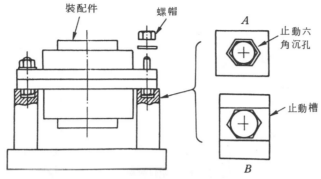

圖13.43　螺帽鎖緊夾具之一

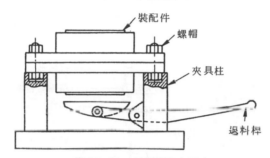

圖13.44　螺帽鎖緊夾具之二

之支承銷上設計成 A 或 B 等構造時，即可防止六角螺帽或螺栓之旋轉。由此工作者將需鎖緊之零件安置於夾具上後即可由另一邊容易鎖緊螺帽。又通常均使用板手以手動鎖緊螺帽，但亦可使用動力工具鎖緊螺帽，則更具有效率。

　　圖13.44所示與上例相同，亦為螺帽鎖緊夾具的另一例。當使用此夾具鎖緊幾支螺栓、螺帽後，因螺栓頭與夾具直柱上止動槽之間其應力互為牽制，有時難於抓住裝配物，即無法從夾具中取出，因此如能在夾具下方設置如圖所示之起出桿，或可視情況設置油壓或氣壓等推出裝置，即可使起出裝配物更為方便。

3．小螺釘鎖緊夾具

　　使用小螺釘鎖緊機件，於機械零件之裝配中頗多，因此如使用螺絲起子鎖緊，則刃口常自小螺釘頭中滑出，傷及已塗裝完成之表面，或其他材料面，因此應防止螺絲起子從小螺釘頭滑出。圖13.45所示使用導套的小螺釘鎖緊夾具之實例。

　　螺絲起子之先端應製成如圖13.46所示，此夾具使用時，以手將小螺釘裝入導套後，伸入螺絲起子以手動鎖緊。為避免裝配零件回轉，應以另一手壓緊裝配物。

　　圖13.47所示亦為小螺釘鎖緊夾具之實例。利用桌上鑽床之主軸，或另設計動力回轉裝置，將上方驅動軸之摩擦離合器軸壓下，即彈簧被壓縮，同時螺絲起子軸旋轉，可將小螺釘鎖緊。

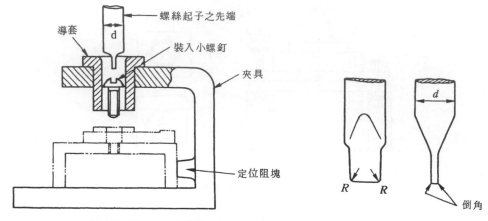

圖 13.45　小螺釘鎖緊夾具　　　　　圖 13.46　螺絲起子之刀口

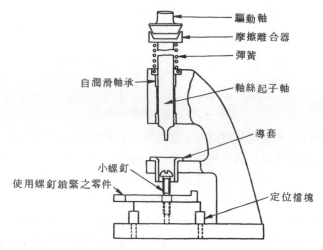

圖 13.47　小螺釘鎖緊夾具

4. 彈簧裝配夾具

　　欲施力於彈簧使其變形，成爲適當狀態後裝配於機械上，操作上相當困難，因而需要夾具。例如強力彈簧的裝配常應用氣壓、油壓、改造虎鉗鉗口及應用螺桿之夾具等等。圖 13.48 所示壓縮螺旋彈簧完成裝配之機械實例。通常以手壓縮彈簧，將其裝配於他零件時，往往雙手無法靈巧運用，致使他零件之裝配多發生困難。

　　圖 13.49 所示係爲裝配圖 13.48 之彈簧而設計之夾具。係由可開閉之開口托架製成之夾具。

　　圖 13.50 係以旋轉螺絲壓縮彈簧後，零件 B 之頭部凸出零件 A 之上，可將他零件裝配於 B 零件之先端之實例。裝配後放鬆旋轉螺絲，即他零件觸及 A 之上面，夾具鬆弛，可從裝配後之彈簧零件取出夾具。

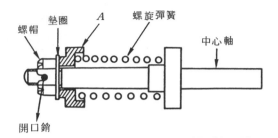

圖 13.48　彈簧裝配零件

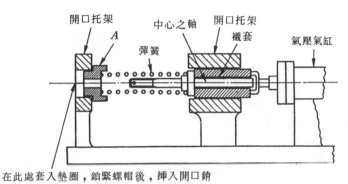

圖 13.49　彈簧裝配夾具

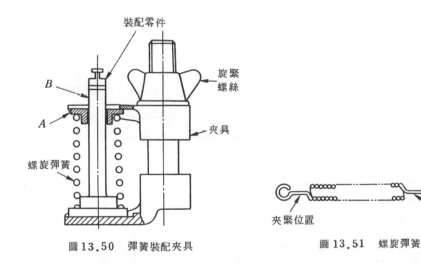

圖 13.50　彈簧裝配夾具　　　　圖 13.51　螺旋彈簧

　　圖 13.51 所示為螺旋彈簧的實例，圖 13.52 為圖 13.51 所設計之夾具，使用夾具夾住彈簧之兩端，旋轉調整螺絲則可將其拉長以便裝配。

　　圖 13.53 所示為彈簧壓縮夾具之實例。為制止一般機械零件向軸向之滑動常利用扣環，為便於裝配扣環亦製有類似夾鉗之裝配用工具。

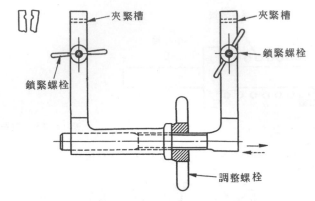

圖 13.52　彈簧裝配夾具

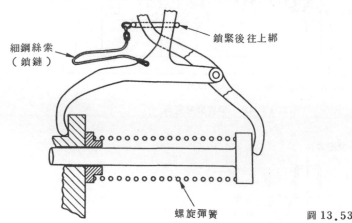

圖 13.53　彈簧壓縮夾具

習題

13.1　大量生產所應選擇的裝配方式如何？

13.2　小量或零星生產應選擇何種裝配方式？

13.3　何謂裝配流程？

13.4　設計機械之裝配方式應考慮那些事項？

13.5　裝配用工作台與一般工作台有何區別？

13.6　裝配用具包括那些？

13.7　裝配夾具可分為那幾類？

13.8　詳述裝配夾具之規劃應注意那些事項？

試用下列各圖設計裝配夾具。

13.9　試設計件 1 與件 2 之裝配夾具。（已知產量 1200 個／月）

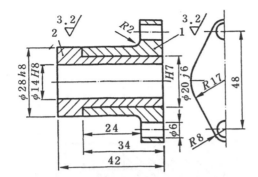

習題13.9

13.10 試設計件1與件2之裝配夾具。（已知產量1000個／月）

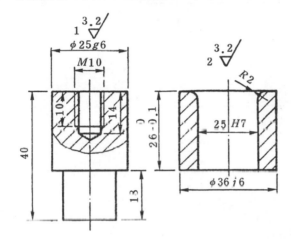

習題13.10

13.11 試設計下面兩工件裝配之裝配夾具。

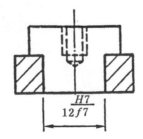

習題13.11

13.12 試設計件2與件3裝配用夾具。

13.13 試設計件2與件1裝配用夾具。

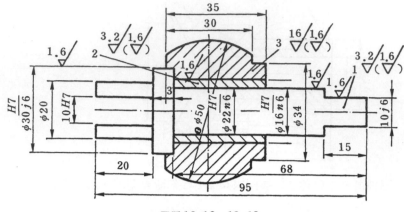

習題13.12, 13.13

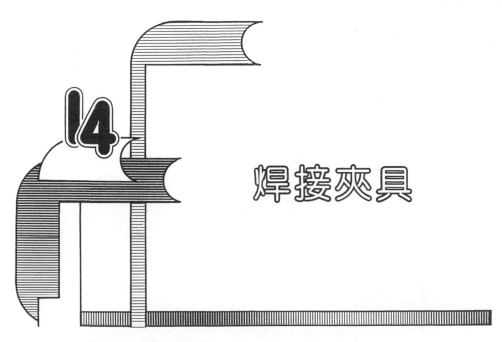

焊接夾具

14.1　焊接之種類及形式

1. 焊接之種類

　　焊接為金屬連接法，利用接合處得到高熱及高壓之作用，由於原子間之吸力，完成冶金結合。現在已發展許多焊接方法，加熱方式及所用設備大為不同，其焊接方法如下：

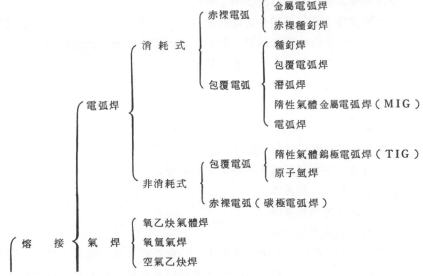

			赤裸電弧	金屬電弧焊
				赤裸種釘焊
		消耗式		種釘焊
				包覆電弧焊
			包覆電弧	潛弧焊
	電弧焊			隋性氣體金屬電弧焊（MIG）
				電弧焊
		非消耗式	包覆電弧	隋性氣體鎢極電弧焊（TIG）
				原子氫焊
			赤裸電弧（碳極電弧焊）	
熔接	氣焊	氧乙炔氣體焊		
		氧氫氣焊		
		空氣乙炔焊		

559

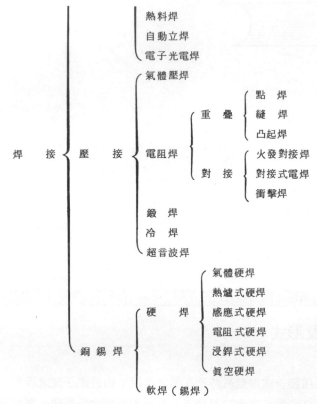

2. 焊接接頭之形式

焊接接頭之形式有①對接接頭，②角焊接頭，③槽接接頭三種。

(1) 對接接頭：將互相結合之母材端面加工或開焊口，將這些焊口並列在其中間
之空隙中填熔金屬加以結合之形式。依斜切之形狀可分為如下：

  ① *I* 形。   ⑤ *Y* 形。

  ② *U* 形。   ⑥ *X* 形。

  ③ *V* 形。   ⑦ 双形或 *V* 形。

  ④ *H* 形。   ⑧ 雙双形或又 *V* 形。

(2) 角焊接頭：兩母材以 $60° \sim 90°$ 之交角或上下重疊，在其角部熔接金屬加以
接合者，亦有加工成 *V* 形槽。依焊接線之方向可分為下列三種：

  ① 側面填角焊接接頭。

  ② 前面填角焊接接頭。

  ③ 斜方填角焊接接頭。

(3) 槽接接頭：將母材重疊，在其中之一做圓形孔或其他形式之孔，而在槽之周
圍及與另一方之母材，所形成之角部熔接金屬加以接合之接頭。

14.2　焊接夾具之種類

焊接如圖 14.1 (a)所示之形狀、尺寸之工件如不使用夾具，僅憑工作者之感覺，手持材料予以焊接，極易產生很大之誤差，如圖 14.1 (b)所示。因此為免於誤差之產生，工作者不必一面工作，一面量測尺寸，放心且易於完成工作圖上之要求。為達到尺寸精度合乎要求而需良好之焊接夾具。

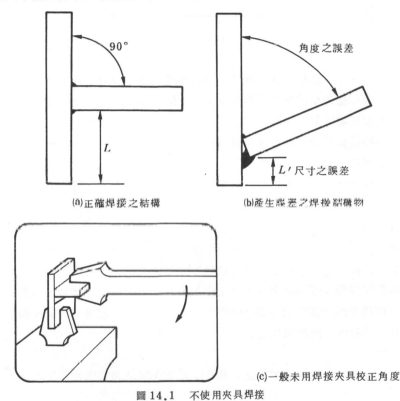

(a)正確焊接之結構　　　　　(b)產生誤差之焊接結構物

(c)一般未用焊接夾具校正角度

圖 14.1　不使用夾具焊接

焊接夾具為焊接各種結構物，將各元件逐次予以裝配時，通常為了各元件之定位而製造各種夾具。為了結構物間之尺寸精度，直角度與平行度之要求，或為了夾緊、防止變形、工作安全及提高工作效率等目的而製作。茲依焊接工件之不同，焊接夾具有下列幾種：

1. 定位夾具

為使焊接容易以達確實之形狀及尺寸，事先必須考慮定位夾具，由於焊接工作之盛行，所以定位夾具已被廣泛重視。當製作焊接結構物時，如結構物較小或較粗糙，雖多以單一定位夾具，或其他夾具將全體之焊接一次完成。如大型結構或構造複雜時，往往因產生變形量較大，為達到良好之效果，均採用塊段焊接，當採用塊段焊接時，應將其結構物整體適當分為幾個塊段，各使用定位夾具。焊接成形後，矯正因焊接所產生之應變，最後再將其全部焊接為一體，此時亦需要定位夾具，以利工作進行。裝配焊接結構物，與鉚釘裝配及螺栓裝配不同，因無暫時裝配之孔，故需有定位夾具。

2．拘束夾具

焊接精度高之工件或較長、較大之熔接結構物，為避免產生誤差，使用剛性較大之拘束夾具，充分給予防止變形後施予裝配焊接較為理想。由於熔接所產生之熱量，易使工件膨脹收縮，應充分考慮確實之拘束。

3．防止變形夾具

由於焊接工作中應盡量減少殘留應力與變形。通常以自由接合之狀態給予焊接，以期減少殘留應力，但增大了變形量。相反的採取強行拘束施予焊接時，雖可減少變形。但反而增大其殘留應力。故一般較重視強度之厚板焊接，應注意減少殘留應力，而一般薄板焊接應注意減小變形為原則。為減少殘留應力及變形，應使鋼板類之端部不受拘束，在完全自由情況下焊接，又為減少焊接變形時雖使用拘束夾具，但此時如僅為防止角度變化之拘束夾具時，鋼板其他方向之收縮，應不受拘束任其自由。

4．旋轉夾具

焊接中以平焊之操作最容易，且效果最佳之焊接方式，可是結構物形狀很少能完全用平焊焊接完成，若依結構物之自然方位焊接，必有立焊及仰焊情況產生。立焊及仰焊施工困難、焊接效果較差且工作效率低，尤其自動焊接施工困難。為了盡量使工件能用平焊焊接方式，將小構件定位組合後之整個結構物裝配焊接，利用旋轉夾具使工件可輕易將結構物旋轉至平焊焊接位置。

5．其　他

焊接工作時除以上較為常用之夾具外，亦有多類之夾具應用於某些特殊之情況，如結構物在焊接後產生歪曲、收縮等畸變，為將給予結構物矯正而設計之矯正夾具。

以上所介紹者為特殊焊接夾具，為大量或中量生產設計，小量或零星製造時常用之泛用夾具，由各種形狀或單件定位件及夾緊件，由焊接技術人員視工作需要拼湊而成。焊接工作常見之泛用夾具如下：

(1)　焊接用工作台。工作台使用生鐵鑄造而成，表面鑄造規則排列之方孔，以提供工件定位時裝設定位件及壓緊工件之固定用。

(2)　方形柱椿，用於插入工作台中，阻擋工件移動，控制焊接位置。

(3)　C 形夾。

(4)　V 形枕。

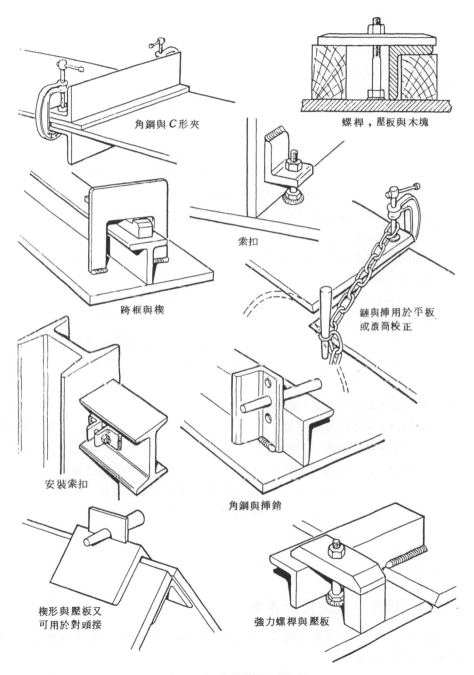

角鋼與C形夾

螺桿，壓板與木塊

跨框與楔

索扣

鏈與插用於平板
或滾筒校正

安裝索扣

角鋼與插銷

楔形與壓板又
可用於對頭接

強力螺桿與壓板

圖14.2 常見焊接泛用夾具

14.3 設計焊接夾具應注意事項

(1) 焊接工作以向下姿勢焊接接法，對工作者最為方便，且工作效率及焊接件品質較高。因此在設計夾具時應考慮工作者可由向下姿焊接。

(2) 應考慮使工件在夾具上定位容易，夾緊便捷，裝卸簡單，最好能用單手操作。且應注意操作容易之構造，即使發生焊接變形或收縮時，也可容易拆卸工件之構造。

(3) 設計定位夾具應考慮採用何種定位方式較恰當，焊接後所產生之收縮裕度如何處理，易變形之處應多加拘束予以限制。阻塊不可設計在焊接工件之收縮方向，且應注意其剛性，以免發生變形。

(4) 設計拘束夾具應考慮針對焊接變形，常能以一定之夾緊力夾緊工件，且能給予適當之夾緊力於最接近拘束之擋板為佳。

(5) 設計防止變形夾具應考慮變形量及角度變化量，而預先給予適當相反角度之夾具。

(6) 設計旋轉夾具應考慮構造之安全性，避免由於重心之移動產生不平衡，或意外之作用力導致偏移而不穩定。

(7) 設計夾緊機構應避免使用螺栓，若必須使用時應將螺紋部份避免暴露在焊接處附近，以防飛濺之金屬火花損壞螺紋。應以肘節具或凸輪來代替螺栓為安全。

(8) 夾具各零組件必須有足夠強度，承受工件焊接所產生之一切應力。操作用之手柄、手輪應儘可能加大，使帶有耐熱手套之手容易握緊，且輕易即能操作。

(9) 較大型複雜之構造，如需分成幾段予以焊接時，應考慮分成幾段，事先應做詳細之檢討。同時並應考慮各段之大小及形狀以利搬運與操作。

(10) 應依製作次數、精度、形狀及大小等選擇適當之焊接方法，配合焊接方法考慮夾具之型式。製作數量不多時，應設計能應用於群加工技術夾具。

(11) 焊接夾具之材料，可利用工廠不用之材料或廢鐵，以廉價焊接裝配製成。較複雜之焊接夾具，可在擋板上塗以特殊顏色，以便易於看出工件是否精確定位。

14.4 焊接夾具之設計實例

　　圖14.3所示將鋼板焊接構成工形工件，為保持其正確之位置及角度施予定位點，焊接裝配之夾具實例。

　　A，*B*，*C*之鋼板藉此夾具可焊接成正確尺寸及形狀，*B*板利用鎖緊螺栓壓緊其中央部位，抵緊定位面 *b* 予以定位，而 *A* 板及 *B* 板各抵緊定位面 *a* 及 *c* 予以定位。

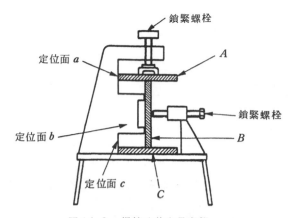

圖14.3　焊接定位夾具實例

而在此夾具中定位面必須具備相當之精度。

　　圖14.4所示為焊接完成之製品實例，今欲設計定位夾具與機械設備聯用。

　　今欲將其正確對準定位焊接於圖14.5所示之機械設備本體。為此而設計之夾具實例如圖14.6所示。圖14.7所示為利用夾具進行分段焊接程序之實例。

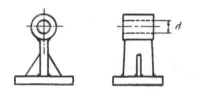

圖14.4　焊接完成之製品

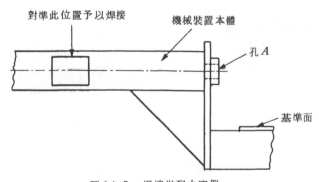

圖14.5　焊接裝配之實例

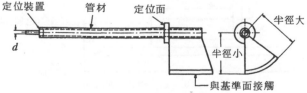

圖14.6　焊接夾具之實例

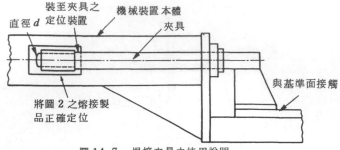

圖 14.7　焊接夾具之使用說明

　　圖14.8所示為焊接完成之製品實例。係將有孔之 *U* 形零件焊接於標示之尺寸 *L* 之位置。

　　圖14.9所示為定位銷之實例，圖 14.10 所示為焊接夾具之使用說明。定位銷為S55C或其他鋼料硬化處理以達耐磨效果。

　　圖 14.11 所示為焊接成品之實例。將 *A*、*B*、*C*、*D* 4 個鋼製零件，依圖示尺寸給予正確定位，施予焊接之實例。

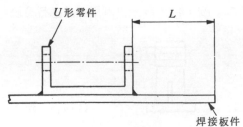

圖 14.8　焊接成品

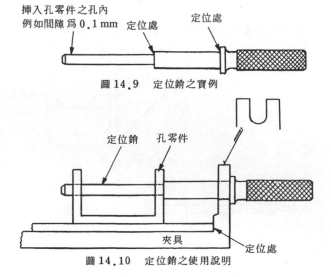

圖 14.9　定位銷之實例

圖 14.10　定位銷之使用說明

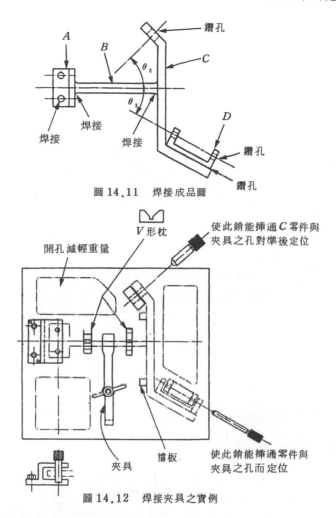

圖 14.11　焊接成品圖

圖 14.12　焊接夾具之實例

圖 14.12 所示為焊接圖 14.11 工件之夾具，利用數支插銷同時插入零件之孔與夾具之孔對準定位。

圖 14.13 所示為變形防止夾具。在對頭焊接時，因產生角度之變化，故預先給予適當的變形裕量夾具。

圖 14.14 所示為防止焊接時產生角度之變化，預先給予變形裕量藉夾具保持之一實例。

圖 14.15 所示為防止變形之彎曲夾具。在鋼板之一側焊接多數肋板之實例。因焊接後易引起結構物彎曲、變形，故在焊接前預先使用此種夾具，給予變形裕量之情況。

圖 14.16 所示與上圖相同，為防止焊接產生變形，預先給予變形裕量，在夾

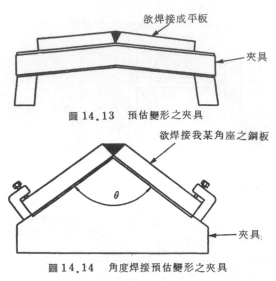

欲焊接成平板

夾具

圖 14.13　預估變形之夾具

欲焊接我某角座之鋼板

θ

夾具

圖 14.14　角度焊接預估變形之夾具

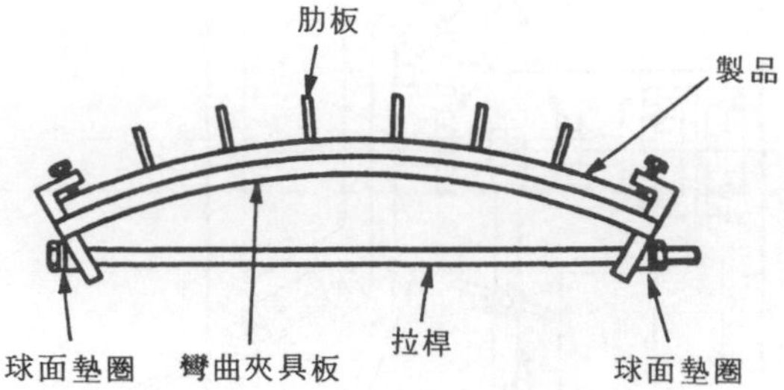

肋板

製品

球面墊圈　彎曲夾具板　拉桿　　球面墊圈

圖 14.15　防止變形之彎曲夾具

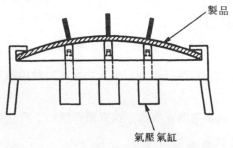

製品

氣壓氣缸

圖 14.16　設有氣壓之防止變形之彎曲夾具

具之下側裝設氣壓氣缸。

　　圖 14.17 所示為旋轉夾具之實例。以重力架載於支持輪上，設有可自由旋轉之圓形環兩組，將焊接工作安置於兩圓形環中，各由設在圓形之夾具固定保持。

　　圖 14.18 所示為上圖之操作情況。係將欲施以焊接之工件,可藉圓形環自由變換其姿勢，故均可向下焊接，工作進行相當有利。

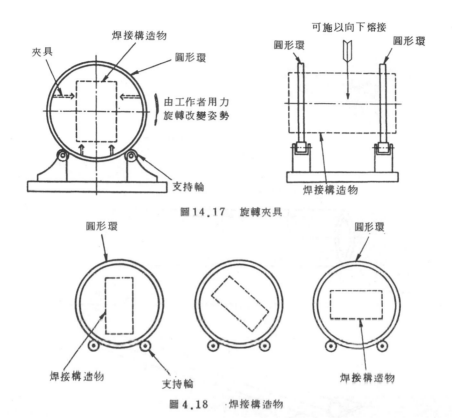

圖14.17 旋轉夾具

圖4.18 焊接構造物

　圖14.21所示為管子對頭焊接之成品。當管子對頭焊接時，須先將各管之接合端車製45°角，安置於圖14.23所示之角鋼夾具中，裝入此夾具後如圖14.24所示先將其上端①給予定位點焊接後，再依②，③次序給予定點焊接，然後旋轉180°再角鋼內之點轉至上端，再給予定位點焊接。

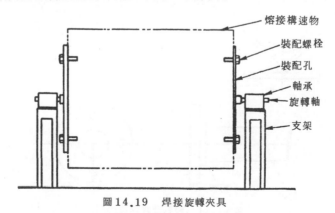

圖14.19 焊接旋轉夾具

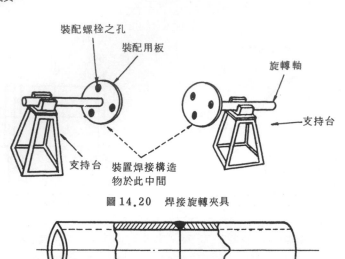

圖 14.20　焊接旋轉夾具

圖 14.21　焊接成品

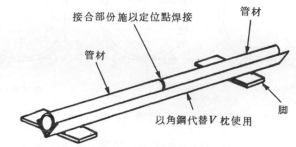

圖 14.22　焊接夾具

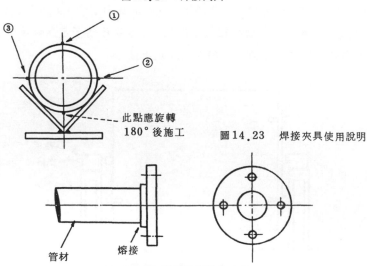

圖 14.23　焊接夾具使用說明

圖 14.24　鋼管凸緣焊接成品

　　圖 14.24 所示為鋼管之凸緣焊接成品，當焊接凸緣時應特別注意，否則易產生傾斜焊接，為了防止焊接不良故使用圖 14.25 所示之定位點焊接夾具。

　　圖 14.25 所示之夾具雖很簡單，但焊接時必須注意對準管子之中心方向，如利用圖14.26所示之夾具較為理想。

　　圖14.27 所示為利用彈簧夾緊管子之定點焊接夾具。

　　圖 14.28 所示為焊接成品，將軸支架之兩中心對準成一直線，焊接於圓板零件之中心線上。

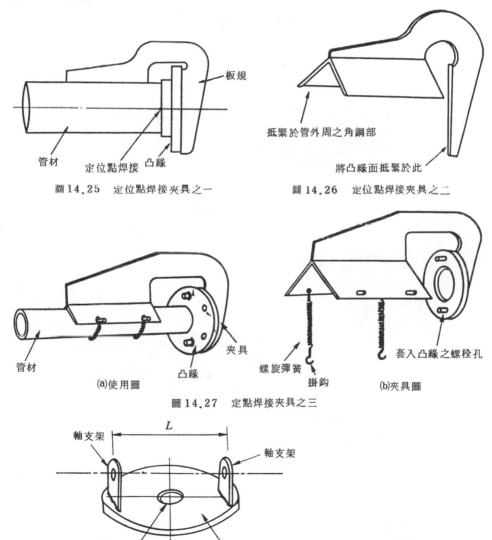

圖14.25　定位點焊接夾具之一

圖14.26　定位點焊接夾具之二

(a)使用圖

圖14.27　定點焊接夾具之三

(b)夾具圖

圖14.28　焊接成品

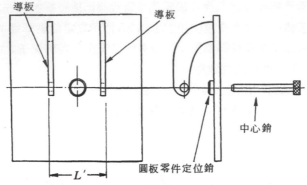

圖14.29　焊接夾具之實例

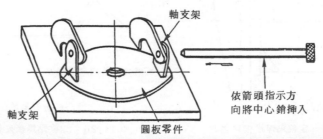

圖14.30　焊接夾具之使用說明

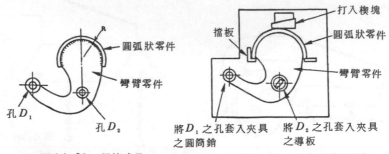

圖14.31　焊接成品　　　　　　圖14.32　焊接夾具的實例

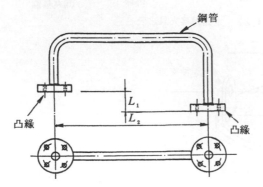

圖14.33　焊接成品

圖 14.29 所示為上圖之焊接夾具實例，圖14.30所示為另一方式設計實例。

圖 14.31 所示為焊接成品，將圓弧狀零件焊接於彎臂零件者。圖 14.32 所示為上圖之焊接夾具，將彎臂零件對準夾具之銷及導板固定於夾具，然後將圓弧狀零件抵緊於夾具定位處，打入楔塊壓緊給予定位。

圖14.33所示為凸緣焊接於鋼管之成品，焊接後由於凸緣之 L_1 及 L_2 之尺寸或平行誤差等，雖將此製品裝配於機械後調整填料，但多數之製品無法達到防漏效果。於是使用如圖14.34所示之焊接夾具，始可獲得良好之製品。

圖 14.35 所示為兩圓桿與平板，確保 θ 之角度與 B 距離施予焊接之成品。圖 14.36 所示為完成此焊接加工而設計之夾具實例。

圖 14.37 所示為一平板及圓桿成一傾斜角度焊接製品。係平板之右端距離 L 之處，以 θ 之傾斜角將圓桿焊接施工。為此而設計之夾具如圖14.38所示。

圖 14.39 所示將平板牽掛於夾具確保 L 尺寸後定位，藉夾緊用彈簧夾緊圓桿

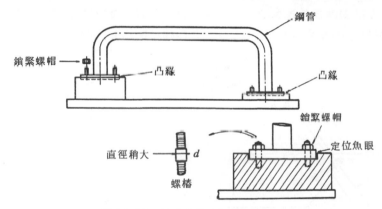

圖14.34　焊接夾具之實例

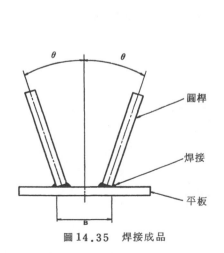

圖14.35　焊接成品

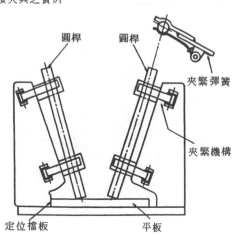

圖14.36　焊接夾具之實例

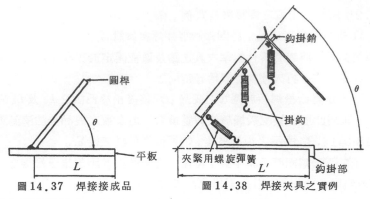

圖14.37 焊接接成品

圖14.38 焊接夾具之實例

獲得正確之角度與尺寸。

　　圖14.40所示爲圓桶自動焊接旋轉夾具。此旋轉夾利用電動機驅動變速機帶動長軸，如圖14.41所示，藉2組蝸輪之傳動，以適當速度旋轉加膠襯料支承轉輪。且可適應零件直徑之大小，藉螺栓向Z方向滑動調整移動側支承轉輪，使支承轉輪間之距離爲適當。另一端之支承轉輪，如圖14.42所示，保持浮動狀態。

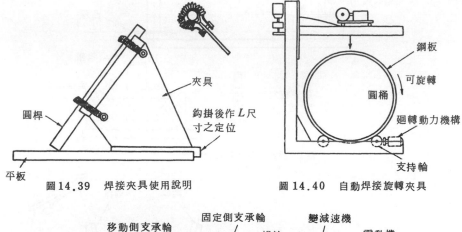

圖14.39 焊接夾具使用說明

圖14.40 自動焊接旋轉夾具

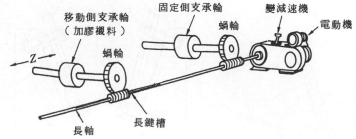

圖14.41 旋轉夾具之驅動機構

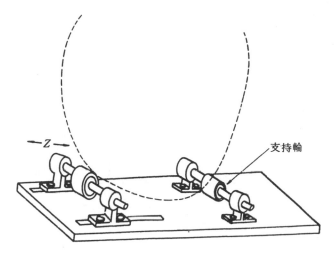

圖 14.42　旋轉夾具之另一端支承轉輪

習　題

14.1 焊接之種類有那些？

14.2 焊接夾具有那幾類？

14.3 詳述焊接定位夾具之目的。

14.4 詳述焊接拘束夾具之目的。

14.5 詳述焊接防止變形夾具之目的。

14.6 詳述焊接夾具設計時應考慮事項。

14.7 焊接常用之泛用夾具有那些？

14.8 試設計圖示工件之焊接夾具。

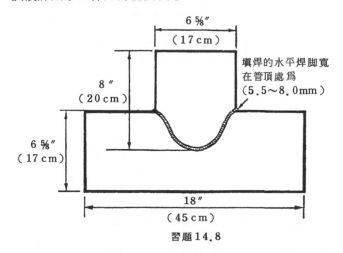

習題 14.8

14.9 如圖所示，試設計焊接夾具。

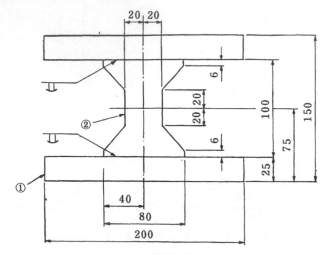

習題14.9

精	項　　　目	公　　　　差
確	1.所有標示＊之項目	±1.5mm
度	2.平面度	整個在2.5以內
品	項　　　目	加　　　　工
質	3.焊　接	(a)外觀，含均勻渦紋及焊接端部方正。 (b)平均穿透。

項目	No.OFF	材　料　尺　寸
1	2	200 × 25 × 5
2	1	100 × 80 × 5

所有尺寸爲mm

14.10 試設計圖示工件之焊接夾具。

項目	分開件數	材　　　　料
1	1	300 × 50 × 12.5
2	1	300 × 50 × 12.5

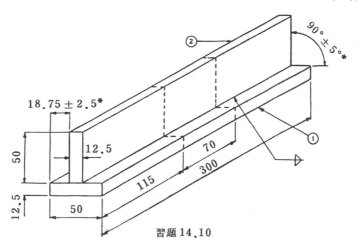

習題 14.10

14.11 試設計圖示工件之焊接夾具。

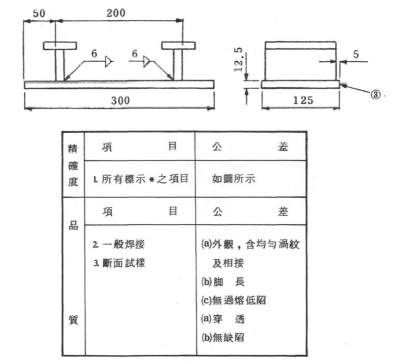

精確度	項　　　目	公　　　差
	1. 所有標示 * 之項目	如圖所示
	項　　　目	公　　　差
品 質	2. 一般焊接 3. 斷面試樣	(a)外觀，含均勻渦紋 　　及相接 (b)脚　　長 (c)無過熔低陷 (a)穿　　透 (b)無缺陷

習題 14.11

14.12 試設計圖示工件之焊接夾具。

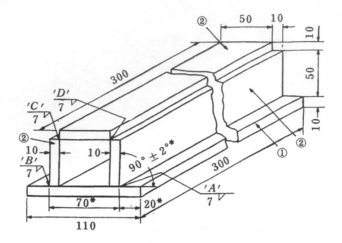

項 目	分開件數	材　　　料
1	1	110×10×300 mm
2	3	50×10×300 mm
		軟鋼

所有尺寸爲mm

精	項　　　　目	公　　　　差
確	1. 所有標示＊之項目	± 2 mm
度		或標示如圖
品	項　　　　目	加　　　工
	2. 一般焊接	(a)外觀，含均勻渦紋
		及相接
質		(b)脚　　長
		(c)無過熔低陷

習題 14.12

14.13　試設計圖示工件之焊接夾具。

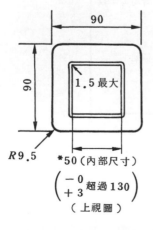

項目	分開件數	材　　　料
1	1	90 × 90 × 4.74
2	1	210 × 130 × 1.5
		軟鋼

R9.5

＊50（內部尺寸）

$\left(\begin{array}{c} -0 \\ +3 \end{array}\text{超過}130\right)$

（上視圖）

習題 14.13

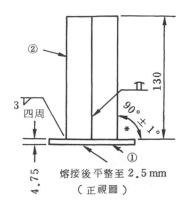

精	項　　　目	公　　　差
確		
度	1. 所有標出＊之尺寸	如圖所示
品	項　　　目	加　　　工
	2. 一般焊接	(a)多觀，含平均渦紋
		及相接
		(b)脚　長
質		(c)平均穿透

習題14.13　（續）

14.14 試設計圖示工件之焊接夾具。

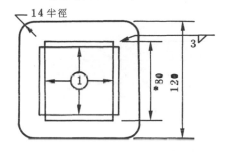

項目	分開件數	材　料　尺　寸
1	4	200 × 74 × 3
2	2	120 × 120 × 10
		軟　鋼

所有尺寸爲mm

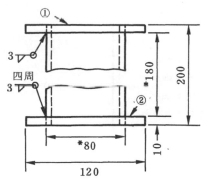

精	項　　　目	公　　　差
確	1. 所有標示＊之尺寸	± 2 mm
度	2. 凸紋（項目2）之 平均度	整個在 2 mm 以內
品	項　　　目	加　　　工
	3. 焊　接	(a)外觀，含均勻渦紋
		及相接
		(b)脚　長
質		(c)平均穿透
		(d)凸出外形

習題 14.14

14.15 試設計圖示工件之焊接夾具。

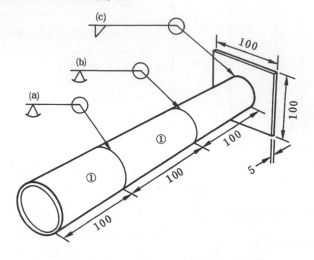

項目	分開件數	材　料　尺　寸
1	3	100×60 O/D 重級鋼管
2	1	100 × 100 × 5 板
		軟鋼

精 確 度	項　　　　目	公　　　　差
	1. 所有標示＊之尺寸 2. 一般焊接	長　度±1 mm 平面度±1 mm 邊　　±1 mm 板要對管內腔中心線 成 90°
品 質	項　　　　目	加　　　　工
	所有焊接	(a)外觀 (b)尺寸均一度 (c)穿透 根部穿透不超過 2 mm 外不得有根部凹陷 (d)不得有空隙

習題14.15

14.16 試設計圖示工件之焊接夾具。

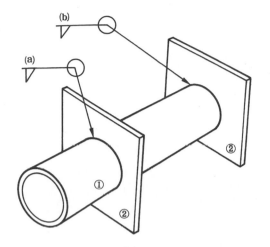

項目	分開件數	材 料 尺 寸
1	1	200×60軟管
2	2	120×120×5板
		軟鋼

精	項　　　目	公　　　差
確	1所有標示之尺寸	長廣±2 mm
度	2一般焊接	孔定心管在 1 mm 以內
品	項　　　目	加　　　工
	兩項焊接	(a)外　觀
		(b)均一及尺寸
		(c)彎　曲
質		(d)無多孔

習題 14.16

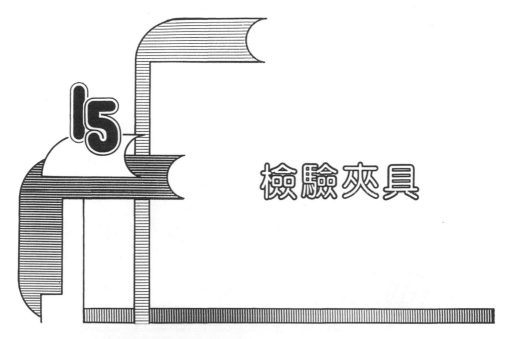

15.1 檢驗量具種類及構造

工件製造之難易視工件所要求之精度高低，製造愈精密之工件愈困難，其成品之價格也愈高。精密之程度必須藉適當之量具來測量。現今工業可達準確量至0.0002mm之精度。現場之測量至0.01mm亦為常見，機械工廠常用之量具有下列數種：

1. 鋼尺

機械工作中不可缺少之量具是鋼尺，鋼尺視材質、厚薄、長度及精度有許多種，機工廠中以15mm，30mm長之鋼尺較為常用。公制鋼尺官具備0.5mm及1mm兩種刻度為佳，鋼尺除可測量長度、深度外尚可用以檢驗平面度。

2. 游標卡尺

機械工廠中之基本量具為游標卡尺，可在一相當大之尺寸範圍內作度量外徑、內徑、深度之用。包括本尺和游尺，常用之游標卡尺有兩種，即精度0.05mm及0.02mm，目前較實用的有微調式及量錶式。

3. 分厘卡

分厘卡之分度除了上述之游標卡尺利用差式原理之分度外，另一種是利用精確螺旋之螺距作測量，此即分厘卡。分厘卡分為內徑分厘卡與外徑分厘卡，大小分為0～25mm，25～50mm……等，每25mm有一支。公制分厘卡可讀至0.01mm之精度，如附有游標刻度者可讀至0.001mm，英制分厘卡可讀至0.001″

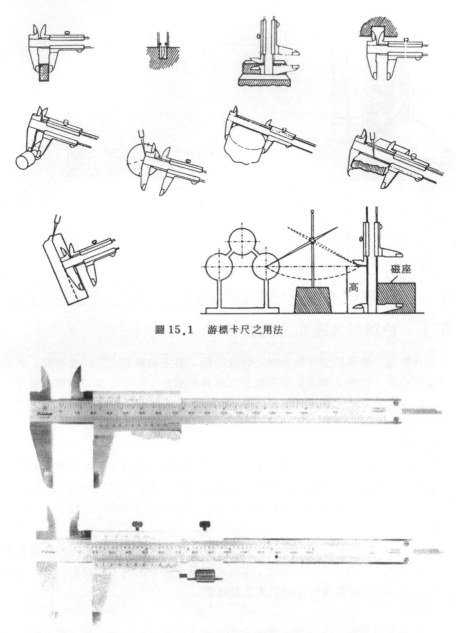

圖15.1 游標卡尺之用法

圖15.2 常見之游標卡尺

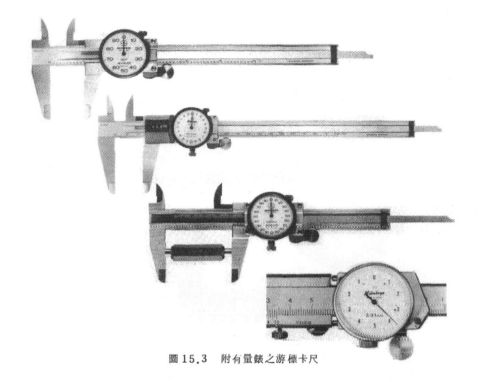

圖15.3　附有量錶之游標卡尺

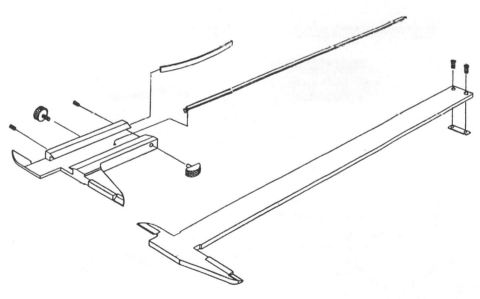

圖15.4　游標卡尺之構造

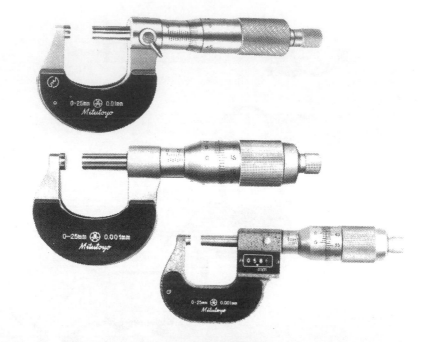

圖 15.5　外徑分厘卡之種類

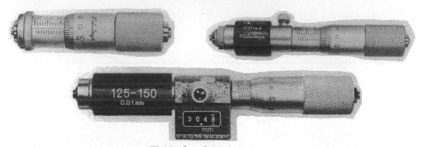

圖 15.6　內徑分厘卡

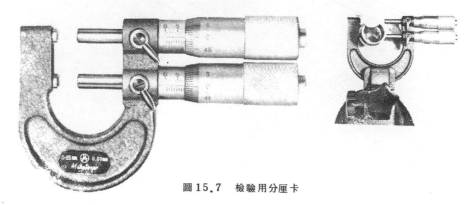

圖 15.7　檢驗用分厘卡

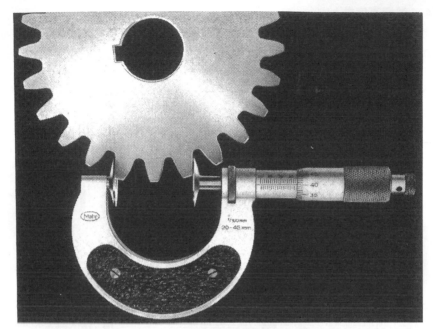

圖15.8 檢驗齒輪用分厘卡

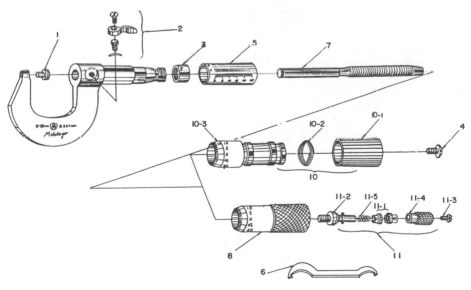

圖15.9 分厘卡之構造

附有游標刻度者可讀至0.0001″。

　　分厘卡是否準確可用塊規測出，不正確之分厘卡可用鉤形板手於襯筒上端之孔中插入旋轉調整。

4. 游標高度規

游標高度規係利用游標卡尺原理之高度規，用於精密之度量及劃線。可調整至 $0.02\,\text{mm}$ 之精度。

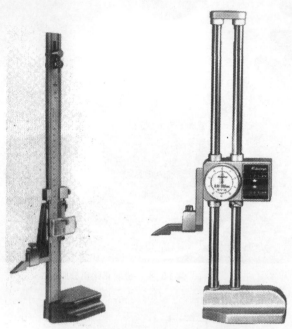

圖 15.10　高度規

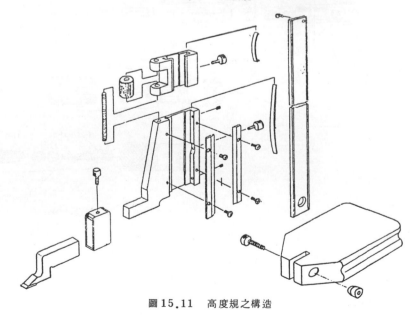

圖 15.11　高度規之構造

5．量　錶

　　量錶用於檢驗尺寸大小、偏心、比較高度、平度，用途廣泛，即可度量工具，常見的是每格0.01 mm或0.001吋，測量範圍10 mm，量錶是將觸桿之微小運動，藉機械原理變成指針之迴轉，以指示尺寸之變化。

　　一般量錶桿無法彎曲，對難於測量之內孔校正中心時，可用可撓性量錶，其錶桿為可撓體。量錶是由滑桿接觸壓於工件上，滑桿之運動經由機械作用，加以放大，每一迴轉有100條刻紋，一迴轉恰使滑桿移動1 mm，在錶上之公厘表之小指針移至1之位置，繼續第二轉則公厘表之小指針進至2之位置。

(a)普通式量錶

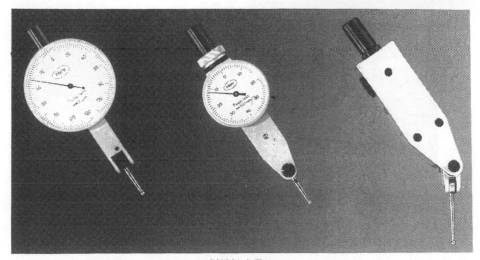

(b)槓桿式量錶

圖15.12　量錶

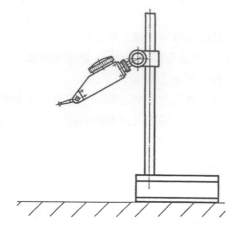

圖 15.13　量錶與磁座

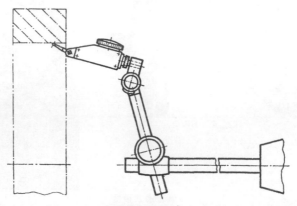

(a)量錶之應用㈠

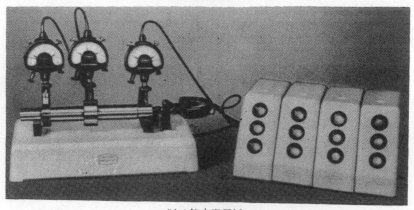

(b)量錶之應用㈡

圖 15.14　量錶之應用

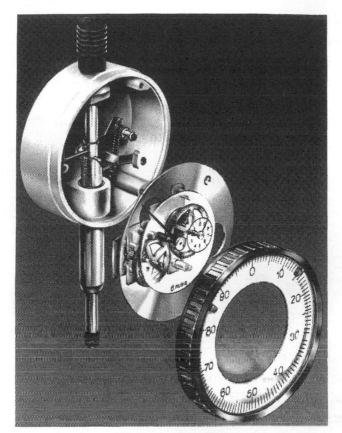

圖15.15　量錶之構造

6．游標角度儀

一般常用之量角器可讀至0.5°，附有游標之萬能角度儀則可利用游標之刻線測量至5″之精度，其用途為測量工件之各種角度。

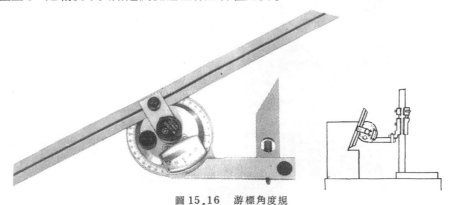

圖15.16　游標角度規

7. 精密塊規

精密塊規係以合金工具鋼爲材料經淬火硬化和精密加工而成之長方形標準規，每塊精密度可在百萬分之二吋內，使用須於標準溫度下，塊規由於表面光滑平直，可兩塊組合起來，除用爲量具之檢驗外，並可組合幾塊塊規作尺寸度量。

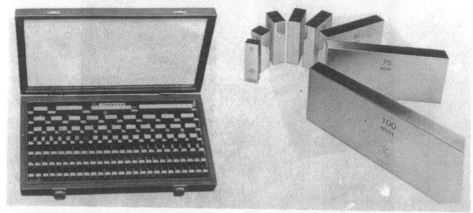

圖15.17 精密塊規

8. 正弦桿

正弦桿是配合精密塊規和平板，利用三角正弦原理來量度工件更精密之角度。正弦桿是一支直桿，其兩端附以圓桿，兩圓桿之中心距有100mm及200mm，用於角度之精細測量。

9. 光學比較儀

利用光源投射工件之影像於螢光幕上，若螢光幕上有事前畫得正確之形狀，則

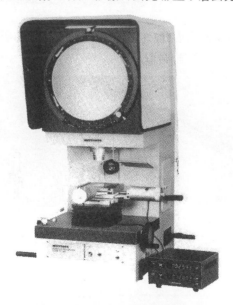

圖15.18 光學比較儀

圖15.19 光學比較儀之量測情況

影像若和形狀相同，相密合，則工件正確，否則如有偏差，表示工件不正確。

15.2 使用圓桿、圓鋼線及鋼球之測量方法

15.2-1 圓桿、圓鋼線之測量方法

1. 工作機械之鳩尾量規之測量方法

　　圖15.20及圖15.21所示使用於計測V型滑槽之鳩尾量規，在V型槽之邊緣

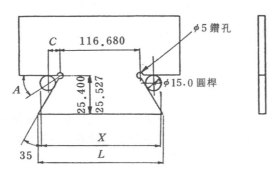

圖15.20 鳩尾量規之工件

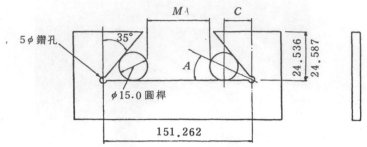

圖 15.21　鳩尾量規之母件

尚未磨耗之前，檢驗邊緣至另一邊緣間之尺寸，以助基準面之維護。

　　插人 2 支圓桿於此量規之 V 形部份，如圖 15.20 所示，則尺寸 X 與尺寸 M 可由下列之方法測得。若尺寸 X，與 M 及角度正確，則此量規面亦正確。

　　求 X 及 M 尺寸之方法如下：

　　由圖 15.20，

$$C = \frac{D}{2} \cot A$$

設 D 為圓桿之直徑，即

$$C = \frac{15.0}{2} \cot 27.5° = 14.408$$

$$\therefore \quad X = \frac{D}{2} \times 2 + 2C + 116.680 = 160.496$$

$$L = \frac{25.464}{\tan 55°} \times 2 + 116.680 = 152.340$$

由圖 15.21 得

$$C = \frac{D}{2} \cot A = \frac{15}{2} \cot 27.5° = 14.408$$
$$M = 151.262 - (2C + D) = 107.446$$

2．外螺紋之節徑測定

　　測量外螺紋之節徑，常常使用三線測量法。此種測定法是將選擇適當之三支正確尺寸之鋼線夾於牙間，如圖 15.23 所示，以分厘卡測量外側尺寸 M，則可由下式求得節徑 d_2。

$$d_2 = M - d_0 \left(1 + 1/\sin\frac{\alpha}{2} \right) + \frac{p}{2}\cot\frac{\alpha}{2}$$

d_0：鋼線直徑

α：牙角

p：節距

　　將一般螺紋之 $\alpha = 60°$（公制螺紋，中國國家標準螺紋，統一制螺紋）代入上式則得

$$d_2 = M - 3d_0 + 0.866025P$$

　　如 $\alpha = 55°$（惠氏螺紋）時

$$d_2 = M - 3.16567d_0 + 0.96049P$$

如表所示，三線之直徑，應採用適合於被測定螺絲之最佳數值。

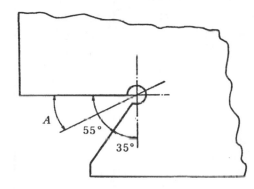

圖 15.22　鳩尾槽參考圖

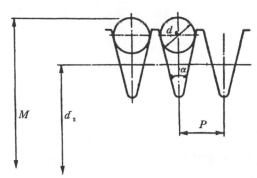

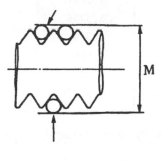

圖 15.23　三線測量法

表15.1　三線測量最佳線徑數值參考表

鋼　線　直　徑	適用螺紋種類與節距或每吋牙數		
dW （mm）	公　制　螺　紋 （節距mm）	惠　氏　螺　紋 （每吋牙數）	統　一　制　螺　紋 （每吋牙數）
0.1732	0.3	—	80
0.2021	0.35	—	72
0.2309	0.4	—	64
0.2598	0.45	—	56
0.2887	0.5	—	48
0.3464	0.6	—	44.40
0.4330	0.75	—	36.32
0.5196	0.9	—	28
0.5774	1	—	24
0.7217	1.25	20	20
0.7954	—	18	18
0.8949	1.5	16	16
1.0227	1.75	14	14
1.1547	2	—	13
1.1932	—	12	12
1.3016	—	11	11
1.4434	2.5	10	10
1.5908	—	9	9
1.7897	3	8	8
2.0454	3.5	7	7
2.3863	4	6	6
2.5981	4.5	—	—
2.8868	5	5	5
3.1817	—	4 ½	4 ½

15.2-2　利用鋼球之測量方法

　　圖15.24所示為機械工件利用鋼球測量尺寸T之例，量得L之尺寸後，減去鋼球之直徑，則可由計算求得T之尺寸。

　　圖15.25所示為兩等徑之鋼球投入孔中測量孔徑之例。由於測量得如圖示之L尺寸，構成一直角三角形，其斜邊為$2R$，而因直角三角形形成直角之一垂直邊為$L-2R$，故將另一邊X，以計算求得，則孔徑D為

$$D = x + 2R = 2R + \sqrt{4RL - L^2}$$

孔之直徑應爲：

$$D = 2R + \sqrt{4RL - L^2}$$

圖15.26所示爲利用鋼球測定內錐孔之例。

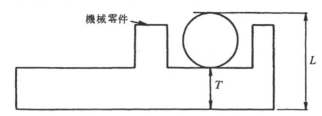

機械零件

圖15.24　鋼球用於測量機械工件

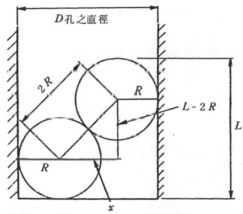

D孔之直徑

圖15.25　圓桶直徑之測定

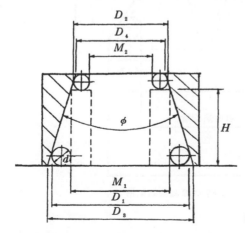

圖15.26　利用鋼珠測定內錐孔

　　將直徑相等二鋼球安置如圖15.26所示，使用塊規測量M_1之大小。然而再以塊規墊高鋼球為H，以同樣方式測得M_2。由測得之M_1及M_2依下列之計算，可求得錐度ϕ及內徑。

$$\tan\frac{\varphi}{2}=\frac{M_1-M_2}{2H}$$

$$D_1=M_1+d\left(1+\cos\frac{\varphi}{2}\right)$$

$$D_2=M_2+d\left(1+\cos\frac{\varphi}{2}\right)$$

$$D_3=M_1+d\left[1+\cos\frac{1}{2}\left(90°-\frac{\varphi}{2}\right)\right]$$

$$D_4=M_2+d\left[1+\tan\frac{1}{2}\left(90°-\frac{\varphi}{2}\right)\right]$$

　　圖15.27為利用圓桿測量鳩尾槽底寬l之方法。

　　如圖15.27所示，兩圓桿若有其大小之不同直徑亦可。設其直徑各為 r_1、r_2，將此兩圓桿安置如圖所示，量取Z之尺寸，則可求得如圖15.28之放大圖所示，l之槽底寬度，其計算式如下所示，特供為參考。

$$l=\left(\frac{r_1}{\tan30°}+r_1\right)+Z+\left(\frac{r_2}{\tan30°}+r_2\right)$$

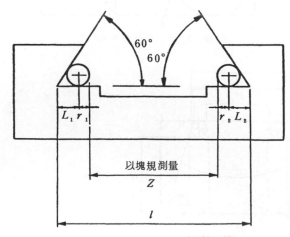

圖15.27　利用圓桿測量鳩尾槽

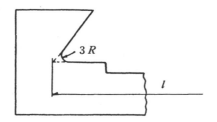

圖 15.28 鳩尾槽底寬度

15.3 檢驗夾具之種類

檢驗夾具在廣義方面是指整個品質之保證所需之器具，因而所牽涉之範圍極廣，常分為兩大類：

1. 泛用之檢驗夾具

被廣泛採用之檢驗夾具如下：

塊規	V 型枕
錐度規	平行塊
牙規	量錶
厚薄規	平台
試桿	樣規
卡規	角規
角尺	

2. 特殊之檢驗夾具

只用於某些特定檢驗工件，或只用於特定之檢驗工程，夾具製作或夾具設計之目的及可分為：

(1) 長度之檢驗——包括孔位置與長度。

(2) 外徑之檢驗。

(3) 內徑之檢驗。

(4) 形狀之檢驗——包括平面度、直角度、圓筒度、眞圓度、平行度、同心度。

(5) 輪廓之檢驗。

15.4 檢驗夾具應考慮之問題

15.4-1 測量誤差之問題

檢驗之目的在以測量工件之尺寸或功能，以判定工件品質之好壞，作爲工件加工之檢討。測量工件之尺寸時，所測得之工件尺寸大小與實際工件尺寸之大小，往往有些出入，此兩尺寸之差稱爲測量誤差。此種測量誤差主要產生之原因有人爲因素、測量儀器及檢驗夾具之構造等。

在設計檢驗夾具時為減少由構造上所產生之誤差，應注意以下之各點。

1. 檢驗夾具製造之公差

一般工件之製作其尺寸不可能達到百分之百的精確，因此在工件製作時只需達到某一精確範圍即可使用，此種精確範圍即為製造公差。檢驗夾具也必然要有製造公差，檢驗夾具之製造公差對被檢驗之工件有著重大關係，公差過大則對被檢驗之工件之品質產生問題，公差過小則檢驗夾具之製造費用過高。一般應用上，取被檢驗工件之公差之 $1/5 \sim 1/10$。

2. 檢驗夾具之幾何公差

一般之工件一定有幾何尺寸之公差，因此對檢驗夾具之測定方式，測定位置及測定處之形狀應儘量充分配合，例如圓筒度、眞圓度、平面度等形狀之公差，應考慮各位置作適當之測量，以及所造成測定誤差。

15.4-2 熱膨脹之問題

物體由於溫度變化，產生熱脹冷縮，因此物體在不同之溫度下長度亦為不同，如此一來產生一個重要問題，那就是在什麼樣之溫度為標準。依 ISO 之規定以 20°C 為標準溫度。

現在再考慮另一問題，當溫度變化 ΔT 時工件長度變化 ΔL，α 為熱膨脹係數，工件原長 L，於是得：

$$\Delta L = \alpha (\Delta T) L$$

由於 α 之值隨材料而變，每種材料之 α 值均為不同，此一來，當工件之材料與檢驗夾具之材料不同時，室溫產生變化則測得之工件必有微量之誤差，因此在檢驗夾具設計時應加以考慮。至於一般機械之組合時亦應加以考慮，例如一軸與孔之配合，在溫度低時過於鬆，溫度過高時過於緊。除此之外在實際測量時，因徒手檢驗量具常受體溫之影響，此時應考慮使用石棉手套來加以防止體溫而使量具溫度升高。

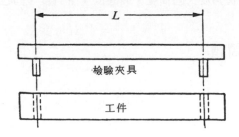

圖15.29　熱膨脹對測量之影響

15.4-3　彈性應變之問題

　　一般測定時，量具與工件間有測量之壓力作用，因此量具與工件發生變形，此時變形之限度必需在彈性限度內，不允許永久變形。一般在現場測量時可不加以考慮，只在測量儀器室內由計算考慮。

1. 壓縮之變形

　　當工件受壓縮力 P 作用時，l 為工件長度，E 為彈性係數，A 為工件之斷面積，則變形量可由下式求得：

$$d\,l = \frac{l\,P}{A\,E}$$

若測量壓力為 1 kg，$l = 100$ mm，$A = 200$ mm 之鋼時，$d\,l = 0.1\,\mu$。實際應用於測量時有下列之三種情況：

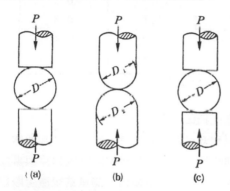

| (a) | (b) | (c) |

圖 15.30　實際測量之接觸情況

　　P 為測量壓力（kg），L 為圓筒工作長度（mm），D 為圓筒直徑（mm），d 為測量壓痕之深度（μ），則可得

　　(a)種情況時（圖 15.30(a)）

$$d_a = 3.8246 \sqrt[3]{\frac{P^2}{D}}$$

　　(b)種情況時（圖 15.30 (b)）

$$d_b = 1.9123 \sqrt[3]{P^2 \left(\frac{1}{D_1} + \frac{1}{D_2} \right)}$$

　　(c)種情況時（圖 15.30 (c)）

$$d_c = 0.923 \frac{P}{L} \sqrt[3]{\frac{1}{D}}$$

現將 $D_1 = D_2 = D$ ，$L = 1\,\text{mm}$ ，$P = 1\,\text{kg}$ 時 d_a ，d_b ，d_c 之計算結果列於表 15.2 。

表15.2 由測量壓力之凹痕

D（mm）	d_a（μ）	d_b（μ）	d_c（μ）
0.5	4.8	3.1	1.2
1	3.8	2.5	0.9
2	3.0	2.0	0.7
5	2.2	1.5	0.5
10	1.8	1.2	0.4
20	1.4	0.9	0.3
50	1.0	0.7	0.2
100	0.8	0.5	0.2
200	0.6	0.4	0.2

2. 工件與量具自重之變形

量具常因測量壓力與自重關係產生撓曲。分厘卡常因測量壓力過大，而量測之分厘卡主軸產生變形。此種情況難以預知，因此對量具之剛性應多加考慮。

圖 15.31 所示為測量兩軸之同心度，因測量時標準試桿因自重與量錶重量作用產生撓曲，或錶桿支架因量錶及錶桿自重亦產生撓曲，測量結果產生嚴重誤差。

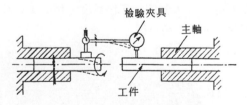

圖 15.31 工件與量具自重之變形

15.4-4 檢驗夾具之材料問題

有許多因素影響檢驗夾具材料之選擇，主要之因素有①所需檢驗之公差，②所需檢驗之項目，③所檢驗工件材料之組成及硬度，④檢驗工件之複雜情況，⑤檢驗量具之成本。

製造檢驗夾具所用之材料，最主要之性質為①尺寸穩定性，②耐磨耗性。

1. 尺寸穩定性

　　一般之機械產品除機械加工外，熱處理、焊接、鑄造、鍛造等發生殘留應力，一般碳鋼之淬火，經長時間後金屬組織會產生變化，此種金屬組織變化而產生尺寸變化，因此精密產品必須消除材料之殘留應力。

　　一般之加工及焊接所產生殘留應力之消除法，常用低溫回火，即加熱至450℃～650℃於爐中保持1小時後冷却，即可得到較安定之組織。淬火後之鋼雖然強度大硬度高，但由於淬火所得之殘留沃斯田鐵或麻田散鐵，在常溫時不安定之組織，長時間後漸漸之轉變爲麻田散鐵，此時尺寸亦產生變化。

　　奧斯田鐵之變態量可用深冷處理來控制，經由此種處理後，奧斯田鐵在量規中變態之量大爲減小，可以增加量規之穩定定性。材料淬火硬化後需給予回火，緊跟著應給予深冷處理，即溫度徐徐下降至－70℃～－85℃，常用冷凍櫃、低溫液體（乾冰及丙酮）可達－80℃。

2. 耐磨耗性

表5-3　一般常用量規所使用的材料及硬度

量規類型	待測件尺寸，0.050到1/2吋，全部公差0.0005吋			待測件尺寸，1/2到4吋，全部公差0.0006吋			待測件尺寸，1/2到4吋，全部公差0.00200吋		
	偶而作量度的金屬而硬度比350EHN軟	經常作量度金屬而比350BHN軟	所有作量度金屬而比350BHN軟	偶而作量度的金屬而硬度比350BHN軟	經常作量度比350BHN軟	所有量度350BHN軟	偶而作量度的金屬而硬度比350BHN軟	經常作量度金屬而比350BHN軟	所有量度金屬比360BHN軟
圓柱環及塞規 可調整卡規本體 銷	O2 or W1 at RC61-64	M2 at RC62-65	硝酸鹽 M2 at RC62-65 or tungsten carbide b	W1 at RC61-64	M2 at RC62-65 or carburized B1112c	Tungsten carbide b	W1 at RC61-64	Salt-nitrided M2 at RC62-65 or D2	Salt-nitrided M2 at RC62-65
			應力解除鑄鐵，ASTM A48，25至30等級						
接扣及心	O2 at RC61-64	D2d	化鎢 carbide	O2 at RC61-64	A2d	Tungsten carbide b	O2 at RC61-64	A2 at RC62-65	硝酸鹽 d M2 at RC62-65
高度及長度規 測隙規	O2 at RC61-64 O2 at RC45-50	M2 at RC62-65 L7e at RC45-50	M2 at RC62-65 D2 at RC45-50	W1 at RC61-64	A2d	M2 at RC62-65	W1 at RC61-64	A2 at RC62-65	M2 at RC62-65
銷規	O2 or W1 at RC61 61	Salt nitrided M2 at RC62-65	Salt-nitrided M2 at RC62-65	O2 to W1 at RC61-64	D2d	Tungsten carbide b	O2 or W1 at RC61-64	A2 at RC62-65	硝酸鹽 M2 at RC62-65
規矩塊	O2 at RC61-64	D2d	D2d 化鎢	L7e at RC61-64	D2d	Tungsten carbide b	L7e at RC61-64	M2 at RC62-65	Salt-nitrided M2 at RC62-65
套合規，橢圓及方形	O2 or W1 at RC61-64	L7e at RC61-64	硝酸鹽 M2 at RC62-65	O2 or W1 at RC61-64	L7e at RC61-64	硝酸鹽 M2 at RC62-65	O2 at RC61 to 64	A2 at RC62-65	硝酸鹽 M2 at RC62-65
螺紋，環規及塞規	O2 at RC62-64	A2d	M2 at RC62-65	W1 at RC61-64 or carburized 8620c	A2d	M2f at RC62-65	W1 at RC61-64 or carburized 86 620c	A2 at RC62-65	M2f at RC62-65
帽子螺紋卡規本體			應力解除鑄鐵，ASTM A48，25至30等級						
帽子	O2 at RC61-64	L7e at RC61-64	L7e at RC61-64	L7e at RC61-64	L7e at RC61-64	D2d	L7e at RC61-64	L7e at RC61-64	D2 or M2f at RC62-65
栓槽規，陽性及陰性	O2 at RC61-64	O6 at RC61-64	A2d	O2 at RC61-64	O6 at RC61-64	A2d	O2 at RC61-64	O6 at RC61-64	A2 or D2 at RC62-65
心線對齊	…	…		Carburized B1112c	Carburized B1112 or 8620c	Carburized 8620c 硝化	Carburized B1112c	Carburized B1112 or 8620c	carburized 8620c 硝化 4140g

a 在特定情況下使用一種以上工具材料，對較大尺寸範圍最好用所列的第二個。
b 通常使用第二類碳化物。
c 碳化層不超過截面厚度五分之一，最少等於RC 60。
d 對緊密公差言，鋼必須回火至最大穩定度的硬度，硬度值可以低至RC 56。
e 噸位鋼 (tonnage steel) 52100可滿意地取代L7。
f 硝酸鹽只適用於粗糙節距上。

　　檢驗夾具具有較高之磨耗性，對夾具之壽命及精度有著重大之影響，耐磨耗性與材料接觸面硬度有著重大之關係，耐磨性好的則硬度高，因此為使鋼之硬度增高，必施加表面滲碳，高週波淬火，火燄硬化等等之表面硬化，或其他之調質硬化。

　　一般常見之表面耐磨材料除工具鋼之淬火外，另有氮化鋼，超硬合金等等，若鋼件經鍍鉻後可為淬火鋼之3～10倍。為了減少磨耗，最重要者是表面精度要高，量具之接觸面需經研磨加工後，作精細研磨，此在設計時應特別注意。

　　碳化鎢用作量規材料使量具具有穩定性及耐磨性，然而由於其價格昂貴及切削脆性，限制了他們之使用，另一點值得注意的是碳化鎢之熱膨脹係數與鋼不同，在量度精密公差之鋼製工件尺寸時，必須在標準溫度控制之場所才能測量，若室溫改變時，鋼製工件膨脹或收縮超出公差範圍，而碳化鎢之改變量却不同，結果造成極大之誤差。

15.5　檢驗用樣規、樣柱之設計

15.5-1　常見樣規及樣柱之造形

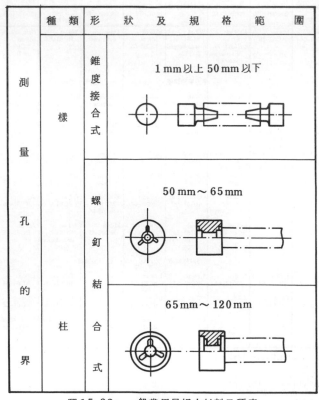

圖15.32　一般常用量規之材料及硬度

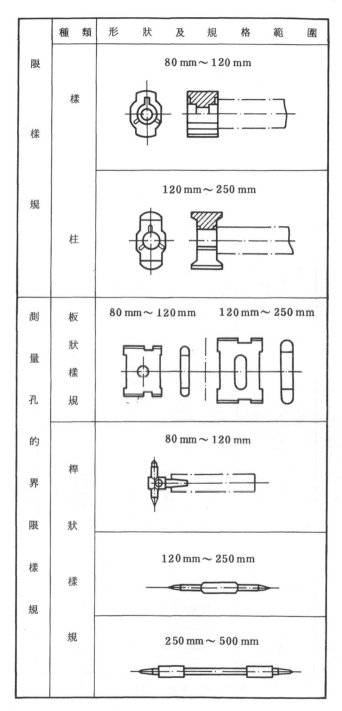

圖 15.32（續）

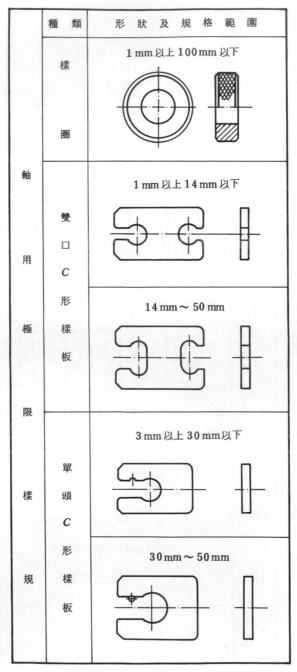

種　類	形　狀　及　規　格　範　圍
軸用極限樣規 — 樣圈	1 mm 以上 100 mm 以下
軸用極限樣規 — 雙口 C 形樣板	1 mm 以上 14 mm 以下
	14 mm ～ 50 mm
軸用極限樣規 — 單頭 C 形樣板	3 mm 以上 30 mm 以下
	30 mm ～ 50 mm

圖 15.33　測量軸之樣規

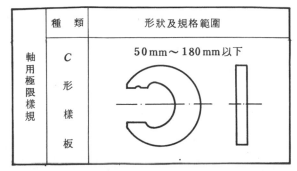

種　　類	形狀及規格範圍
軸用極限樣規 ／ C形樣板	50mm～180mm以下

圖15.33 （續）

15.5-2 樣規、樣柱之尺寸決定

1. 極限樣規之上限、下限及磨損極限之計算

D ：工件公稱尺寸

U ：工件上限尺寸

L ：工件下限尺寸

Y ：孔用極限樣規磨損極限

Y_1：軸用極限樣規磨損極限

G ：孔用極限樣規通端製造公差之上限

G_1：軸用極限樣規通端製造公差之上限

g ：孔用極限樣規通端製造公差之下限

g_1：軸用極限樣規通端製造公差之下限

N ：孔用極限樣規不通端製造公差之上限

N_1：軸用極限樣規不通端製造公差之上限

n ：孔用極限樣規不通端製造公差之下限

n_1：軸用極限樣規不通端製造公差之下限

●孔用極限樣規各端尺寸

通端上限＝$D+L+G$

通端下限＝$D+L+g$

磨損極限＝$D+L+Y$

不通端上限＝$D+U+N$

不通端下限＝$D+U+n$

例1：設計 $35^{+0.05}_{-0}$ 之樣柱各部位重要尺寸。

由表15.4查得 $H=4$ ，$G=15$ ，$g=11$

$Y=0$ ，$N=2$ ，$n=-2$

通端上限＝35.000＋0＋0.015＝35.015

通端下限＝35.000＋0＋0.011＝35.011

磨損極限＝35.000＋0＋0＝35.000

不通端上限＝35.000＋0.050＋0.002＝35.052

不通端下限＝35.000＋0.050＋（－0.002）＝35.048

● 軸用極限樣規

通端上限＝$D＋U＋G_1$

通端下限＝$D＋U＋g_1$

磨損極限＝$D＋U＋Y_1$

不通端上限＝$D＋L＋N_1$

不通端下限＝$D＋L＋n_1$

例2：設計$98^{+0.1}_{0}$ 之 C 形樣規。

由表15.4查得

$H＝10$ ， $G_1＝－12$ ， $g_1＝－22$

$Y_1＝0$ ， $N_1＝5$ ， $n_1＝－5$

通端上限＝98.000＋0.100＋（－0.012）＝98.088

通端下限＝98.000＋0.100＋（－0.022）＝98.078

磨損極限＝98.000＋0.100＋0＝98.100

不通端上限＝98.000＋0＋0.005＝98.005

不通端下限＝98.000＋0＋（－0.005）＝97.995

2. 檢驗樣規

　　檢驗樣規通常以已磨損之工作樣規轉用為檢驗樣規，若無工作樣規可轉用為檢驗樣規，而必須新製檢驗樣規時，其公差與工作樣規公差相同。檢驗樣規上限及下限按下式計算：

D ：工件公稱尺寸

U ：工件上限尺寸

L ：工件下限尺寸

H ：孔用極限樣規公差

H_1：軸用極限樣規公差

Y ：孔用樣規磨損極限

Y_1：軸用樣規磨損極限

N ：孔用不通端樣規製作公差之上限

　　　　N_1：軸用不通端樣規製作公差之上限

　　　　n　：孔用不通端樣規製作公差之下限

　　　　n_1：軸用不通端樣規製作公差之下限

●孔用極限樣規

　通端上限＝$D + L + H$

　通端下限＝$D + L + Y$（與工作樣規磨損極限之公差相同）

　不通端上限＝$D + U + N$（與工作樣規相同）

　不通端下限＝$D + U + n$（與工作樣規相同）

例3：設計 $35^{+0.05}_{0}$ 之孔用檢驗樣規各部主要尺寸。

　　由表 15.4 查得

　　　$H = 4$ ，$Y = 0$

　　　$N = 2$ ，$n = -2$

　　通端上限＝$35.000 + 0 + 0.004 = 35.004$

　　通端下限＝$35.000 + 0 + 0 = 35.000$

　　不通端上限－$35.000 + 0.050 + 0.002 = 35.052$

　　不通端下限＝$35.000 + 0.050 + (-0.002) = 35.048$

●軸用極限樣規

　通端上限＝$D + U + Y_1$（與工作樣規磨損限度相同）

　通端下限＝$D + U + Y_1 - H_1$

　不通端上限＝$D + L + N_1$（與工作樣規相同）

　不通端下限＝$D + L + n_1$（與工作樣規相同）

例4：設計 $98^{+0.1}_{-0}$ 之 C 形檢驗樣規。

　　由表 15.4 查得

　　　$H_1 = 10$ ，$G_1 = -12$ ，$g_1 = -22$

　　　$Y_1 = 0$ ，$N_1 = 5$ ，$n_1 = -5$

　　通端上限＝$98.000 + 0.100 + 0 = 98.100$

　　通端下限＝$98.000 + 0.100 + 0 + (-0.010) = 98.090$

　　不通端上限＝$98.000 + 0 + 0.005 = 98.005$

　　不通端下限＝$98.000 + 0 + (-0.005) = 97.995$

表15.4 樣柱及平樣柱之容差及公差（單位 μ）

稱呼尺寸 D (mm)		公差 T		等級 (IT)	樣規公差 H	工 作 樣 規				
						通端容許差		磨耗限許容差 Y	不通端容許差	
以上	以下	以上	以下			G（上）	G（下）		N（上）	N（下）
3 以下			4	5	1.2	1.6	0.4	−1	0.6	−0.6
		4	6	6	1.2	2.1	0.9	−1	0.6	−0.6
		6	10	7	1.2	2.6	1.4	−1.5	0.6	−0.6
		10	14	8	2	4	2	−2	1	−1
		14	25	9	2	7	5	0	1	−1
		25	40	10	3	7.5	4.5	0	1.5	−1.5
		40	60	11	5	12.5	7.5	0	2.5	−2.5
		60	90	12	5	12.5	7.5	0	2.5	−2.5
		90	140	13	9	24.5	15.5	0	4.5	−4.5
		140	250	14	9	24.5	15.5	0	4.5	−4.5
3 至 6			5	5	1.5	1.75	0.25	−1	0.75	−0.75
		5	8	6	1.5	2.75	1.25	−1	0.75	−0.75
		8	12	7	1.5	2.75	1.25	−1.5	0.75	−0.75
		12	18	8	2.5	4.75	2.25	−2	1.25	−1.25
		18	30	9	2.5	8.25	5.75	0	1.25	−1.25
		30	48	10	4	8.5	4.5	0	2	−2
		48	75	11	5	14.5	9.5	0	2.5	−2.5
		75	120	12	5	14.5	9.5	0	2.5	−2.5
		120	180	13	12	30	18	0	6	−6
		180	300	14	12	30	18	0	6	−6
6 至 10			6	5	1.5	1.75	0.25	−1	0.75	−0.75
		6	9	6	1.5	2.75	1.25	−1	0.75	−0.75
		9	15	7	1.5	3.75	2.25	−1.5	0.75	−0.75
		15	22	8	2.5	5.25	2.75	−2	1.25	−1.25
		22	36	9	2.5	9.25	6.75	0	1.25	−1.25
		36	58	10	4	10	6	0	2	−2
		58	90	11	6	17	11	0	3	−3
		90	150	12	6	17	11	0	3	−3
		150	220	13	15	35.5	20.5	0	7.5	−7.5
		220	360	14	15	35.5	20.5	0	7.5	−7.5

表15.4　樣柱及平樣柱之容差及公差（單位 μ）（續）

稱呼尺寸 D（mm）以上	以下	公差 T 以上	以下	等級（IT）	樣規公差 H	通端許容差 G(上)	G(下)	磨耗限許容差 Y	不通端許容差 N(上)	N(下)
10			8	5	2	3	1	−1.5	1	− 1
		8	11	6	2	3.5	1.5	−1.5	1	− 1
		11	18	7	2	4	2	−1.5	1	− 1
		18	27	8	3	6.5	3.5	−2	1.5	− 1.5
至		27	43	9	3	10.5	7.5	0	1.5	− 1.5
		43	70	10	5	11.5	6.5	0	2.5	− 2.5
		70	110	11	8	20	12	0	4	− 4
18		110	180	12	8	20	12	0	4	− 4
		180	270	13	18	41	23	0	9	− 9
		270	430	14	18	41	23	0	9	− 9
18			9	5	2.5	3.25	0.75	−1.5	1.25	− 1.25
		9	13	6	2.5	3.75	1.25	−1.5	1.25	− 1.25
		13	21	7	2.5	4.75	2.25	−1.5	1.25	− 1.25
		21	33	8	4	8	4	−2	2	− 2
至		33	52	9	4	13	9	0	2	− 2
		52	84	10	6	14	8	0	3	− 3
		84	130	11	9	23.5	14.5	0	4.5	− 4.5
30		130	210	12	9	23.5	4.5	0	4.5	− 4.5
		210	330	13	21	46.5	25.5	0	10.5	−10.5
		330	520	14	21	46.5	25.5	0	10.5	−10.5
30			11	5	2.5	4.25	1.75	−2	1.25	− 1.25
		11	16	6	2.5	5.25	2.75	−2	1.25	− 1.25
		16	25	7	2.5	5.25	2.75	−2	1.25	− 1.25
		25	39	8	4	9	5	−3	2	− 2
至		39	62	9	4	15	11	0	2	− 2
		62	100	10	7	16.5	9.5	0	3.5	− 3.5
		100	160	11	11	27.5	16.5	0	5.5	− 5.5
50		160	250	12	11	27.5	16.5	0	5.5	− 5.5
		250	390	13	25	54.5	29.5	0	12.5	−12.5
		390	620	14	25	54.5	29.5	0	12.5	−12.5

表 15.4　樣柱及平樣柱之容差及公差（單位 μ）（續）

稱呼尺寸 D（mm）		公差 T		等級（IT）	樣規公差 H	工作樣規				
						通端許容差		磨耗限許容差 Y	不通端許容差	
以上	以下	以上	以下			G（上）	G（下）		N（上）	N（下）
50 至 80			13	5	3	5.5	2.5	−2	1.5	− 1.5
		13	19	6	3	6.5	3.5	−2	1.5	− 1.5
		19	30	7	3	6.5	3.5	−2	1.5	− 1.5
		30	46	8	5	11.5	6.5	−3	2.5	− 2.5
		46	74	9	5	17.5	12.5	0	2.5	− 2.5
		74	120	10	8	19	11	0	4	− 4
		120	190	11	13	31.5	18.5	0	6.5	− 6.5
		190	300	12	13	31.5	18.5	0	6.5	− 6.5
		300	460	13	30	63	33	0	15	−15
		460	740	14	30	63	33	0	15	−15
80 至 120			15	5	4	7	3	−3	2	− 2
		15	22	6	4	8	4	−3	2	− 2
		22	35	7	4	8	4	−3	2	− 2
		35	54	8	6	14	8	−4	3	− 3
		54	87	9	6	20	14	0	3	− 3
		87	140	10	10	22	12	0	5	− 5
		140	220	11	18	37	19	0	9	− 9
		220	350	12	18	37	19	0	9	− 9
		350	540	13	35	71.5	36.5	0	17.5	−17.5
120 至 180			18	5	5	8.5	3.5	−3	2.5	− 2.5
		18	25	6	5	9.5	4.5	−3	2.5	− 2.5
		25	40	7	5	10.5	5.5	−3	2.5	− 2.5
		40	63	8	8	16	8	−5	4	− 4
		63	100	9	8	24	16	0	4	− 4
		100	160	10	12	25	13	0	6	− 6
		160	250	11	20	42	22	0	10	−10
		250	400	12	20	42	22	0	10	−10
		400	630	13	40	80	40	0	20	−20

表15.4　樣柱及平樣柱之容差及公差（單位 μ）（續）

稱呼尺寸 D (mm)	公差 T 以上	公差 T 以下	等級 (IT)	樣規公差 H	工作樣規 通端許容差 G(上)	通端許容差 G(下)	磨耗限許容差 Y	不通端許容差 N(上)	不通端許容差 N(下)
180 至 250		20	5	7	9.5	2.5	−2	35	−3.5
	20	29	6	7	10.5	3.5	−2	35	−3.5
	29	46	7	7	12.5	5.5	−2	35	−3.5
	46	72	8	10	19	9	−3	5	−5
	72	115	9	10	30	20	4	5	−5
	115	185	10	14	36	22	7	7	−7
	185	290	11	20	50	30	10	10	−10
	290	460	12	20	55	35	15	10	−10
	460	720	13	26	93	67	25	13	−13
250 至 315		23	5	8	11	3	−1.5	4	−4
	23	32	6	8	12	4	−2	4	−4
	32	52	7	8	15	7	−2	4	−4
	52	81	8	12	22	10	−2	6	−6
	81	130	9	12	34	22	6	6	−6
	130	210	10	16	41	25	9	8	−8
	210	320	11	16	56.5	40.5	15	8	−8
	320	520	12	23	61.5	48.5	20	11.5	−11.5
315 至 400		25	5	9	11.5	25	−1.5	4.5	−4.5
	25	36	6	9	14.5	5.5	−2	4.5	−4.5
	36	57	7	9	17.5	8.5	0	4.5	−4.5
	57	89	8	13	24.5	11.5	−2	7.5	−7.5
	89	140	9	13	37.5	24.5	7	7.5	−7.5
	140	230	10	18	47	29	11	9	−9
	230	380	11	25	62.5	37.5	15	12.5	−12.5
	380	570	12	25	77.5	52.5	30	12.5	−12.5

表15.4　樣柱及平樣柱之容差及公差（單位 μ）（續）

稱呼尺寸 D（mm） 以上	以下	公差 T 以上	以下	等級（IT）	樣規公差 H	工作樣規 通端許容差 G（上）	G（下）	磨耗限許容差 Y	不通端許容差 N（上）	N（下）
			27	5	10	13	3	−1	5	−5
		27	40	6	10	17	7	−2	5	−5
400		40	63	7	10	20	10	0	5	−5
		63	97	8	15	27.5	12.5	−1	7.5	−7.5
		97	155	9	15	42.5	27.5	9	7.5	−7.5
至		155	250	10	20	54	34	14	10	−10
		250	400	11	27	68.75	41.25	20	13.5	−13.5
500		400	630	12	33	86.5	53.5	35	16.5	−16.5

表15.4　樣柱及平樣柱之容差及公差（單位 μ）（續）

稱呼尺寸 D（mm） 以上	以下	公差 T 以上	以下	等級（IT）	樣規公差 H_1	工作樣規 通端許容差 G_1（上）	G_1（下）	磨耗限許容差 Y_1	不通端許容差 N_1（上）	N_1（下）
			4	5	1.2	− 0.4	− 1.6	1	0.6	−0.6
		4	6	6	1.2	− 1.4	− 2.6	1	0.6	−0.6
3		6	10	7	2	− 1	− 3	1.5	1	−1
		10	14	8	2	− 2	− 4	2	1	−1
以		14	25	9	3	− 4.5	− 7.5	0	1.5	−1.5
		25	40	10	3	− 7.5	−10.5	0	1.5	−1.5
下		40	60	11	5	−12.5	−17.5	0	2.5	−2.5
		60	90	12	5	−12.5	−17.5	0	2.5	−2.5
		90	140	13	9	−24.5	33.5	0	4.5	−4.5
		140	250	14	9	−24.5	33.5	0	4.5	−4.5
3			5	5	1.5	− 0.25	− 1.75	1	0.75	−0.75
		5	8	6	1.5	− 1.25	− 2.75	1	0.75	−0.75
至		8	12	7	2.5	− 1.25	− 4.25	1.5	1.25	−1.25
6		12	18	8	2.5	− 2.25	− 4.75	2	1.25	−1.25

表15.4　樣柱及平樣柱之容差及公差（單位μ）（續）

稱呼尺寸 D (mm)	公差 T 以上	公差 T 以下	等級 (IT)	樣規公差 H₁	工作樣規 通端許容差 G₁(上)	G₁(下)	磨耗限許容差 Y₁	不通端許容差 N₁(上)	N₁(下)
3 至 6	18	30	9	4	− 5	− 9	0	2	−2
	30	48	10	4	− 5	− 9	0	2	−2
	48	75	11	5	− 9.5	−14.5	0	2.5	−2.5
	75	120	12	5	− 9.5	−14.5	0	2.5	−2.5
	120	180	13	12	−18	−30	0	6	−6
	180	300	14	12	−18	−30	0	6	−6
6 至 10		6	5	1.5	− 0.25	− 0.75	−1	0.75	−0.75
	6	9	6	1.5	− 1.25	− 2.75	−1	0.75	−0.75
	9	15	7	2.5	− 1.75	− 4.25	1.5	1.25	−1.25
	15	22	8	2.5	− 2.75	− 5.25	2	1.25	−1.25
	22	36	9	4	− 6	−10	0	2	−2
	36	58	10	4	− 6	−10	0	2	−2
	58	90	11	6	−11	−17	0	3	−3
	90	150	12	6	−11	−17	0	3	−3
	150	220	13	15	20.5	−35.5	0	7.5	−7.5
	220	360	14	15	20.5	−35.5	0	7.5	7.5
10 至 18		8	5	2	− 1	− 3	1.5	1	− 1
	8	11	6	2	− 1.5	− 3.5	1.5	1	1
	11	18	7	3	− 2	− 5	2	1.5	− 1.5
	18	27	8	3	− 3.5	− 6.5	2	1.5	− 1.5
	27	43	9	5	− 6.5	−11.5	0	2.5	− 2
	43	70	10	5	− 6.5	−11.5	0	2.5	− 2
	70	110	11	8	−12	−20	0	4	− 4
	110	180	12	8	−12	−20	0	4	− 4
	180	270	13	18	−23	−41	0	9	− 9
	270	430	14	18	−23	−41	0	9	− 9
18 至 30		9	5	2.5	− 0.75	− 3.25	1.5	1.25	− 1.25
	9	13	6	2.5	− 1.25	− 3.75	1.5	1.25	− 1.25
	13	21	7	4	− 1.5	− 5.5	2	2	− 2
	21	33	8	4	− 4	− 8	2	2	− 2
	33	52	9	6	− 8	−14	0	3	− 3

表15.4　樣柱及平樣柱之容差及公差（單位 μ ）（續）

稱呼尺寸 D (mm) 以上	以下	公差 T 以上	以下	等級 (IT)	樣規公差 H_1	工作樣規		磨耗限許容差 Y_1	不通端許容差	
						通端許容差				
						G_1(上)	G_1(下)		N_1(上)	N_1(下)
18 至 30		52	84	10	6	− 8	−14	0	3	− 3
		84	130	11	9	−14.5	−23.5	0	4.5	− 4.5
		130	210	12	9	−14.5	−23.5	0	4.5	− 4.5
		210	330	13	21	−25.5	−46.5	0	10.5	−10.5
		330	520	14	21	−25.5	−46.5	0	10.5	−10.5
30 至 50			11	4	2.5	− 1.75	− 4.25	2	1.25	− 1.25
		11	16	6	2.5	− 2.75	− 5.25	2	1.25	− 1.25
		16	25	7	4	− 3	− 7	3	2	− 2
		25	39	8	4	− 5	− 9	3	2	− 2
		39	62	9	7	− 9.5	−16.5	0	3.5	− 3.5
		62	100	10	7	− 9.5	−16.5	0	3.5	− 3.5
		100	160	11	11	−16.5	−27.5	0	5.5	− 5.5
		160	250	12	11	−16.5	−27.5	0	5.5	− 5.5
		250	390	13	25	−19.5	−54.5	0	12.5	−12.5
		390	620	14	25	−19.5	−54.5	0	12.5	−12.5
50 至 80			13	5	3	− 2.5	− 5.5	2	1.5	− 1.5
		13	19	6	3	− 3.5	− 6.5	2	1.5	− 1.5
		19	30	7	5	− 3.5	− 8.5	3	2.5	− 2.5
		30	46	8	5	− 6.5	−11.5	3	2.5	− 2.5
		46	74	9	8	−11	−19	0	4	− 4
		74	120	10	8	−11	−19	0	4	− 4
		120	190	11	13	−18.5	−31.5	0	6.5	− 6.5
		190	300	12	13	−18.5	−31.5	0	6.5	− 6.5
		300	460	13	30	−33	−63	0	15	−15
		460	740	14	30	−33	−63	0	15	−15
80 至 120			15	5	4	− 3	− 7	3	2	− 2
		15	22	6	4	− 4	− 8	3	2	− 2
		22	35	7	6	− 5	−11	4	3	− 3
		35	54	8	6	− 8	−14	4	3	− 3
		54	87	9	10	−12	−22	0	5	− 5
		87	140	10	10	−12	−22	0	5	− 5

表15.4　樣柱及平樣柱之容差及公差（單位 μ ）（續）

稱呼尺寸 D （mm）	公　差 T		等級（IT）	樣規公差 H_1	工　作　樣　規				
					通端許容差		磨耗限許容差	不通端許容差	
	以上	以下			G_1（上）	G_1（下）	Y_1	N_1（上）	N_1（下）
80 至 120	140	220	11	18	−19	−37	0	9	−9
	220	350	12	18	−19	−37	0	9	−9
	350	540	13	35	−36.5	−71.5	0	17.5	−17.5
120 至 180		18	5	5	−3.5	−8.5	3	2.5	−2.5
	18	25	6	5	−4.5	−9.5	3	2.5	−2.5
	25	40	7	8	−5	−13	4	4	−4
	40	63	8	8	−8	−16	5	4	−4
	63	100	9	12	−14	−26	0	6	−6
	100	160	10	12	13	25	0	6	−6
	160	250	11	20	−22	−42	0	10	−10
	250	400	12	20	−22	−42	0	10	−10
	400	630	13	40	−40	−80	0	20	−20
180 至 250		20	5	7	−2.5	−9.5	2	3.5	3.5
	20	29	6	7	−3.5	−10.5	2	3.5	−3.5
	29	46	7	10	−5	−15	3	5	−5
	46	72	8	10	−9	−19	3	5	−5
	72	115	9	14	−18	−32	−4	7	−7
	115	185	10	14	−22	−36	−7	7	−7
	185	290	11	20	−30	−50	−10	10	−10
	290	460	12	20	−35	−55	−15	10	−10
	460	720	13	26	−67	−93	−25	13	−13
250 至 315		23	5	8	−3	−11	1.5	4	−4
	23	32	6	8	−4	−12	2	4	−4
	32	52	7	12	−6	−18	2	6	−6
	52	81	8	12	−10	−22	2	6	−6
	81	130	9	16	−20	−36	−6	8	−8
	130	210	10	16	−25	−41	−9	8	−8
	210	320	11	23	−33.5	−56.5	−15	11.5	−11.5
	320	520	12	23	−43.5	−66.5	−20	11.5	−11.5

表15.4　樣柱及平樣柱之容差及公差（單位 μ）（續）

稱呼尺寸 D (mm)	公差 T		等級 (IT)	樣規公差 H₁	工 作 樣 規				
					通端許容差		磨耗限許容差	不通端許容差	
	以上	以下			G_1(上)	G_1(下)	Y_1	N_1(上)	N_2(下)
315 至 400		25	5	9	－ 2.5	－11.5	1.5	4.5	－ 4.5
	25	36	6	9	－ 5.5	－14.5	2	4.5	－ 4.5
	36	57	7	13	－ 7.5	－20.5	2	6.5	－ 6.5
	57	89	8	13	－11.5	－24.5	2	6.5	－ 6.5
	89	140	9	18	－22	－40	－ 7	9	－ 9
	140	230	10	18	－29	－47	－11	9	－ 9
	230	380	11	25	－37.5	－62.5	－15	12.5	－12.5
	380	570	12	25	－52.5	－77.5	－30	12.5	－12.5
400 至 500		27	5	10	－ 3	－13	1	5	－ 5
	27	40	6	10	－ 7	－17	2	5	－ 5
	40	63	7	15	－ 8.5	－23.5	2	7.5	－ 7.5
	63	97	8	15	－12.5	－27.5	1	7.5	－ 7.5
	97	155	9	20	－25	－45	－ 9	10	－10
	155	250	10	20	－34	－54	－14	10	－10
	250	400	11	27	－41.5	－68.5	－20	13.5	－13.5
	400	630	12	33	－53.5	－86.5	－35	16.5	－16.5

15.5-3　孔軸公差與極限樣規公差與容許區域之關係

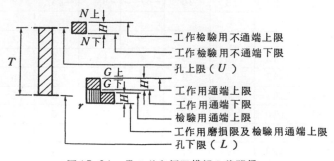

圖15.34　孔公差與極限樣規公差關係

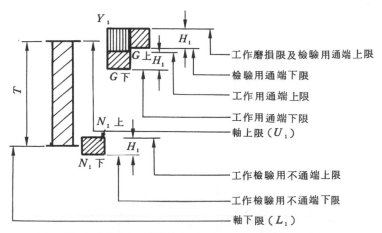

圖15.35　軸公差與極限樣規公差關係

15.5-4　錐度樣規極限之設計

樣規測量面之計算方式：

1. 錐形樣規

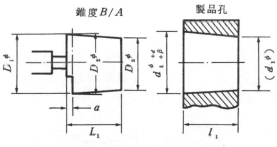

圖15.36　錐形樣規

大徑（最大）$D_1 \phi \pm 0.005$	$(d_1 \phi + d) \pm 0.005$
大徑（最小）$D_2 \phi$	$d_1 \phi + \beta$
測量公差 $a \pm 0.01$	$[(\alpha - \beta) \times A/B] \pm 0.01$
樣柱長度 L_1	$l_1 + a$
小　徑 $D_3 \phi$	$D_1 \phi - L_1 \times B/A$

α、β：製品孔公差（$\alpha > \beta$）

2. 錐形樣圖

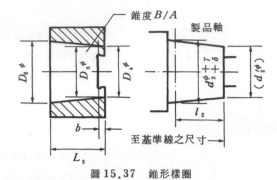

圖 15.37　錐形樣圈

小徑（最小）$D_4{}^{\phi} \pm 0.005$	$[\,(d_2{}^{\phi} + \delta) - l_2 \times B/A\,] \pm 0.005$
小徑（最大）$D_5{}^{\phi}$	$(d_2{}^{\phi} + \gamma) - l_2 \times B/A$
測量公差 $b \pm 0.01$	$[\,(\gamma - \delta) \times A/B\,] \pm 0.01$
樣規長 L_2	$(D_1{}^{\phi} - D_4{}^{\phi}) \times A/B$
大　徑 $D_6{}^{\phi}$	$D_1{}^{\phi}$

$°\gamma$、δ：製品軸公差（$\gamma > \delta$）
樣圈之大徑面與樣柱之大徑面均在同一面上

例5：孔 $d_1{}^{\phi} = 65^{+0.030}_{0} H7$，$l_1 = 78$，錐度 1/10
　　　軸 $d_2{}^{\phi} = 65^{+0.072}_{+0.053} S6$，$l_2 = 75$，錐度 1/10
　　　試設計樣柱及樣圈各部位重要尺寸公差。

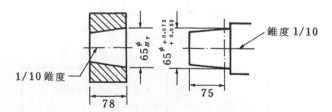

解：樣　柱
　　$D_1{}^{\phi} = 65 + 0.03 = 65.03^{\phi} \pm 0.005$
　　$D_2{}^{\phi} = 65 + 0 = 65.00^{\phi}$
　　$a = (0.03 - 0) \times 10/1 = 0.30 \pm 0.01$
　　$L_1 = 78 + 0.3 = 78.3$
　　$D_3{}^{\phi} = 65.03 - 78.3 \times 1/10 = 57.2^{\phi}$

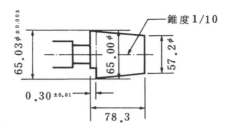

樣　圈

$D_4{}^\phi = (65 + 0.053) - 75 \times 1/10 = 57.553^\phi \pm 0.005$

$D_5{}^\phi = (65 + 0.075) - 75 \times 1/10 = 57.572^\phi$

$b = (0.072 - 0.053) \times 10/1 = 0.19 \pm 0.01$

$L_2 = (65.03 - 57.553) \times 10/1 = 74.77$

$D_6{}^\phi = 65.03^\phi$

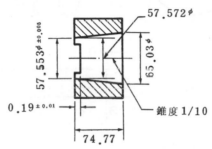

3．樣規之製作公差

(1)　錐形角度公差

　① 　要求產品之零件可互換，其錐度樣規之角度公差需用樣柱測量，其誤差在 $0 \sim 4''$ 之範圍內。

　② 　除上面所述者外，其誤差則在 $0 \sim 7''$ 之範圍內。

(2)　樣柱與樣圈之接觸可能率：

　① 　檢驗樣規之樣柱與樣圈之接觸可能率為 95％ 以上。

　② 　檢驗樣規與工作樣規之接觸可能率為 90％ 以上。

　③ 　工作樣規之樣柱與樣圈之接觸可能率為 90％ 以上。

4．形狀與尺寸

樣　圈

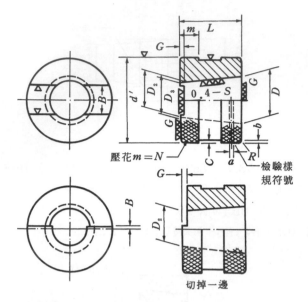

壓花 $m=N$　檢驗樣規符號

切掉一邊

材料 SKS 31 ，硬度 HRC 55～60 ，深冷處理

D	d'	R	B	a	b	c	m	N
20～ 25	56	1	切掉一邊	2	1	1.5	7	0.3
25～ 32	65	1.5	10	2	1	2	8	0.3
32～ 40	75	1.5	18	2	1	2	10	0.3
40～ 50	90	1.5	22	2	1	2	15	0.4
50～ 60	100	1.5	30	2	1	2	20	0.4
60～ 70	120	2	40	3	1.5	2.5	20	0.4
70～ 80	130	2	40	3	1.5	2.5	26	0.4
80～ 90	145	2	55	3	1.5	2.5	26	0.4
90～100	155	2	55	3	1.5	2.5	35	0.4
100～110	170	2.5	55	3	1.5	3	35	0.6
110～120	180	2.5	70	3	1.5	3	35	0.6
120～130	190	2.5	70	3	1.5	3	35	0.6

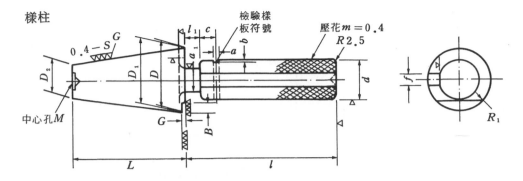

材料 SKS 31，硬度 HRC 55～60，深冷處理

D	B	l	l_1	d	d_1	f	a	b	c	中心孔M
20～25	2	92	12	20	18	8	2	1	6	1.5
25～32	3.5	92	12	20	18	8	2	1	6	2
32～40	4	102	12	25	23	9	3	1.5	8	2
40～50	5	106	16	28	25	9	3	1.5	8	3
50～60	8	106	16	30	28	9	3	1.5	8	3
60～70	10	106	16	30	30	9	3	1.5	8	3
70～80	15	106	16	32	30	9	3	1.5	10	3
80～90	18	106	16	32	30	9	3	1.5	10	5
90～100	18	106	16	32	30	9	3	1.5	10	5
100～110	20	106	16	32	30	9	3	1.5	10	5
110～120	20	106	16	32	30	9	3	1.5	10	5
120～130	25	106	16	32	30	9	3	1.5	10	5

中心孔根據 HTD 而定

15.6　檢驗夾具之實例

1. 用於檢驗裝配情況之樣規

圖 15.38 為檢驗螺椿之高度時，使用樣規之通端與不通端之方法施於檢驗。
使用鉚釘鉚接各種機械之裝置後，造出鉚釘頭時，其最初採用之鉚釘長度必

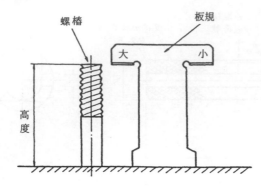

圖15.38　螺樁裝配檢體樣規

需適當，如長度不適當，將無法形成完整之鉚釘頭。

圖15.39爲檢驗鉚釘頭之裝配情況之實例。

圖15.40爲裝配時使用於重要部份之檢驗。

2. 板片檢驗夾具

圖15.41爲有關壓製零件之板厚檢查用夾具之實例。

壓床之彎曲或抽製加工，其製品精度之要求較嚴時，雖然板厚之檢驗可使用分

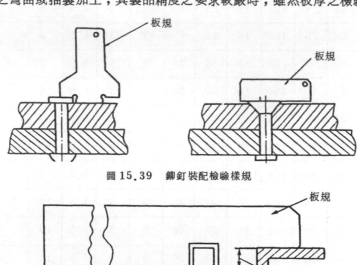

圖15.39　鉚釘裝配檢驗樣規

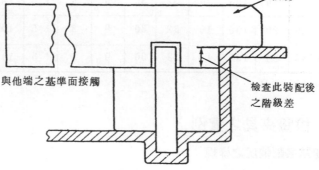

圖15.40　裝配重要零件之檢驗樣規

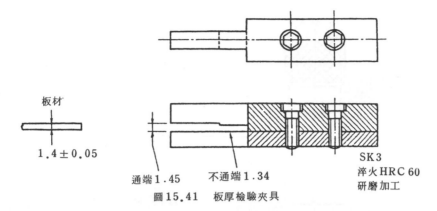

板材

1.4±0.05

通端1.45　　　不通端1.34

SK3
淬火HRC60
研磨加工

圖15.41　板厚檢驗夾具

厘卡測定，但因簡單容易，且更有效率，故有使用如圖示之板厚檢驗夾具的必要。此種板厚檢驗夾具，亦應用於圖15.42所示，衝剪加工時之製品毛邊容許尺寸之檢驗。

　　圖15.43板厚檢驗夾具之另一實例。

3．機件之孔精度檢驗夾具

　　圖15.44所示檢查機械各種機件之孔徑精度檢驗夾具之實例。

　　此夾具之通端插入於孔，而不通端插不進去，則此孔徑精度為合格。

　　圖15.45所示為機件上已完成加工之兩孔，今欲設計此兩孔精度之檢驗夾具。圖15.46所示為檢驗此兩孔精度之夾具實例。

　　圖15.47為檢驗兩孔精度夾具之說明圖。

　　將附有把手之夾具，稍為調整方向，檢驗銷之前端能否插入。此時亦可用圖15.48所示，削平至中心線之銷，由機件兩側之孔插入檢驗。

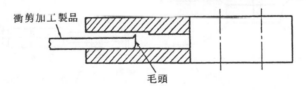

衝剪加工製品

毛頭

圖15.42　衝壓件之毛頭檢驗夾具

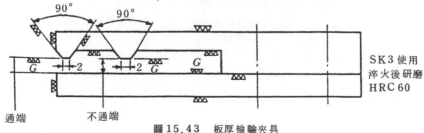

90°　　90°

G　　2　　2　　G

SK3使用
淬火後研磨
HRC60

通端　　　不通端

圖15.43　板厚檢驗夾具

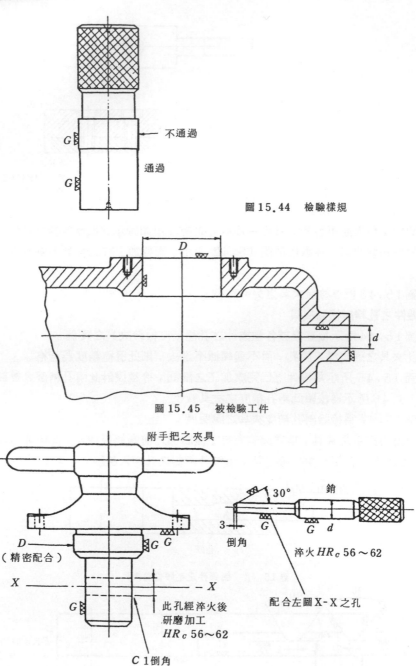

圖15.44　檢驗樣規

圖15.45　被檢驗工件

圖15.46　檢驗夾具

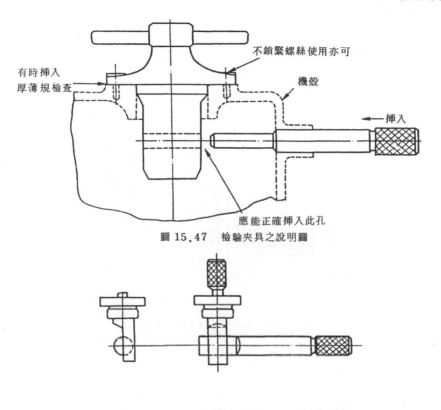

有時挿入
厚薄規檢查

不鎖緊螺絲使用亦可

機殼

挿入

應能正確挿入此孔

圖 15.47 檢驗夾具之說明圖

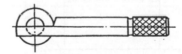

圖 15.48 削平至中心線之銷

圖15.49所示爲機件之孔精度檢驗夾具說明圖。

4. 孔距之檢驗夾具

圖15.50所示係利用檢驗夾具，檢驗機件上兩孔間之距離 L 之實例。

先以孔徑檢驗銷檢驗孔徑後，若檢驗夾具能圓滑套入機件之孔，即合格。但若機件與檢驗夾具材料不同，且兩材料之熱膨脹係數相差亦大時，或雖同一材料，但因工件特大且長，由於室溫之變化，所引起之膨脹收縮量亦大，故需特別注意。

圖15.51爲檢驗機件上兩孔距離之檢驗夾具另一實例。

此檢驗夾具因其檢驗部位之直徑 d ，已製成正確之尺寸，如20 mm ，10 mm 8 mm 等，故如圖所示，以分厘卡等測量其外側尺寸 L ，再減去 d 尺寸，則爲兩孔之間的中心距離。

圖15.52左側之銷，係自端面測量時，所使用之檢驗夾具之實例。

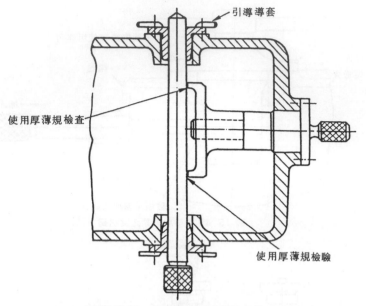

圖15.49　機件之孔精度檢驗夾具

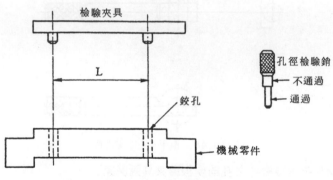

圖15.50　孔距之檢驗夾具

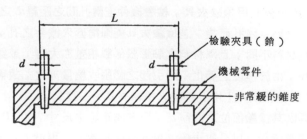

圖15.51　孔距之檢驗夾具

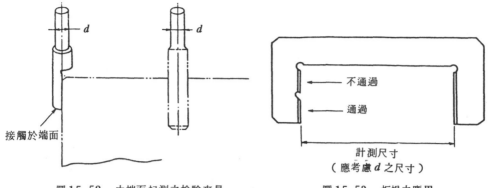

圖15.52　由端面起測之檢驗夾具　　　　圖15.53　板規之應用

此銷具有正確銑削至銷中心之平面，測量圖15.51之L尺寸時，不用分厘卡而改用圖15.53所示，事先把d之尺寸考慮測量於內，而正確製爻之樣規，使其操作容易，且絕無錯誤，甚爲理想。

5. 傾斜機件之檢驗夾具

圖15.54爲欲設計檢驗夾具傾斜機件。

圖15.55所示爲檢驗夾具用來測量圖15.57之實例。

圖15.56爲上圖之檢驗說明圖。定位銷使用如圖所示，實心體定位銷，與導管開槽定位銷共2支。且製造夾具時，應事先預估，即使最大誤差之機件，亦能裝入之間隙量。因之，在此間隙插入厚薄規，或如圖15.57所示之斜薄片，檢驗其能插入之程度。

圖15.58爲將傾斜之機件裝於檢驗夾具，藉以檢驗經機械加工部位之精度。

將夾緊手輪稍放鬆，即可拔出開口墊圈，故可迅速鬆開夾桿。量錶可以X軸爲中心，正確回轉、移動。若量錶以X軸爲中心，予以回轉時，量錶指針之偏量能在

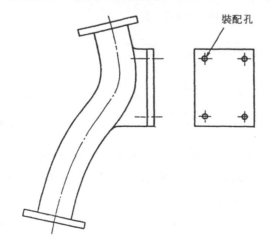

裝配孔

圖15.54　傾斜機件

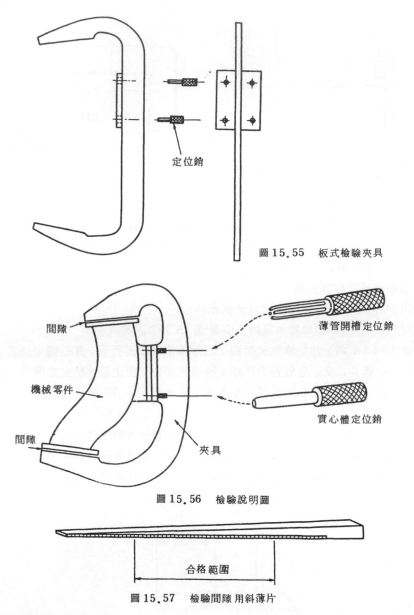

定位銷

圖 15.55　板式檢驗夾具

間隙

薄管開槽定位銷

機械零件

實心體定位銷

間隙

夾具

圖 15.56　檢驗說明圖

合格範圍

圖 15.57　檢驗間隙用斜薄片

某一規定範圍內即為合格。

　　為檢驗圖 15.59 上所示 Y 型機件之加工精度，將其裝入下圖所示之夾具，若能將夾具之檢驗銷各依 Z 箭頭所示順利插入 Y 型機件之各孔中，則為檢驗合格，若檢驗銷抵住，而無法插入者為加工精度不良。

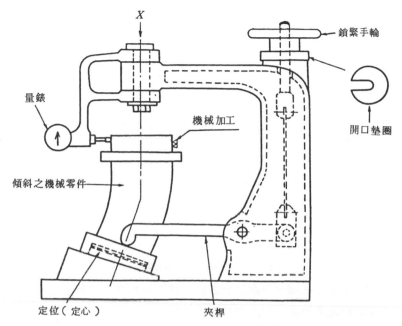

圖 15.58　傾斜機件之檢驗夾具

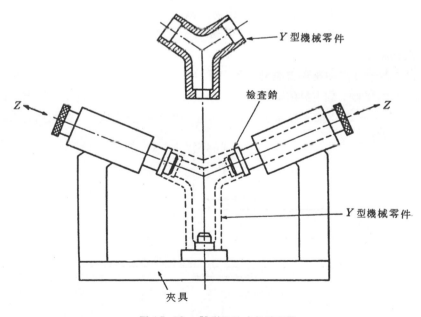

圖 15.59　Y 型機件之檢驗夾具

6. 軸承之檢驗夾具

　　圖 15.60 所示為檢驗軸承間隙之實例。如圖所示，將高敏感度量錶裝置於軸

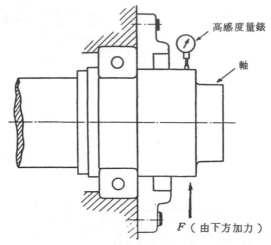

圖15.60　軸承之鬆動檢驗

之上方，由軸之下方，如圖F箭頭所示方向，賦予與軸之重量相當程度之力。

　　由此，軸之他端被支承，而右端若有間隙則向上移動，故可獲知有無間隙。

　　圖15.61亦同，裝置量錶後，由軸下方利用壓桿等，賦予F之力。

　　圖15.62所示為滾珠軸承之間隙檢驗夾具。

　　圖15.63為上圖之使用說明圖，如圖所示，將滾珠軸承裝入夾具D軸內，以鎖緊螺帽鎖緊。

　　於是滾珠軸承之內座環被夾緊，例如將滾球軸承之外座環，由左端用手依F箭頭所示，左右移動，如有間隙，即顯示於量錶。但實際在運轉狀態中之間隙，由於壓下滾珠軸承時之收縮裕度或運轉等，產生溫度、膨脹等變化，故與由此夾具測得之值，稍有出入。

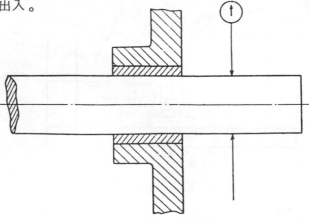

圖15.61　軸承之鬆動檢驗

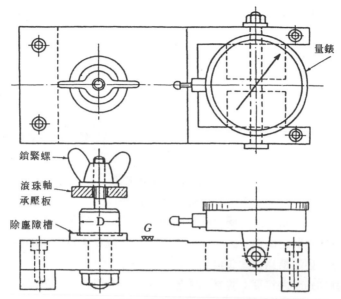

圖 15.62　滾珠軸承間隙檢驗夾具

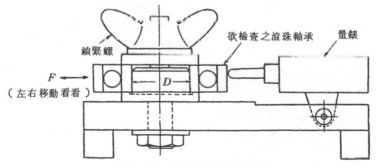

圖 15.63　檢驗夾具之使用說明

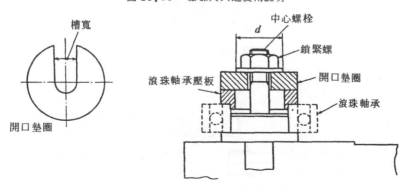

圖 15.64　檢驗夾具夾緊機構

圖15.64為夾緊部份之另一例。開口墊圈之槽寬，應較鎖緊用中心螺栓之直徑稍大。

因此將鎖緊螺帽稍為放鬆，橫向拔取開口墊圈時，滾珠軸承連同滾珠軸承壓板，可穿過鎖緊螺帽向上方取出，而無需卸下鎖緊螺帽。

7. 兩軸之裝配精度檢驗夾具

圖15.65為檢驗兩軸之同心度所使用之夾具。

例如，將夾具安裝於 A 軸，而使量錶之測定端接觸於 B 軸，緩慢旋轉 A 軸，檢驗量錶之偏移量。

圖15.66所示為利用差動變壓器之檢驗夾具。

差動變壓器以直流用者，使用較簡單，如圖15.67所示，為5V之定電壓裝置，辨別引出線接續於差動變壓器之兩條電源線，則另2條引出線顯示電壓。此電壓若以差動變壓器之測定針調至中央位置時，則為0伏特，而中央位置稍為向上，或向下移動，則電壓為正或負撥動電錶之指針。

依其測定精度之需要，將其稍為放大後，輸入電錶較為理想。

圖15.68所示為檢驗互為正交之二軸精度，裝入夾具之實例。

插入適當厚度之間隙規或板規，亦用於檢查 B 軸前端之位置。

圖15.69所示為另一夾具，依 Z 箭頭所示方向裝入，檢驗是否順利裝入，若有角度誤差或上下誤差，則無法裝入，且檢驗夾具裝入後之間隙，可判定其位置之精度。

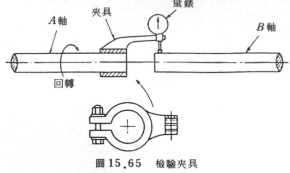

圖15.65　檢驗夾具

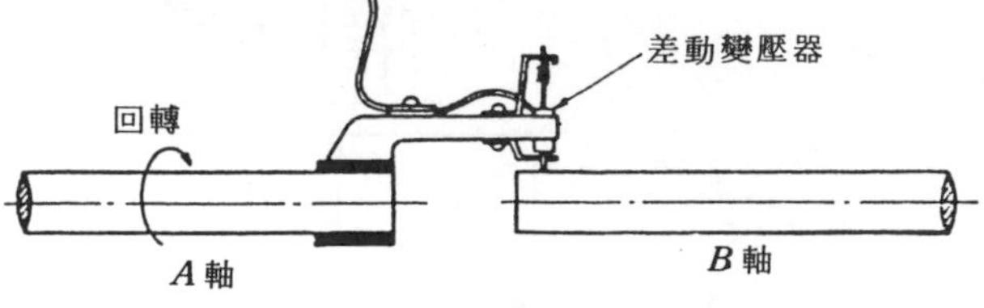

圖15.66　差動變壓器之檢驗夾具

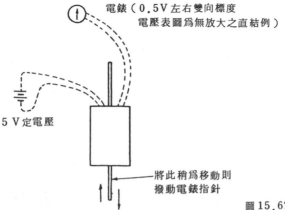

電錶（0.5V 左右雙向標度
電壓表圖爲無放大之直結例）

5 V 定電壓

← 將此稍爲移動則
撥動電錶指針

圖 15.67　差動變壓器

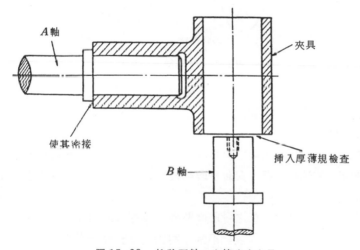

A軸

夾具

使其密接

B軸

插入厚薄規檢查

圖 15.68　檢驗兩軸正交精度之夾具

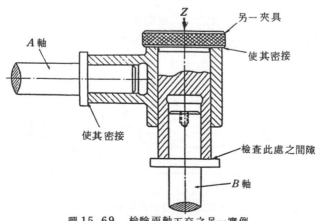

Z

另一夾具

A軸

使其密接

使其密接

檢查此處之間隙

B軸

圖 15.69　檢驗兩軸正交之另一實例

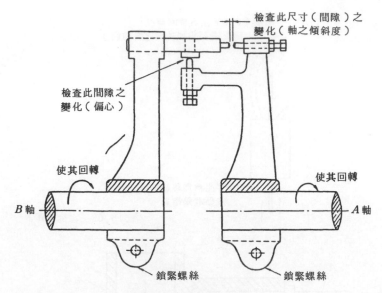

檢查此尺寸（間隙）之
變化（軸之傾斜度）

檢查此間隙之
變化（偏心）

使其回轉

使其回轉

B軸

A軸

鎖緊螺絲

鎖緊螺絲

圖 15.70　兩軸檢驗夾具

　　圖 15.70 所示亦為兩軸之精度檢驗夾具之實例。如圖所示，於 A B 兩軸各裝入夾具，將兩方向同時緩慢旋轉，則可發現間隙之尺寸變化，將其測量、檢驗精度。

8. 多段軸檢驗夾具

　　圖 15.71 所示為多段軸之檢驗夾具說明圖，此多段軸必需有兩頂心檢驗。

　　拉開揑手，使頂心後退，安裝多段軸於夾具，放開把手，使頂心前進，以便支承多段軸。

　　藉此夾具除可檢驗多段軸之各段直徑外，亦可用於檢驗偏心度、真圓度等，在此夾具裝卸多段軸時，若夾具設計不當，將因幾個量錶會阻止多段軸之裝卸，導致使用不便，發生困難。

　　圖 15.72 所示為設計適當之夾具說明圖，將幾個量錶並排後，操作手把，依 Z 之方向，藉擺動臂使幾個量錶能同時接觸於多段軸。為使操作手把時能達到正確

固定頂心　　　　量錶　　多段軸　　可進退之頂心

揑手

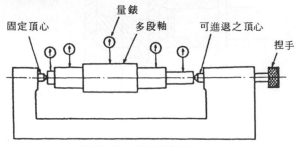

圖 15.71　多段軸檢驗夾具

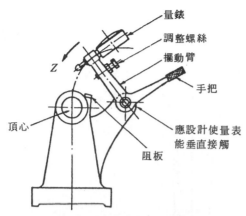

圖 15.72 檢驗夾具說明圖㈠

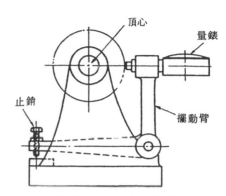

圖 15.73 檢驗夾具說明圖㈡

位置,在夾具上設置定位器與其密接。

圖15.73為夾具之使用說明圖。

圖 15.74 所示為檢驗量錶之裝配方式。左圖係直接將量錶裝配於搖臂,故衹能限於測量條件一定之範圍內方能使用。

圖 15.75 所示為配合多段軸之尺寸長短,依箭頭Y之指向伸縮調整之一例,當然搖臂側亦應製成可伸縮自如之構造。

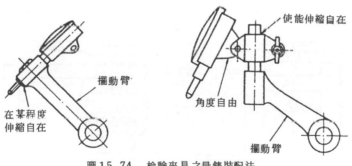

圖 15.74 檢驗夾具之量錶裝配法

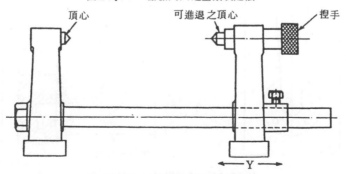

圖 15.75 可調整式檢驗夾具本體

9. 漏洩檢驗夾具

　　此類夾具用於檢驗鑄造管、閥、閥座及管接頭有無氣泡、裂縫或其他缺陷而產生漏水、油、氣或瓦斯等現象。

　　圖 15.76 所示為鑄件彎管為檢驗有無氣孔或其他缺陷而設計檢驗夾具。此一種檢驗漏洩方式一般採用水壓檢驗。圖 15.77 所示為鑄件彎管漏洩檢驗用之水壓

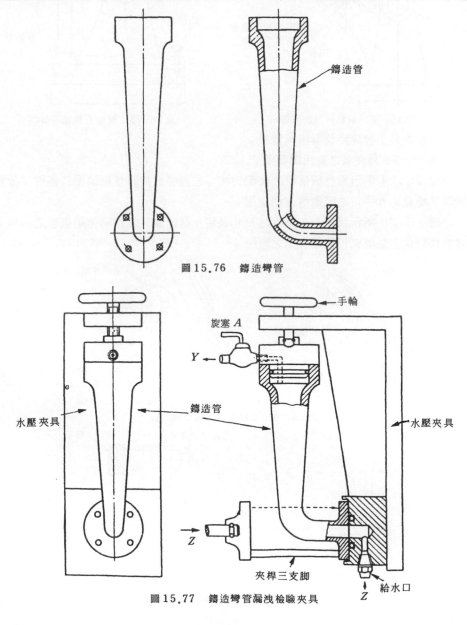

鑄造管

圖 15.76　鑄造彎管

手輪

旋塞 A

Y ←

水壓夾具

鑄造管

水壓夾具

夾桿三支腳

給水口

Z

圖 15.77　鑄造彎管漏洩檢驗夾具

夾具之實例。將鑄造彎管裝於夾具用夾桿夾緊,另一端卽以水壓止推裝置操作手輪鎖緊,由箭頭方向(Z)加入高壓水,空氣由旋塞A依箭頭Z方向逸出,開始溢水時關閉旋塞A。因而如圖15.78所示水壓計指針上升至某一高度時再關閉旋塞B,保持試驗夾具內高壓,觀察水壓計指針有無下降,若有漏洩現象則水壓計指針會下降。

　　圖15.79所示爲鑄件水壓檢驗夾具之另一實例,操作方式與上例相同。

　　圖15.80所示爲檢驗閥完全封閉後可否止住流體之漏洩檢驗夾具。閥旋進夾具管後,將閥之手輪鎖緊完全關閉。然後啓開夾具閥以高壓氣體自下方送入,作用

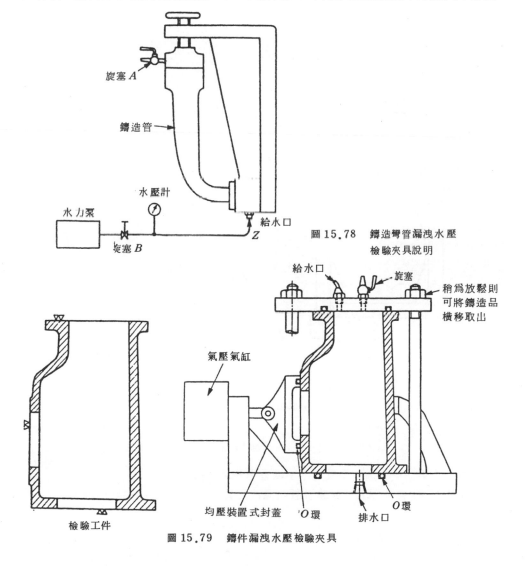

旋塞A

鑄造管

水壓計

水力泵

旋塞B

給水口

Z

圖15.78　鑄造彎管漏洩水壓
　　　　　檢驗夾具說明

給水口

旋塞

稍爲放鬆則
可將鑄造品
橫移取出

氣壓氣缸

檢驗工件

均壓裝置式封蓋

O環

排水口

O環

圖15.79　鑄件漏洩水壓檢驗夾具

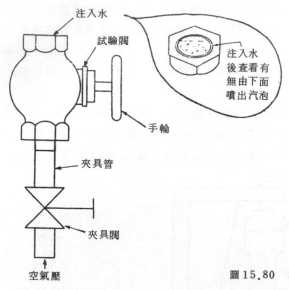

圖 15.80　漏洩檢驗夾具

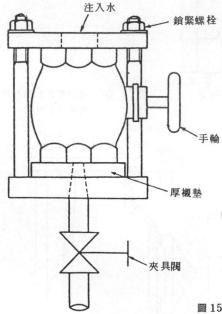

圖 15.81　漏洩檢驗夾具另一種設計

於檢驗閥，閥之上方灌入少量之水，檢查有無氣泡噴出。

　　圖 15.82 所示爲同時檢驗多數閥漏洩夾具，操作方式與上兩圖相同。

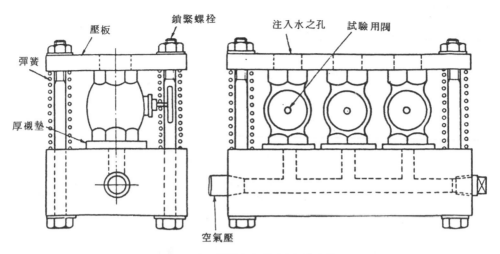

圖15.82　閥漏洩多數同時檢驗夾具

習題

15.1 檢驗器具有那些？

15.2 詳述鳩尾槽之量測方法。

15.3 詳述三線測量法如何量測 V 形外螺紋之節徑。

15.4 如何利用鋼球之測量方法？

15.5 檢驗夾具可分為那幾類？

15.6 詳述測量誤差發生原因。

15.7 檢驗夾具製作公差應如何考慮？

15.8 檢驗夾具所產生之彈性變化應如何考慮？

15.9 檢驗夾具所用之材料性質如何？需作些什麼處理。

15.10 設計量測尺寸 $38^{+0.15}_{-0.05}$ 之樣柱各部位重要尺寸？

15.11 設計工件尺寸 $78^{+0.08}_{-0.05}$ 之樣柱各部位重要尺寸及公差？

15.12 設計工件尺寸 $123^{+0.35}_{-0}$ 之樣柱各部位重要尺寸及公差？

15.13 設計工件軸尺寸 $28^{+0}_{-0.15}$ 之 C 形樣規各部位重要尺寸及公差？

15.14 設計工件軸尺寸 $95^{+0.05}_{-0\,5}$ 之 C 形樣規各部位重要尺寸及公差？

15.15 已知孔 $d_1{}^\phi=85^{+0.054}_{-0}\,H_8\ l_1=100$ 錐度 $1/15$，軸 $d_2{}^\phi=85^{+0}_{-0.047}\,g_7\ l_2$ $=95$ 錐度 $1/15$，試設計樣柱及樣圈各部位重要尺寸及公差？

15.16 已知孔 $d_1{}^\phi=110\,H_8\ l_1=250$ 錐度 $1/20$，軸 $d_2{}^\phi=110\,m_7\ l_2=250$ 錐度 $1/20$，試設計樣柱及樣圈各部位重要尺寸及公差？

15.17 已知孔 $d_1{}^\phi=155\,H_7\ l_1=255$ 錐度 $1/10$，軸 $d_2{}^\phi=155\,u_6\ l_2=250$

錐度 1/10 ，試設計樣柱及樣圈各部位重要尺寸及公差？

15.18 試設計圖示之（ A ）尺寸之樣規。

15.19 試設計圖示之（ B ）尺寸之樣規。

15.20 試設計圖示之（ F ）尺寸之樣規。

15.21 試設計圖示之（ G ）尺寸之樣規。

15.22 試設計圖示之（ g ）尺寸之樣規。

15.23 試設計圖示之（ h ）尺寸之樣規。

15.24 試設計圖示之（ i ）尺寸之樣規。

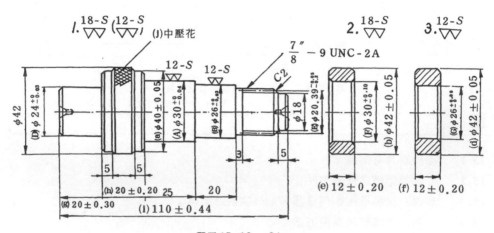

習題 15.18～24

15.25 試設計圖示之（ D ）尺寸之樣規。

15.26 試設計圖示之（ K ）尺寸之樣規。

15.27 試設計圖示之（ d ）尺寸之樣規。

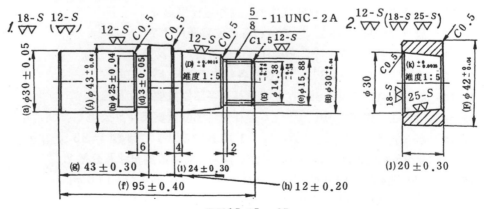

習題 15.25～27

附　錄

鑽模用襯套

種類和使用方法（本附錄取自日本某鑽模元件製造廠型錄）

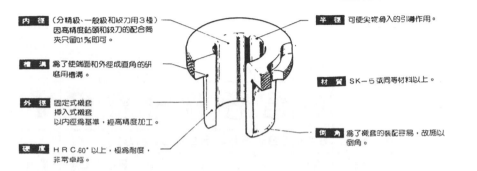

內　徑（分精級、一般級和級刀用3種）
因高精度鑽頭和鉸刀的配合尚夾只留0.1%即可。

槽　溝 為了使端面和外徑成直角的研磨用槽溝。

外　徑 固定式襯套
挿入式襯套
以內徑為基準，經高精度加工。

硬　度 HRC.60°以上，極為耐度，非常卓越。

半　徑 可使尖物滑入的引導作用。

材　質 SK-5或同等材料以上。

倒　角 為了襯套的裝配容易，故施以倒角。

■種類和使用方法

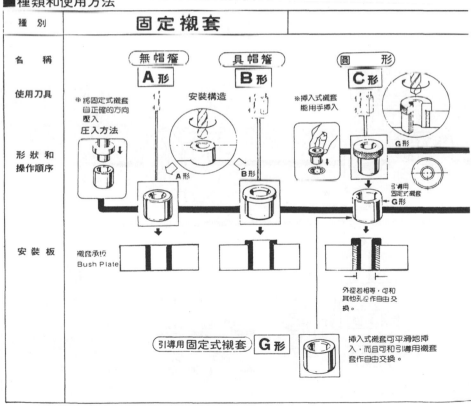

■種類

(S…精密鑽頭用　R…絞刀用)

名　稱		固定襯套		插　入　襯　套				引導用 固定式襯套	止動螺絲
		帽緣無	帽緣付	圓　形	(右向廻轉 切口形)	左向廻轉 切口形	切口形		
形　狀		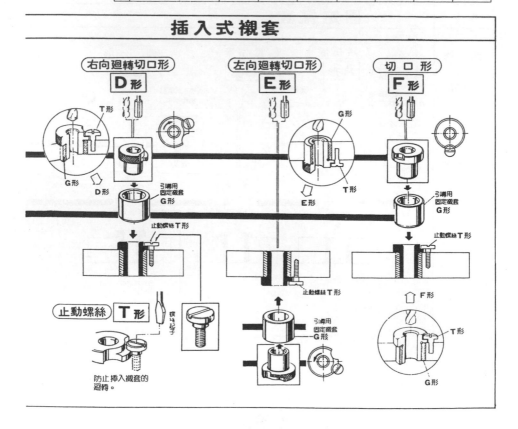							
內徑的種類	鑽　頭	SA形	SB形	SC形	SD形	SE形	SF形	G形	T形
	一般級鑽頭	A形	B形	C形	D形	E形	F形		
	絞　刀	—	BR形	CR形	DR形	ER形	FR形		

插入式襯套

右向廻轉切口形
D形

T形

G形　　D形

引導用
固定式襯套
G形

止動螺絲 T形

止動螺絲　**T形**

螺絲起子

防止 插入襯套的
廻轉。

左向廻轉切口形
E形

G形

T形　　E形

止動螺絲 T形

引導用
固定式襯套
G形

止動螺絲 T形

G形

切口形
F形

引導用
固定式襯套
G形

止動螺絲 T形

F形

T形

G形

無帽緣式固定襯套

SA 形……… 精級鑽頭用
A 形……… 一般級鑽頭用

■形状

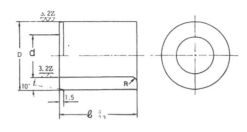

■稱呼　(例)

形式	―	内径(d)	×	全長(ℓ)	…	数量
SA	―	6.0	×	10	…	4ケ
A	―	10.0	×	12	…	8ケ

■内径(d)的製作公差：

内径(d)寸法	0.8～1.5	1.6～3.0	3.1～6.0	6.1～10.0	10.1～18.0	18.1～30.0	30.1～50.0	50.1～55.0
SA (G6)	―	+0.008 +0.002	+0.012 +0.004	+0.014 +0.005	+0.017 +0.006	+0.020 +0.007	+0.025 +0.009	+0.029 +0.010
A	+0.025 +0.002		+0.030 +0.004	+0.036 +0.005	+0.043 +0.006	+0.052 +0.007	+0.062 +0.009	+0.074 +0.010

■参考

就無帽緣固定式襯套和襯套承板的固定(壓入)而言：

1．普通精度的場合(一般的)
   1．因無帽緣固定式襯套，其外徑係以P6公差製造的孔請用H7公差，以利壓入配合。
   (用外徑m5的鉸刀加工，即可得H7的孔公差。)

襯套承板的内径尺寸	0.8～3.0	3.1～6.0	6.1～10.0	10.1～18.0	18.1～30.0	30.1～50.0	50.1～55.0
H7 公差	+0.010 0	+0.012 0	+0.015 0	+0.018 0	+0.021 0	+0.025 0	+0.030 0

2．需要高精度的場合
　　襯套外徑由實測而得，而襯套承板孔徑比襯套外徑小0.004～0.006mm，　裝配時，以油壓壓床作90°垂直壓入。

■相對於内徑的外徑偏離值

内径(d)寸法	0.8 ～ 1.5	1.6 ～ 18.0	18.1 ～ 50.0	50.1 ～ 55.0
SA	―	0.005	0.008	0.010
A	0.012		0.020	0.025

■注意

1．在無帽緣固定式襯套内，請勿使用插入式襯套 (插入式襯套請勿置入)。在插入式襯套内，請使用引導式固定襯套。(G形……P.15)
2．無帽緣固定襯套裡，無相對規格的鉸刀可使用。

使用例

尺寸・價格表

数量打折適用 所示者係一個到四個的價格

d(内径)	D(p6)		R	精級/一般級	6	8	10	12	16	20	25	30	35	45	55
0.8~1.0	3	+0.012/+0.006	0.5	A	750	830									
1.1~1.5	4	+0.020/+0.012	0.5	A	600	660									
1.6~2.0	5		0.8	SA		550	600	660							
				A	500	550	600								
2.1~3.0	7		0.8	SA		440	480	530							
				A	400	440	480								
3.1~4.0	8	+0.024/+0.015	1	SA			390	420	460						
				A			350	390	420						
4.1~6.0	10		1	SA			330	360	400						
				A			300	330	360						
6.1~8.0	12		2	SA				330	360	400					
				A				300	330	360					
8.1~10.0	15	+0.029/+0.018	2	SA				330	360	400					
				A				300	330	360					
10.1~12.0	18		2	SA					390	420	360				
				A					350	390	420				
12.1~15.0	22		2	SA					440	380	530				
				A					400	440	380				
15.1~18.0	26	+0.035/+0.022	2	SA						500	540	590			
				A						450	600	540			
18.1~22.0	30		3	SA						550	600	660			
				A						500	550	600			
22.1~26.0	35		3	SA							610	660	730		
				A							550	610	660		
26.1~30.0	42	+0.042/+0.026	3	SA							720	780	900		
				A							650	720	780		
30.1~35.0	48		4	SA								880	960	1,100	
				A								800	880	960	
35.1~42.0	55		4	SA								1,100	1,200	1,320	
				A								1,000	1,100	1,200	
42.1~48.0	62	+0.051/+0.032	4	SA									1,380	1,500	1,650
				A									1,250	1,380	1,500
48.1~55.0	70		4	SA									1,710	1,860	2,050
				A									1,550	1,710	1,860

付帽緣固定襯套

SB········ 精級鑽頭用
B ········ 一般級鑽頭用
BR ········ 絞刀用

■形状

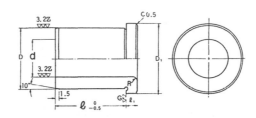

■稱呼　（例）

形式 ―	內徑(d)	×帽緣下部的長度(ℓ)	數量
SB ―	6.0 ×	10	… 4ケ
B ―	10.0 ×	12	… 8ケ
BR ―	12.0 ×	16	… 10ケ

■內徑(d)的製作公差

內徑(d)寸法	1.6~3.0	3.1~6.0	6.1~10.0	10.1~18.0	18.1~30.0	30.1~50.0	50.1~55.0
SB (G6)	+0.008 +0.002	+0.012 +0.004	+0.014 +0.005	+0.017 +0.006	+0.020 +0.007	+0.025 +0.009	+0.029 +0.010
B	+0.025 +0.002	+0.030 +0.004	+0.036 +0.005	+0.043 +0.006	+0.052 +0.007	+0.062 +0.009	+0.074 -+0.010
BR	+0.014 +0.008	+0.020 +0.012	+0.024 +0.015	+0.029 +0.018	+0.034 +0.021	+0.041 +0.025	+0.049 +0.030

■相對於內徑的外徑偏離值（圓柱度）

內徑(d)寸法	1.6 ~ 18.0	18.1 ~ 50.0	50.1 ~ 55.0
SB / BR	0.005	0.008	0.010
B	0.012	0.020	0.025

■注意

1 · 在無帽緣固定式襯套內請勿使用挿入襯套。（挿入式襯套請勿置入）。在挿入式襯套內，請
　使用引導式固定襯套（G形……P.15）
2 · 付帽緣固定襯套裡，有相對規格的絞刀可使用。

■參考

就無帽緣固定式襯套和襯套承板的固定壓入而言：

1 · 普通精度的場合(一般的)因無帽緣固定式襯套，其外徑係以P6公差製造，故襯套承板的孔請用H7公差
　，以利壓入配合。（用外徑m5的絞刀加工，即可得H7的孔公差。）

襯套承板的內徑尺寸	0.8~3.0	3.1~6.0	6.1~10.0	10.1~18.0	18.1~30.0	30.1~50.0	50.1~55.0
H7　公差	+0.010 0	+0.012 0	+0.015 0	+0.018 0	+0.021 0	+0.025 0	+0.030 0

2 · 需要高精度的場合
　襯套的外徑尺寸由實測而得，而襯套承板孔徑比襯套外徑小0.004~0.006mm，
　，裝配時，以油壓壓床作90° 垂直壓入。

使用例

尺寸・價格表

数量打折適用　所示者係一個到四個的價格

d (内径)	D (p 6)		D₁	ℓ₁	R	精級／一般級	ℓ 帽緣下部的長度									
							8	10	12	16	20	25	30	35	45	55
1.6~ 2.0	5	+0.020 +0.012	9	2.5	0.8	SB	830	700	990							
						B	750	830	900							
2.1~ 3.0	7		11	2.5	0.8	SB	660	720	790							
						B	600	660	720							
3.1~ 4.0	8	+0.024 +0.015	12	3	1	SB		550	600	660						
						B		500	550	600						
4.1~ 6.0	10		14	3	1	SB		500	540	590						
						B		450	500	540						
6.1~ 8.0	12		16	4	2	SB			500	540	590					
						B			450	500	540					
8.1~10.0	15	+0.029 +0.018	19	4	2	SB			500	540	590					
						B			450	500	540					
10.1~12.0	18		22	4	2	SB				550	600	660				
						B				500	550	600				
12.1~15.0	22		26	5	2	SB				650	660	730				
						B				550	610	660				
15.1~18.0	26	+0.035 +0.022	30	5	2	SB					720	780	850			
						B					650	720	780			
18.1~22.0	30		35	6	3	SB					830	900	990			
						B					750	830	900			
22.1~26.0	35		40	6	3	SB						940	1,020	1,120		
						B						850	940	1,020		
26.1~30.0	42	+0.042 +0.026	47	6	3	SB						1,100	1,200	1,320		
						B						1,000	1,100	1,200		
30.1~35.0	48		55	8	4	SB							1,270	1,380	1,520	
						B							1,150	1,270	1,380	
35.1~42.0	55		62	8	4	SB							1,490	1,620	1,780	
						B							1,350	1,490	1,620	
42.1~48.0	62	+0.051 +0.032	69	8	4	SB								1,370	2,040	2,240
						B								1,700	1,870	2,040
48.1~55.0	70		77	8	4	SB								2,370	2,580	2,840
						B								2,150	2,370	2,580

BR形的價錢和SB形相同

圓形插入式襯套

SC 形………精級鑚頭用
C 形………一般級鑚頭用
CR 形……… 絞刀用

■形状

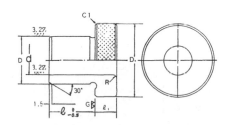

■稱呼　（例）

形式 ― 内径（d） ×帽緣下部的長度（ℓ）			數量
SC ―	6.0 ×	1 2	… 4ケ
C ―	10.0 ×	1 6	… 8ケ
CR ―	12.0 ×	2 0	… 10ケ

■内径（d）的製作公差

内径（d）寸法	1.6～3.0	3.1～6.0	6.1～10.0	10.1～18.0	18.1～30.0	30.1～42.0
SC（G6）	+0.008 +0.002	+0.012 +0.004	+0.014 +0.005	+0.017 +0.006	+0.020 +0.007	+0.025 +0.009
C	+0.025 +0.002	+0.030 +0.004	+0.036 +0.005	+0.043 +0.006	+0.052 +0.007	+0.062 +0.009
CR	+0.014 +0.008	+0.020 +0.012	+0.024 +0.015	+0.029 +0.018	+0.034 +0.021	+0.041 +0.025

■相對於内径的外径偏離值

内径（d）寸法	1.6～ 18.0	18.1～42.0
SC／CR	0.005	0.008
C	0.012	0.020

■注意
1・ 圓形插入襯套，請置入引導式固定襯套（G形…P-15）使用。
2・ 圓形插入式襯套的外径（D）和引導用固定式襯套的内径（d）(請用同尺寸)

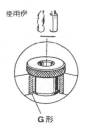

使用例

G 形

■參考
● C 形襯套在下列的時機使用最相宜。
孔的尺寸經常變更時。
鑚頭孔徑具有二種以上的段差或鑚通的孔可以絞刀直通加工時。

尺寸・價格表

数量打折適用所示者係一個到四個的價格

d (內 徑)	D (m5)	D₁	ℓ₁	R	精級 一般級	ℓ 帽緣下部的長度						
						12	16	20	25	30	35	45
1.6~2.0	8		16	8	0.8	SC	1,380						
						C	1,250						
2.1~3.0	8	+0.012 +0.006	16	8	0.8	SC	1,100						
						C	1,000						
3.1~4.0	8		16	8	1	SC	990	1,090					
						C	900	990					
4.1~6.0	10		19	8	1	SC	940	1,030					
						C	850	940					
6.1~8.0	12		22	8	2	SC		900	1,030				
						C		850	940				
8.1~10.0	15	+0.015 +0.007	26	9	2	SC		940	1,030				
						C		850	940				
10.1~12.0	18		30	9	2	SC			990	1,090			
						C			900	990			
12.1~15.0	22		35	12	2	SC			1,100	1,210			
						C			1,000	1,100			
15.1~18.0	26	+0.017 +0.008	40	12	2	SC				1,270	1,390		
						C				1,150	1,270		
18.1~22.0	30		47	12	3	SC				1,490	1,630		
						C				1,350	1,490		
22.1~26.0	35		55	15	3	SC				1,710	1,880		
						C				1,550	1,710		
26.1~30.0	42	+0.020 +0.009	62	15	3	SC				2,040	2,240		
						C				1,850	2,040		
30.1~35.0	48		69	15	4	SC					2,370	2,600	
						C					2,150	2,370	
35.1~42.0	55	+0.024 +0.011	77	15	4	SC					2,700	3,000	
						C					2,450	2,700	

CR形價格與 SC形相同

右向廻轉切口形插入襯套

SD 形⋯⋯⋯精級鑽頭用
D 形⋯⋯⋯一般級鑽頭用
DR 形⋯⋯⋯絞刀用

■形状

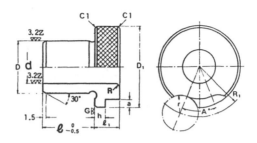

■稱呼　(例)

形式 －	內徑(d)	×	帽緣下部的長度 (ℓ)	數量
SD －	7.0	×	16	⋯ 4ケ
D －	11.0	×	20	⋯ 8ケ
DR －	18.0	×	25	⋯ 10ケ

■內徑(d)的製作公差

內徑(d)寸法	1.6~3.0	3.1~6.0	6.1~10.0	10.1~18.0	18.1~30.0	30.1~42.0
SD(G6)	+0.008 +0.002	+0.012 +0.004	+0.014 +0.005	+0.017 +0.006	+0.020 +0.007	+0.025 +0.009
D	+0.025 +0.002	+0.030 +0.004	+0.036 +0.005	+0.043 +0.006	+0.052 +0.007	+0.062 +0.009
DR	+0.014 +0.008	+0.020 +0.012	+0.024 +0.015	+0.029 +0.018	+0.034 +0.021	+0.041 +0.025

■相對於內徑的外徑偏離值

內徑(d)寸法	1.6 ~ 18.0	18.1 ~ 42.0
SD/DR	0.005	0.008
D	0.012	0.020

■注意
1. 右向廻轉切口形插入襯套，請置入引導用固定襯套(G形　⋯P-15)使用I
2. 右向廻轉切口形襯套的外徑(D)和引導用固定襯套的內徑(d)，請用同尺寸。

■參考
• D形襯套在下列的時機使用最相宜。
1. 大數量長時期的製作同樣製品時。
2. 孔徑尺寸經常變更時。
3. 鑽頭孔徑具有二種以上的段差或鑽通孔可用絞刀直通加工時。

• D形襯套的裝配方法係由缺口部與止動螺絲組合後裝入，只能向順時針方向廻轉
，出來時，其反轉即是。

使用法

G形　　T形

尺寸・價格表

数量打折適用 所示者係一個到四個的價格

d (內徑)	D (m5)		D₁	ℓ₁	h	a	R	A°	R₁	r	對應的止動螺絲	精級一般級	ℓ 帽緣下部的長度						
													12	16	20	25	30	35	45
1.6~ 2.0	8		16	8	3.5	3	0.8	60	12	7	T-5	SD	1,600						
												D	1,450						
2.1~ 3.0	8	+0.012 +0.006	16	8	3.5	3	0.8	60	12	7	T-5	SD	1,320						
												D	1,200						
3.1~ 4.0	8		16	8	3.5	3	1	60	12	7	T-5	SD	1,210	1,330					
												D	1,100	1,210					
4.1~ 6.0	10		19	8	3.5	3	1	60	13.5	7	T-5	SD	1,160	1,270					
												D	1,050	1,160					
6.1~ 8.0	12		22	8	3.5	3	2	60	15	7	T-5	SD		1,160	1,070				
												D		1,050	1,160				
8.1~10.0	15	+0.015 +0.007	26	9	3.5	3	2	60	17	7	T-5	SD		1,160	1,070				
												D		1,050	1,160				
10.1~12.0	18		30	9	3.5	3	2	45	19	7	T-5	SD			1,210	1,330			
												D			1,100	1,210			
12.1~15.0	22		35	12	5	4	2	45	22	9	T-6	SD			1,380	1,510			
												D			1,250	1,380			
15.1~18.0	26	+0.017 +0.008	40	12	5	4	2	45	24.5	9	T-6	SD				1,540	1,690		
												D				1,400	1,540		
18.1~22.0	30		47	12	5	4	3	40	28	9	T-6	SD				1,760	1,990		
												D				1,600	1,760		
22.1~26.0	35		55	15	6	5	3	40	33	10	T-8	SD					1,980	2,180	
												D					1,800	1,980	
26.1~30.0	42	+0.020 +0.009	62	15	6	5	3	35	36.5	10	T-8	SD					2,370	2,600	
												D					2,150	2,370	
30.1~35.0	48		69	15	6	5	4	35	40	10	T-8	SD						2,670	2,960
												D						2,450	2,700
35.1~42.0	55	+0.024 +0.011	77	15	6	5	4	35	44	10	T-8	SD						3,030	3,330
												D						2,750	3,030

DR形的價格與SD形相同

左向廻轉缺口形插入式襯套

■形状

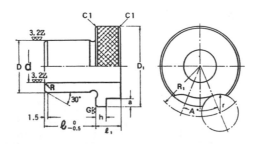

■稱呼　（例）

形式 — 內径（d）	× 帽緣下部的長度（ℓ）	數量
SE － 6.0 ×	12	… 4ケ
E － 10.0 ×	16	… 8ケ
ER － 12.0 ×	20	… 10ケ

■內径（d）的製作公差

內径（d）寸法	1.6～3.0	3.1～6.0	6.1～10.0	10.1~18.0	18.1~30.0	30.1~42.0
SE (G6)	+0.008 +0.002	+0.012 +0.004	+0.014 +0.005	+0.017 +0.006	+0.020 +0.007	+0.025 ±0.000
E	+0.025 +0.002	+0.030 +0.004	+0.036 +0.005	+0.043 +0.006	+0.052 +0.007	+0.062 +0.009
ER	+0.014 +0.008	+0.020 +0.012	+0.024 +0.015	+0.029 +0.018	+0.034 +0.021	+0.041 +0.025

■相對於內徑的外徑偏離值

內径（d）寸法	1.6 ～ 18.0	18.1 ～ 42.0
SE／ER	0.005	0.008
E	0.012	0.020

■注意
　1．左向廻轉切口形插入襯套，請置入引導用固定襯套（G形…P-15）使用！
　2．左向廻轉切口形襯套的外徑（D）和引導用固定襯套的內徑（d），請用同尺寸。

■參考
　• E形襯套在下列的時機使用最是相宜。
　1．大數量長時期的製作同樣製品時。
　2．外徑尺寸經常變更時。
　3．鉛頭孔徑具有二種以上的段差或鉛通孔可用絞刀直通加工時。

　• E形襯套的裝配方法係由缺口部與止動螺絲組合後裝入，只能向反時針方向廻轉出來時，
　　其反轉即是。

使用法

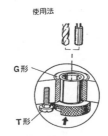

尺寸・價格表

数量打折適用 <small>所示者係一個到四個的價格</small>

d (內径)	D (m5)		D₁	ℓ₁	h	a	R	A°	R₁	r	對應的止動螺絲	精級(一般級)	ℓ 帽緣下部的長度						
													12	16	20	25	30	35	45
1.6~ 2.0	8	+0.012 +0.006	16	8	3.5	3	0.8	60	12	7	T-5	SE	2,200						
												E	2,000						
2.1~ 3.0	8		16	8	3.5	3	0.8	60	12	7	T-5	SE	1,820						
												E	1,650						
3.1~ 4.0	8		16	8	3.5	3	1	60	12	7	T-5	SE	1,650	1,820					
												E	1,500	1,650					
4.1~ 6.0	10		19	8	3.5	3	1	60	13.5	7	T-5	SE	1,600	1,750					
												E	1,450	1,600					
6.1~ 8.0	12		22	8	3.5	3	2	60	15	7	T-5	SE		1,600	1,750				
												E		1,450	1,600				
8.1~10.0	15	+0.015 +0.007	26	9	3.5	3	2	60	17	7	T-5	SE		1,600	1,750				
												E		1,450	1,600				
10.1~12.0	18		30	9	3.5	3	2	45	19	7	T-5	SE			1,650	1,820			
												E			1,500	1,650			
12.1~15.0	22		35	12	5	4	2	45	22	9	T-6	SE			1,930	2,120			
												E			1,750	1,930			
15.1~18.0	26	+0.017 +0.008	40	12	5	4	2	45	24.5	9	T-6	SE				2,150	2,360		
												E				1,950	2,150		
18.1~22.0	30		47	12	5	4	3	40	28	9	T-6	SE				2,420	2,660		
												E				2,200	2,420		
22.1~26.0	35		55	15	6	5	3	40	33	10	T-8	SE					2,750	3,030	
												E					2,500	2,750	
26.1~30.0	42	+0.020 +0.009	62	15	6	5	3	35	36.5	10	T-8	SE					3,300	3,630	
												E					3,000	3,300	
30.1~35.0	48		69	15	6	5	4	35	40	10	T-8	SE						3,740	4,110
												E						3,400	3,740
35.1~42.0	55	+0.024 +0.011	77	15	6	5	4	35	44	10	T-8	SE						4,140	4,660
												E						3,850	4,240

ER形的價格與 SE形相同

切口形插入襯套

SF 形………精級鑽頭用
F 形………一般級鑽頭用
FR 形……… 絞刀用

■形狀

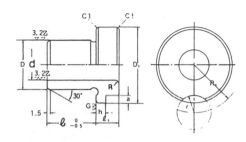

■稱呼　（例）

形式 ―	內徑(d) ×	帽線下部的長度 (ℓ)	數量
SF ―	7.0 ×	16	… 4ケ
F ―	11.0 ×	20	… 8ケ
FR ―	18.0 ×	25	… 10ケ

■內徑(d)的製作公差

內徑(d)寸法	1.6~3.0	3.1~6.0	6.1~10.0	10.1~18.0	18.1~30.0	30.1~42.0
SF (G6)	+0.008 +0.002	+0.012 +0.004	+0.014 +0.005	+0.017 +0.006	+0.020 +0.007	+0.025 +0.009
F	+0.025 +0.002	+0.030 +0.004	+0.030 +0.005	+0.043 +0.006	+0.052 +0.007	+0.062 +0.009
FR	+0.014 +0.008	+0.020 +0.012	+0.024 +0.015	+0.029 +0.018	+0.034 +0.021	+0.041 +0.025

■相對於內徑的外徑偏離值

內徑(d)寸法	1.6 ～ 18.0	18.1 ～ 42.0
SF / FR	0.005	0.008
F	0.012	0.020

■注意

1. 切口形插入式襯套，請置入引導用固定襯套（G形…P-17)使用。
2. 切口形插入式襯套的外徑（D)和引導用固定襯套的內徑(d)，請用同尺寸。

■參考

• F形襯套在下列的時機使用最宜：大數量，
  長時期的同樣製品的製作時。

使用例

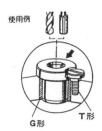

G形　　T形

尺寸・價格表

数量打折適用 所示者係1個到4個的價格

d (內径)	D (m5)	公差	D₁	ℓ₁	h	a	R	R₁	r	對應的止動蝶絲	精級/一般級	12	16	20	25	30	35	45
1.6~ 2.0	8		16	8	3.5	3	0.8	12	7	T-5	SF	1,490						
											F	1,350						
2.1~ 3.0	8	+0.012 +0.006	16	8	3.5	3	0.8	12	7	T-5	SF	1,210						
											F	1,100						
3.1~ 4.0	8		16	8	3.5	3	1	12	7	T-5	SF	1,100	1,210					
											F	1,000	1,100					
4.1~ 6.0	10		19	8	3.5	3	1	13.5	7	T-5	SF	1,050	1,150					
											F	950	1,050					
6.1~ 8.0	12		22	8	3.5	3	2	15	7	T-5	SF		1,050	1,150				
											F		950	1,050				
8.1~10.0	15	+0.015 +0.007	26	9	3.5	3	2	17	7	T-5	SF		1,050	1,150				
											F		950	1,050				
10.1~12.0	18		30	9	3.5	3	2	19	7	T-5	SF			1,100	1,210			
											F			1,000	1,100			
12.1~15.0	22		35	12	5	4	2	22	9	T-6	SF			1,270	1,390			
											F			1,150	1,270			
15.1~18.0	26	+0.017 +0.008	40	12	5	4	2	24.5	9	T-6	SF				1,430	1,570		
											F				1,300	1,430		
18.1~22.0	30		47	12	5	4	3	28	9	T-6	SF				1,650	1,820		
											F				1,500	1,650		
22.1~26.0	35		55	15	6	5	3	33	10	T-8	SF					1,670	2,060	
											F					1,700	1,870	
26.1~30.0	42	+0.020 +0.009	62	15	6	5	3	36.5	10	T-8	SF					2,220	2,480	
											F					2,050	2,260	
30.1~35.0	48		69	15	6	5	4	40	10	T-8	SF						2,590	2,840
											F						2,350	2,590
35.1~42.0	55	+0.024 +0.011	77	15	6	5	4	44	10	T-8	SF						2,920	3,210
											F						2,650	2,920

FR形和SF形價格相同。

引導用固定襯套

G形‥‥‥‥插入式襯套引導用

■形狀

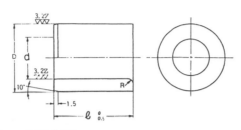

■稱呼　例

形式	―	內徑(d)	×	全長(ℓ)	…	數量
G	―	10.0	×	12	…	8ケ

G形之使用例

插入式襯套

■相對於內徑的外徑偏離值

內徑(d)寸法	8 ～ 18	18.1～50.0	50.1～55.0
偏　離　值	0.005	0.008	0.010

■注意
1. 引導用固定襯套，請於插入式襯套的引導下使用。
2. 引導用固定襯套請勿用於鑽孔和鉸刀的加工。

■參考
就引導用固定襯套和襯套承板的固定而言：
1. 普通精度的場合(一般的)因無帽緣固定式襯套，其外徑係以P6公差製造，故襯套承板的孔請用H7公差，以利壓
入配合。(用外徑m5的鉸刀加工，即可得H7的公差。)

襯　套　承　板	12	15	18	22	26	30	35	42	48	55	62	70
H7　公　差	+0.018 0			+0.021 0			+0.025 0			+0.030 0		

2. 高精度を必要とする場合
　　襯套的外徑尺寸由實測而得，而襯套承板孔徑比襯套外徑小0.004～0.006mm，裝配時，以油壓壓床作90°垂直壓入。

■尺寸・價格表

数量打折適用 所示者係一個到四個的價格

d (內徑)		D (p6)		R	ℓ (全　長)						
					12	16	20	25	30	35	45
8	+0.032 +0.023	12	+0.029 +0.018	2	330	360					
10		15		2	330	360					
12	+0.036 +0.025	18	+0.029 +0.018	2		330	420				
15		22		2		440	480				
18	+0.037 +0.026	26	+0.035 +0.022	2			500	540			
22	+0.040 +0.027	30		3			550	600			
26	+0.041 +0.023	35		3				610	660		
30		42	+0.042 +0.026	3				720	780		
35	+0.045 +0.027	48		4					880	960	
42		55		4				1,100	1,200		
48	+0.055 +0.034	62	+0.051 +0.032	4						1,380	1,500
55		70		4						1,710	1,860

止動螺紋

T 形

■形状

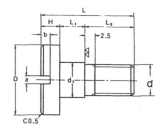

T 形之使用例

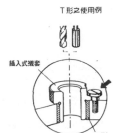

插入式襯套

G 形

■稱呼

形式—絲徑（d）

例
T-6

材質　JIS-G-4105
（鉻鉬鋼）
SCM-3
淬火・藍色
硬度 HRC 23～33

螺紋　JIS-B-0205
（公制普通螺紋）
精度
JIS-B-0209の2級以上

T-5：P=0.8(ISO)和P=0.9(JIS)二種

若係用T-5(P=0.9)
時請説明牙距=0.9

例　**T-5 P=0.9**

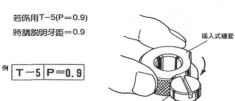

插入式襯套

T 形

■止動螺絲用母螺絲的位置和尺寸

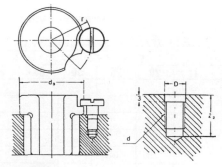

d_3	d	r		D	ℓ_2
		基準寸法	許容差		
16	5	12		5.2	11
19	5	13.5	±0.2	5.2	11
22	5	15		5.2	11
26	5	17		5.2	11
30	5	19		5.2	11
35	6	22		6.2	14
40	6	24.5		6.2	14
47	6	28	±0.3	6.2	14
55	8	33		8.2	16
62	8	36.5		8.2	16
69	8	40		8.2	16
77	8	44		8.2	16

■尺寸・價格表

d		d_1		D		a	b	H	L_1		L_2	L	
尺寸	牙距	寸法	公差	寸法	公差				寸法	公差			
5	0.8 (0.9)	6		12		1.6	1.5	3	4	+0.1	9	16	
6	1	7	±0.2	15	±0.2	1.6	2	4	5.5		10.5	20	
8	1.25	9		18	-0.3	2	2.5	5	6.5	±0.2	12.5	24	

特殊鋼襯套

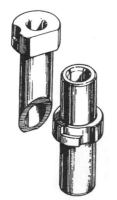

1) 品質：形狀、尺寸精度・材質（SK・SKS・SKD・SKH・PBB・FC）等係根據
　　貴社所提供的圖面而製作。
2) 數量：
3) 交期：根據契約決定。（定期接受訂貨也請來此商議）。
4) 價格：每回估價。

形狀例

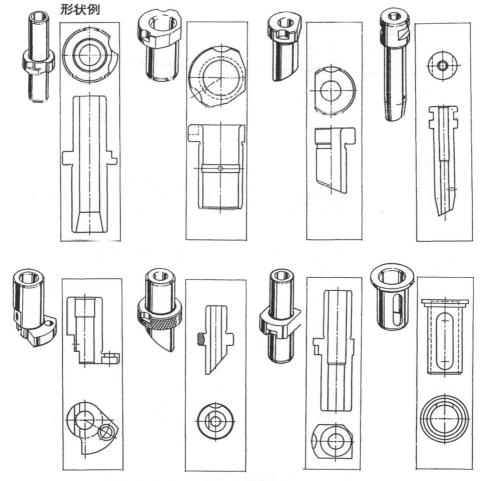

・上列以外的形狀亦接受訂貨，但估價時，尚請付寄圖面。

特殊 超硬 襯套

- 品件　形狀‧尺寸精度和材質(若無特別指定，皆用D-2)
　　　　皆根據貴社所指示的圖面要求。
- 數量　即使一個也製造。
- 納期　根據合約日期來決定。
- 価格　每回估價。

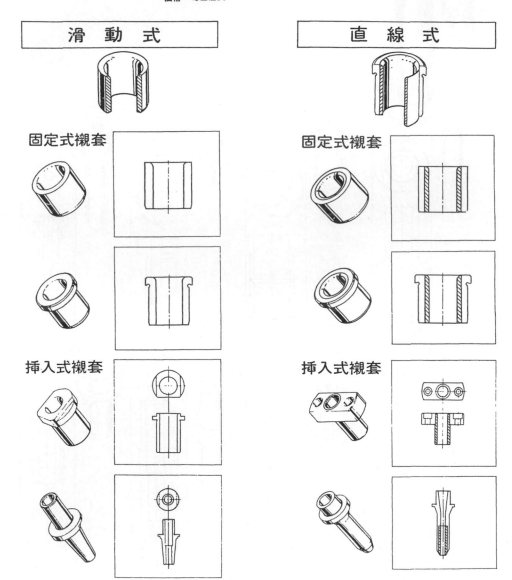

滑 動 式 / 直 線 式

固定式襯套　固定式襯套

挿入式襯套　挿入式襯套

- 上列以外的形狀亦接受訂貨，但估価時尚請付寄圖面。

夾緊元件

（員昇公司提供）

1.壓　板

DIN 6314　普通壓板

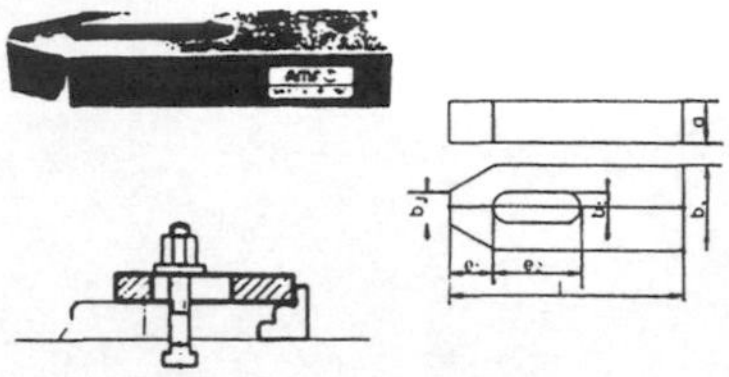

DIN 6314 + Nr. 6318 B + DIN 787

代號	b1	l	公制	吋	a	b2	b3	e1	e2	g
70003 70011 70029	7 9 11	50 60 80	[illegible]	¼ 5/16 ⅜	10 12 15	20 25 30	8 10 12	[illegible] 13 15	[illegible]	[illegible] [illegible] 220
70037 70045	14	100 125	M12 M14	½	20	40	14	21	40 50	490 640
70052 70060	18	125 160	M16 M18	⅝	25	50	18	26	45 65	1000 1270
70078 70086	22	160 200	M20 M22	¾	30	60	22	30	60 80	1830 2290
70094 70102	26	200 250	M24	1	30 (35)	70	26	35	80 105	2650 3850
70110 70128	34	250 315	M30	1¼	40 50	80	34	45	100 130	5000 7800
70136	(43)	400	M36 M42	1½	60	100	43	100	150	18000

Nr. 6314 Z　階樑壓板

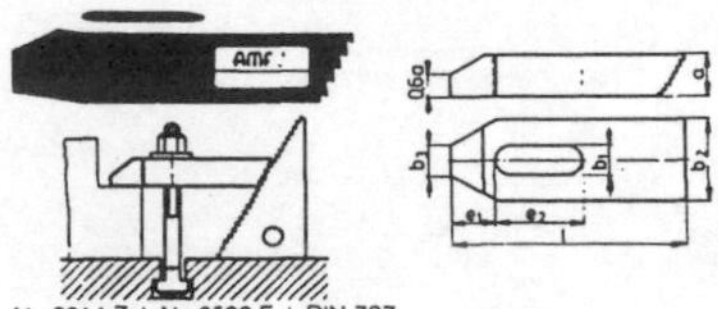

Nr. 6314 Z + Nr. 6500 E + DIN 787

代號	b1	l	公制	吋	a	b2	b3	e1	e2	g
70359 70367 70375	7 9 11	50 60 80	M 6 M 8 M10	¼ 5/16 ⅜	10 12 15	20 25 30	8 10 12	10 13 15	20 22 30	55 100 200
70383 70391	14 18	100 125	M12 M14 M16 M18	½ ⅝	20 25	40 50	14 18	21 26	40 45	450 900
70409 70417	22 26	160 200	M20 M22 M24	¾ 1	30 30	60 70	22 26	30 35	60 80	1700 2500

Nr. 6314 Z + Nr. 6500 E/1 0– 20 mm
+ Nr. 6500 E/2 0– 50 mm
+ Nr. 6500 E/3 0–115 mm

DIN 6315 B　開式

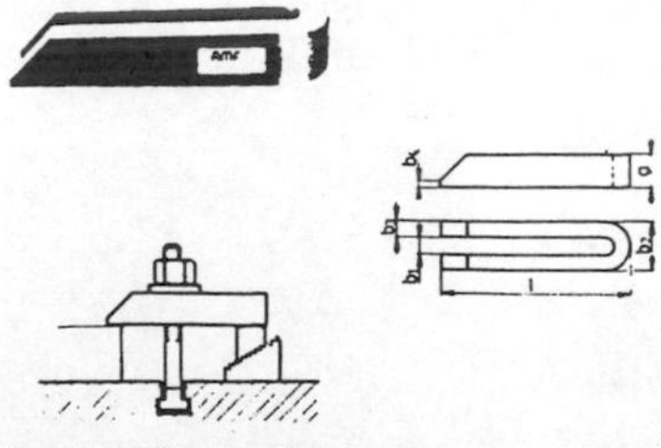

DIN 6315 B + DIN 6326 + DIN 787

代號	b1	l	公制	吋	a	b2	b3	b4	g
70466 70474 70482	7 9 11	60 80 100	M 6 M 8 M10	¼ 5/16 ⅜	12 15 20	19 25 31	6 8 10	3 4 5	60 140 300
70490 70508 70516	14	125 160 200	M12 M14	½	25	38	12	6	570 730 910
70524 70532 70540	18	160 200 250	M16 M18	⅝	30 30 40	48	15	8 8 10	1080 1360 2250
70557 70565 70573	22	200 250 315	M20 M 22	¾	40	52 62 62	15 20 20	10	1800 3000 3850
70581 70599 70607	26	200 250 315	M24	1	40	66	20	10	2400 3000 3850
70615 70623 70631	34	250 315 400	M30	1¼	50	74	20	12	3700 4750 6100
70664 70672	(43)	400 600	M36 M42	1½	70 80	113 123	35 40	12	15100 29600

( ) Not to DIN

Nr. 6315GN

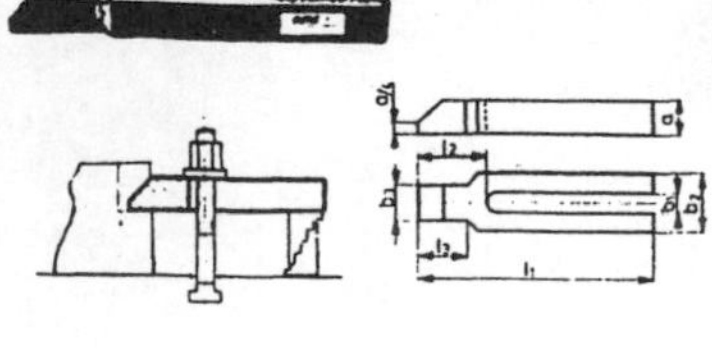

代號	b1	l1	公制	吋	a	b2	b3	l2	l3	g
70862 70870	9 11	100 125	M 8 M10	5/16 ⅜	15 20	30 30	16 20	32 38	18 24	240 380
70888 70896	14	160 200	M12 M14	½	25	40	24	47	30	800 1000
70904 70912	18	200 250	M16 M18	⅝	30	50	28	57	36	1500 1850
70920 70938	22	250 315	M20 M22	¾	40	60	35	68	45	2900 3600
70946 70953	26	250 315	M24	1	40	70	43	83	56	3400 4300
70961 70979	34	315 400	M30	1¼	50	80	50	68	56	6000 7300

DIN 6315 C

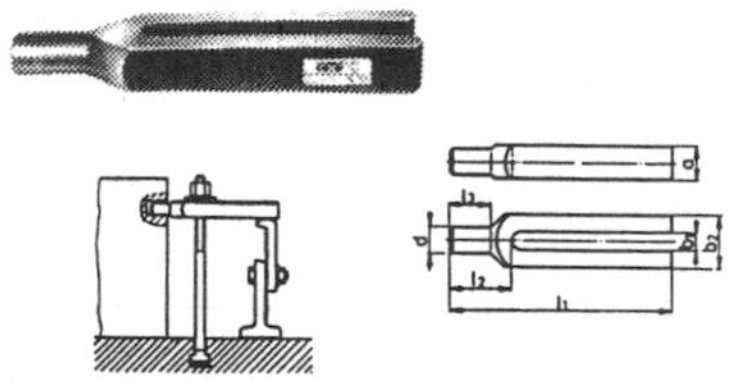

DIN 6315 C – Nr. 6510 – DIN 787

代號	b_1	l_1	公制	吋	a	b_2	d	l_2	l_3	g	
70706 70714	9 11	100 125	M 8 M10	5/16 3/8	15 20	30 30	12 16	30 36	18 24	220 350	
70722 70730	14	160 200	M12M14	1/2	25	40	20	45	30	750 950	
70748 70755	18	200 250	M16M18	5/8	30	50	24	55	36	1400 1750	
70763 70771	22	250 315	M20M22	3/4	40	60	30	65	45	2700 3400	
70789 70797	26	250 315	M24	1	40	70	38	80	56	3200 4100	
70805 70813	34	315 400	M30	1¼	50	80	45	85	56	5700 7000	

DIN 6316

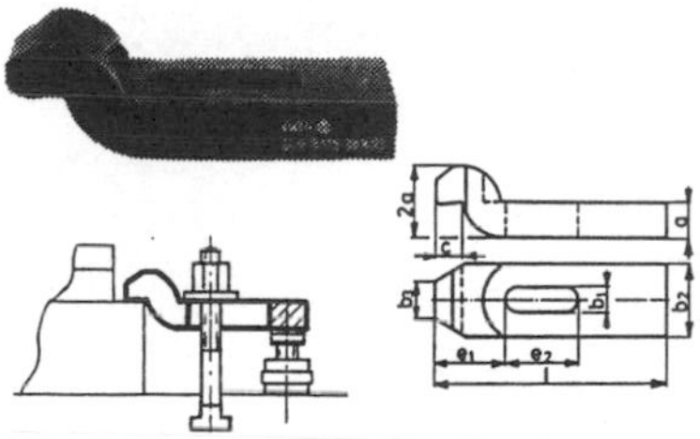

DIN 6316 + Nr. 6400 + DIN 787

代號	b_1	l	公制	吋	a	b_2	b_3	c	e_1	e_2	g	
71027 71035	7 9	60 80	M 6 M 8	1/4 5/16	10 12	20 25	10 12	8 9	20 25	20 25	80 160	
71043 71050	11 14	100 125	M10 M12M14	3/8 1/2	15 20	30 40	15 20	12 16	32 40	32 40	300 680	
71068 71076	18	125 160	M16M18	5/8	25	50	•25	20	49	50	1050 1400	
71084 71092	22	160 200	M20M22	3/4	30	60	30	24	55	70	2000 2410	
71100 71118	26	200 250	M24	1	(35)	70	35	(28)	72	60 80	3400 4300	
71126 71134	34	250 315	M30	1¼	40 50	80	40	40	91	80 100	5400 9000	
71159	(43)	400	M36M42	17/16 1½	60	100	50	50	105	120	16400	

( ) Not to DIN

Nr. 6317

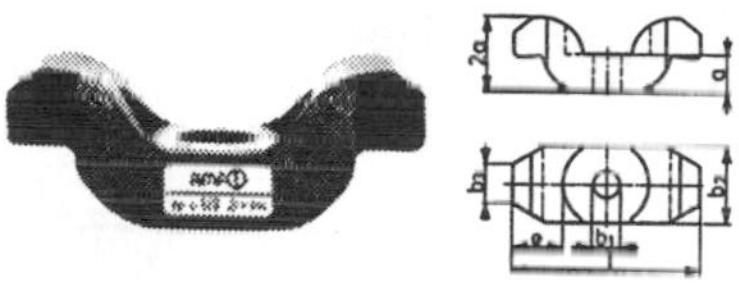

代號	b_1	l		a	b_2	b_3	e	g	
71340 71357	18 25	100 140	M12 – M18 M 20 – M 24	20 30	40 60	20 30	26 38	620 2040	

2. 可調式壓板

Nr. 6321

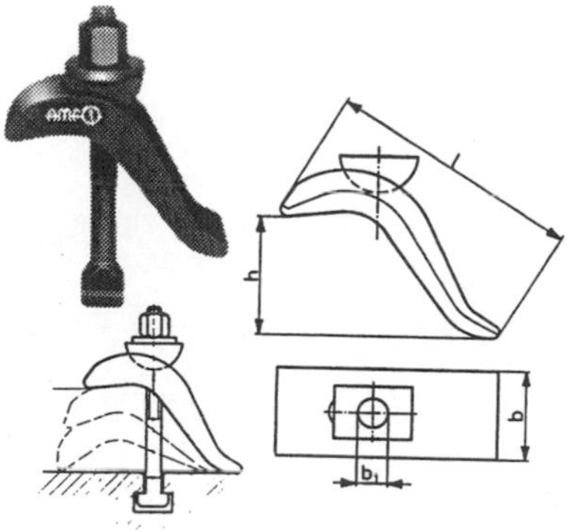

代號		b_1	h max. (mm)		夾緊高度 h (mm)	b×l	g	
71522 71530	– –	17 21	75 85	– –	– –	50×138 60×175	900 1600	
74906 74914	12 14	17	75	M12×12×125 M12×14×125	0–50	50×138	1070 1080	
74922 74930	16 18			M16×16×160 M16×18×160	0–75		1270 1280	
74948 74955	16 18	21	85	M16×16×160 M16×18×160	0–65	60×175	1970 1990	
74963	22			M20×22×200	0–85		2370	

Nr. 6314 V

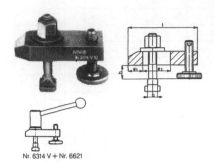

Nr. 6314 V + Nr. 6621

代號	⊓ a	h*	同 DIN 6314 b₁×l	🔩	e₁	e₂	⚖ g
70177	10	8–29	11× 80	–	15	30	280
70193	12+14	10–34	14×100	–	21	40	560
70219	16+18	13–41	18×125	–	26	45	1110
70201	20+22	16–55	22×160	–	30	60	2100
70268	10	8–27	11× 80	M10×10× 63	15	30	340
70276	12	10–34	14×100	M12×12× 80	21	40	700
70284	14	10–33	14×100	M12×14×080			720
70292	16	13–41	18×125	M16×16×100	26	45	1400
70300	18	13–40	18×125	M16×18×100			
70326	20	16–55	22×160	M20×20×125	30	60	2750
70318	22	16–53	22×160	M20×22×125			2770

Nr. 6316 V

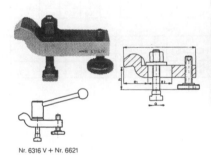

Nr. 6316 V + Nr. 6621

代號	⊓ a	h*	同 DIN 6314 b₁×l	🔩	e₁	e₂	⚖ g
71183	10	23–44	11×100	–	32	32	320
71209	12+14	30–54	14–125	–	40	40	760
71225	16+18	38–66	18–160	–	40	50	1480
71217	20+22	46–85	22×200	–	55	70	2690
71274	10	23–42	11×100	M10×10× 63	32	32	420
71282	12	30–54	14×125	M12×12× 80	40	40	920
71290	14	30–53	14×125	M12×14× 80			
71308	16	38–66	18×160	M16×16×100	49	50	1830
71316	18	38–65	18×160	M16×18×100			
71332	20	46–85	22×200	M20×20×125	55	70	3350
71324	22	46–83	22×200	M20×22×125			3360

Nr. 7300

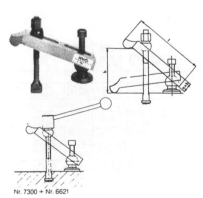

Nr. 7300 + Nr. 6621

代號	⊓ a	h	a	b	l	🔩	⚖ g
75606	12	0–65	20	40	160	M12×12×125	1200
75614	14	(65–100)[1]				M12×14×125	
75622	16	0–90	25	50	200	M16×16×160	2300
75630	18	(90–150)[2]				M16×18×160	

Nr. 7000

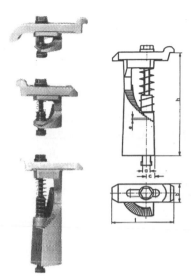

代號	⟨symbol⟩	尺寸	h	e	c	l	r	⟨scale⟩ g
74641	10	0	0— 45	0.75	14	140	34	670
74658		1	15— 45			112		610
74666		2	30— 75	1.25	15		34	750
74674		3	60—135	2.50	16	112		1140
74682		4	120—195		18			1730
74690		5	180—255	2.50	19	112	34	2270
74708	12	0	0— 45	0.75	14	140	34	700
74716		1	15— 45			110		600
74724		2	30— 75	1.25	15		34	800
74732		3	60—135	2.50	16	112		1200
74740		4	120—195		18			1700
74757		5	180—255	2.50	19	112	34	2200
74765	14	0	0— 45	0.75	14	140	34	700
74773		1	15— 45			112		600
74781		2	30— 75	1.25	15		34	800
74799		3	60—135	2.50	16	112		1200
74807		4	120—195		18			1700
74815		5	180—255	2.50	19	112	34	2200
74823	16	0	0— 70	1.25	20	160	50	1900
74831		1	25— 70			125		1700
74849		2	50—120	2.50	21		50	2200
74856		3	100—220	3.75	21	125		3300
74864		4	200—320	3.75	24			4900
74989	18	0	0— 70	1.25	20	160	50	1870
74997		1	25— 70			125		1670
75002		2	50—120	2.50			50	2180
75010		3	100—220		21	125		3370
75028		4	200—320	3.75	24			4750
75036	22	0	0— 70	1.25	20	160	50	1960
75044		1	25— 70			125		1760
75051		2	50—120	2.50			50	2270
75069		3	100—220		21	125		3450
75077		4	200—320	3.75	24			4010

Nr. 7200

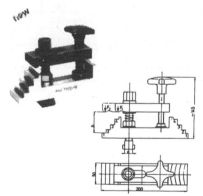

代號	⟨symbol⟩	夾緊高度				⟨scale⟩ g
		1	2	3	4	
69955	14—16	38—50	30—42	18—80	5—18	1830
69963	18—20	38—50	30—42	18—80	5—19	1870

Nr. 6621

代號	尺寸	l	d	h	⟨scale⟩ g
74609	M12	133	33	48	350
74617	M16	155	41	55	575

號數

	適用於可調式壓板				
Nr. 6621	6314 V	6316 V	6321	7200	7300
M12	12 u. 14	12 u. 14	12	—	12 u. 14
M16	16 u. 18	16 u. 18	16	—	16 u. 18

3.支承塊

DIN 6318

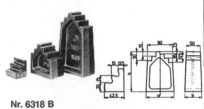

代號	h		a	b	⚖ g	
71365	50	12.5— 50	42.5	50	500	
71373	95	57.5— 95	95.0	55	1450	
71381	140	102.5—140	100.0	60	2000	
71399	185	147.5—185	105.0	65	2900	
71407	230	192.5—230	110.0	70	3600	
71415	275	237.5—275	115.0	75	4300	
71423	320	282.5—320	120.0	80	5200	
71431	365	327.5—365	125.0	85	5800	

Nr. 6318 B

代號	h		a	b	⚖ g	
71480	50	12.5— 50	42.5	80	800	
71498	95	57.5— 95	95.0	85	2300	
71506	140	102.5—140	100.0	90	3450	

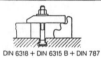

DIN 6318 + DIN 6315 B + DIN 787

DIN 6326

代號	組合	h–H	最低部份	最高部份	⚖ g	
71969	AK	25— 45	A	K	1050	
71977	AG	45— 65	A	G	1350	
71985	BK	65— 85	B	K	2500	
71993	BG	85—105	B	G	2800	
72009	CK	105—125	C	K	4000	
72017	CG	125—145	C	G	4300	
72025	AKG	25— 65	A	KG	1550	
72033	BKG	65—105	B	KG	3000	
72041	CKG	105—145	C	KG	4500	

代號	單件	l × b	⚖ g	
72090	A		850	
72108	B	80 × 60	2300	
72116	C		3800	
72124	K	70 × 30	200	
72132	G		500	

DIN 6326 + DIN 6315 B + DIN 787

Nr. 6510

代號	尺寸	h–H	l×b	⬇ kN	⚖ g	
73379	2	110—150	50×50	40	1200	
73387	3	155—220	60×60	60	2500	
73395	4	220—340	80×80	90	5900	

Nr. 6510 + DIN 6315 C + DIN 787

Nr. 6500

6500 E1　　6500 E 3　　6500/1　　6500/3

Nr. 6500 H

Nr. 6501

Nr. 6475

Nr. 6500 雙件

代號	尺寸	h-H	a	b	c	g
73254	1	22- 51	33	19.0	38	180
73262	2	29-107	66	35.5	70	600
73270	3	71-208	131	68.0	135	2100

Nr. 6500 E 單件

代號	尺寸		a	b		g
73296	1	—	33	19.0	—	91
73304	2	—	66	35.5	—	300
73312	3	—	131	60.0	—	1050

代號	類別	h-H		g
73346	4 × 6500 / 1 4 × 6500 / 2 2 × 6500 / 3	22-208	280×155×40	8350

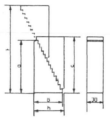

Nr. 6500 E + Nr. 0014 Z + DIN 787

代號	尺寸	h-H	l×b×h	g
73353	2	37-107	66×40×60	1000

代號	尺寸	h-H	l×b	g
72835	1	10.5-13	120×25	230
72843	2	11,0-16	160×40	600

4.夾緊及裝配螺旋千斤頂

Nr. 6400

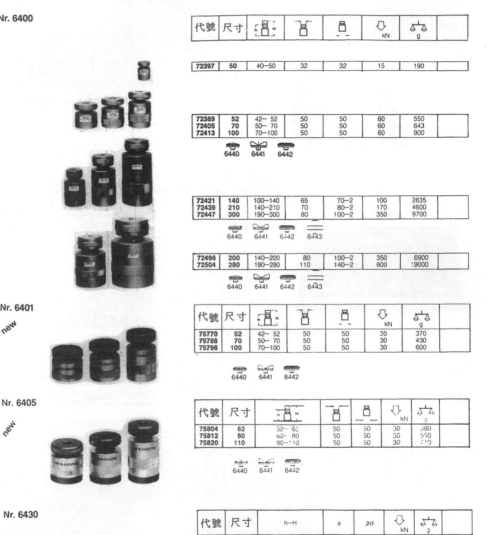

代號	尺寸	h─H			kN	g	
72397	50	40─50	32	32	15	190	

代號	尺寸				kN	g	
72389	52	42─ 52	50	50	60	550	
72405	70	50─ 70	50	50	60	643	
72413	100	70─100	50	50	60	900	

6440　6441　6442

72421	140	100─140	65	70─2	100	2635	
72439	210	140─210	70	80─2	170	4600	
72447	300	190─300	80	100─2	350	9700	

6440　6441　6442　6443

72496	200	140─200	80	100─2	350	6900	
72504	280	190─280	110	140─2	600	19000	

6440　6441　6442　6443

Nr. 6401

new

代號	尺寸	h─H			kN	g	
75770	52	42─ 52	50	50	30	370	
75788	70	50─ 70	50	50	30	430	
75796	100	70─100	50	50	30	600	

6440　6441　6442

Nr. 6405

new

代號	尺寸	h─H			kN	g	
75804	62	52─ 62	50	50	30	380	
75812	80	60─ 80	50	50	30	550	
75820	110	80─110	50	50	30	710	

6440　6441　6442

Nr. 6430

代號	尺寸	h─H	a	⌀d	kN	g	
72553	140	100─140	18	50	60	1750	
72561	200	140─200				2200	
72579	320	200─320	22	50	40	3400	
72587	550	320─550			25	4600	

6440　6441　6442　6443

Nr 6430/140
Nr 6430/200

Nr 6430/320
Nr 6430/550

37　87　110　120　160　75　50　SW 46

Nr. 6435

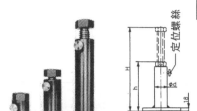

代號	尺寸	h—H	a	∅d	⬇ kN	⚖ g	
72637	300	200— 300	26	70	80	8000	
72645	460	280— 460			60	12000	
72652	750	430— 750	26	70	50	13200	
72660	1250	710—1250			40	16500	

6440	6441	6442	6443

Nr. 6438

— 可快速無
段調整

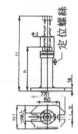

代號	尺寸	h—H	a	∅d	⬇ kN	⚖ g	
75705	450	320— 450	26	90	50	12000	
75713	710	450— 710			40	15000	
75721	1250	710—1250			30	18300	

6440	6441	6442	6443

5. T型螺帽、墊圈及T型螺柱

DIN 508

代號	d×	a	e	h	k	⚖ g	📦		
80002	M 5× 6	5.7	10	3	4	4	100		
80010	M 6× 8	7.7	13	11	6	7	100		
80028	M 8×10	9.7	15	12	6	12	100		
80036	M10×12	11.7	18	14	7	20	100		
80044	M12×14	13.7	22	16	8	30	100		
80168	(M12×16)	15.7	25	18	9	50	50		
80051	(M14×16)	15.7	25	18	9	50	100		
80176	(M14×18)	17.7	28	20	10	70	50		
80069	M16×18	17.7	28	20	10	70	100		
80184	(M16×20)	19.7	32	24	12	110	50		
80077	(M18×20)	19.7	32	24	12	110	50		
80085	M20×22	21.7	35	28	14	150	50		
80192	(M20×24)	23.7	40	32	16	230	50		
80093	(M22×24)	23.7	40	32	16	220	50		
80101	M24×28	27.7	44	36	18	310	50		
80200	(M24×30)	29.7	45	36	19	440	20		
80218	(M24·36)	35.6	54	44	22	700	20		
80119	(M27×32)	31.6	50	40	20	460	50		
80127	M30×36	35.6	54	44	22	590	20		
80226	(M30×42)	41.6	65	52	26	1150	20		
80135	M36×42	41.6	65	52	26	1000	20		
80143	M42×48	47.6	75	60	30	1600	20		
80150	M48×54	53.6	85	70	34	2300	20		

Nr. 508 L

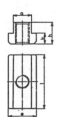

代號	d×	a	e	l	h	k	⚖ g	📦	
84640	M 5× 6	5.7	10	20	8	4	8	50	
84657	M 6× 8	7.7	13	26	10	6	14	50	
84665	M 8×10	9.7	15	30	12	6	30	50	
84673	M10×12	11.7	18	36	14	7	50	50	
84681	M12×14	13.7	22	44	16	8	82	50	
84699	M14×16	15.7	25	50	18	9	120	50	
84707	M16×18	17.7	28	56	20	10	170	20	
84715	M18×20	19.7	32	64	24	12	260	20	
84723	M20×22	21.7	35	70	28	14	360	20	
84749	M24×28	27.7	44	88	36	18	730	20	
84764	M30×36	35.6	54	108	44	22	1390	20	

Nr. 508 R

代號	⫟	a	e	h	k	⚖ g	▱		
84509	6	5,7	10	8	4	4	100		
84517	8	7,7	13	10	6	10	100		
84525	10	9,7	15	12	6	16	100		
84533	12	11,7	18	14	7	27	100		
84541	14	13,7	22	16	8	50	100		
84558	16	15,7	25	18	9	70	100		
84566	18	17,7	28	20	10	95	100		
84574	20	19,7	32	24	12	150	100		
84582	22	21,7	35	28	14	210	50		
84590	24	23,7	40	32	16	300	50		
84608	28	27,7	44	36	18	430	50		
84632	36	35,6	54	44	22	800	50		
84491	42	41,6	65	52	26	1400	20		
84616	48	47,6	75	60	30	2100	2?		
84624	54	53,6	85	70	34	3150	2?		

Nr. 510

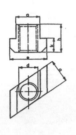

 夾緊

嵌入 ↑

代號	dx ⫟	a	e	h	k	⚖ g	▱		
80259	M10×12	11,7	18	14	7	11	100		
80267	M12×14	13,7	22	16	8	20	100		
80275	M14×16	15,7	25	18	9	30	100		
80283	M16×18	17,7	28	20	10	45	100		
80341	M16×20	19,7	32	24	12	70	50		
80291	M18×20	19,7	32	24	12	70	50		
80309	M20×22	21,7	35	28	14	95	5?		
80317	M24×28	27,7	44	36	18	215	2?		
80325	M30×36	35,6	54	44	22	430	2?		
80333	M36×42	41,5	65	52	26	690	2?		

Nr. 508

new

Nr. 510

new

代號	d × ⫟	a	e	h	k	⚖ g
140301	M 8×12	11,7	18	14	7	20
140327	M 8×14	13,7	22	16	8	30
153460	M 8×16	15,7	25	18	9	50
153478	M 8×18	17,7	28	20	10	70
158907	M12×18	17,7	28	20	10	70
155630	M16×22	21,7	35	28	14	150
159418	M16×25	23,7	40	32	16	220
159426	M16×28	27,7	44	36	18	310
158899	M20×28	27,7	44	36	18	310
158220	M10×14	13,5	22	16	8	20
158238	M10×18	17,5	28	20	10	48
158246	M16×22	21,5	35	28	14	95
158253	M16×28	27,5	44	36	18	215

DIN 6330 B

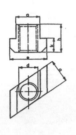

代號		s	e	m 1,5d	m 3d	r	a	d₁	⚖ g	▱	
82362	M 6	10	11,5	9	—	9	—	—	5	100	
82370	M 8	13	15,0	12	—	12	—	—	9	100	
82388	M10	17	19,6	15	—	15	—	—	20	100	
82396	M12	19	21,9	18	—	17	—	—	28	100	
82404	(M14)	22	25,4	21	—	20	—	—	45	100	
82412	M16	24	27,7	24	—	22	—	—	58	100	
82420	(M18)	27	31,2	27	—	24	—	—	83	100	
82438	M20	30	34,6	30	—	27	—	—	110	100	
82446	(M22)	32	36,9	33	—	30	—	—	130	100	
82453	M24	36	41,6	36	—	32	—	—	195	100	
82461	(M27)	41	47,3	40	—	36	—	—	280	100	
82479	M30	46	53,1	45	—	41	—	—	405	100	
82487	M36	55	63,5	54	—	50	—	—	715	100	
82495	M42	65	75,0	63	—	—	—	—	1170	25	
82503	M48	75	86,5	72	—	—	—	—	1800	25	

( ) 同 DIN

DIN 6331

milled

82529	M 6	10	11,5	9	—	—	3,0	14	5,5	200
82537	M 8	13	15,0	12	—	—	3,5	18	12	100
82545	M10	17	19,6	15	—	—	4,0	22	25	100
82552	M12	19	21,9	18	—	—	4,0	25	36	100
82560	(M14)	22	25,4	21	—	—	4,5	28	51	100
82578	M16	24	27,7	24	—	—	5,0	31	70	100
82586	(M18)	27	31,2	27	—	—	5,0	34	95	100
82594	M20	30	34,6	30	—	—	6,0	37	130	100
82602	(M22)	32	36,9	33	—	—	6,0	40	160	100
82610	M24	36	41,6	36	—	—	6,0	45	230	100
82628	(M27)	41	47,3	40	—	—	8,0	51	320	50
82636	M30	46	53,1	45	—	—	8,0	58	470	50
82644	M36	55	63,5	54	—	—	10,0	68	810	50
82511	M42	65	75,0	63	—	—	12,0	80	1340	25
82800	M48	75	86,5	72	—	—	14,0	92	2040	25

( ) similar DIN

forged

82123	M10	17	19,6	15	—	—	4	22	25	100
82131	M12	19	21,9	18	—	—	4	25	36	100
82149	M16	24	27,7	24	—	—	5	31	70	100
82156	M20	30	34,6	30	—	—	6	37	130	100
82164	M24	36	41,6	36	—	—	6	45	230	100
82172	M30	46	53,1	45	—	—	8	58	470	100

Nr. 6334

82651	M 6	10	11,5	—	18	—	—	—	8	200
82669	M 8	13	15,0	—	24	—	—	—	19	200
82677	M10	17	19,6	—	30	—	—	—	42	200
82685	M12	19	21,9	—	36	—	—	—	64	200
82693	M14	22	25,4	—	42	—	—	—	95	200
82701	M16	24	27,7	—	48	—	—	—	120	200
82719	M18	27	31,2	—	54	—	—	—	160	100
82727	M20	30	34,6	—	60	—	—	—	240	100
82735	M22	32	36,9	—	66	—	—	—	300	100
82743	M24	36	41,6	—	72	—	—	—	400	100
82750	M27	41	47,0	—	81	—	—	—	600	50
82768	M30	46	53,1	—	90	—	—	—	850	50
82776	M36	55	63,5	—	108	—	—	—	1470	50
82784	M42	65	75,0	—	126	—	—	—	2340	25
82792	M48	75	86,5	—	144	—	—	—	3600	25

DIN 6319

Order No.		d_1	d_3	$d_u + d_4$	d_5	h_2	h_3	h_4	r	g	
81028	M 6	6,4	—	12	—	2,3	—	—	9	1,0	200
81737	M 8	8,4	—	17	—	3,2	—	—	12	2,5	100
81745	M10	10,5	—	21	—	4,0	—	—	15	5,0	100
81752	M12	13,0	—	24	—	4,6	—	—	17	7,0	100
81760	M14	15,0	—	28	—	5,0	—	—	22	10,0	100
81770	M16	17,0	—	30	—	5,3	—	—	22	12,0	100
81786	M20	21,0	—	36	—	6,3	—	—	27	21,0	100
81794	M24	25,0	—	44	—	8,2	—	—	32	42,0	100
81802	M30	31,0	—	56	—	11,2	—	—	41	87,0	100
81810	M36	37,0	—	68	—	14,0	—	—	50	184,0	50

DIN 6319

		d_1	d_3	$d_u + d_4$	d_5	h_2	h_3	h_4	g	
81950	M 6	—	7,1	12	—	2,8	—	—	1,5	200
81869	M 8	—	9,6	17	—	3,5	—	—	4,0	100
81877	M10	—	12,0	21	—	4,2	—	—	6,5	100
81885	M12	—	14,2	24	—	5,0	—	—	17,0	100
81893	M14	—	16,5	28	—	5,6	—	—	13,0	100
81901	M16	—	19,0	30	—	6,2	—	—	19,0	100
81919	M20	—	23,2	36	—	7,5	—	—	32,0	100
81927	M24	—	28,0	44	—	9,5	—	—	63,0	100
81935	M30	—	35,0	56	—	12,0	—	—	133,0	50
81943	M36	—	42,0	68	—	15,0	—	—	236,0	50

DIN 6319

		d_1	d_3	$d_u + d_4$	d_5	h_2	h_3	h_4	r	g	
82073	(M 6)	—	7,1	—	17	—	—	4	—	5,5	100
81984	M 8	—	9,6	—	23	—	—	4	—	13,0	100
81992	M10	—	12,0	—	28	—	—	4	—	19,0	100
82008	M12	—	14,2	—	35	—	—	5	—	37,0	100
82016	M14	—	16,5	—	40	—	—	5	—	48,0	100
82024	M16	—	19,0	—	45	—	—	6	—	70,0	100
82032	(M20)	—	23,2	—	50	—	—	8	—	94,0	100
82040	(M24)	—	28,0	—	60	—	—	10	—	169,0	50
82057	M30	—	35,0	—	68	—	—	10	—	218,0	50
82065	(M36)	—	42,0	—	80	—	—	12	—	350,0	50

DIN 6340

代號	公制	英吋	ød₁	ød₂	s	g	
82818	M 6	¼	6,4	17	3	5	100
82826	M 8	⁵⁄₁₆	8,4	23	4	10	100
82834	M10	⅜	10,5	28	4	16	100
82842	M12	½	13,0	35	5	35	100
82859	(M14)	–	(15,0)	40	5	40	100
82867	M16	⅝	17,0	45	6	60	100
82875	(M18)	–	(19,0)	45	6	60	100
82883	M20	¾	21,0	50	6	100	100
82891	(M22)	⅞	(23,0)	50	8	100	100
82909	M24	⅞	25,0	60	8	170	100
82917	(M27)	1¹⁄₁₆	(28,0)	68	10	210	100
82925	M30	1⅛ 1³⁄₁₆	31,0	68	10	230	100
82933	M36	1¼ 1⅜	38,0	80	12	350	50
82941	(M42)	1½	44,0	100	15	500	25
82958	(M48)	1¾	50,0	100	15	800	25

Nr. 6342

new

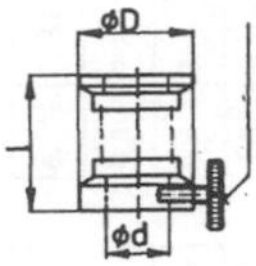

黃銅定位螺絲

代號	尺寸	øD	ød	l		g
75952	1	22	10,5	28	M 8–M10	32
75960	2	26	14,5	32	M12–M14	55
75978	3	32	18,5	38	M16–M18	80
75986	4	38	22,5	40	M20–M22	105
75994	5	45	27,5	44	M24–M27	165

DIN 6319 C
DIN 6319 G

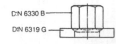

DIN 6330 B
DIN 6319 G

DIN 6330 B
DIN 6340

Nr. 6342

DIN 6379 　　Nr. 6521

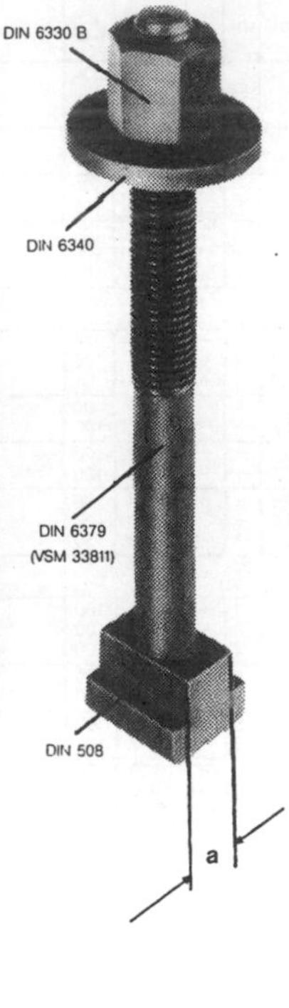

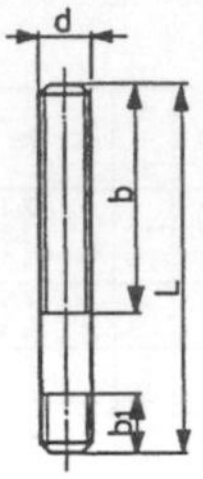

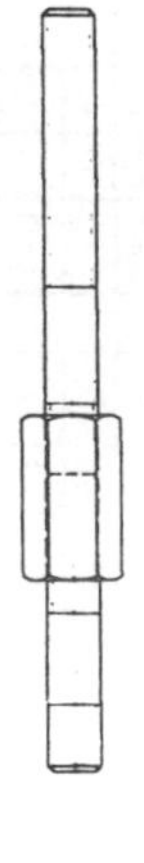

M×L	b	b₁		代號 DIN 6379	g	代號 Nr. 6521	g
M 6× 8× 32	16			84772	8	85100	22
M 6× 8× 50	30	6	100	84780	11	85118	25
M 6× 8× 80	50			84798	18	85126	32
M 8×10× 40	20			81257	10	83113	45
M 8×10× 63	40	11	100	84806	20	85134	50
M 8×10×100	63			84814	30	85142	65
M 8×10×160	100			84822	45	85159	80
M10×12× 50	25			81299	20	83154	80
M10×12× 80	40	13	100	84830	40	83167	100
M10×12×125	75			81315	65	83170	125
M10×12×160	100			85928	80	85936	140
M10×12×200	125			84848	100	85175	160
M12×14× 50	25			84855	35	85183	120
M12×14× 63	32			81331	50	83196	130
M12×14× 80	50			84863	60	85191	150
M12×14×100	63	15	100	81349	70	83204	170
M12×14×125	75			84871	90	85204	190
M12×14×160	100			85480	115	85944	210
M12×14×200	125			84889	140	85217	240
M14×16× 63	32			81372	80	83238	200
M14×16×100	63	17	100	81380	95	83246	250
M14×16×160	100			81398	150	83253	290
M14×16×250	160			84897	240	85225	380
M16×18× 63	32			84905	85	85233	265
M16×18× 80	50			81414	105	83279	285
M16×18×100	63	19	100	84913	130	85241	310
M16×18×125	75			81422	160	83287	340
M16×18×160	100			84921	210	85258	390
M16×18×200	125			85498	280	85591	468
M16×18×250	160			84939	325	85266	500
M18×20× 80	50			84947	130	85274	390
M18×20×125	75	23	50	85782	200	85282	460
M18×20×200	125			84471	320	83337	580
M18×20×315	180			84962	500	85290	760
M20×22× 80	32			84970	185	85308	510
M20×22×125	70			84988	255	85316	600
M20×22×160	100			85506	330	85969	690
M20×22×200	125	27	50	81513	410	83378	760
M20×22×250	160			81521	510	83386	855
M20×22×315	200			84996	640	85324	990
M20×22×400	250			85977	815	85985	1175
M20×22×500	315			85001	1020	85332	1370
M22×24×100	45			85019	270	85340	750
M22×24×160	100	31	50	81539	430	83394	910
M22×24×250	160			81554	670	83410	1150
M22×24×400	250			85027	1070	85357	1550
M24×28×100	45			85035	290	85365	960
M24×28×160	100			81570	470	83436	1140
M24×28×200	125			85514	580	83444	1255
M24×28×250	160	35	20	81596	730	83451	1400
M24×28×315	200			86009	920	86017	1600
M24×28×400	250			85043	1160	85373	1830
M24×28×500	315			86025	1460	86033	2135
M24×28×630	315			85050	1850	85381	2520
M27×32×125	56			81695	485	85431	1435
M27×32×200	125	39	20	81703	770	85449	1720
M27×32×315	200			81711	1110	85456	2060
M27×32×500	315			81729	1930	85464	2880
M30×36×125	56			85068	590	85399	1800
M30×36×200	125			81612	950	83477	2125
M30×36×315	200	43	20	81620	1490	83485	2685
M30×36×500	315			81638	2360	83493	3545
M30×36×700	400			81646	3300	83501	4510
M36×42×160	80			85076	1100	85407	3120
M36×42×200	125			81653	1380	83519	3445
M36×42×315	160			85084	1710	85415	3730
M36×42×400	250	51	20	85092	2740	85423	4760
M36×42×500	315			81679	3540	83535	5600
M36×42×700	400			81687	4780	83543	6800
M42×48×200	125			85571	2250	86066	5500
M42×48×315	200	59	20	85589	2950	86074	6220
M42×48×400	250			85597	3750	86082	7020
M42×48×500	315			85530	4690	86090	7960

DIN 6379　　Nr. 6521

DIN 6330 B

DIN 6340

DIN 6379
(VSM 33811)

DIN 508

d
b
L
b₁
a

DIN 787
8.8

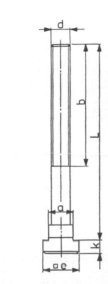

dx ×L	b	a	e	k		Order No.	g	Order No.	g
M 6× 6× 25	15	5,7	10	4	100	84004	9	84202	19
M 6× 6× 40	28					84012	12	84210	22
M 6× 6× 63	40					84020	18	84228	28
M 8× 8× 32	22	7,7	13	6	100	84038	20	84236	40
M 8× 8× 50	35					80374	25	80812	45
M 8× 8× 80	50					80382	30	80820	55
M10×10× 40	30	9,7	15	6	100	84046	30	84244	65
M10×10× 63	45					80390	50	80838	80
M10×10×100	60					80408	70	80846	110
M12×12× 50	35	11,7	18	7	100	80416	60	80853	120
M12×12× 63	40					85605	65	85746	128
M12×12× 80	55					80424	75	80861	130
M12×12×125	75					80432	110	80879	170
M12×12×200	120					80440	160	80887	220
M12×14× 50	35	13,7	22	8	100	80457	70	80895	130
M12×14× 63	45					85613	80	85753	145
M12×14× 80	55					80465	100	80903	155
M12×14×125	75					80473	120	80911	180
M12×14×200	120					80481	180	80929	240
M14×16× 63	45	15,7	25	9	50	80499	115	80937	200
M14×16×100	65					80507	150	80945	230
M14×16×160	100					80515	220	80952	310
M14×16×250	150					80523	300	80960	390
M16×16× 63	45	15,7	25	9	50	80531	140	80978	250
M16×16× 80	55					85621	160	85761	275
M16×16×100	65					80549	180	80986	290
M16×16×160	100					80556	260	80994	420
M16×16×200	125					85647	315	85779	435
M16×16×250	150					80564	380	81000	530
M16×18× 63	45	17,7	28	10	50	80572	160	81018	200
M16×18× 80	55					85639	185	85787	305
M16×18×100	65					80580	203	81026	315
M16×18×160	100					80598	280	81034	390
M16×18×200	125					85654	330	85795	448
M16×18×250	150					80606	430	81042	568
M20×20× 80	55	19,7	32	12	50	84103	290	84301	520
M20×20×100	65					84111	390	84319	560
M20×20×160	110					85662	470	85803	680
M20×20×200	125					84129	550	84317	768
M20×20×315	190					84137	800	84335	1030
M20×22× 80	55	21,7	35	14	50	80614	330	81059	530
M20×22×100	65					85829	400	85837	610
M20×22×125	85					80622	428	81067	670
M20×22×160	110					85670	500	85811	710
M20×22×200	125					80630	570	81075	770
M20×22×250	150					85845	660	80302	800
M20×22×315	190					80648	820	81083	1020
M24×24×100	70	23,7	40	16	20	80770	540	81216	910
M24×24×125	85					85888	640	85860	1005
M24×24×160	110					80788	770	81224	1040
M24×24×200	125					85704	900	85878	1265
M24×24×250	150					80796	1040	81232	1410
M24×24×400	240					80804	1410	81240	1780
M24×28×100	70	27,7	44	18	20	80655	650	81091	960
M24×28×125	85					85696	720	85888	1085
M24×28×160	110					80663	800	81109	1150
M24×28×200	125					85712	950	85894	1315
M24×28×250	160					80671	1120	81117	1500
M24×28×400	240					80689	1490	81125	1860
M30×36×125	80	35,6	54	22	10	80697	1250	81133	1860
M30×36×160	110					85720	1440	85902	2075
M30×36×200	135					80705	1630	81141	2230
M30×36×250	150					85738	1920	85910	2555
M30×36×315	200					80713	2200	81158	2950
M30×36×500	300					80721	3300	81166	3950
M36×42×160	100	41,6	65	26	10	80739	2200	81174	3220
M36×42×250	175					80741	2820	81182	3840
M36×42×400	250					80754	3930	81190	4950
M36×42×600	340					80762	5480	81208	6500
M42×48×160	100	47,6	75	30	10	84145	3400	84178	6000
M42×48×250	175					84152	4300	84186	6900
M42×48×400	250					84160	5800	84194	8400

Nr. 6485

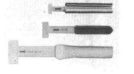

Order No.	s ze			
72892	14—20	14—20	105	100
72900	22—32	22—32	100	50
72918	36—54	36—54	360	—

DIN 787
12.9

new

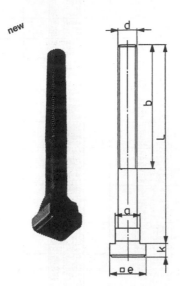

代號	□×⟦⟧×L	b	a	e	k	g
86140	M12×12× 50	35	11,7	18	7	60
86157	M12×12× 80	55				75
86165	M12×12×125	75				110
86173	M12×12×200	120				160
86181	M12×14× 50	35	13,7	22	8	70
86199	M12×14× 80	55				100
86207	M12×14×125	75				120
86215	M12×14×200	120				180
86264	M16×16× 63	45	15,7	25	9	140
86272	M16×16×100	65				180
86280	M16×16×160	100				260
86298	M16×16×250	150				380
86306	M16×18× 63	45	17,7	28	10	160
86314	M16×18×100	65				203
86322	M16×18×160	100				280
86330	M16×18×250	150				430
86421	M20×20× 80	55	19,7	32	12	290
86439	M20×20×125	85				390
86447	M20×20×200	125				550
86454	M20×20×315	190				800
86348	M20×22× 80	55	21,7	35	14	330
86355	M20×22×125	85				428
86363	M20×22×200	125				570
86371	M20×22×315	190				820
86462	M24×24×100	70	23,7	40	10	540
86470	M24×24×160	110				770
86488	M24×24×250	150				1040
86496	M24×24×400	240				1410
86389	M24×28×100	70	27,7	44	18	650
86397	M24×28×160	110				800
86405	M24×28×250	150				1120
86413	M24×28×400	240				1490

Nr. 6520

DIN 787
DIN 6379
DIN 508
DIN 6330 B
Nr. 6334
DIN 6319 C+G
DIN 6340

代號	⟦⟧	DIN 787		DIN 6379		DIN 508	DIN 6330 B	Nr. 6334	DIN 6319 C+G	DIN 6340	g	⬚
82982	M10×10	40/65/100	4/4/4	50/80/200	4/4/4	1)	4×	4×	4×	4×	2050	254×188×32
82990	M12×12	50/80/125	4/4/4	63/100/200	4/4/4	1)	4×	4×	4×	4×	3200	278×234×36
83006	M12×14	50/80	4/4	63/100/125/200	4/4/4/4	4×	4×	4×	4×	4×	3300	278×234×36
83014	M14×16	65/100	4/4	63/100/160/250	4/4/4/4	4×	4×	4×	4×	4×	5500	317×239×44
83022	M16×16	65/100/160	2/4/4	80/125/250	4/4/4	1)	4×	4×	4×	4×	7100	339×294×48
83030	M16×18	65/100	4/4	80/125/160/250	4/4/4/4	4×	4×	4×	4×	4×	7400	339×294×48
83048	M18×20	2)		80/125/200/315	4/4/4/4	4×	4×	4×	4×	4×	10600	358×342×56
83055	M20×22	80/125	4/4	80/125/200/315	10/10/10/10	4×	4×	4×	4×	4×	13100	358×342×56
83063	M24×28	100/160	4/4	100/160/250/400	4/4/4/4	4×	4×	4×	4×	4×	23600	444×409×72

6.夾具組

Nr. 6530

Nr. 6500 E + Nr. 6314 Z + DIN 787

代號	型	Nr. 6500 E 尺寸	p.	Nr. 6314 Z	DIN 787 尺寸	p.	DIN 6379 尺寸	p.	DIN 6330 B	DIN 6319 G	Nr. 6334	Nr. 6490	Nr. 6485	Nr. 836	g	箱
83584	M10×10	1 2 3	4 4 4	11×80 4×	100 63 40	4 4 2	80	4	M10 6×	G12 6×	M10 4×	Gr. 10 4×	—	17×17 1×	9200	355×270×47
83592	M12×12	2 3	4 4	14×100 4×	125 80 50	4 4 2	100	4	M12 6×	G14,2 6×	M12 6×	Gr.12 4×	—	19×19 1×	14300	460×330×50
83600	M12×14	2 3	3 4	14×100 4×	125 80 50	4 4 2	100	4	M12 6×	G14,2 6×	M12 6×	Gr. 14 4×	14-20 1×	19×19 1×	14600	460×330×50
83618	M16×16	2 3	4 4	18×125 4×	160 100 63	4 4 2	125	4	M16 6×	G19 6×	M16 4×	Gr. 16 4×	14-20 1×	24×24 1×	21500	510×415×50
83626	M16×18	2 3	4 4	18×125 4×	160 100 63	4 4 2	125	4	M16 6×	G19 6×	M16 4×	Gr. 18 4×	14-20 1×	24×24 1×	21500	510×415×50

Nr. 6531

Nr. 6342　　　Nr. 6500 E + Nr. 6314 Z + DIN 787

代號	型	Nr. 6500 E 尺寸	p.	Nr. 6314 Z	DIN 787 尺寸	p.	DIN 6379 尺寸	p.	DIN 508	DIN 6330 B	DIN 6319 G	Nr. 6485	Nr. 836	Nr. 6342 尺寸	p.	Nr. 6334	g	箱
83808	M10×10	1 2 3	4 4 2	11×80 4×	100 63	4 4	80	4	—	M10 6×	G12 6×	—	17×17 1×	1	4	M10 4×	6500	350×225×47
83816	M12×12	2 3	4 4	14×100 4×	125 80	4 4	100	4	—	M12 4×	G14,2 6×	—	19×19 1×	2	4	M12 4×	11000	359×333×57
83824	M12×14	2 3	4 4	14×100 4×	125 80	4 4	100	4	—	M12 4×	G14,2 6×	14-20 1×	19×19 1×	2	4	M12 4×	11000	359×333×57
83832	M16×16	2 3	4 4	18×125 4×	160 100	4 4	125	4	—	M16 4	G19 6×	14-20 1×	24×24 1×	3	4	M16 4×	16500	390×415×55
83840	M16×18	2 3	4 4	18×125 4×	160 100	4 4	125	4	—	M16 4	G19 6×	14-20 1×	24×24 1×	3	4	M16 4×	16500	390×415×55
83634	M20×20	2 3	4 4	22×160 4×	200 125	4 4	125	4	—	M20 6	G23,2 6×	22-32 1×	30×30 1×	4	4	M20 4×	24500	480×528×60
83642	M20×22	2 3	4 4	22×160 4×	200 125	4 4	125	4	—	M20 6	G23,2 6×	22-32 1×	30×30 1×	4	4	M20 4×	24500	480×528×60
83659	M20×24	2 3	4 4	22×160 4×	—	—	200 125	4 4	M20×24 8×	M20 6	G23,2 6×	22-32 1×	30×30 1×	4	4	M20 4×	24800	480×528×60

7.複式夾緊工具

Nr. 6492

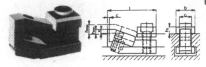

代號	a	c	h₁) min.	h₁) max.	×	l max.	b	h₁	g
73098	12	1,8	3,5	8,5	5	52	18	7	141
73106	14	1,8	2,5	7,5	5	55	22	8	280
73114	16	2,5	4,0	11,0	6	68	25	9	320
73122	18	2,5	2,0	9,0	6	71	28	10	340
73080	22	3,0	5,0	14,0	9	89	35	14	740

Nr. 6490

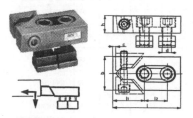

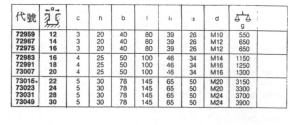

代號	a	c	h	b	l	l₁	l₂	d	g
72959	12	3	20	40	80	39	26	M10	550
72967	14	3	20	40	80	39	26	M12	650
72975	16	3	20	40	80	39	26	M12	650
72983	16	4	25	50	100	46	34	M14	1150
72991	18	4	25	50	100	46	34	M16	1250
73007	20	4	25	50	100	46	34	M16	1300
73015	22	5	30	78	145	65	50	M20	3150
73023	24	5	30	78	145	65	50	M20	3300
73031	28	5	30	78	145	65	50	M24	3700
73049	30	5	30	78	145	65	50	M24	3900

Nr. 6494

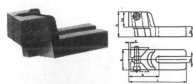

代號	a	b₁	c	h	h₁	h₂	b	l	l₁	g
73130	10 12 14	13	3	50	20	30	40	115	60	1000
73148	16 18 20	19	4	60	25	35	50	150	72	1550
73155	22 24 28 30 32 36	31	5	75	30	45	80	205	102	4400

Nr. 6497

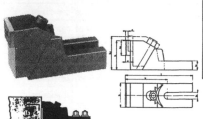

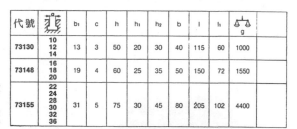

代號	a	b₁	c	h	h₁	h₂	h₃	b	l	l₁	e	g
73213	12 14 16 18	19	8	85	37	99	40	65	177,5	112,5	12	4400
73221	20 22 24 28 30	26	11	100	45	118	40	75	226,5	136,5	12	6800
73239	32 36 42	38	15	120	55	145	40	90	262,5	157,5	12	11300

8.阻銷、阻塊及斜口壓板

Nr. 6357

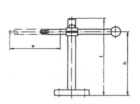

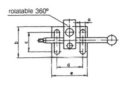

rotatable 360º

代號	尺寸	h	v	a	b	c	d	e	f	⚖ g	
75655	2	25–190	130	14	80	50	65	90	200	1650	
75663	3	33–230	150	17	100	60	100	150	245	4770	

Nr. 6358

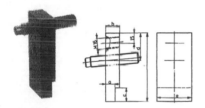

代號	a	b	c	d	e	l	⚖ g	
75879	18	20	20	40	50	100	805	
75887	20	25	30	40	80	125	1880	
75895	22	25	30	40	80	125	1920	
75900	24	32	40	65	100	150	3516	
75911	28	32	40	65	100	150	3646	

Nr. 6680

代號	夾緊範圍 mm	爪高	⚖ g	
73700	0–100	40	3150	

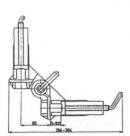

9.自動定心虎鉗

Nr. 7500

代號		類號	J-○	△ kg	△ kg		
無鑽模	有鑽模	中級		無鑽模	有鑽模		
75382	75424	7500	8- 80	16	24		
75390	75432	7501	8-100	17	25		
75408	75440	7502	46-182	50	70		
75416	—	7503	28-305	135	—		

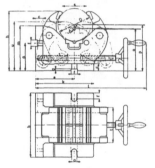

類號	a	b	c	e	H	g			m		c	p	r	s	t		阻塊
7500	16	200	24	120	20	6	182	180	350	140	36	133.0	151.5	18	62	110	152	150
7501	16	200	24	120	20	6	185	180	350	140	86	133.0	141.5	18	70	110	152	150
7502	19	275	30	180	20	6	276	260	395	175	100	202.0	224.0	25	140	180	246	250
7503	22	350	35	—	20	6	432	550	711	315	—	272.5	335.0	25	265	250	317	350

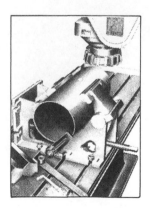

代號		類號	中級(標準)	等級	等級
無鑽模	有鑽模				
75382	75424	7500	± 0.15/175	± 0.05/175	± 0.05/500
75390	75432	7501	± 0.15/175	± 0.05/175	± 0.05/500
75408	75440	7502	± 0.20/260	± 0.05/260	± 0.05/500
75416	—	7503	± 0.30/450	± 0.10/450	± 0.10/800

Nr. 7506

代號	類號	虎鉗規格	外徑	鑽頭直徑	△ g	
75457	7506	7500/7501	26	6-6.8-8-8.5-10-10.3-12-14-16-18	770	
75465	7507	7502	35	12-14-15-16-18 20-22-24-25-26	3800	

10.組合式壓板

Nr. 6600

 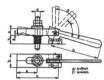

代號	尺寸	h	a×b×l₁	e	d	l₂	⚖ g	
73502	1	26—35	20×30×100	21—43	M12	143	1000	
73510	2	26—35	20×40×125	34—66	M16	143	1400	

Nr. 6601

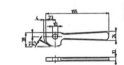

代號		⚖ g	
73569	終端夾緊用凸輪桿	300	

Nr. 6610

代號	尺寸	h	a×b×l₁	e	d	l₂	⚖ g	
73619	1	30—45	20×30×100	21—43	M12	143	1000	
73627	2	35—50	20×40×125	34—66	M16	143	1450	

Parts to Nr. 6610

Nr. 6611

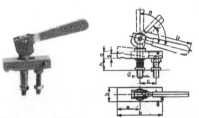

代號		⚖ g	
73676		010	

Nr. 6612

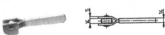

代號	尺寸	d	f	g	⚖ g	
74500	1	M12	110	25	500	
74518	2	M16	120	30	610	

Nr. 6614

代號	尺寸	b₁	l	a	b	b₂	e₁	e₂	⚖ g	
74526	1	14	100	20	30	12,5	21	22	350	
74534	2	18	125		40		34	32	590	

Nr. 6616

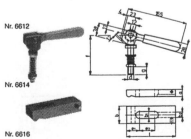

代號	尺寸	d₁	d₂	i	k	⚖ g	
74542	1	M12	12	58	40	70	
74559	2	M16		65		135	

11.精密椎

Nr. 6322 A

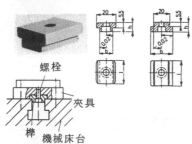

螺栓
夾具
椎 機械床台

代號	T形槽正常寬度		h	l	DIN 84 DIN 912	⚖ g
---	機械	夾具				
71555	10	20	10	22	M6×10	20
71563	12					25
71571	14	20	10	25	M6×16	28
71589	16					30
71597	18					30
71605	20					35
71613	22		12	32		50
71621	24					55
71639	28					60
71647	36					75

Nr. 6322 B

螺栓
夾具
椎
機械床台

代號	b	h	l	DIN 84 DIN 912	⚖ g
71696	10	8	20	M4×10	15
71704	12			M5×12	19
71712	14	10	22	M6×16	21
71720	16				26
71738	18				30
71746	20				34
71753	22	12	32	M6×16	55
71761	24				62

DIN 6323

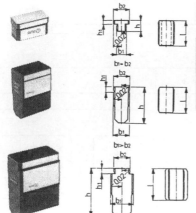

代號	T形槽正常寬度		h	h₁	l	⚖ g
---	機械	夾具				
適合小型機械：槽尺寸12						
71811	10	12	12.0	3.6	20	20
71829	12		28.6	5.5		45
適合大型機械：槽尺寸20						
71837	12	20	140	5.5	32	50
71845	14					55
71852	16					60
71860	18	20	140	5.5	32	65
71878	20		45.5	7.0	32	200
71886	22		50.5	7.0	40	290
71894	24		55.5	7.0	40	350
71902	28	20	61.5	7.0	40	460
71910	36		76.5	7.0	50	940

b₁<b₂

b₁=b₂

b₁>b₂

夾具
機械床台

鬆椎

12.平行對

DIN 6346 P

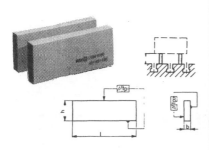

代號	h	tp₁	b	tp		⚖ g
75309	8	0,006	2,5	0,004		20
75317	10		3,2			30
75325	12	0,008	4,0	0,005	63	45
75333	16		5,0			80
75341	20	0,009	6,3	0,006		125
72181	12	0,008	4,0	0,005		75
72199	16		5,0			125
72207	20		6,3		100	200
72215	25	0,009	8,0	0,006		315
72223	32		10,0			500
72231	40	0,011	12,0	0,008		750
72249	25	0,009	8,0	0,006		500
72256	32		10,0			800
72264	40	0,011	12,0		160	1200
72272	50		16,0	0,006		2000
72280	63	0,013	20,0	0,009		3170
72298	63	0,013	20,0	0,009		4880
72306	80		25,0		250	7900
72314	100		32,0			12680
72363	100	0,015	40,0	0,011	400	26600

DIN 6346

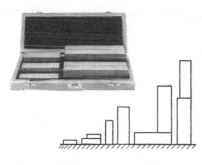

代號	尺寸	一組中之一件				▭	⚖ g
		63 mm	100 mm	160 mm	250 mm		
72322	2,5–25	8×2,5 10×3,2 12×4,0 16×5,0 20×6,3	12× 4,0 16× 5,0 20× 6,3 25× 8,0	— — — —	— — — —	200×100× 36	1250
72330	4–40	—	12× 4,0 16× 5,0 20× 6,3 25× 8,0	25× 8 32×10 40×12	— — —	305×115× 50	3750
72349	8–63	—	25× 8,0 32×10,0 40×12,0	50×16 63×20	—	305×115× 70	7400
72355	20–100	—	—	63×20 80×25 100×32		280×215×125	27100
72165	4–32	—	12× 4,0 16× 5,0 20× 6,3 25× 8,0 32×10,0	— — — — —	— — — — —	132×145× 50	1500
72173	8–50	—	—	25× 8 32×10 40×12 50×16	— — — —	192×158× 75	4900

Nr. 6347 S

new

代號	組　別	▭	⚖ g
83766	14×10×150 16×10×150 18×10×150 20×10×150 22×10×150 24×10×150 26×10×150 28×10×150 30×10×150 32×10×150 35×10×150 40×10×150 45×10×150 50×10×150	170×73×380	11400

13. 阻　塊

Nr. 6350

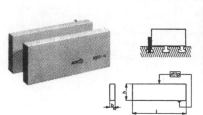

代號	b	公差	h	tp	l	g
74260	8	− 0,015	25	0,009	100	315
74278	10		32			500
74286	12	− 0,018	40	0,011		750
74294	14		50			1100
74302	16	− 0,018	50	0,011		2000
74310	18		63			2850
74328	20		63		160	3170
74336	22	− 0,021	80	0,013		4400
74344	24		80			4800
74351	28		100	0,015		7000

Nr. 6351

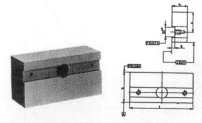

代號	h	b	T形槽用	適用螺栓組合 DIN 508 + DIN 912 or DIN 78	l	c	g
74369	30	60	10−24	10M10 − 24M20	125	40	1600
74377	60	80	12−36	12M12 − 36M24	160	55	5700
74385	100	100	12−36	12M12 − 26M24	160	75	12100
75358	30	60	10−24	10M10 − 24M20	125	40	3200
75366	60	80	12−36	12M12 − 36M24	160	55	11400
75374	100	100	12−36	12M12 − 36M24	160	75	24200

Nr. 6352

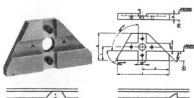

代號	尺寸	T形槽用	適用於夾緊件 DIN 787	DIN 508 / DIN 912 / DIN 6340	l	b	h	e	f	g
74393	125	10 12 14 16 18 20	10M10 12M12 14M12 16M16 18M16 18M16	10M 8 12M10 14M12 18M16 18M16 20M16	68	125	15	66.5	34	550
74401	200	12 14 16 18 20 22 24 28 36	12M12 14M12 16M16 18M16 20M20 22M20 24M20 28M24 36M24	 14M12 16M12 18M16 20M16 22M20 24M20 28M24 36M24	98	200	20	100	49	1900

Nr. 6328

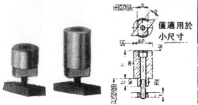

僅適用於小尺寸

代號	±0,01 短	±0.2 long	a −0.6	d +0.01	h	l2	Bolt DIN 912	g
75150	15	−	12	20	8	8	M 6×25	76
75192	12	25					M 6×35	81
75200	25	−	14	32	8	10	M 8×40	200
75218	14	50					M 8×65	355
75168	25	−	16	32	8	10	M 8×45	220
75176	16	50					M 8×75	375
75226	25	−	18	40			M10×50	360
75234	18	50					M10×75	600
75242	25	−	20	40			M10×55	410
75259	22	50					M10×80	650
75267	25	−	22	46			M12×60	630
75275	28	50					M12×90	950

14.V型枕組元件

Nr. 6355 P

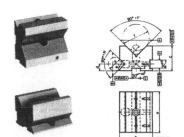

代號	尺寸	a	b	c	d	e	f	⚖ g
75127	12— 65	100	80	60	16	12—32	22— 65	5660
75135	20—110	160	125	100	18	20—80	40—110	23600

Nr. 6355 S

new

代號	Nr. 6355 P			⚖ g	
	尺寸	組			
83758	12— 65	1	240×284×163	31000	
	20—110	1			

Nr. 6370

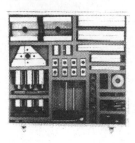

代號		DIN 6346P	Nr. 6350	Nr. 6352	Nr. 6328	Nr. 6355P	Nr. 6322A	DIN 6323	Nr. 510	DIN 6379	DIN 912	DIN 6330B	DIN 6340	Nr. 906Q	Nr. 836	⚖ g	
		pc.ca.1	pc.ca.*	pc.ca.2	pc.ca.1	pc.ca.8	pc.ca.2	pc.ca.2	pc.ca.2		pc.ca.2	pc.ca.2	pc.ca.1	pc.ca.1		
83691	12	16× 5×100 32×10×100 25× 8×160 40×12×160	12×40×100	Sz. 125	12×15 12×25	12— 65	12	12×20	M10×12	M10× 50	M 6×16 M10×16 M10×75	8 2 2	M10	10	SW5×100 SW8×100	SW17×17	18700
83709	14	16× 5×100 32×10×100 25× 8×160 40×12×160	14×50×100	Sz. 125	14×25 14×50	12— 65	14	14×20	M12×14 M10×14	M12× 63	M 6×16 M10×45 M10×75	8 2 2	M12	12	SW5×100 SW8×100	SW19×19	444 × 409 × 107	18750
83717	18	20×6,3×100 40×12×100 32×10×160 50×16×160	18×63×160	Sz. 125	18×25 18×50	12— 65	18	18×20	M10×18 M16×18	M16× 80	M 6×16 M10×45 M10×75	8 2 2	M16	16	SW5×100 SW8×100	SW24×24	23600
83725	22	32×10×160 50×16×160 63×20×250 100×32×250	22×80×160	Sz. 200	22×25 22×50	20—110	22	22×20	M16×22 M20×22	M20×125	M 6× 16 M16× 70 M16×120	8 2 2	M20	20	SW6×100 DIN 911	SW30×30	640 × 480 × 130	70000
83733	28	32×10×160 50×16×160 63×20×250 100×32×250	28×100×160	Sz. 200	28×23 28×50	20—110	28	28×20	M16×28 M24×28	M24×160	M 6× 16 M16× 70 M16×120	8 2 2	M24	24	SW5×100 DIN 911 SW14	Nr. 894 SW36×36	75800

15.立式肘節夾

Nr. 6800

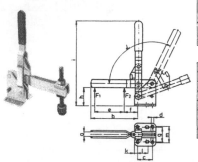

代號	尺寸	F₁ [kN]	F₂ [kN]				
90001	0	0,5	0,7	77	49	M 4× 30	60
90019	1	0,8	1,1	92	60	M 5× 35	105
90027	2	1,0	1,2	122	82	M 6× 45	170
90035	3	1,8	2,5	153	103	M 8× 55	315
90043	4	2,0	3,0	200	140	M 8× 75	560
90050	5	3,0	5,0	265	195	M12×110	1450
90068	6	3,5	5,5	310	230	M12×110	2120

尺寸	a	b	c	d	e	f	g	h	i	k	m	u	a
0	4	31,0	13,5	4,5	16	10	22	18,0	77	4,0	11,0	22	90°	—
1	5	38,5	16,0	4,5	19	14	24	22,0	92	5,5	16,0	24	90°	—
2	6	51,0	20,0	5,5	27	18	27	25,0	122	5,0	12,5	30	60°	105°
3	8	65,0	20,0	7,5	28	27	32	37,0	153	7,0	22,0	32	60°	105°
4	10	100,0	32,0	5,5	52	35	45	42,0	201	7,0	32,0	45	60°	105°
5	14	139,5	45,0	8,5	88	40	45	55,5	265	9,5	31,5	50	116°	—
6	14	165,0	50,0	10,5	90	55	70	85,0	310	12,5	50,0	70	60°	105°

Nr. 6802

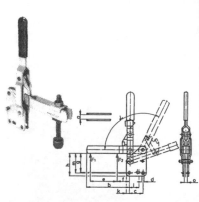

代號	尺寸	F₁ [kN]	F₂ [kN]				
90217	1	0,8	1,1	101	60	M 5× 35	105
90225	2	1,0	1,2	135	82	M 6× 45	170
90233	3	1,8	2,5	167	103	M 8× 55	320
90241	4	2,0	3,0	223	140	M 8× 75	580
90258	5	3,0	5,0	286	195	M12×110	1450
90266	6	3,5	5,5	341	230	M12×110	1910

尺寸	a	b	c	d	e	f	g	h	k	l	m	o	a
1	5	38,5	16	4,5	19	14	27,0	31,0	5,5	16,0	27,0	5,0	90°	—
2	6	51,0	20	5,5	27	18	31,8	38,0	5,0	12,5	30,3	5,4	60°	105°
3	8	65,0	20	7,5	28	27	44,5	50,5	7,0	20,0	44,5	6,0	60°	105°
4	10	100,0	32	8,5	52	35	56,0	65,0	7,0	32,0	56,0	8,0	60°	105°
5	14	139,5	45	8,5	88	40	64,0	76,5	9,5	31,5	66,5	10,0	116°	—
6	14	165,0	50	10,5	90	55	105,0	116,0	12,5	50,0	105,0	10,0	60°	105°

Nr. 6803

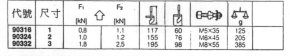

代號	尺寸	F₁ [kN]	F₂ [kN]				
90316	1	0,8	1,1	117	60	M5×35	125
90324	2	1,0	1,2	155	76	M6×45	205
90332	3	1,8	2,5	195	98	M8×55	385

尺寸	a	b	c	d	e	l	g	h	i	k	l	m	o	a
1	5	34,5	17,5	4,5	19	8	14	47	117	5,5	28,0	25	5	104°
2	6	40,0	25,5	5,5	25	6	20	61	155	6,0	37,0	32	5	110°
3	8	50,0	28,5	6,5	28	10	24	75	195	7,0	42,5	38	6	100°

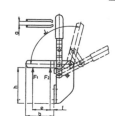
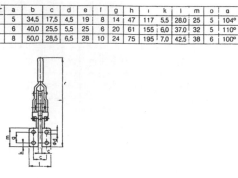

Nr. 6804

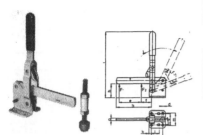

代號	尺寸	F₁ [kN]	F₂ [kN]				
90431	3	1,8	2,5	153	103	M 8× 55	320
90449	4	2,0	3,0	200	140	M 8× 75	570
90456	5	3,0	5,0	265	195	M12×110	1450
90464	6	3,5	5,5	310	230	M12×110	2120

規格

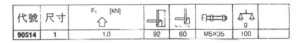

尺寸	a	b	c	d	e	f	g	h	i	k	l	m	u	a
3	6	65,0	20	7.5	28	27	32	37.0	153	7,0	20.0	32	60°	105°
4	9	100,0	32	8.5	52	35	45	42.0	200	7,0	32,0	45	60°	105°
5	10	139,5	45	8.5	88	40	45	55.5	265	9,5	31,5	50	116°	–
6	10	165,0	50	10.5	90	55	70	85.0	310	12,5	50.0	70	60°	105°

Nr. 6805

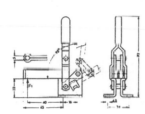

代號	尺寸	F₁ [kN]			g	
90514	1	1,0	92	60	M5×35	100

Nr. 6811

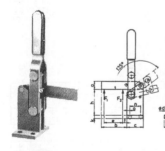

代號	尺寸	F₁ [kN]	F₂ [kN]		g	
91157	5	6,0	9,0	253	125	1390
91165	6	12,0	18,0	328	155	2860

Nr. 6812

代號	尺寸	F₁ [kN]	F₂ [kN]		g	
91256	5	6,0	9,0	245	125	1190
91264	6	12,0	18,0	316	155	2420

尺寸	a	b	c	e	f	g	h	i	d	k	l	m	n	o
5	25	75	50	55	15	12	75	245	9	8	65	50	35	7,5
6	30	95	60	70	15	15	95	316	11	12	80	60	40	10,0

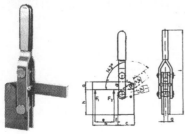

16.臥式肘節夾

Nr. 6830

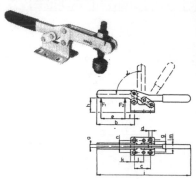

代號	尺寸	F₁ [kN]	F₂ [kN]				g
93005	0	0,25	0,40	22	73	M4×30	35
93013	1	0,80	1,10	31	113	M5×35	105
93021	2	1,00	1,20	37	157	M6×45	140
93039	3	1,80	2,50	48	191	M8×55	305
93047	4	2,00	3,00	66	270	M8×75	525
93054	5	3,00	5,00	71	302	M8×75	1060

規格

尺寸	a	b	c	d	e	f	g	h	i	k	l	m	n	α
0	4	26,0	16,0	4,3	11	10	16,0	15,0	73	4,0	11,2	16,0	16,0	90°
1	5	40,5	15,0	5,0	26	11	18,0	21,0	113	5,5	13,0	22,0	22,0	90°
2	6	56,0	27,0	5,5	22	21,0	25,0	157	6,0	12,7	27,0	27,0	90°	
3	8	72,0	25,5	6,5	44	22	23,0	33,0	191	7,0	25,5	29,0	26,0	90°
4	10	103,0	41,0	7,0	52	35	26,0	34,5	270	8,5	19,0	42,0	32,0	90°
5	10	121,5	41,5	8,5	78	30	41,5	46,0	302	12,5	41,5	41,5	41,5	90°

Nr. 6832

代號	尺寸	F₁ [kN]	F₂ [kN]				g
93203	0	0,25	0,40	31,5	73	M4×30	85
93211	1	0,80	1,10	42,0	113	M5×35	105
93229	2	1,00	1,20	50,0	157	M6×45	140
93237	3	1,80	2,50	63,5	191	M8×55	315
93245	4	2,00	3,00	85,0	270	M8×75	530
93252	5	3,00	5,00	91,5	302	M8×75	1045

尺寸	a	b	c	d	e	f	g	h	k	l	m	n	o	α
0	4	26,0	16,0	4,3	11	10	20,5	24,5	4,0	11,2	20,5	20,5	0	90°
1	5	40,5	15,0	5,0	26	11	25,0	32,0	5,5	13,0	27,0	27,0	0	90°
2	6	56,0	27,0	5,5	28	22	29,5	38,0	6,0	12,7	32,5	32,5	4	90°
3	8	72,0	25,5	6,5	44	22	39,0	48,5	7,0	25,5	40,5	42,0	0	90°
4	10	103,0	41,0	7,0	52	35	39,0	54,0	8,5	19,0	42,0	47,0	8	90°
5	10	121,5	41,5	8,5	78	30	58,0	66,5	12,5	41,5	58,0	58,0	0	90°

Nr. 6833

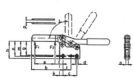

代號	尺寸	F₁ [kN]	F₂ [kN]				g
93328	2	1,0	1,2	87.5	154	M6×45	205
93336	3	1,8	2,5	86.0	190	M8×55	375

尺寸	a	b	c	d	e	f	g	n	i	k	l	m	o	α
2	6	44	25,5	5,5	25	6	20	75.5	154	6	37.0	32	5	90°
3	8	58	28,5	6,5	40	8	24	71.0	190	7	42.5	38	0	90°

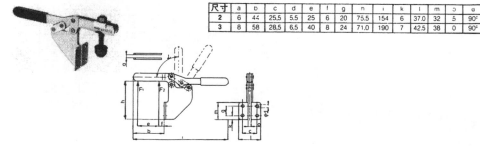

17.推拉及鈎式肘節夾

Nr. 6841

代號	尺寸	F₁ ⇨ F₂ [kN] ⇦ [kN]					
94094	0	0.8	0.8	43	90	M 4×16	65
94110	1	1.0	1.0	60	121	M 4×20	125
94136	3	2.5	2.5	96	190	M 8×35	445
94151	5	4.5	4.5	126	239	M12×50	980

尺寸	a	b	c	d	e	f	g	h	i	k	l	m	n	M
0	6	33,5	16	4,5	13	16	16	12	43	M10	8,5	16,0	25	M 4
1	8	44,5	20	4,5	20	20	16	15	60	M12	13,0	19,5	30	M 4
3	12	70,0	32	6,5	30	30	30	25	96	M20	18,0	42,0	60	M 8
5	16	81,5	40	8,5	50	35	30	30	126	M24	22,0	45,0	65	M12

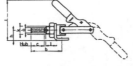
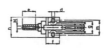

Nr. 6842

代號	尺寸	F₁ ⇨ F₂ [kN] ⇦ [kN]					
94235	3	4,0	4,0	106	192	M 8×35	540
94250	5	10,0	10,0	134	245	M12×50	1115
94276	7	25,0	25,0	180	305	M12×50	2040

尺寸	a	b	c	d	e	f	g	h	i	k	l	m	n	M
3	12	72	32	8,5	30	96	36	30	106	28	41	44	60	M 8
5	16	98	40	9,5	50	121	41	38	134	45	41	50	70	M12
7	22	105	50	11,0	50	157	57	55	180	44	70	65	92	M12

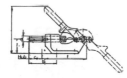
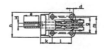

Nr. 6845

new

代號	尺寸	⇨ [kN]	(mm)			g
94532	3	1,8	12	30,0	205	195
94557	5	4,5	8	61,5	308	780

Size	b	c	d	g	h	i	k	l	m	n	R
3	67–79	19	5,3	5,5	21,5	205	13	40	32	44	4,5
5	59—67	29	9,0	11,0	45,0	308	13	55	60	85	7,5

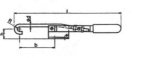
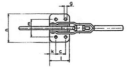

Nr. 6846

代號	尺寸			g
94631	3	27,5	40	70
94656	5	59,0	55	320

尺寸	b	c	d	g	h	i	k	l	m	n	o
3	6	19	7	5,5	21,5	27,5	13	40	32	44	6,4
5	12	29	11	11,0	47,0	59,0	13	55	60	85	10,2

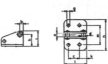

18.肘節夾構件

Nr. 6895

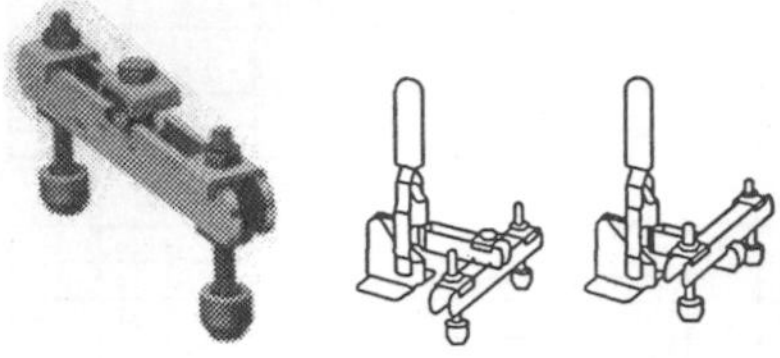

代號	尺寸				g	
99531	3	32–100	120	M 8× 55	180	
99549	4	40–125	150	M 8× 75	370	
99564	6	54–200	240	M12×110	1025	

Nr. 6895	與肘節夾具連用					
	6800	6802	6830	6832	6820	7350
Size 3	3	3	3	3	3	3
Size 4	4	4	4	4	4	–
Size 6	5/6	5/6	–	–	6	–

Nr. 6885

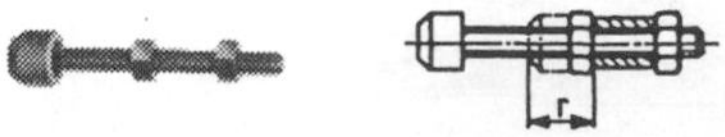

Nr. 6886

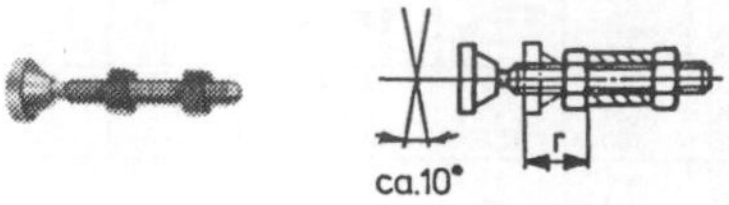

Nr. 6885

代號	尺寸		r	g	
98517	1	M 5× 35	14	9	
98541	4	M 8× 75	22	40	
98566	6	M12×110	30	140	
Nr. 6886					
98616	1	M 5× 35	7,5	7	
98632	4	M 8× 75	17,0	40	
98665	6	M12×100	25,0	134	

夾緊螺絲		與肘節夾具連用	
6885	6886	6804	6805
Size 1	1	–	1
Size 4	4	3/4	–
Size 6	6	5/6	–

Nr. 6890

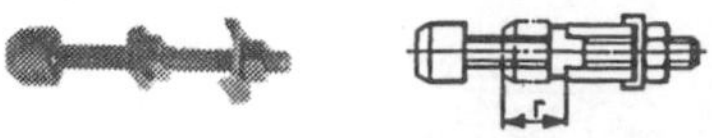

Nr. 6891

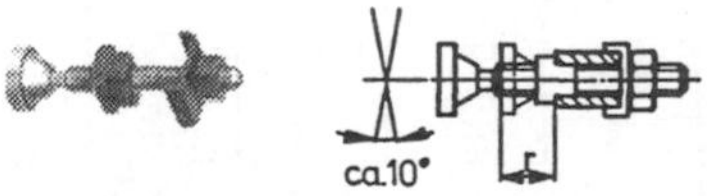

Nr. 6890

代號	尺寸		DIN 508	r	g	
99002	0	M 4× 30	–	13,0	5	
99010	1	M 5× 35	–	16,0	10	
99028	2	M 6× 45	–	20,0	22	
99036	3	M 8× 55	–	27,0	40	
99044	4	M 8× 75	10 M 8	21,0	62	
99051	5	M 8× 75	10 M 8	21,0	62	
99069	6	M12×110	14 M 12	28,0	180	
99077	7	M16×140	18 M 16	22,0	405	
Nr. 6891						
99119	1	M 5× 35	–	7,5	8	
99127	2	M 6× 50	–	20,0	25	
99135	3	M 8× 75	–	22,0	47	
99143	4	M 8× 75	10 M 8	17,0	62	
99168	6	M12×100	14 M 12	25,0	177	

Nr. 6892

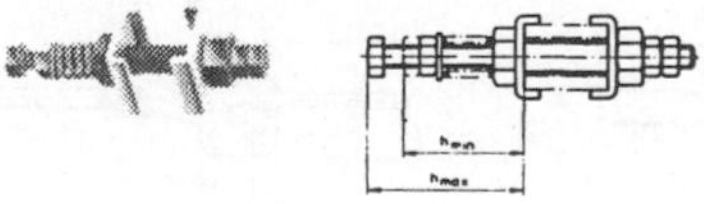

Nr. 6892

代號	尺寸		h min. max.	g	
99200	1	M5× 80	28 – 47	42	
99218	2	M5× 80	28 – 46	42	
99226	3	M5× 80	28 – 41	42	
99234	4	M8×110	43 – 59	145	

夾緊螺絲			彈簧負荷螺栓與肘節夾具連用								
6890	6891	6892	6800	6802	6803	6820	6830	6832	6833	6895	7350
Size 0	–	–	0	–	–	–	0	0	–	–	–
Size 1	1	1	1	1	1	1	1	1	–	–	–
Size 2	2	2	2	2	2	2	2	2	2	–	–
Size 3	3	3	3	3	3	3	3	3	3	3	3
Size 4	4	4	4	4	–	4	4	4	–	4	–
Size 5	–	–	–	–	–	–	5	5	–	–	5
Size 6	6	–	5/6	5/6	–	6	–	–	–	6	–

Nr. 6893

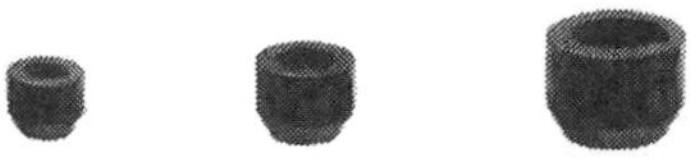

代號	尺寸				g	
99309	0	11,0	8,5	M 4	1	
99325	1	12,5	10,0	M 5	1	
99333	2	15,0	12,0	M 6	2	
99341	3+4	19,0	15,0	M 8	4	
99366	6	26,0	20,0	M12	10	

19.肘節鉗及可調高度肘節夾

Nr. 6875

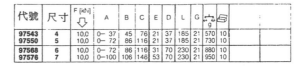

代號	尺寸	F [kN] ⇩	A	B	C	E	D	L	G	g	
97543	4	10,0	0– 37	45	76	21	37	185	21	570	10
97550	5	10,0	0– 72	86	116	21	37	185	21	730	10
97568	6	10,0	0– 72	86	116	31	70	230	21	880	10
97576	7	10,0	0–100	106	146	53	70	230	21	950	10

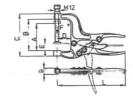

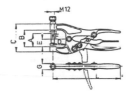

Nr. 7350

代號	尺寸	⯐	F₁ [kN] ⇧	F₂ [kN]	h	b	c	d	⯐	g	
74187	3–10	10									
74195	3–12	12	1,8	2,5	0–110	40	25	8	M8×55	720	
74203	3–14	14									
74211	3–16	16	1,8	2,5	0–110	40	25	8	M8×55	760	
74179	3–18	18									
74229	5–12	12	3,0	5,0	0–130	75	25	10	M8×75	1940	
74237	5–14	14									
74245	5–10	16	3,0	5,0	0–130	75	25	10	M8×75	1980	
74252	5–18	18									

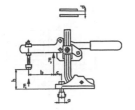

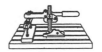

20.氣壓式肘節夾

Nr. 6820

代號	尺寸	F₁ ⬆ [kN]	F₂ [kN]	F₃ ⬇ [kN]	F₄ [kN]	Vn*	📏	⚙	⚖ g	
92015	1	0,8	1,1	0,35	0,5	0,15	51.0	188,0	M 5× 35	610	
92023	2	1,0	1,2	0,70	1,0	0,26	61.5	214,0	M 6× 45	870	
92031	3	1,8	2,5	0,80	1,1	0,35	79.0	244,5	M 8× 55	1160	
92049	4	2,0	3,0	1,50	2,2	0,80	94.5	303,0	M 8× 75	1900	
92064	6	3,0	5,5	3,00	5,5	6,30	172.5	520,5	M12×110	6820	

尺寸	a	b	c	d	e	f	g	h	k	l	m	n	s	u
1	5	38,5	16	4,5	19	14	24	24,5	6,0	139,5	40,0	47,0	23	40,0
2	6	51,0	20	5,5	27	18	27	27,5	5,5	151,0	48,5	55,5	26	48,5
3	8	65,0	20	7,5	28	27	32	39,5	7,5	165,5	52,0	73,0	29	52,0
4	10	100,0	32	8,5	52	35	45	45,0	8,0	189,0	64,0	87,0	35	74,0
6	14	165,0	50	10,5	90	55	70	90.0	12,5	340,5	106,0	160	55	106,0

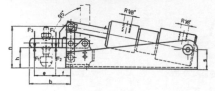

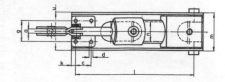

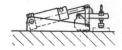

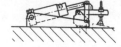

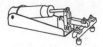

Nr. 6815

代號	尺寸	F₁ ⬆ [kN]	F₂ [kN]	F₃ ⬇ [kN]	F₄ [kN]	Fₜ [kN]	📏	⚙	⚖ g	
91546	4	6.0	9,0	1,5	2,2	0.5	122	154.0	2535	
91561	6	2.0	18,0	2,5	3,5	1,0	144	169.5	4215	
91587	8	20.0	30,0	4,0	6,0	2,0	198	240.0	0670	

尺寸	a	b	c	d	e	f	g	h	k	l	m	n	t	u	v	ø
4	15	82,0	52	11	54	19	70	57	10,0	82	90	109	30	8	27	6,2
6	20	90,5	55	11	60	21	83	63	11,0	90	105	126	40	12	26	8,0
8	30	127,5	60	13	95	22	111	88	12,5	125	135	178	60	18	40	13,2

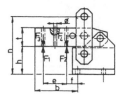

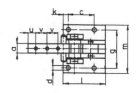

Nr 6825

代號	尺寸	F_1 [kN]	F_2 [kN]	F_3 [kN]	F_4 [kN]	F_5 [kN]	Vn*			g
92544	4	6,0	9,0	1,5	2,2	0,5	1,0	122	331,0	4380
92569	6	12,0	18,0	2,5	3,5	1,0	2,2	144	372,5	7360
92585	8	20,0	30,0	4,0	6,0	2,0	6,3	198	509,0	16800

尺寸	a	b	c	d	e	f	g	h	k	l	m	n	s	u	v	ø
4	15	82,0	52	11	54	19	70	57	10,0	238,0	72	109	37	8	27	6,2
6	20	90,5	55	11	60	21	83	63	11,0	269,0	93	126	43	12	26	8,0
8	30	127,5	80	13	95	22	111	88	12,5	366,5	122	178	58	18	40	13,2

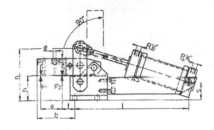

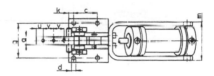

Nr. 6826

代號	尺寸	F_1 [kN]	F_2 [kN]	F_3 [kN]	F_4 [kN]	F_5 [kN]	Vn*			g
92643	4	6,0	9,0	1,5	2,2	0,5	1,0	167,5	297	4245
92668	6	12,0	18,0	2,5	3,5	1,0	2,2	191,5	337	7250
92684	8	20,0	30,0	4,0	6,0	2,0	6,3	270,0	453	16800

尺寸	a	b	d	e	f	g	h	k	l	n	p	t	u	v	w	ø
4	15	82,0	11	54	19	70	65	10	35	130	155,0	30	8	27	156	6,2
6	20	91,5	13	60	21	83	69	12	35	150	173,5	40	12	26	174	8,0
8	30	130,0	17	95	22	115	94	15	50	204	250,0	60	18	40	234	13,2

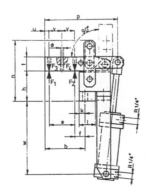

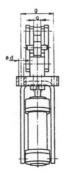

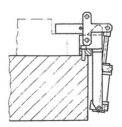

Nr. 6850

代號	尺寸	F₁ ⇨⇦ F₂ [kN] [kN]	Vn*	行程				
95033	3	4,0 2,5	0,8	24	75	299	M 8×35	1980
95059	5	10,0 5,0	2,2	32	98	403	M12×50	3650
95075	7	25,0 10,0	4,5	40	132	489	M12×50	7680

使用6巴壓力下，每往返一趟所消耗之空氣，單位爲立方公寸（dm³）

尺寸	a	b	c	d	e	f	g	h	k	l	m	n	u	M
3	12	72	24	6,5	30	41	41	32,5	28	236	279	75	69	M 8
5	16	98	32	8,5	50	41	41	41,0	45	322	382	98	82	M12
7	22	105	40	11,0	50	70	57	59,0	44	404	468	132	108	M12

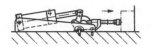

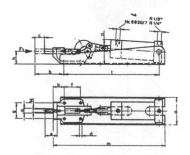

車削加工 拋棄式車刀之記號說明

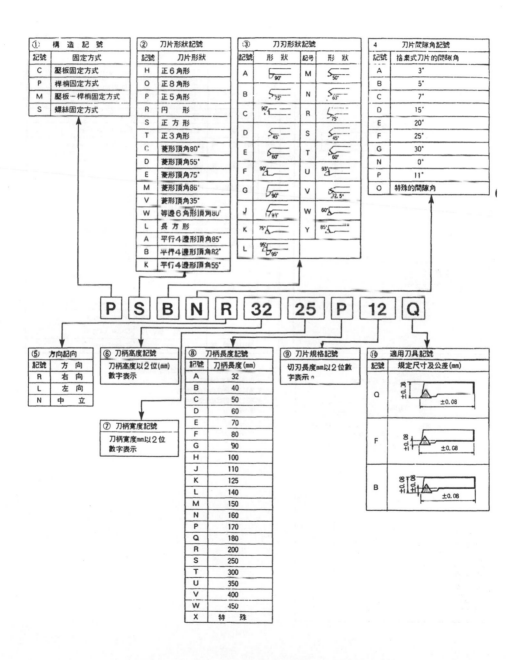

車削加工 超硬車刀各部之名稱

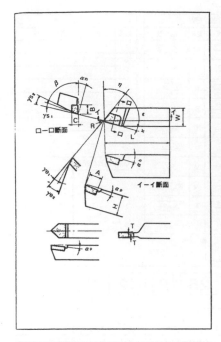

記號	用 語		英 語 對 照
	JIS規定	通 稱	(參 考)
A※	—	刀 片 長 度	Tip Length
B※	—	刀 片 寬 度	Tip Width
C※	—	刀 片 厚 度	Tip Thickness
R	刀尖半徑	(刀 尖 R)	Nose Radius
α_b	後 斜 角	前斜角 (前傾角)	Back Rake Angle
α_p	頂 斜 角	(切 刃 傾 角)	Parallel Rake Angle
α_n	側 斜 角	(橫 斜 角)	Normal Rake Angle (Side Rake Angle)
γ_{e1}	第一前間隙角	(前 二 番 角)	End Relief Angle
γ_{e2}	第二前間隙角	(前 間 隙 角)	End Clearance Angle
γ_{s1}	第一側間隙角	(橫 二 番 角)	Side Relief Angle
γ_{s2}	第二側間隙角	(橫 間 隙 角)	Side Clearance Angle
β	切 削 角	—	Tool Angle 或は Lip Angle
η	前 切 角	—	End Cutting Edge Angle
κ	側 切 角	—	Side Cutting Edge Angle
ε	刀 尖 角	—	Nose Angle
W	—	刀 柄 寬 度	Shank Width
H	—	刀 柄 高 度	Shank Height
L	—	刀 柄 長 度	Shank Length
T	側 後 斜 度	—	Back Taper

(註) 1.有※記號者除外，其餘均依據JIS B0107。
2.用語JIS規定係根據JIS B 0107。
3.通稱是一般使用較多的用語。
4.車刀刀刃形狀的記號順序如表所示。(依據JIS B 4011)。舉例如左圖所示。

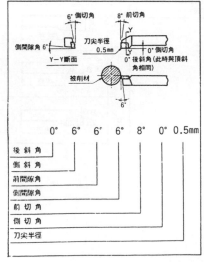

車削加工 問題點章排除

■ 車削加工・問題點排除

對策 ＼ 問題點	刀　尖　損　傷							其　他		
	間隙面的極端磨耗	熔疤的極端磨耗	切刃的破缺	切刃及刀片的破損	熱龜裂的發生	構成刀尖的粘屑	刀尖的塑性變形	顫動太大	加工面不佳	切屑處理不佳
切削條件 提高速度			●			●			●	
降低速度	●	●			●					
提高進給	●									
降低進給		●		●			●	●		
切削斷面積減少		●	●	●						●
水溶性切削油不可使用					●					
工具材質 使用較硬材質	●						●			
使用較韌材質			●	●						
使用較耐熱衝擊材質					●					
使用較耐溶著性材質						●			●	
工具設計 斜角變大		●								
斜角變小			●							
刀尖半徑變大	●							●	●	
刀尖半徑變小								●		
間隙角變大	●									
強化切刃（搪磨）			●	●						
改變刀片斷屑溝									●	●
增加刀柄強度			●	●				●		
改變側切角			●	●				●		
使用修邊刃									●	
研磨 施行正確研削	●		●	●						
機械 工件夾持牢固			●	●				●		
工件夾持牢固			●	●				●		
避免機械鬆動			●	●				●		
減少刀柄之懸量			●	●				●		

車削加工切削性能

■影響切削性能之各要因

要　因		狀況	工具壽命		品　　質				切削處理	切削抵抗
要　素			耐磨耗性	強　度	尺寸精度	溶　着	顫　動	加工面		
切削條件	切削速度	高	↘		↗	↗		↗	↘	↗
		低	↗	↘	↘	↘	↘	↘	↗	↘
	進給速度	高	↘	↘	↘		↘	↘	↗	↘
		低	↗	↗	↗		↗	↗	↘	↗
	切削深度	大		↘	↗		↘	↗	↘	↗
		小		↗	↗		↗	↗	↗	↗
	切削油	有						↗	↘	
		無								
工具形狀	側切角	大		↗	↘				↘	↘
		小		↘					↗	↗
	刀尖半徑	大	↗		↘			↗	↘	↘
		小	↘	↘	↗			↘		↗
	斜　角	大（正）	↗	↘	↗	↗	↗	↗	↘	↘
		小（負）	↘	↗	↘	↘	↘	↘	↗	↗
	刀尖處理量	大	↘	↗	↘	↘			↗	↘
		小	↗	↘	↗				↘	
	斷屑口	不銳利	↘	↘	↘		↘		↗	
		銳利	↗	↗	↗				↘	↗
被削材	含碳量	多	↘						↗	
		少	↗			↘		↘	↘	
	合金添加物	有	↘						↗	
		無	↗						↘	
	硬　度	高	↘	↘				↗	↗	↘
		低							↘	↗
	加工徑	大							↘	
		小			↘		↘		↗	
	表面性狀	黑皮斷續	↘		↘		↘		↗	
		白　皮		↗	↗					

切削性能所受影響　↗：良的傾向　↘：不良的傾向

車削加工 **切削處理**

■ 切屑形狀之影響及評價

影響及評價	切屑形狀	A 型	B 型	C 型	D 型	E 型
工具壽命	耐磨耗性		○	○	○	×
	破　缺	×	×	○	○	×
品質	加工面	○	○	○	○	○
	顫　動	○	○	○	○	×
	尺寸精度	○	○	○	○	×
搬運	加工零件	×	○	○	○	○
	切　屑	×	×	○	○	○
動力—切削抵抗		○	○	○	○	×
安　全　性		×	○	○	○	×
綜　合　評　價		×	○	◎	◎	×
切削深度	大					
	小					

◎最適　○良好　×不可

車削加工 推薦條件及最適材質

被　削　材			精車削：進給量0.05～0.3(mm/rev)		普通車削：進給量0.2～0.6(mm/rev)		粗車削：進給量0.5～(mm/rev)	
	被 削 材 名	硬度（勃氏）抗拉強度(kg/mm²)	最適材質	切削速度(m/min)	最適材質	切削速度(m/min)	最適材質	切削速度(m/min)
鋼 類	碳　素　鋼（構造用鋼 S□□C（例 S45C）SS材）	Hв 150以下（50kg/mm²以下）	T12A (瓷　金)	200～250	AC10(被覆層)	150～200	AC815, AC720（被　覆　層）	100～150
		Hв 150～250（50～85kg/mm²）	T12A (瓷　金)	150～220	AC10(被覆層)	120～180	AC815, AC720（被　覆　層）	80～120
		Hв 250～350（85～120kg/mm²）	T12A (瓷　金)	110～180	AC10(被覆層)	80～150	AC815, AC720（被　覆　層）	60～100
		Hв 350以上（120kg/mm²以上）	T12A (瓷　金)	50～120	AC10(被覆層)	40～100	－	－
	合　金　鋼（SCr, SCM SNC, SNCM SK, SKD）	Hв 150以下（50kg/mm²以下）	T12A (瓷　金)	180～220	AC10(被覆層)	140～180	AC815, AC720（被　覆　層）	100～150
		Hв 150～250（50～85kg/mm²）	T12A (瓷　金)	140～200	AC10(被覆層)	110～160	AC815, AC720（被　覆　層）	80～120
		Hв 250～350（85～120kg/mm²）	T12A (瓷　金)	110～160	AC10(被覆層)	80～120	AC815, AC720（被　覆　層）	60～100
		HвC 36～50（120～180kg/mm²）	T12A (瓷　金)	50～120	AC10(被覆層)	40～100	－	
		HвC 50以上（180kg/mm²以上）	HI (K01)	20～50	HI (K01)	10～40	－	
	高　張　力　鋼（彈簧鋼 軸承鋼 錳鋼）	Hв 150以下	T12A (瓷　金)	150～200	AC10(被覆層)	100～150	AC815, AC720（被　覆　層）	80～120
		Hв 150～250	T12A (瓷　金)	120～160	AC10(被覆層)	90～120	AC815, AC720（被　覆　層）	60～100
		Hв 240～350	ST10P (P10)	90～140	AC10(被覆層)	70～100	AC815, AC720（被　覆　層）	40～70

車削加工推薦條件及最適材質

被削材		精車削：進給量0.05~0.3 (mm/rev)		一般車削：進給量0.2~0.6 (mm/rev)		粗車削：進給量0.5~ (mm/rev)	
被削材名	硬度(勃氏) 抗拉強度(kg/mm²)	最適材質	切削速度(m/min)	最適材質	切削速度(m/min)	最適材質	切削速度(m/min)
鋼類 快削鋼 碳素鋼 (S□CL / Ca脱酸鋼)	HB 150以下 (50kg/mm²以下)	T12A (瓷金)	230~280	AC10(被覆層)	180~230	AC815, AC720 (被覆層)	140~180
	HB 150~250 (50~85kg/mm²)	T12A (瓷金)	180~250	AC10(被覆層)	140~200	AC815, AC720 (被覆層)	100~160
	HB 250~350 (85~120kg/mm²)	ST10P (P10)	120~200	AC10(被覆層)	100~160	AC815, AC720 (被覆層)	80~120
合金鋼 (SUM / SCr□L / SCM□L / SNCM□L / Ca脱酸鋼、等)	HB 150以下 (60kg/mm²以下)	T12A (瓷金)	200~250	AC10(被覆層)	160~200	AC815, AC720 (被覆層)	120~160
	HB 150~250 (50~85kg/mm²)	T12A (瓷金)	160~220	AC10(被覆層)	120~180	AC815, AC720 (被覆層)	80~140
	HB 250~350 (85~120kg/mm²)	ST10P (P10)	110~180	AC10(被覆層)	80~150	AC815, AC720 (被覆層)	60~100
鑄鋼	HB 150以下	T12A (瓷金)	150~200	AC10(被覆層)	100~150	AC815, AC720 (被覆層)	80~120
	HB 150~250	T12A (瓷金)	120~160	AC10(被覆層)	90~120	AC815, AC720 (被覆層)	60~100
	HB 250~350	ST10P (P10)	90~140	AC10 (被覆層)	70~100	AC815, AC720 (被覆層)	40~70
不銹鋼 沃斯田鐵系 (SUS 2□□ / SUS 3□□) (例 SUS330)	—	U10E (M10) T12A (瓷金)	100~150 120~200	A30(P30) AC815 (被覆層)	80~120 100~180	A30(P30) AC835 (被覆層)	30~60 60~120
麻田散鐵系 肥粒鐵系 (SUS 4□□) (例 SUS430)	HB 250以下	U10E (M10)	120~200	ST20E (P20) AC815 (被覆層)	80~120 100~180	A30(P30) AC835 (被覆層)	50~80 60~120
	HB 250以上	U10E (M10)	100~150	ST20E (P20) AC815 (被覆層)	60~100 80~120	A30(P30) AC835 (被覆層)	30~70 50~100

車削加工推薦條件及最適材質

被　　削　　材		精車削：進給量 0.05~0.3(mm/rev)		一般車削：進給量 0.2~0.6(mm/rev)		粗車削：進給量 0.5~(mm/rev)	
被削材名	硬度(勃氏) 抗拉強度(kg/mm²)	最適材質	切削速度(m/min)	最適材質	切削速度(m/min)	最適材質	切削速度(m/min)
普通鑄鐵 FC (例 FC25)	HB 220以下	G10E (K10) NB90S (陶瓷) W80 (陶瓷)	120~180 120~400	G10E (K10) AC10 (被覆層)	80~140 80~300	G10E (K10) AC10, AC805 (被覆層)	60~100 60~200
	HB 220以上	G10E (K10) NB90S (陶瓷)	80~150 80~300	G10E (K10) AC10 (被覆層)	60~120 60~250	G10E (K10) AC10 (被覆層)	40~8· 50~180
強韌鑄鐵 延展性鑄鐵 米漢納鑄鐵 FCD	HB 220以下	U10E (M10) NB90S (陶瓷)	120~180 120~300	U10E (M10) AC10 (被覆層)	60~120 60~250	A30 (M20) AC10 (被覆層)	50~80 60~200
	HB 220~300	U10E (M10) NB90S (陶瓷)	80~120 80~300	U10E (M10) AC10 (被覆層)	60~100 60~250	A30 (M20) AC10 (被覆層)	40~8· 50~18·
	HB 300以上	H2, H3 (K01) NB90S (陶瓷)	40~70 50~250	U10E (M10) AC10 (被覆層)	30~80 40~220		
可鍛鑄鐵 (FCMB, FCMW) FCMP	HB 160以下	U10E (M10) NB90S (陶瓷)	150~200 150~400	U10E (M10) AC10 (被覆層)	80~140 80~250	A30 (M20) AC10 (被覆層)	60~100 60~200
	HB 160~200	U10E (M10) NB90S (陶瓷)	100~150 100~300	U10E (M10) AC10 (被覆層)	80~120 80~250	A30 (M20) AC10 (被覆層)	50~80 60~200
	HB 200以上	U10E (M10) NB90S (陶瓷)	80~120 80~300	U10E (M10) AC10 (被覆層)	60~80 60~250	A30 (M20) AC10 (被覆層)	40~60 50~150
冷激鑄鐵	Hs 65~90	NB90S (陶瓷) H2, H3 (K01)	80~250 10~20	H2, H3 (K01)	5~15	—	—

(左側縱向標示：鑄　鐵)

車削加工推薦條件及最適材質

非鐵材料

被　　削　　材			精車削：進給量 0.05～0.3 (mm/rev)		一般車削：進給量 0.2～0.6 (mm/rev)		粗車削：進給量 0.5～ (mm/rev)	
被 削 材 名		硬　度 (勃　氏)	最 適 材 質	切 削 速 度 (m/min)	最 適 材 質	切 削 速 度 (m/min)	最 適 材 質	切 削 速 度 (m/min)
一般非鐵金屬	銅		H1 (K01)	400～600	H1 (K01)	300～500	H1 (K01)	150～400
	銅合金、黃銅、青銅	HB 125以下	H1 (K01)	300～500	H1 (K01)	250～400	H1 (K01)	200～300
		HB 125以上	H1 (K01)	250～400	H1 (K01)	150～300	H1 (K01)	100～200
	鋁	—	H2, H3 (K01) F0 (超微粒子)	max	H2, H3 (K01) F1 (超微粒子)	max	H2, H3 (K01) F1 (超微粒子)	max
	鋁 合 金	—	H2, H3 (K01) F0 (超微粒子)	max	H2, H3 (K01) F1 (超微粒子)	max	H2, H3 (K01) F1 (超微粒子)	max
	壓 鑄 鋁 合 金	—	H1 (K01) F1 (超微粒子)	150～300	H1 (K01) F1 (超微粒子)	120～180	H1 (K01) F1 (超微粒子)	80～120
	鎂 合 金	—	H2, H3 (K01)	max	H2, H3 (K01)	max	—	—
	鈦	—	H2, H3 (K01)	70～120	H1, G10E (K10)	50～100	—	—
	鈦 合 金	—	H2, H3 (K01)	60～100	H1, G10E (K10)	30～60	—	—

被　　削　　材			精車削：進給量 0.05～0.2 (mm/rev)		一般車削：進給量 0.2～0.4 (mm/rev)	
被 削 材 名		例	最 適 材 質	切削速度 (m/min)	最 適 材 質	切削速度 (m/min)
耐熱材料	鎳 基	Inconel, René Hastelloy, Nimonic	G10E (K10) NB90S (陶瓷)	15～35 30～200	G10E (K10) A30 (M20) AC10 (被覆層)	10～30 20～100
	鈷 基	Haynes Alloy X-45, S-816	G10E (K10) NB90S (陶瓷)	15～30 30～200	G10E (K10) A30 (M20) AC815, AC10	10～25 20～100
	鐵 鎳	Discaloy Incoloy	G10E (K10) NB90S (陶瓷)	50～70 50～250	G10E (K10) A30 (M20) AC10 (被覆層)	40～60 30～150

非金屬材料

被　　削　　材			精車削：進給量 0～0.3 (mm/rev)		一般車削：進給量 0.2～0.6 (mm/rev)	
被 削 材 名		例	最 適 材 質	切削速度 (m/min)	最 適 材 質	切削速度 (m/min)
樹脂	熱可塑性樹脂	尼龍聚丙烯 聚乙烯、壓克力 聚碳酸鹽	G10E (K10) H1 (K01)	300～1000	G10E (K10) H1 (K01)	150～600
	熱硬化性樹脂	環氧系	G10E (K10) H1 (K01)	150～250	G10E (K10) H1 (K01)	100～200
	強 化 樹 脂	矽石纖維	G10E (K10) H1 (K01)	50～150	—	—
	硬質橡膠 (EBONITE)	—	G10E (K10) H1 (K01)	300～400	G10E (K10) H1 (K01)	200～300
	碳	—	H1, H2 (K01) F0 (超微粒子)	100～200	H1, H2 (K01) F0 (超微粒子)	80～150

耐熱合金對於 SUMIBORON 的推薦條件及非鐵材料、非金屬材料對於 SUMIDIA 的推薦條件，請分別參照 P19 SUMIBORON 之項目及 P29 SUMIDIA 之項目。

銑削加工 正面銑刀各部名稱、刃型影響、切屑處理

■ 銑刀各部的名稱

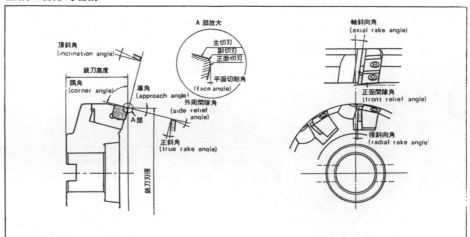

■ 刃形影響

● 切削力

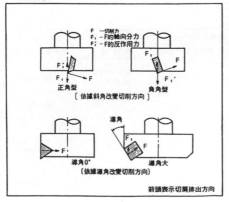

● 切屑處理

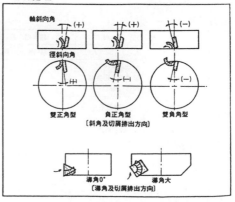

銑削加工 正面銑刀之固定方式‧問題點排除

■ 正面銑刀固定方式

心軸形式　　　　　　套入＋栓塞形式　　　　　　栓塞形式

■ 問題點排除

對策	問題點	間隙面極端磨耗	極端熔疤	刀刃破缺	刀片損壞	構成刀尖粘屑	顫動太大	加工面不佳	排屑不良
條件	提高速度			●		●		●	
	降低速度	●	●						
	增加進給	●				●			
	減少進給		●		●		●	●	
材質	使用較硬材質	●	●				●		
	檢查言主組成			●	●				
	使用耐熱衝擊較優材質		●						
	使用韌性較優材質			●	●				
銑刀	搪磨刀尖			●					
	減少銑刀的刃數					●			●
	檢查銑刀的振幅							●	
	擴大切屑袋					●			●
	檢查刀尖的各部位	●	●	●		●	●		
研磨	施行再研磨	●		●	●				
機械	矯正主軸			●	●		●		
	牢固加工物			●	●		●		
	牢固銑刀			●	●		●		

銑削加工推薦條件及最適材質

被削材			負角型 (DNF型)			負正角型 (NPG型)			正角型 (DPG型)		
被削材名		硬度(HB)	適用性	推薦切削條件	最適材質	適用性	推薦切削條件	最適材質	適用性	推薦切削條件	最適材質
鋼	碳素鋼	HB 150以下	○	V=150~250m/min f=0.1~0.4mm/t	T23A	◎	150~250 0.1~0.4	T23A	◎	150~250 0.2~0.5	AC330 T23A
		HB 150~250	·	100~200 0.1~0.4	T23A	◎	100~200 0.1~0.4	T23A	○	100~200 0.2~0.4	AC330 T23A
		HB 250~350	○	50~120 0.1~0.3	T23A A30	◎	50~120 0.1~0.3	T23A A30	○	70~120 0.1~0.3	AC330 A30
		HB 350以上	◎	30~90 0.1~0.2	A30	○	30~90 0.1~0.2	A30	○	50~100 0.1~0.2	AC33 A30
	合金鋼	HB 150以下	○	150~250 0.1~0.4	T23A	◎	150~250 0.1~0.4	T23A	◎	150~250 0.1~0.5	AC330 T23A
		HB 150~250	○	100~200 0.1~0.4	T23A	◎	100~200 0.1~0.4	T23A	◎	100~200 0.1~0.4	AC330 T23A
		HB 250~350	○	50~120 0.1~0.3	T23A A30	◎	70~120 0.1~0.3	T23A A30	○	70~120 0.1~0.3	AC330 A30
		HB 350以上	◎	30~70 0.1~0.2	A30	○	30~70 0.1~0.2	A30	○	50~90 0.1~0.2	AC33 A30
	鑄鋼	HB 250以下	○	80~150 0.1~0.4	T23A A30	○	80~150 0.1~0.4	T23A A30	◎	80~150 0.1~0.4	AC330 A30
		HB 250以上	○	50~100 0.1~0.3	A30	○	50~100 0.1~0.3	A30	○	50~100 0.1~0.3	AC330 A30
不鏽鋼鑄	沃斯田鐵系 (300系)	—	—	—	—	◎	150~200 0.1~0.3	T23A A30	○	80~150 0.1~0.3	A30 T23A
	麻田散鐵系 肥粒鐵系 (4□□)	HB 250以下	—	—	—	◎	150~200 0.1~0.3	T23A A30	○	100~200 0.1~0.3	T23A
		HB 250以上	—			○	50~120 0.1~0.2	A30	○	50~120 0.1~0.2	A30
鑄	普通鑄鐵	HB 220以下	◎	100~300 80~120 0.1~0.6	AC205 G10E	△	—	—	○	100~300 80~120 0.1~0.5	AC205 G10E A30
		HB 220以上	◎	50~100 0.1~0.4	G10E	△	—	—	○	60~100 0.1~0.4	H10E
	強韌鑄鐵 (延展性鑄鐵) (球狀石墨鑄鐵)	HB 220以下	○	80~120 0.1~0.4	H10E G10E	△	—	—	○	100~200 80~120 0.1~0.4	AC205 H10E A30
		HB 220~300	◎	50~100 0.1~0.4	H10E U10E	△	—	—	○	50~100 0.1~0.4	H10E
		HB 300以上	◎	40~80 0.1~0.3	H10E	△	—	—	○	40~80 0.1~0.2	H10E
鐵	可鍛鑄鐵	HB 160以下	○	80~120 0.1~0.4	H10E G10E	△	—	—	◎	100~200 80~120 0.1~0.4	AC205 H10E
		HB 160~200	◎	50~100 0.1~0.4	H10E G10E	△	—	—	○	100~200 50~100 0.1~0.3	AC205 H10E
		HB 200以上	◎	40~80 0.1~0.3	H10E	△	—	—	○	40~80 0.1~0.2	H10E
	冷激鑄鐵	HB 400~600	○	10~30 0.05~0.2	H1	△	—	—			
輕合金	鋁及鋁合金	—	—	—	—	—	—	—	◎*	400~1000 0.1~0.25	H1 AC305

◎最適　○良好　△使用可　　　　　※輕合金加工，推薦使用APG型。

端銑刀加工推薦條件

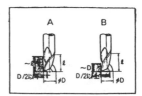

端銑刀 品名	規格 ∅D (mm)	分類	非金屬·輕合金 V (m/min)	f (mm/t)	鑄鐵 V (m/min)	f (mm/t)	碳素鋼(S40C~S55C) V (m/min)	f (mm/t)	合金鋼 V (m/min)	f (mm/t)
實心螺旋端銑刀 (SSM2000型 之小徑規格)	0.3~0.5	A	20~50	0.002~0.02	6~40	0.002~0.02	6~40	0.001~0.01	6~30	0.001~0.005
	0.6~0.9		30~100	0.005~0.03	8~50	0.005~0.03	8~60	0.005~0.02	8~40	0.002~0.015
	0.3~0.5	B	20~50	0.001~0.01	6~40	0.001~0.01	6~40	0.001~0.005	6~30	0.001~0.003
	0.6~0.9		30~100	0.002~0.02	8~50	0.002~0.02	8~60	0.002~0.015	8~40	0.001~0.01
實心螺旋端銑刀 (SSM2000型)	1~4	A	40~120	0.01~0.04	10~60	0.01~0.04	10~60	0.005~0.03	10~40	0.005~0.02
	4.5~8		50~150	0.02~0.07	15~60	0.02~0.06	15~60	0.01~0.04	15~40	0.005~0.03
	8.5~		60~180	0.02~0.10	20~60	0.02~0.08	20~60	0.01~0.05	20~40	0.01~0.04
	1~4	B	40~120	0.01~0.03	10~60	0.01~0.03	10~60	0.005~0.02	10~40	0.002~0.015
	4.5~8		50~150	0.02~0.04	15~60	0.02~0.05	15~60	0.005~0.03	20~40	0.005~0.02
	8.5~		60~180	0.02~0.06	20~60	0.02~0.06	20~60	0.01~0.04	20~40	0.01~0.03
實心螺旋端銑刀 (SSM4000型)	3~5	A	40~120	0.01~0.04	10~60	0.01~0.04	10~60	0.005~0.03	10~40	0.005~0.02
	5.5~10		50~150	0.02~0.07	15~60	0.02~0.06	15~60	0.01~0.04	20~40	0.005~0.03
	11~		60~180	0.02~0.10	20~60	0.02~0.08	20~60	0.01~0.05	20~40	0.01~0.04
實心長刃端銑刀 (LSM2000型)	3~5	A	40~120	0.005~0.02	10~60	0.005~0.02	10~60	0.003~0.015	10~40	0.003~0.01
	5.5~10		50~150	0.01~0.04	15~60	0.01~0.03	15~60	0.005~0.02	20~40	0.005~0.015
	11~		60~180	0.01~0.05	20~60	0.01~0.04	20~60	0.005~0.025	20~40	0.005~0.02
高螺旋端銑刀 (HSM型)	6~10	A	—	—	—	—	20~60	0.02~0.07	15~40	0.01~0.04
	11~15		—	—	—	—	30~60	0.03~0.10	20~40	0.015~0.05
螺旋球型端銑刀 (SSB型)	R1~R2.5	A	40~120	0.02~0.05	10~60	0.01~0.04	10~60	0.01~0.04	10~40	0.008~0.04
	R3~R5		50~150	0.04~0.10	15~60	0.02~0.10	15~60	0.02~0.08	20~40	0.015~0.05
	R5.5~R8		60~180	0.05~0.15	20~60	0.04~0.12	20~60	0.04~0.10	20~40	0.03~0.08
螺旋錐度端銑刀 (STM型)	2~4	A	40~120	0.01~0.04	10~60	0.01~0.04	10~60	0.006~0.03	10~40	0.005~0.02
	4.5~8		50~150	0.02~0.07	15~60	0.02~0.06	15~60	0.01~0.04	15~40	0.005~0.03
	8.5~		60~180	0.02~0.10	20~60	0.02~0.08	20~60	0.01~0.05	20~40	0.01~0.04
強力型螺旋端銑刀 (MES型)	13~19	A	80~200	0.03~0.15	30~70	0.03~0.15	30~70	0.01~0.10	20~50	0.01~0.06
	20~32		80~200	0.05~0.18	30~70	0.05~0.18	30~70	0.02~0.13	20~50	0.015~0.10
	35~50		80~200	0.07~0.20	30~70	0.07~0.20	30~70	0.03~0.18	20~50	0.02~0.12
	13~19	B	80~200	0.02~0.13	30~70	0.02~0.12	30~70	0.01~0.08	20~50	0.005~0.04
	20~32		80~200	0.03~0.15	30~70	0.03~0.15	30~70	0.015~0.10	20~50	0.01~0.06
	35~50		80~200	0.05~0.18	30~70	0.05~0.18	30~70	0.02~0.15	20~50	0.02~0.08
SEC-輕銑端銑刀 (FMS型)	16~25	A	40~150	0.03~0.15	40~100	0.03~0.15	50~100	0.03~0.15	50~80	0.03~0.08
	30~35		60~200	0.04~0.20	60~120	0.04~0.20	60~120	0.04~0.15	60~100	0.04~0.13
	40~60		80~200	0.05~0.25	60~120	0.05~0.25	60~150	0.05~0.20	60~120	0.05~0.18
SEC-球型端銑刀 (BMS425型 BMS530型)	25	A	—	—	60~100	0.2~0.3	60~120	0.1~0.2	60~100	0.1~0.2
	30		—	—	60~100	0.2~0.3	60~120	0.1~0.2	60~100	0.1~0.2
	50		—	—	60~120	0.3~0.4	60~150	0.2~0.3	60~120	0.2~0.3
SUMIBORON端銑刀 (BNE型)	—	A	—	—	—	—	—	—	30~120	0.02~0.08
	—	B	—	—	—	—	—	—	30~120	0.015~0.04
SUMIDIA端銑刀 (DAE型)	4~8	A	50~150	0.02~0.06	—	—	—	—	—	—
	8~12		60~200	0.02~0.08	—	—	—	—	—	—
	4~8	B	50~150	0.02~0.05	—	—	—	—	—	—
	8~12		60~200	0.02~0.06	—	—	—	—	—	—

孔加工 問題點排除

■ACE DRILL使用上之問題點排除

原因及對策		切刃中心部的破損	切刃外周的破損	鑽頭本體的破損	破損的發生	龜裂的發生	切削中切屑的變化	切屑堵塞的發生	擴孔變大	加工面粗度不良	鑽頭本體外周異狀	有傷痕發生	切削中有異音發生	壽命短	鑽頭被夾住
可能原因 不適合處	Ⓐ機械的不適合	○	○	○	○	○			○	○	○	○			
	Ⓑ被削材的不適合	○	○	○	○	○			○	○	○	○			
	Ⓒ切削條件的不適合	○	○	○	○	○	○	○	○	○	○	○	○	○	○
	Ⓓ工具用夾具的不適合	○	○	○	○	○	○	○	○	○	○	○			
	Ⓔ工具的不適合	○	○	○	○	○	○	○	○	○	○	○			
	Ⓕ切削油劑・給油方法的不適合	○	○	○	○	○	○	○			○	○			

對策事項	項目	內容
機械		・使用剛性高的工作機械
		・使用馬力高的工作機械
		・快速退刀
		・盡量避免使用油壓自動進給
		・進給量要一致
被削材		・被削材確實固定,使切削中不產生變形及移動現象。
		・改變被削材的熱處理條件,以達適當的組織。(硬度的均一化)
		・不使用有缺陷的被削材。(表面及內部的異常組織等)
		・確保被削材的表面及內部的平坦。(鑽頭由刀尖開始切入)
切削條件		・提高切削速度
		・降低切削速度
		・增大每轉的進給量
		・減少每轉的進給量
		・剛切入時的進給量要小
		・要貫穿時的進給量要小
		・進給時要分段進給
刀柄		・被削材回轉時,鑽頭中心與被削材回轉中心須一致
		・工具用夾具從主軸伸出的量要盡量達到最小限度,以提高剛性。
		・工具用夾具與鑽頭柄部的嵌合間隙確保0.02mm以下
		・鑽頭的後部端面與工具用夾具的底部須確實接觸,同時以固定螺絲確實固定。
工具		・鑽頭的全長,盡量減短,以提高工具的剛性。
		・增加切刃的攤磨量
		・減少切刃的攤磨量
		・兩切刃口的高度,相差在0.04mm以下,平衡切削。
		・兩切刃口的高度不一樣高,不平衡切削。
		・增大後斜度。
切削油劑		・提高切削油劑的壓力
		・減低切削油劑的壓力
		・使用水溶性的靈切削油劑稀釋5~6倍。
		・增多切削油劑的流量
		・減少切削油劑的流量
		・切削中的油量均一(大容量油箱)

孔加工 推薦條件

品　名	規格 (φ)	被　　　削　　　材										L/D或 孔深(mm) L：深度 D：刃徑
		一　般　鋼		不　銹　鋼		工　具　鋼		鑄　　鐵		輕　合　金		
		V(m/min)	f(mm/rev)	V(m/min)	f(mm/rev)	V(m/min)	f(mm/rev)	V(m/min)	f(mm/rev)	V(m/min)	f(mm/rev)	
SEC-EN-DRILL	16~21	80~150	0.1~0.15	–	–	80~120	0.1~0.15	100~200	0.2~0.3	–	–	2.5 (L/D)
	22~35	80~150	0.1~0.2	–	–	80~120	0.1~0.2	100~200	0.1~0.3	–	–	
	36~55	80~150	0.15~0.3	–	–	80~120	0.1~0.2	100~200	0.2~0.4	–	–	
ACE-DRILL	10~20	40~90	0.2~0.35	40~80	0.2~0.3	40~80	0.2~0.3	50~100	0.3~0.5	100~200	0.1~0.2	3.5 ~4.0 (L/D)
	21~30	40~90	0.25~0.45	40~80	0.2~0.4	40~80	0.2~0.4	50~100	0.3~0.5	150~250	0.1~0.2	
焊接式超硬鑽頭	6~10	(20~60)	(0.1~0.2)	–	–	–	–	20~60	0.2~0.4	50~150	0.1~0.2	100mm
	10.1~15	(20~60)	(0.1~0.2)	–	–	–	–	30~80	0.2~0.4	70~200	0.1~0.2	150mm
	15.1~25	(20~60)	(0.1~0.2)	–	–	–	–	50~100	0.4~0.5	100~250	0.1~0.2	200mm
實心鑽頭	0.8~3	(10~40)	(0.05~0.1)	–	–	–	–	10~40	0.1~0.2	50~80	0.1~0.2	20mm
	3.1~8	(10~40)	(0.05~0.1)	–	–	–	–	20~60	0.1~0.2	50~100	0.1~0.2	50mm
VA實心鑽頭	2~5	(10~40)	(0.05~0.1)	–	–	–	–	10~40	0.1~0.2	50~80	0.1~0.2	20mm
	5~13	(10~40)	(0.05~0.1)	–	–	–	–	20~60	0.1~0.2	50~100	0.1~0.2	50mm
槍鑽	3~5	50~100	0.01~0.02	60~80	0.005~0.01	60~80	0.01~0.02	50~100	0.02~0.03	150~250	0.03~0.05	500mm
	5.1~8	50~100	0.01~0.02	60~80	0.005~0.01	60~80	0.01~0.02	50~100	0.02~0.03	150~250	0.03~0.05	
	8.1~12	70~120	0.02~0.04	70~100	0.01~0.02	70~100	0.02~0.03	70~120	0.03~0.05	200~350	0.05~0.1	
	12~20	70~120	0.02~0.04	70~100	0.01~0.03	70~100	0.02~0.03	70~120	0.04~0.08	200~350	0.05~0.1	1,000 ~1,500mm
	21~	70~120	0.03~0.05	70~100	0.01~0.03	70~100	0.03~0.04	70~120	0.05~0.1	200~400	0.1~0.2	
螺絲攻	M3~M6	–	–	–	–	–	–	5~10	節距	10~20	節距	–
	M7~M12	–	–	–	–	–	–	5~15	節距	10~20	節距	–

孔加工 給油 HOLDER

■ 給油方法及 HOLDER

給油方法因使用機械而異，如下圖所示。因給油之目的在於鑽頭刀尖的冷却與潤滑以及切削的順利排出。所以深孔切削時，必需由工具內部給油。

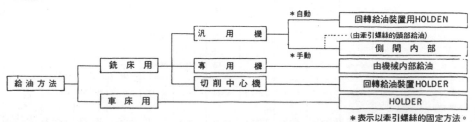

＊表示以牽引螺絲的固定方法。

■ 市購品 HOLDER 規格的一例

● 切削中心機用附回轉給油裝置 HOLDER

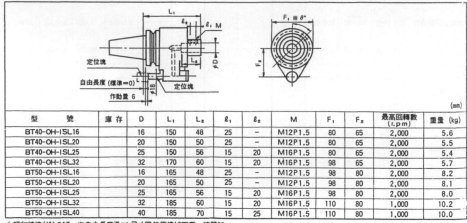

(mm)

型　號	庫存	D	L₁	L₂	ℓ₁	ℓ₂	M	F₁	F₂	最高回轉數 (r.p.m)	重量 (kg)
BT40-OH-ISL16		16	150	48	25	—	M12P1.5	80	65	2,000	5.6
BT40-OH-ISL20		20	150	50	25	—	M12P1.5	80	65	2,000	5.5
BT40-OH-ISL25		25	150	56	15	20	M16P1.5	80	65	2,000	5.4
BT40-OH-ISL32		32	170	60	15	20	M16P1.5	98	65	2,000	5.7
BT50-OH-ISL16		16	165	48	25	—	M12P1.5	98	80	2,000	8.2
BT50-OH-ISL20		20	165	50	25	—	M12P1.5	98	80	2,000	8.1
BT50-OH-ISL25		25	165	56	15	20	M16P1.5	98	80	2,000	8.0
BT50-OH-ISL32		32	185	60	15	20	M16P1.5	110	80	1,000	10.2
BT50-OH-ISL40		40	185	70	15	25	M16P1.5	110	80	1,000	10.0

大昭和精機(株) PAT，※自由長度及θ°尺寸因使用機械而異。請賜知。

● 車床用 HOLDER

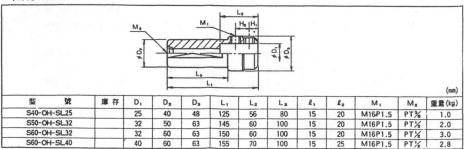

(mm)

型　號	庫存	D₁	D₂	D₃	L₁	L₂	L₃	ℓ₁	ℓ₂	M₁	M₂	重量 (kg)
S40-OH-SL25		25	40	48	125	56	80	15	20	M16P1.5	PT¾	1.0
S50-OH-SL32		32	50	63	145	60	100	15	20	M16P1.5	PT½	2.0
S60-OH-SL32		32	60	63	150	60	100	15	20	M16P1.5	PT½	3.0
S60-OH-SL40		40	60	63	155	70	100	15	25	M16P1.5	PT½	2.8

孔加工給油HOLDER

■市購品HOLDER規格的一例

● 襯套(切削中心，車床共用) (mm)

型　　號	庫存	D_1	D_2	L_1	L_2	重量 (kg)
OSL25-16		16	25	62	48	0.19
OSL25-20		20	25	62	50	0.13
OSL32-20		20	32	66	50	0.32
OSL32-25		25	32	66	56	0.22
OSL40-32		32	40	76	60	0.7

● 汎用型銑床用附回轉給油裝置HOLDER (mm)

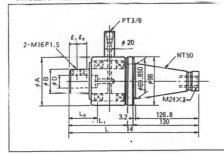

型　　號	庫存	D	L	L_1	L_2	ℓ_1	ℓ_2	A	B
NT50A-OH-ISL25		25	256.8	112.8	56	15	20	98	48
NT50A-OH-ISL32		32	266.8	122.8	60	15	20	110	63
NT50A-OH-ISL40		40	266.8	122.8	70	15	25	110	63

特殊規格HOLDER也可訂購製作，訂購時請將所使用的機械也一併告知。

一般事項所需動力的求法

在選定車削條件時，也必須同時決定所需動力大致是多少？
所需動力之概算可由下式求出．

■ 車　削

$$W = \frac{V \times f \times d \times Ps}{6 \times 10^3 \times \eta}$$

W；所要動力（kw）※1
V；切削速度（m/min）
f；進給量（mm/rev）
d；切削深度（mm）
Ps；切削抵抗比值（kg/mm²）※2
η；機械效率※3

※1. 所需馬力（H）以 $H = \frac{W}{0.75}$ 求出。
※2. 普通鋼爲250～300kg/mm²
　　一般鑄鐵爲150kg/mm²
※3. 一般馬力爲0.70～0.85

■ 銑　削

$$W = \frac{L \times F \times d \times Ps}{6.12 \times 10^6}$$

W；所要動力（kw）※1
L；切削寬度（mm）
F；進給量（mm/min）
d；切削深度（mm）
Ps；切削抵抗比值（kg/mm²）※2

※1. 所需馬力（H）以　$H = \frac{W}{0.75}$　求出。
※2. 普通鋼爲250～300kg/mm²
　　一般鑄鐵爲150kg/mm²

■ 槍　鑽

$$W = \frac{Md \times N}{97,410}$$

W；所要動力（kw）
Md；扭矩（kg-cm）※1
N；回轉數（r.p.m）

※1. 扭矩以下式算出。

$$Md = \frac{1}{20} \times f \times Ps \times \gamma^2$$

f；進給量（mm/rev）
γ；鑽頭半徑（mm）

又，切削抵抗比值ps，在小進給時，一般鋼爲500kg/mm²一般鑄
鐵爲300kg/mm²。

■ 蔴花鑽頭

$$W = \frac{Md \times N}{97,410}$$

W；所要動力（kw）
Md；扭矩（kg-cm）
N；回轉數（r.p.m.）

又，扭矩（Md）之計算可由NATCO之實驗式求出。
$$Md = k \times \gamma^2 \times (0.63 + 17.0 \times f) \times 10^{-1}$$

k；材料係數
r；鑽頭半徑（mm）
f；進給量（mm/rev）

材料	FC10	FC20	FC25	FC30	S10C	S45C
硬度HB	120	180	210	230	110	210
k	0.7	1.0	1.4	1.9	2.4	2.1

一般事項切削抵抗

■ 被切削不同時之進給量與切削抵抗比值線圖

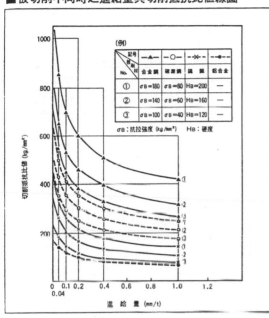

（例）

No. \ 被削材	合金鋼	碳素鋼	鑄　鐵	鋁合金
記號	▲	◯	✕	●
①	σB＝180	σB＝80	HB＝200	—
②	σB＝140	σB＝60	HB＝160	—
③	σB＝100	σB＝40	HB＝120	—

σB：抗拉強度（kg/mm²）　HB：硬度

■ 刀刃形狀與切削抵抗比值線圖

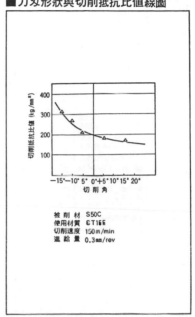

被 削 材　S50C
使用材質　GT155
切削速度　150 m/min
進 給 量　0.3 mm/rev

■ 刀刃形狀所影響之各分力

(1) 側切角之影響

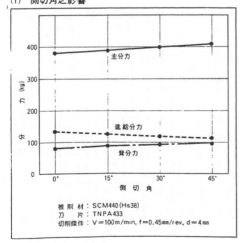

被 削 材：SCM440（Hs38）
刀　片：TNPA433
切削條件：V＝100 m/min, f＝0.45 mm/rev, d＝4 mm

(2) 刀尖半徑之影響

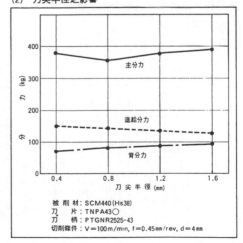

被 削 材：SCM440（Hs38）
刀　片：TNPA43◯
刀　柄：PTGNR2525-43
切削條件：V＝100 m/min, f＝0.45 mm/rev, d＝4 mm

一般事項 表面粗度的種類

種類	記號	求　法	說　明　圖
最大高度	Rmax	由斷面曲線取一段基準長度L，求此段中最大的高度，以μ為單位（μ＝0.001mm）表示之。但可以看到並列在一起凹凸不平的傷痕處除外不予計算。	
十點平均粗度	Rz	由斷面曲線取一段基準長度L，在其間取一條通過3號最高點的山頂及一條通過3號最低點的山谷等2條平行線，然後再測定此2條平行線的間隔距離，同樣以μ單位表示。	
中心線平均粗度	Ra	將斷面曲線由中心線翻折，如右圖，以斜面部分的面積除以現定長度ℓ所得之值。一般中心線平均粗度係直接由測定器的刻度讀出。	

最大高度Rmax.十點平均粗度Rz.中心線平均粗度Ra.的區分值及基準長度 L 的標準值，係以並列的三角記號來區分。

最大高度Rmax的區分值	十點平均粗度Rz的區分值	中心線平均粗度Ra的區分值	基準長度L的標準值	三角記號
(0.05S) 0.1S 0.2S 0.4S	(0.05Z) 0.1Z 0.2Z 0.4Z	(0.013a) 0.025a 0.05a 0.10a		▽▽▽▽
0.8S	0.8Z	0.20a	0.25	
1.6S 3.2S 6.3S	1.6Z 3.2Z 6.3Z	0.40a 0.80a 1.6a	0.8	▽▽▽
12.5S (18S) 25S	12.5Z (18Z) 25Z	3.2a 6.3a	2.5	▽▽
(35S) 50S (70S) 100S	(35Z) 50Z (70Z) 100Z	12.5a 25a		▽
(140S) 200S (280S) 400S (560S)	(140Z) 200Z (280Z) 400Z (560Z)	(50a) (100a)		

〔備考〕（　）內之區分值必須限制使用。

■幾何學的加工面粗度

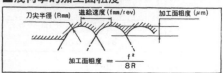

$$加工面粗度 = \frac{f^2}{8R}$$

■刀尖半徑及進給速度對加工面粗度之變化

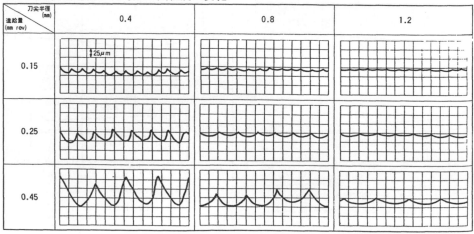

一般事項錐度規格

■ 莫氏錐度(榫舌氏)

(單位：mm)

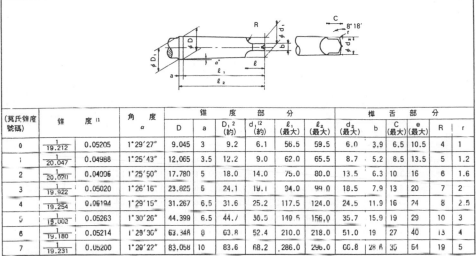

(莫氏錐度號碼)	錐　度 (1		角　度 α	錐　度　部　分						榫　舌　部　分					
				D	a	D₁(2 (約)	d₁(2 (約)	ℓ₁ (最大)	ℓ₂ (最大)	d₂ (最大)	b	C (最大)	e (最大)	R	r
0	1/19.212	0.05205	1°29′27″	9.045	3	9.2	6.1	56.5	59.5	6.0	3.9	6.5	10.5	4	1
1	1/20.047	0.04988	1°25′43″	12.065	3.5	12.2	9.0	62.0	65.5	8.7	5.2	8.5	13.5	5	1.2
2	1/20.020	0.04995	1°25′50″	17.780	5	18.0	14.0	75.0	80.0	13.5	6.3	10	16	6	1.6
3	1/19.922	0.05020	1°26′16″	23.825	5	24.1	19.1	94.0	99.0	18.5	7.9	13	20	7	2
4	1/19.254	0.05194	1°29′15″	31.267	6.5	31.6	25.2	117.5	124.0	24.5	11.9	16	24	8	2.5
5	1/19.002	0.05263	1°30′26″	44.399	6.5	44.7	36.5	149.5	156.0	35.7	15.9	19	29	10	3
6	1/19.180	0.05214	1°29′36″	63.348	8	63.8	52.4	210.0	218.0	51.0	19	27	40	13	4
7	1/19.231	0.05200	1°29′22″	83.058	10	83.6	68.2	286.0	296.0	66.8	28.6	35	54	19	5

註：(1)錐度係以分數值爲基準。
　　(2)直徑D₁及d₁係由直徑D錐度α°、α及ℓ₁計算而來，取小數以下1位化成整數。
備考：錐度係以JIS B3301之環規檢查，接觸點在75%以上。

■ 莫氏錐度(螺紋式)

(単位：mm)

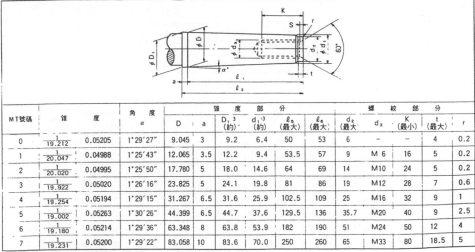

MT號碼	錐　度		角　度 α	錐　度　部　分						螺　紋　部　分				
				D	a	D₁³ (約)	d₁³ (約)	ℓ₅ (最大)	ℓ₆ (最大)	d₂ (最大)	d₃	K (最小)	t (最大)	r
0	1/19.212	0.05205	1°29′27″	9.045	3	9.2	6.4	50	53	6	—	—	4	0.2
1	1/20.047	0.04988	1°25′43″	12.065	3.5	12.2	9.4	53.5	57	9	M 6	16	5	0.2
2	1/20.020	0.04995	1°25′50″	17.780	5	18.0	14.6	64	69	14	M10	24	5	0.2
3	1/19.922	0.05020	1°26′16″	23.825	5	24.1	19.8	81	86	19	M12	28	7	0.6
4	1/19.254	0.05194	1°29′15″	31.267	6.5	31.6	25.9	102.5	109	25	M16	32	9	1
5	1/19.002	0.05263	1°30′26″	44.399	6.5	44.7	37.6	129.5	136	35.7	M20	40	9	2.5
6	1/19.180	0.05214	1°29′36″	63.348	8	63.8	53.9	182	190	51	M24	50	12	4
7	1/19.231	0.05200	1°29′22″	83.058	10	83.6	70.0	250	260	65	M33	80	18.5	5

註：(1)錐度係以分數值爲基準。
　　(2)直徑D₁及d₁係由直徑D錐度α°、α及ℓ₅計算而來，取小數以下1位化成整數。
備考：1.錐度係以JIS B3301之環規檢查，接觸點在75%以上。
　　　2.螺紋係以JIS B0205粗目牙規檢查，精度爲JIS B0209三級。

一般事項錐度規格

■ Brown & sharp錐度(榫舌式)

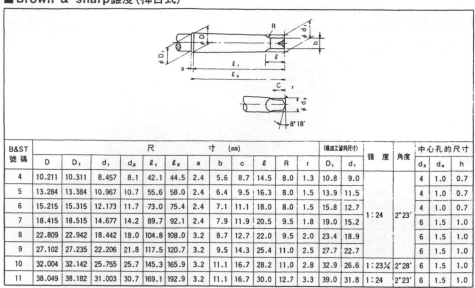

B&ST 號碼	尺　　　　寸　(mm)												(精加工留料尺寸)		錐　度	角度	中心孔的尺寸		
	D	D₁	d₁	d₂	ℓ₁	ℓ₂	a	b	c	ℓ	R	r	D₁	d₁			d₃	d₄	h
4	10.211	10.311	8.457	8.1	42.1	44.5	2.4	5.6	8.7	14.5	8.0	1.3	10.8	9.0			4	1.0	0.7
5	13.284	13.384	10.967	10.7	55.6	58.0	2.4	6.4	9.5	16.3	8.0	1.5	13.9	11.5			4	1.0	0.7
6	15.215	15.315	12.173	11.7	73.0	75.4	2.4	7.1	11.1	18.0	8.0	1.5	15.8	12.7	1:24	2°23′	4	1.0	0.7
7	18.415	18.515	14.677	14.2	89.7	92.1	2.4	7.9	11.9	20.5	9.5	1.8	19.0	15.2			6	1.5	1.0
8	22.809	22.942	18.442	18.0	104.8	108.0	3.2	8.7	12.7	22.0	9.5	2.0	23.4	18.9			6	1.5	1.0
9	27.102	27.235	22.206	21.8	117.5	120.7	3.2	9.5	14.3	25.4	11.0	2.5	27.7	22.7			6	1.5	1.0
10	32.004	32.142	25.755	25.7	145.3	165.9	3.2	11.1	16.7	28.2	11.0	2.8	32.9	26.6	1:23¼	2°28′	6	1.5	1.0
11	38.049	38.182	31.003	30.7	169.1	192.9	3.2	11.1	16.7	30.0	12.7	3.3	39.0	31.8	1:24	2°23′	6	1.5	1.0

■ Brown & sharp錐度(螺紋式)

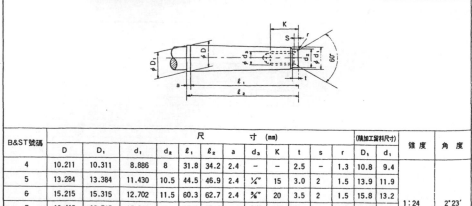

B&ST號碼	尺　　　　寸　(mm)												(精加工留料尺寸)		錐　度	角　　度
	D	D₁	d₁	d₂	ℓ₁	ℓ₂	a	d₃	K	t	s	r	D₁	d₁		
4	10.211	10.311	8.886	8	31.8	34.2	2.4	–	–	2.5	–	1.3	10.8	9.4		
5	13.284	13.384	11.430	10.5	44.5	46.9	2.4	¼″	15	3.0	2	1.5	13.9	11.9		
6	15.215	15.315	12.702	11.5	60.3	62.7	2.4	⅜″	20	3.5	2	1.5	15.8	13.2		
7	18.415	18.515	15.240	14	76.2	78.6	2.4	⅜″	20	4	3	1.8	19.0	15.7	1:24	2°23′
8	22.809	22.942	19.038	18	90.5	93.7	3.2	½″	30	4	3	2.0	23.4	19.5		
9	27.102	27.235	22.869	21.5	101.6	104.8	3.2	½″	30	4.5	3.5	2.5	27.7	23.4		
10	32.004	32.142	26.542	25	127.0	130.2	3.2	⅝″	35	5	4	2.8	32.9	27.3	1:23¼	2°28′
11	38.049	38.182	31.766	30	150.8	154.0	3.2	¾″	45	5.5	4	3.3	39.0	32.6	1:24	2°23′

一般事項錐度規格

■美國標準錐度〈國際標準錐度〉

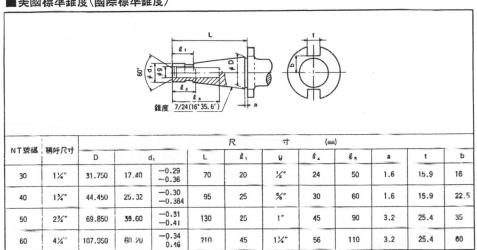

NT號碼	稱呼尺寸	尺　　　　寸　　　(mm)										
		D	d₁		L	ℓ₁	U	ℓ₂	ℓ₃	a	t	b
30	1¼″	31.750	17.40	−0.29 −0.36	70	20	½″	24	50	1.6	15.9	16
40	1¾″	44.450	25.32	−0.30 −0.384	95	25	⅝″	30	60	1.6	15.9	22.5
50	2¾″	69.850	39.00	−0.31 −0.41	130	25	1″	45	90	3.2	25.4	35
60	4¼″	107.950	60.20	−0.34 0.46	210	45	1¼″	56	110	3.2	25.4	60

一般事項 **鋼材規格**

■碳素工具鋼　SK　JIS　G　4401(1965)

記號	化　　　學　　　成　　　分　（%）				
	C	Sᵢ	Mn	P	S
SK 1	1.30～1.50	0.35以下	0.50以下	0.030以下	0.030以下
SK 2	1.10～1.30	0.35以下	0.50以下	0.030以下	0.030以下
SK 3	1.00～1.10	0.35以下	0.50以下	0.030以下	0.030以下
SK 4	0.90～1.00	0.35以下	0.50以下	0.030以下	0.030以下
SK 5	0.80～0.90	0.35以下	0.50以下	0.030以下	0.030以下
SK 6	0.70～0.80	0.35以下	0.50以下	0.030以下	0.030以下
SK 7	0.60～0.70	0.35以下	0.50以下	0.030以下	0.030以下

記號	熱　　處　　理　℃			硬　　　　　度	
	退　　　火	淬　　火	回　　火	退火硬度（H_B）	淬火回火硬度（H_RC）
SK 1	750～780徐冷	760～820水冷	150～200空冷	217以下	63以上
SK 2	750～780徐冷	760～820水冷	150～200空冷	212以下	63以上
SK 3	750～780徐冷	760～820水冷	150～200空冷	212以下	63以上
SK 4	740～760徐冷	760～820水冷	150～200空冷	207以下	61以上
SK 5	730～760徐冷	760～820水冷	150～200空冷	207以下	59以上
SK 6	730～760徐冷	760～820水冷	150～200空冷	201以下	56以上
SK 7	730～760徐冷	760～820水冷	150～200空冷	201以下	54以上

■鎳鉻鋼　SNC　JIS　G　4102(1977)

記號	化　　　學　　　成　　　分　（%）						
	C	Si	Mn	P	S	Ni	Cr
SNC236 (SNC 1)	0.32～0.40	0.15～0.35	0.50～0.80	0.030以下	0.030以下	1.00～1.50	0.50～0.90
SNC631 (SNC 2)	0.27～0.35	0.15～0.35	0.35～0.65	0.030以下	0.030以下	2.50～3.00	0.60～1.00
SNC836 (SNC 3)	0.32～0.40	0.15～0.35	0.35～0.65	0.030以下	0.030以下	3.00～3.50	0.60～1.00
SNC415 (SNC21)	0.12～0.18	0.15～0.35	0.35～0.65	0.030以下	0.030以下	2.00～2.50	0.20～0.50
SNC815 (SNC22)	0.12～0.18	0.15～0.35	0.35～0.65	0.030以下	0.030以下	3.00～3.50	0.70～1.00

記號	熱　處　理　℃		機　　械　　的　　性　　質					
	淬　火	回　火	降伏點（kgf/mm²）	抗拉強度（kgf/mm²）	伸長率（%）	壓擠率（%）	衝擊值（kgf/cm²）	硬　度（H_B）
SNC236 (SNC 1)	820～800油冷	550～650急冷	60以上	75以上	22以上	50以上	12以上	212～255
SNC631 (SNC 2)	820～880油冷	550～650急冷	70以上	85以上	18以上	50以上	12以上	248～302
SNC836 (SNC 3)	820～880油冷	550～650急冷	80以上	95以上	15以上	45以上	8以上	269～321
SNC415 (SNC21)	1次850～900油冷 2次750～800 水冷(油冷)	150～200空冷	60以上	80以上	17以上	45以上	9以上	217～321
SNC815 (SNC22)	1次830～880 油冷(空冷) 2次750～800油冷	150～200空冷	80以上	100以上	12以上	45以上	8以上	258～388

一般事項鋼材規格

■鎳鉻鉬鋼　SNCM　JIS　G　4103(1977)

記 號	化	學	成		分	(%)		
	C	Si	Mn	P	S	Ni	Cr	Mo
SNCM431 (SNCM 1)	0.27~0.35	0.15~0.35	0.60~0.90	0.030以下	0.030以下	1.60~2.00	0.60~1.00	0.15~0.30
SNCM625 (SNCM 2)	0.20~0.30	0.15~0.35	0.35~0.60	0.030以下	0.030以下	3.00~3.50	1.00~1.50	0.15~0.30
SNCM630 (SNCM 5)	0.25~0.35	0.15~0.35	0.35~0.60	0.030以下	0.030以下	2.50~3.50	2.50~3.50	0.50~0.70
SNCM240 (SNCM 6)	0.38~0.43	0.15~0.35	0.70~1.00	0.030以下	0.030以下	0.40~0.70	0.40~0.65	0.15~0.30
(SNCM 7)	0.43~0.48	0.15~0.35	0.70~1.00	0.030以下	0.030以下	0.40~0.70	0.40~0.65	0.15~0.30
SNCM439 (SNCM 8)	0.36~0.43	0.15~0.35	0.60~0.90	0.030以下	0.030以下	1.60~2.00	0.60~1.00	0.15~0.30
SNCM447 (SNCM 9)	0.44~0.50	0.15~0.35	0.60~0.90	0.030以下	0.030以下	1.60~2.00	0.60~1.00	0.15~0.30
SNCM220 (SNCM21)	0.17~0.23	0.15~0.35	0.60~0.90	0.030以下	0.030以下	0.40~0.70	0.40~0.65	0.15~0.30
SNCM415 (SNCM22)	0.12~0.18	0.15~0.35	0.40~0.70	0.030以下	0.030以下	1.60~2.00	0.40~0.65	0.15~0.30
SNCM420 (SNCM23)	0.17~0.23	0.15~0.35	0.40~0.70	0.030以下	0.030以下	1.60~2.00	0.40~0.65	0.15~0.30
SNCM815 (SNCM25)	0.12~0.18	0.15~0.35	0.30~0.60	0.030以下	0.030以下	4.00~4.50	0.70~1.00	0.15~0.30
SNCM616 (SNCM26)	0.13~0.26	0.15~0.35	0.80~1.20	0.030以下	0.030以下	2.80~3.20	1.40~1.80	0.40~0.70

■鎳鉻鉬鋼　SNCM　JIS　G　4103(1977)

記 號	熱 處 理 ℃		機	械	的	性	質	
	淬 火	回 火	降伏點 (kgf/mm²)	抗拉強度 (kgf/mm²)	伸長率 (%)	壓擠率 (%)	衝擊值 (kgf/cm²)	硬 度 (HB)
SNCM431 (SNCM 1)	820~870油冷	570~670急冷	70以上	85以上	20以上	55以上	10 以上	248~302
SNCM625 (SNCM 2)	820~870油冷	570~670急冷	85以上	95以上	18以上	50以上	8 以上	269~321
SNCM630 (SNCM 5)	850~950空冷(油冷)	550~650急冷	90以上	110以上	15以上	45以上	8 以上	302~352
SNCM240 (SNCM 6)	820~870油冷	580~680急冷	80以上	90以上	17以上	50以上	7 以上	255~311
(SNCM 7)	820~870油冷	580~680急冷	90以上	100以上	15以上	45以上	5 以上	293~352
SNCM439 (SNCM 8)	820~870油冷	580~680急冷	90以上	100以上	16以上	45以上	7 以上	293~352
SNCM447 (SNCM 9)	820~870油冷	580~680急冷	95以上	105以上	14以上	40以上	6 以上	302~363
SNCM220 (SNCM21)	1 次850~900油冷 2 次800~850油冷	150~200空冷	70以上	85以上	17以上	40以上	6 以上	248~341
SNCM415 (SNCM22)	1 次850~900油冷 2 次780~830油冷	150~200空冷	75以上	90以上	16以上	45以上	7 以上	255~341
SNCM420 (SNCM23)	1 次850~900油冷 2 次770~820油冷	150~200空冷	80以上	100以上	15以上	40以上	7 以上	293~375
SNCM815 (SNCM25)	1 次830~880 油冷(空冷) 2 次750~800油冷	150~200空冷	95以上	110以上	12以上	40以上	7 以上	311~375
SNCM616 (SNCM26)	1 次850~990 空冷(油冷) 2 次770~830 空冷(油冷)	100~200空冷	105以上	120以上	14以上	40以上	10 以上	341~388

一般事項鋼材規格

■鉻鉬鋼 SCM JIS G 4105(1977)

記　號	化　　　　學　　　　成　　　　分　　　　(%)						
	C	Si	Mn	P	S	Cr	Mo
SCM415 (SCM21)	0.13~0.18	0.15~0.35	0.60~0.85	0.030以下	0.030以下	0.90~1.20	0.15~0.30
SCM418	0.16~0.21	0.15~0.35	0.60~0.85	0.030以下	0.030以下	0.90~1.20	0.15~0.30
SCM420 (SCM22)	0.18~0.23	0.15~0.35	0.60~0.85	0.030以下	0.030以下	0.90~1.20	0.15~0.30
SCM421 (SCM23)	0.17~0.23	0.15~0.35	0.70~1.00	0.030以下	0.030以下	0.90~1.20	0.15~0.30
SCM430 (SCM 2)	0.28~0.33	0.15~0.35	0.60~0.85	0.030以下	0.030以下	0.90~1.20	0.15~0.30
SCM432 (SCM 1)	0.27~0.37	0.15~0.35	0.30~0.60	0.030以下	0.030以下	1.00~1.50	0.15~0.30
SCM435 (SCM 3)	0.33~0.38	0.15~0.35	0.60~0.85	0.030以下	0.030以下	0.90~1.20	0.15~0.30
SCM440 (SCM 4)	0.38~0.43	0.15~0.35	0.60~0.85	0.030以下	0.030以下	0.90~1.20	0.15~0.30
SCM445 (SCM 5)	0.43~0.48	0.15~0.35	0.60~0.85	0.030以下	0.030以下	0.90~1.20	0.15~0.30
SCM822 (SCM24)	0.20~0.25	0.15~0.35	0.60~0.85	0.030以下	0.030以下	0.90~1.20	0.35~0.45

■鉻鉬鋼 SCM JIS G 4105(1977)

記　號	熱　處　理　°C		機　　械　　的　　性　　質					
	淬　火	回　火	降伏點 (kgf/mm²)	抗拉強度 (kgf/mm²)	伸長率 (%)	壓擠率 (%)	衝擊值 (kgfm/cm²)	硬　度 (HB)
SCM415 (SCM21)	1次850~900油冷 2次800~850油冷	150~200空冷	—	85以上	16以上	40以上	7以上	235~321
SCM418	1次850~900油冷 2次800~850油冷	150~200空冷	—	90以上	15以上	40以上	7以上	248~331
SCM420 (SCM22)	1次850~900油冷 2次800~850油冷	150~200空冷	—	95以上	14以上	40以上	6以上	262~352
SCM421 (SCM23)	1次850~900油冷 2次800~850油冷	150~200空冷	—	100以上	14以上	35以上	6以上	285~375
SCM430 (SCM 2)	830~880油冷	530~630急冷	70以上	85以上	18以上	55以上	11以上	241~302
SCM432 (SCM 1)	830~880油冷	530~630急冷	75以上	90以上	16以上	50以上	9以上	255~321
SCM435 (SCM 3)	830~880油冷	530~630急冷	80以上	95以上	15以上	50以上	8以上	269~331
SCM440 (SCM 4)	830~880油冷	530~630急冷	85以上	100以上	12以上	45以上	6以上	285~352
SCM445 (SCM 5)	830~880油冷	530~630急冷	90以上	105以上	12以上	40以上	4以上	302~363
SCM822 (SCM24)	1次850~900油冷 2次800~850油冷	150~200空冷	—	105以上	12以上	30以上	6以上	302~415

一般事項硬度對照表

(鋼之勃氏硬度與其他硬度值之換算表)

勃氏硬度 3,000kg	洛氏硬度 A 刻度 60kg brale 壓子	B 刻度 100kg ⅛吋球	C 刻度 150kg brale 壓子	D 刻度 100kg brale 壓子	維氏硬度 50kg	蕭氏硬度	抗拉強度 (kg/mm²)
—	85.6	—	68.0	76.9	940	97	—
—	85.3	—	67.5	76.5	920	96	—
—	85.0	—	67.0	76.1	900	95	—
767	84.7	—	66.4	75.7	880	93	—
757	84.4	—	65.9	75.3	860	92	—
745	84.1	—	65.3	74.8	840	91	—
733	83.8	—	64.7	74.3	820	90	—
722	83.4	—	64.0	73.8	800	88	—
712	—	—	—	—	—	—	—
710	83.0	—	63.3	73.3	780	87	—
698	82.6	—	62.5	72.6	760	86	—
684	82.2	—	61.8	72.1	740	—	—
682	82.2	—	61.7	72.0	737	84	—
670	81.8	—	61.0	71.5	720	83	—
656	81.3	—	60.1	70.8	700	—	—
653	81.2	—	60.0	70.7	697	81	—
647	81.1	—	59.7	70.5	690	—	—
638	80.8	—	59.2	70.1	680	80	—
630	80.6	—	58.8	69.8	670	—	—
627	80.5	—	58.7	69.7	667	79	—
601	79.8	—	57.3	68.7	640	77	—
578	79.1	—	56.0	67.7	615	75	—
555	78.4	—	54.7	66.7	591	73	210
534	77.8	—	53.5	65.8	569	71	202
514	76.9	—	52.1	64.7	547	70	193
495	76.3	—	51.0	63.8	528	68	186
477	75.6	—	49.6	62.7	508	66	177
461	74.9	—	48.5	61.7	491	65	170
444	74.2	—	47.1	60.8	472	63	162
429	73.4	—	45.7	59.7	455	61	154
415	72.8	—	44.5	58.8	440	59	149
401	72.0	—	43.1	57.8	425	58	142
388	71.4	—	41.8	56.8	410	56	136
375	70.6	—	40.4	55.7	396	54	129
363	70.0	—	39.1	54.6	383	52	124
352	69.3	(110.0)	37.9	53.8	372	51	120
341	68.7	(109.0)	36.6	52.8	360	50	115
331	68.1	(108.5)	35.5	51.9	350	48	112

勃氏硬度 3,000kg	洛氏硬度 A 刻度 60kg brale 壓子	B 刻度 100kg ⅛吋球	C 刻度 150kg brale 壓子	D 刻度 100kg brale 壓子	維氏硬度 50kg	蕭氏硬度	抗拉強度 (kg/mm²)
321	67.5	(108.0)	34.3	51.0	339	47	108
311	66.9	(107.5)	33.1	50.0	328	46	105
302	66.3	(107.0)	32.1	49.3	319	45	103
293	65.7	(106.0)	30.9	48.3	309	43	99
285	65.3	(105.5)	29.9	47.6	301	—	97
277	64.6	(104.5)	28.8	46.7	292	41	94
269	64.1	(104.0)	27.6	45.9	284	40	91
262	63.6	(103.0)	26.6	45.0	276	39	89
255	63.0	(102.0)	25.4	44.2	269	38	86
248	62.5	(101.0)	24.2	43.2	261	37	84
241	61.8	100.0	22.8	42.0	253	36	82
235	61.4	99.0	21.7	41.4	247	35	80
229	60.8	98.2	20.5	40.5	241	34	78
223	—	97.3	(18.8)	—	234	—	—
217	—	96.4	(17.5)	—	228	33	74
212	—	95.6	(16.0)	—	222	—	72
207	—	94.6	(15.2)	—	218	32	70
201	—	93.8	(13.8)	—	212	31	69
197	—	92.8	(12.7)	—	207	30	67
192	—	91.9	(11.5)	—	202	29	65
187	—	90.7	(10.0)	—	196	—	63
183	—	90.0	(9.0)	—	192	28	63
179	—	89.0	(8.0)	—	188	27	61
174	—	87.8	(6.4)	—	182	—	60
170	—	86.8	(5.4)	—	178	26	58
167	—	86.0	(4.4)	—	175	—	57
163	—	85.0	(3.3)	—	171	25	56
156	—	82.9	(0.9)	—	163	—	53
149	—	80.8	—	—	156	23	51
143	—	78.7	—	—	150	22	50
137	—	76.4	—	—	143	21	47
131	—	74.0	—	—	137	—	46
126	—	72.0	—	—	132	20	44
121	—	69.8	—	—	127	19	42
116	—	67.6	—	—	122	18	41
111	—	65.7	—	—	117	15	39

1) 表中、( )內的數字不常用。
2) 洛氏硬度計上刻度A, C, D是使用鑽石圓錐壓凹器(brale)。
3) 此表摘自JIS鋼鐵手冊(1980)版資料。

參考書目

1. 治具設計理論和實際　　　　　沈頌文譯　　　　徐氏基金會
2. 夾具設計及製造　　　　　　　何世彬譯　　　　徐氏基金會
3. 治具設計及製造　　　　　　　陳永濱譯　　　　師友工業圖書
4. 夾具（Ⅰ～Ⅳ）　　　　　　　金屬工業發展中心
5. 工模夾具實例圖集　　　　　　巫華光譯　　　　新太出版社
6. 工模夾具自動化圖集　　　　　巫　燐譯　　　　新太出版社
7. 鑽模夾具學　　　　　　　　　張建安著　　　　新陸出版社
8. 鑽模與夾具　　　　　　　　　于敦德著　　　　三民書局
9. 鑽模與夾具　　　　　　　　　曾廣銓著　　　　中央圖書
10. 新夾具學　　　　　　　　　　吳英豪著
11. 機工學　　　　　　　　　　　張　棠著
12. 孔加工手册　　　　　　　　　周賢溪譯　　　　啓學出版社
13. 銑床手册　　　　　　　　　　周賢溪譯　　　　啓學出版社
14. 銑床工具‧加工篇　　　　　　陳錫瑩譯　　　　正言出版社
15. Handbook of fixture design　S. M. E.　　　　興國出版社
16. Jig and fixture design manual　Erik K, Henriksen, M.sc.
　　　　　　　　　　　　　　　　　　　　　　　馬陵出版社
17. Jig and fixture design　　　Ewald L. Witzel
18. Jig and fixture　　　　　　　Hiram E. Grant　馬陵出版社
19. Manufacturing processes　　B. H. AMSTEAD.
20. 治具技術應用データ集　　　　杉田稔　　　　　（414）
21. ジク取付具バンドブック　　　窪田雅男
22. 治具‧工具‧取付具　　　　　杉田稔　　　　　（982）
23. 工作ジク　　　　　　　　　　久保田護訳
24. ジク‧取付具　　　　　　　　大西清著

國家圖書館出版品預行編目資料

鑽模與夾具 / 盧聯發, 蘇泰榮編著. -- 五版. --
　新北市：全華圖書股份有限公司, 2021.09
　　面　；　公分

　ISBN 978-986-503-888-5(平裝)

　1.CST: 鑽模與夾具

446.89　　　　　　　　　　　110015138

鑽模與夾具

作者／盧聯發、蘇泰榮

發行人／陳本源

執行編輯／康容慈

出版者／全華圖書股份有限公司

郵政帳號／0100836-1 號

印刷者／宏懋打字印刷股份有限公司

圖書編號／0115104

五版一刷／2021 年 09 月

定價／新台幣 580 元

ISBN／978-986-503-888-5(平裝)

全華圖書／www.chwa.com.tw

全華網路書店 Open Tech／www.opentech.com.tw

若您對本書有任何問題，歡迎來信指導 book@chwa.com.tw

臺北總公司(北區營業處)
地址：23671 新北市土城區忠義路 21 號
電話：(02) 2262-5666
傳真：(02) 6637-3695、6637-3696

南區營業處
地址：80769 高雄市三民區應安街 12 號
電話：(07) 381-1377
傳真：(07) 862-5562

中區營業處
地址：40256 臺中市南區樹義一巷 26 號
電話：(04) 2261-8485
傳真：(04) 3600-9806(高中職)
　　　(04) 3601-8600(大專)

歡迎加入 全華會員

● **會員獨享**

會員享購書折扣、紅利積點、生日禮金、不定期優惠活動…等。

● **如何加入會員**

掃 QRcode 或填安讀者回函卡直接傳真 (02) 2262-0900 或寄回，將由專人協助登入會員資料，待收到 E-MAIL 通知後即可成為會員。

全華書籍

如何購買

1. 網路購書

全華網路書店「http://www.opentech.com.tw」，加入會員購書更便利，並享有紅利積點回饋等各式優惠。

2. 實體門市

歡迎至全華門市（新北市土城區忠義路21號）或各大書局選購。

3. 來電訂購

(1) 訂購專線：(02) 2262-5666 轉 321-324
(2) 傳真專線：(02) 6637-3696
(3) 郵局劃撥（帳號：0100836-1　戶名：全華圖書股份有限公司）
※ 購書未滿 990 元者，酌收運費 80 元。

OpenTech.com.tw 全華網路書店

全華網路書店 www.opentech.com.tw
E-mail: service@chwa.com.tw

※ 本會員制如有變更則以最新修訂制度為準，造成不便請見諒。